S SHUZI XINHAO CHULI YUANLI YU FANGFA YANJIU

数字信号处理

原理与方法研究

刘　洋　张颖慧　那顺乌力吉　编著

U0340183

中国水利水电出版社
www.waterpub.com.cn

内 容 提 要

本书共包括 10 章,主要内容有信号与数字信号处理、离散时间信号与系统、Z 变换与离散时间傅里叶变换(DTFT)、离散傅里叶变换(DFT)、快速傅里叶变换(FFT)、数字滤波器的结构与有限字长效应、IIR 数字滤波器的设计、FIR 数字滤波器的设计、多采样率数字信号处理、数字信号处理的实现。

本书理论紧扣实际、论述有据、逻辑连贯,应用内容涉及广泛、形象生动。可作为通信工程、电子信息工程、自动化、电子科学与技术、测控技术与仪器、电子信息科学与技术等专业的本科生教材,也可作为相关专业的技术人员的参考用书。

图书在版编目(CIP)数据

数字信号处理原理与方法研究/刘洋,张颖慧,那顺乌力吉编著. --北京:中国水利水电出版社,2015.4(2022.10重印)
ISBN 978-7-5170-3050-8

Ⅰ.①数… Ⅱ.①刘… ②张… ③那… Ⅲ.①数字信号处理 Ⅳ.①TN911.72

中国版本图书馆 CIP 数据核字(2015)第 058126 号

策划编辑:杨庆川　责任编辑:陈　洁　封面设计:马静静

书　　名	数字信号处理原理与方法研究
作　　者	刘　洋　张颖慧　那顺乌力吉　编著
出版发行	中国水利水电出版社
	(北京市海淀区玉渊潭南路 1 号 D 座 100038)
	网址:www.waterpub.com.cn
	E-mail:mchannel@263.net(万水)
	sales@mwr.gov.cn
	电话:(010)68545888(营销中心)、82562819(万水)
经　　售	北京科水图书销售有限公司
	电话:(010)63202643、68545874
	全国各地新华书店和相关出版物销售网点
排　　版	北京鑫海胜蓝数码科技有限公司
印　　刷	三河市人民印务有限公司
规　　格	184mm×260mm　16 开本　22 印张　535 千字
版　　次	2015年6月第1版　2022年10月第2次印刷
印　　数	3001-4001册
定　　价	76.00 元

前　言

随着 20 世纪 60 年代快速傅里叶变换(FFT)的出现,尤其是近年来大规模集成电路和数字信号处理器(DSP)的快速发展,数字信号处理理论和技术日益成熟,越来越广泛地应用于通信、石油勘探、医学成像、雷达和声纳、自动控制、测控技术、消费电子等领域,数字信号处理在现代科技中的地位越来越重要。在这个背景下,作者顺应社会的需要,结合自己多年的教学和科研经验,编撰了《数字信号处理原理与方法研究》一书。

数字信号处理技术的普适性是其能够广泛应用于诸多领域的主要原因,在各个领域都有其非常适合的应用背景;同时,正是由于其广泛的适应性,它已经在各个领域有很多专门的算法及技术。然而,对于初学者和从事该领域应用的科技人员而言,要想掌握不同领域内涉及的数字信号处理理论、算法和应用几乎是不可能的,也没必要。因此,本书力求将深奥理论用浅显的语言表述,按照我国读者的认知方式和文化习惯来编撰,并力求通俗、易懂和实用。在介绍基础理论和应用技术的同时,更期望可以培养读者理论联系实际的能力,启迪智慧和心灵,让读者通过学习基础理论的过程,看到科学家们解决问题所采用的方法,学会解决问题的科学策略,学会学习的方法和开发创新的能力。

本书共包括 10 章,主要内容有信号与数字信号处理、离散时间信号与系统、Z 变换与离散时间傅里叶变换(DTFT)、离散傅里叶变换(DFT)、快速傅里叶变换(FFT)、数字滤波器的结构与有限字长效应、IIR 数字滤波器的设计、FIR 数字滤波器的设计、多采样率数字信号处理、数字信号处理的实现。

本书以数字信号处理基础知识、基本理论为主线,同时将学习和应用数字信号处理的极好工具 MATLAB 引入本书。当然,即便读者之前没有学习过 MATLAB 软件的使用,也同样可以在阅读本书时一边轻松地学习数字信号处理,一边轻松地应用 MATLAB,而不必把它当作一门新课来学。

本书参考了大量相关文献和著作,在此向有关作者表示感谢。特别感谢大连理工大学邱天爽教授和清华大学胡广书教授为作者提出了许多宝贵意见。本书得到了国家自然科学基金(61362027)资助。

全书由刘洋、张颖慧、那顺乌力吉撰写,具体分工如下:

第 2 章、第 3 章、第 6 章~第 8 章:刘洋(内蒙古大学);

第 1 章、第 4 章:张颖慧(内蒙古大学);

第 5 章、第 9 章、第 10 章:那顺乌力吉(内蒙古大学)。

本书编撰过程中得到了张艺丹、邬雪阳、邱志新、刘晨燕等研究生的帮助。由于作者水平有限,书中难免有疏漏和不妥之处,敬请有关专家学者和广大读者批评指正。

作者

2015 年 1 月

目　录

第1章　绪论

1.1　信号、系统与信号处理

1.1.1　信号

信号是信息的一种物理体现，是信息的载体。信号可以是多种多样的，如根据载体的不同，信号可以是电的、磁的、光的、声的、机械的、热的等。从广泛的意义来看，信号是指事物运动变化的表现形式，它代表事物运动变化的特征。在电子学中，信号就是指电流或电压，它们是由传感器将事物的变化转变为与这些变化有对应关系的电量。传感器也叫变换器、换能器或探测器。在化学中，信号是指物质的比例、物质变化的条件、物质的分子结构等，是人们通过观察、测量和记录所得到的反映物质性质的数据。在地理学中，信号是指反映地形面貌，如形状、距离、高度，以及矿产资源分布，大气压力、湿度等的数据。在经济学中，信号是人类生产和生活状况的统计，如工农业生产的产量和增长量，货币的分布、流向和流量等，这些数据反映社会的经济状况和经济发展的规律，依此能够预测社会可持续发展的时间。在医学中，信号是指人体生理变化的指标，如体温、血压、身体新陈代谢的速度和组织结构等。在语言学中，信号是作家创作的结果，如文字的排列、文字的数量、文章的篇数和书籍的发行量等。

但在各种信号中，电信号是最便于传输、处理和重视的，因此也是应用最广泛的，人们一般把信号转变成电的形式，这样做方便信号传输、存储，还有利于机器处理和控制。这是人类文明的重要特征，人类善于将机器能做的事尽量让机器做，使自己有更多的时间和力气去做其他的事情，因此对电信号的研究具有普遍的意义。

信号以某种函数的形式传递信息。这个函数可以是时间域、频率域或其他域。但最基础的域是时域。时域信号 $s(t)$，其自变量 t 可以是连续的和离散的两种形式，其函数值（幅度）也有连续和离散（量化）两种形式。两者共有 4 种可能的组合，但常用的是其中的 3 种：模拟信号、离散时间信号和数字信号。

（1）模拟信号

模拟信号也称连续时间信号。信号 $x(t)$ 的自变量 t 和函数值 $x(t)$ 都是连续变化的。例如，温度计上指示温度的红色线段，当时间从某一时刻连续地过渡到另一时刻，红色线段的端点始终随着温度连续地从面板上某个刻度过渡到另一个刻度，红色端点指示的是温度信号。这种时间是连续的和物理量也是连续的信号称为连续信号或模拟信号（analog signal）。若用坐标来描述温度的变化，那么横坐标的时间是连续变量，纵坐标的温度也是连续变量，温度随时间变化的坐标图是一条连续的曲线。

（2）离散时间信号

信号 $x(nT)$ 的自变量 nT 是时域的离散采样点，而函数值是连续变化的。扩大到一般情况，可用 $x(n)$ 代表时间离散、幅值连续的任何序列。此处的 n 仅表示顺序号，可以是时间轴顺序，也可以是其他任何某个域、某种轴上的序号。

如果在早上、中午、晚上和半夜四个时刻观察温度的变化，其他时间不观察温度，这种方法观察的温度信号的时间是不连续的、物理量是连续的；这种时间是离散的和物理量是连续的信号称为离散时间信号(discrete-time signal)，简称离散信号。

（3）数字信号

信号 $x_q(n)$ 在时间和幅值上都是离散的，或数字信号就是幅度量化了的离散时间信号。若是在一天的四个时刻观测温度，并用笔和纸记录温度的变化，这种方法记录的温度信号的时间和温度都是不连续的或离散的；这种时间和物理量都是离散的信号叫做数字信号(digital signal)。温度计上的信号是连续信号，实际记录的信号是数字信号，原因是人的观测时间和能力有限、记录数字的长度不可能很长或精度不可能很高，而且也没必要。

观察一年的温度变化时，可以用温度是连续信号的方式，也可以用温度是数字信号的方式。请读者自己想想，用温度是连续信号的方式，有没有必要？麻烦不麻烦？一般来说，长时间观察温度这种变化缓慢的物理量，用数字信号的方式就足够了，况且一年当中温度的变化范围不大。

信号无处不在。通过对事物的运动变化现象的观察、采集、测量、记录等可以获得信号。获得信号的方法主要有三种：人工观测、特殊装置和传感器。

人工观测是通过人眼观看将物理量用数字的形式保存下来。例如，考试成绩的评定、商品交易的记录、河水水位的测量记录、空气质量的检测记录、食品成分的分析记录等。

特殊装置是利用材料的物理性能制作的设备，它能连续地表现物理量的变化。例如，温度计、风向仪、指南针、水银血压表、气压表、电阻表等。

传感器是将被测物理量或化学量转换成与之对应的电量的电路或器件。例如，传声器(俗称麦克风、话筒)、电视摄像头、光敏二极管、压电陶瓷等。

1.1.2　系统

系统定义为处理（或变换）信号的物理设备，或者说，凡是能将信号加以变换以达到人们要求的各种设备都称为系统。按照所处理的信号分类，也将系统分为3类。

①模拟系统。处理模拟信号的系统，即系统的输入、输出均为模拟信号。通常由电容、电感、电阻、半导体器件以及模拟集成电路组成的网络和设备是模拟系统。

②离散时间系统。处理离散时间信号的系统，即系统的输入、输出均为离散时间信号。比如用电荷耦合器件(CCD)以及开关电容网络组成的系统。

③数字系统。处理数字信号的系统，即系统的输入、输出均为数字信号。由数字运算单元、存储单元、逻辑控制单元以及 CPU 等组成的系统都是数字系统。

1.1.3　信号处理

处理(process)是指人们为了某种目的，用工具对事物进行一系列操作，改变事物的位置、形状、性质和功能。铁匠为了改变铁块的硬度和韧性，把烧红的铁块投入水中或油中，这是热处理。秘书对校长的信件所述的事情进行安排或解决，称为处理信件或信件处理。商店便宜卖掉不想要的商品称为处理商品。人们清除家里不要的纸箱、纸张和瓶子叫做处理废品。

所谓信号处理即是用系统对信号进行某种加工,包括滤波、分析、变换、谱分析、参数估计、综合、压缩、估计、识别等。如收集信号、分析信号、消除没用的信号、改变信号的形式、传输信号、辨别信号的身份、确定信号的传输时间、显示信号、存储信号等。

有些信号处理的速度是要求按照信号的实际变化时间进行,这种信号处理称为实时(real time)信号处理,它对机器的速度要求较高。

不管采用什么方法,为了让计算机能够完成信号处理的工作,被处理的信号必须是数字信号。所以,需要数值计算的时候,模拟信号都要转变成数字信号。

数字(digit)在一般人的概念中和习惯中是由 0~9 组成的数,用数字来表示的信号只能表示信号在不同时刻的大小。例如对图 1-1 所示的电压信号 $v(t)$,若用数字表示这个信号的话,它只能是时间 t 的一个个时刻所对应的一组电压 $v(t)$ 的数值。当然,时刻之间的间隔越密,数字所表示的电压变化就越接近真实情况;还有,表示信号大小的数字的位数越多,数字与 $v(t)$ 的真实值就越接近。

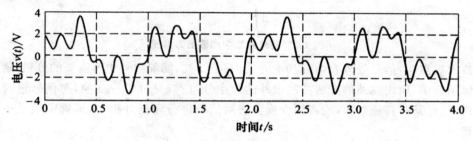

图 1-1 电压信号的波形

实际应用中,时间间隔越密和数字位数越多并不一定是件好事。要求生活中任何事情都完全真实再现是不可能的,也是没意义的。

用电路的方式来表示数字信号时,常见的有十进制的方法和二进制的方法。十进制(decimal)的方法要求电路有 10 种状态对应 10 个基本的数字符号,这对电压、电流等的大小划分十分苛刻,而且电路很难判断这种电压或电流是否受到干扰,也很难抵抗这种电压或电流受到的干扰。二进制(binary)的方法要求电路有两种状态对应两个基本的数字符号,这只需要将电压、电流等的大小划分为高和低两种状态,电路很容易判断这种电压或电流是否受到干扰,也容易消除这种电压或电流受到的干扰。所以,用机器或用电路的方式来表示信号或者处理信号,跟人在这方面的习惯是不同的。例如,计算机的数据、命令和工作过程都是由 0 和 1 组成,它们可以是电压的高低电平、磁带上的正反磁场、光碟面的凹凸状态等。符号 0 和 1 代表两种相反的状态,外界和内部的各种不稳定因素的影响只要不超过两种状态的中间界限,是不容易改变二进制数字的。

二进制数字信号的指标中经常用比特(bit)来描述信号数值的位数或长度。严格地讲,数字信号处理学科中所讲的信号都是用二进制表示的。为了方便理解和观看,人们在理论学习和研究中还是用熟悉的十进制表示法,因此在学习数字信号处理的理论时,暂时不考虑数字信号与真实信号之间的数值差距,也不考虑运算带来的误差,而是把数字信号看成离散信号。

数字信号处理——凡是利用数字计算机或专用数字硬件、对数字信号所进行的一切变换或按预定规则所进行的一切加工处理运算。例如：滤波、检测、参数提取、频谱分析等。或者说数字信号处理是用数值计算的方法，完成对信号的处理。它的英文原名叫 digital signal processing，简称 DSP。另外，DSP 也是 digital signal processor 的简称，即数字信号处理器，它是一种专用集成电路芯片，只有一枚硬币那么大。有时，人们也将 DSP 看作是一门应用技术，称为"DSP 技术与应用"。

图 1-2 就是一个简单的数字滤波器，由一个加法器、一个延时器和一个乘法器组成。因此处理的实质是"运算"，运算的基本单元是延时器、加法器和乘法器。

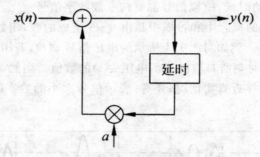

图 1-2　简单的数字滤波器方框图

从技术观点看，信号处理有两种基本方法：一是滤波，滤除信号中不需要的分量，例如在单边带通信系统中，应用滤波的方法抑制带外的频率分量；二是分析或变换，对信号进行各种方法的分析，估计某些特征参数，或者用变换方法对信号进行频谱分析，从而确定信号中有效信息的分布。

数字信号处理也就是信号的数字处理，它的专业含义是用计算机对二进制数表示的具有物理、社会、医学、经济等实际含义的信号，进行一系列的数学计算操作，实现人们的要求。数字信号处理是外来词，它的英文原名是 digital signal processing，直接翻译成中文就是数字信号处理，说起来也比较顺口。数字信号处理是这么一门学科，它介绍怎样用数字表示信号，怎样用数学描述信号处理，怎么处理信号最快、最经济和最安全。

例如有一个电压信号

$$v(t)=2\sin(2\pi t)+\sin(6\pi t+1)+\sin(11\pi t+2) \tag{1-1}$$

它的波形如图 1-1 所示，需要将它存储在磁带上。存储的方法有多种：第一种是直接将它存储在磁带上；第二种是间隔一定时间测量它一次再将测量结果存在磁带上；第三种是将间隔测量的信号变成二进制数再存磁带上；第四种是将该信号的基本成分计算出来再保存在磁带上。前三种方法比较简单，但不属于数字信号处理；第四种方法比较复杂，因为人们或机器不可能知道收到的信号具有什么特征，要用科学的方法才能知道信号的基本成分。选择信号的基本成分通常是根据人们的需要来决定的，其准则是基本成分的数量尽可能地少、并且能解决实际问题。例如，式(1-1)的电压信号，将其基本成分看作是正弦波是比较合适的，因为每个正弦波只需要幅度、频率和初始相位三个参数就可以表示。第四种方法需要数字计算，所以它属于数字信号处理。它只要 9 个数字就可以将一个较长时间的信号保存下来，可以极大地节省存储材料磁带。在需要恢复这个信号 $v(t)$ 时，只要将存储的数据做与存储前的相反的运算，就可以恢复原来的信号。

又例如,一张磁悬浮列车车厢的照片,如图1-3所示,由于保存不慎,照片受潮发霉,图像受到损坏,如图1-4所示。修复这张照片的办法有多种:第一种是手工用钢笔对它修复;第二种是用毛笔模仿原始照片画一张;第三种是重新拍照一次;第四种是把照片看成是由许多小点组成的,把每个点的浓淡变成数字信号并对这些点信号做某种处理,构成一幅新的图画。前三种办法比较简单,有耐心就基本可以做到,但效果并不很好,它们不属于数字信号处理。第四种办法比较复杂,因为一幅图像是由点组成的,一幅图像的点有非常之多,需要计算机才能完成处理,属于数字信号处理。第四种办法还可以再分成几种子方法,比方说:①把原来图像的每一点与其周边的点按它们的数值大小由小到大排列,然后取它们的中间值作为一个新的点,这样可以构成一幅新的图像;②把原来图像的每一点与其周边的点的数值平均,然后取平均值构成一幅新的图像;③把原来图像的每一点与其周边的点的数值中的最大值和最小值去掉,然后取它们的平均值构成一幅新的图像。图1-5是采用中间值的处理方法修复的照片,它的每个点都是对图1-4取中间值的结果,运算量巨大;虽然修复后的照片与原来的照片相比没那么清晰,但它的效果比手工修复的要好。

图1-3 磁悬浮列车车厢的原始照片

图1-4 原始照片受潮发霉

图1-5 用中间值的方法修复受潮发霉的照片

通用计算机(general-purpose computer),如台式计算机和笔记本计算机,它们可以精确地进行数字信号处理,但它们体积大、价格贵、耗电量大等缺点限制了它们在小型设备中的应用。针对数字信号处理的特点制作一种专用计算机,并把它做成一小片集成电路,就得到现在常说的DSP芯片。DSP芯片比通用计算机的体积小、功耗低、价格便宜,便宜的每片约5美元,容易植入需要进行稳定、复杂和智能化工作的信号处理器。

1.2 数字信号处理的特点及系统结构

1.2.1 数字信号处理的特点

数字信号处理在发达国家从 1980 年开始成为了热门学科。随着计算机的普及,数字信号处理学科也快速在我国高校建立。数字信号处理的特点表现在以下几个方面。

(1)处理精度高

对于数字信号处理系统来说,它的精度是由数字的字长(或叫单位比特数、单位长度)决定的,提高字长就可以提高信号处理的精度。常用的字长有 16 位和 32 位,它们可以达到 $1/2^{16}$ 和 $1/2^{32}$ 的精度。实际上,为了经济实惠,精度达到要求就可以了。而在模拟电路中,提高元器件的精度是比较困难的,因为它受到生产条件和使用环境的限制,一般模拟电路能达到 1/100 的精度就不错了。

(2)改变功能灵活

数字信号处理器采用专用的集成电路或可编程的集成电路,它处理信号的功能由数学方程的系数和计算机的程序决定。这些系数和程序存放在数字信号处理器的存储器内,只要改变存放的系数和程序,就可以改变数字信号处理器的功能,而不用改变处理器的电路结构。这个特点非常方便使用者,特别是在军事上,为了防止敌方了解我方的通信情况或防止我方通信频率被敌方干扰、不能工作,需要经常改变通信方式、改变处理信号的方式,避免一成不变的被动挨打局面。在模拟电路中,若要小改变系统的处理信号功能,就要把电路板上的元器件拆下再换上另外的元器件;若要大改变系统的处理信号功能,就要丢掉整个电路板。

(3)性能稳定

数字信号处理器的数字状态是由高电平和低电平两种状态组成,元器件的误差很难影响这种数字的工作,环境的电磁场、温度、湿度、气压、振动、噪声、时间、电路板等因素也很难影响这种数字的工作;所以,用不同元器件制作的数字产品,很容易达到相同的技术指标。例如,采用不同的数字信号处理器,或多次复制信号都不会出现信号质量的衰减。还有,数字信号处理器是用大规模集成电路技术制作的,工艺一致的制作方法使得芯片的成品率高,自然,用这种芯片制作的产品其故障率就低。而模拟电路是由许多分立元器件组成的,各种元器件的不同制作方法和自身的误差的互相影响使得电路的成品率低,自然,用这种元器件制作的产品其故障率就高。

(4)效率高

对于变化比较慢的信号,数字信号处理器可以利用处理完一个信号样本的空余时间去处理另外的信号,达到一个数字信号处理器可以同时处理多个信号的效果。数字信号处理器的计算速度越高,它处理信号的效率就越高,当然还要有优秀的计算方法相配合。利用集成电路技术的优势,可以制作出更小尺寸、更低价格、更低功率损耗和更高计算速度的数字信号处理器芯片。

(5)制作成本低

同一型号的数字信号处理器芯片是结构一样的集成电路,而它最后形成产品的功能则是由工程师给芯片加入的程序所决定。所以,数字信号处理器芯片就像是通用元器件,可以进行大批量生产。还有,数字信号处理器的电路工作在饱和、截止两种状态,也就是低电平和高电平,对电路参数的要求不高,因此产品的合格率高。芯片的一致性好,生产过程相对简单,也是合格率高的一个原因。另外,在遥感测量或地震波分析中,被处理的信号的频率较低,过滤这些几赫兹或几十赫兹的信号,若用模拟电路处理,要求电感、电容的数值很大,这就需要增加电感、电容元件的体积,而体积容易受温度和压力的影响,导致很难获得准确的频率选择性。若用数字信号处理,由于数字信号处理器是一块芯片,它的体积小、重量轻、耗电少,相对模拟电路来说,可以极大地节省原材料、节约能源、节约资源。这些因素极大地降低了数字信号处理器芯片的制作成本。

(6)功能强大

对于要处理的问题,只要能把它们转化为数学表达式,把它们编写为程序、存入数字信号处理器的存储器,数字信号处理器就能完成这种处理任务。数字信号、程序都可以存储在电路、光盘或磁盘上,方便传输,也方便处理。相对来说,模拟电路只能做些较简单的放大、相加等处理工作。若用模拟电路执行复杂的数学表达式,由于受到模拟电路自身特点的限制,如各级电路的工作电流互相影响、电路各部分的参数互相影响、环境温度湿度气压的影响、外来电波的影响、元器件制作工艺的限制等,它是不能很好地完成这种任务的。

(7)学习和研制的门槛高

这大概就是数字信号处理的弱点。从教学上来说,数字信号处理是一门面向应用的数学理论学科,涉及人们熟悉的时间领域和人们陌生的频率领域;实现数字信号处理的数字信号处理器是一种面向应用的技术,涉及数字计算机结构和编写程序技巧。学好两门课才能较好地应用数字信号处理。还有,设计数字信号处理器的程序需要专门的软件开发和调试设备,这项投资比较大;设计数字信号处理系统需要较长的时间。相对来说,对于模拟电路,无线电爱好者通过学习部分模拟电子技术的知识,就可以用电子元器件做些小产品,投资较小。

1.2.2　数字信号处理的系统结构

大部分信号的最初形态是人们常见的事物形态,为了测量和处理它们,常用传感器把它们的特征转换成电信号,等到这些电信号处理完后再把它们转变为人类能看见、能听见或能利用的形态。所以数字信号处理的全部过程或数字信号处理系统一般由七个单元组成,如图1-6所示,其中数字信号处理单元是必需的,其他单元可以根据实际需要取舍。

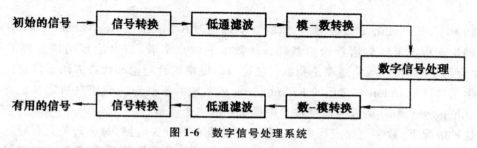

图1-6　数字信号处理系统

例如,机密房间的保安门锁系统,进入该房间的人必须先说一句话,让保安门锁系统处理说话人的语音信号。如果保安门锁系统采用数字信号处理系统,则它的第1单元是信号转换,用传声器把声音信号转换成电信号。第 2 单元是低通滤波,它用电阻电容电路滤掉语音信号中没用的高频成分,防止采样信号时出现失真。第 3 单元是模-数转换,它对滤波后的信号采样,并将采样信号变换成二进制的数字信号。第 4 单元是数字信号处理,它把输入的语音数字信号与以前记录的语音数字信号进行比较,确认来访者是否有资格进入机密房间,如果有资格则打开房门和致欢迎词;如果没有资格则不开房门和致提醒词。控制房门的电路由数字信号处理器输出的信号直接启动,不需要系统的后面三个单元。欢迎词和提醒词语音信号由数字信号处理器的存储器提供,它们是事先存储的二进制信号,送往第 5 单元。第 5 单元是数-模转换,它将数字信号变成模拟信号。由于数字信号是时间离散、幅度也离散的,在时间的各个采样间隔点上,恢复的模拟信号幅度存在跳变,与自然的语音信号有一定的差别;也就是说,数-模转换得到的模拟信号存在许多没用的高频成分。第 6 单元是低通滤波,它的职责是完善数-模转换,使恢复的模拟信号的变化更加流畅。第 7 单元是信号转换,它用功率放大器和扬声器将电信号变为声音。

值得说明的是:在保安门锁系统中,产生语音是不需要前面三个单元的;第 4 单元的数字信号处理把输入的语音数字信号与以前录下的语音数字信号进行比较,比较的方法有很多种,这就是"数字信号处理"这门理论研究的内容。

1.3　数字信号处理的发展过程及前景分析

1.3.1　数字信号处理的发展过程

数字信号处理是从 20 世纪 60 年代以来,随着信息学科和计算机学科的高速发展而迅速发展起来的一门学科,其重要性日益在各个领域的应用中表现出来。

早期处理信号的方法是把物理信号转换成电信号,用电子管电路或电子电路,即真空电子管、晶体管、电阻、电容等组成的电路,对电信号做有线传递、无线发射、放大、信号产生、滤波、调制、检波、变频、比较等加工处理。这里被处理的信号的特点是,信号任何时刻都有一个电压值或电流值对应物理量的大小,即信号在连续时间和连续电量上都有意义。这种信号称为连续信号或模拟信号,处理连续信号的机器(一般称电路)叫模拟电路。

随着需要处理的信号的增加和对信号处理要求的提高,如物理状态的判断、电话通路的转换、人的身份识别、机器的自动化控制、数据的保存、数据的提取等,模拟电路已经不能胜任这种工作。

1948 年 C. E. Shannon 以题为"通信的数学理论"(A Mathematical Theory of Communication)的论文奠定了经典信息论的基础。从数学的观点来看,信息论包括信息源的数学结构、作为信息量的熵理论、信道理论和编码理论等。概率统计理论和代数方法是信息论发展的主要数学工具。Shannon 和之后的 Kolmogorov 就系统的不确定性或信息所定义的 Shannon 熵和 Kolmogorov-Sinai 熵成为信息技术中最重要的一个度量。

在这种情况下,数字电路应运而生。数字电路是一种开关电路,每个开关只有导通和截止两种状态。从数字电路的工作过程来看,输入输出体现一种因果关系,好像数字电路能对输入信号做逻辑判断一样,所以数字电路也叫逻辑电路。数字电路是由用晶体管、电阻和电容做成的逻辑门组成的,逻辑门有与门、或门、非门、与非门、或非门等。数字电路最基本的信号处理是对信号做数字比较、逻辑判断、加减乘除运算、编码译码、移位、数据选择、存储、信号产生、分频、开关控制、计数、码组变换等。

数字电路处理的信号可以是连续时间信号(continuous-time signal),它的时间连续但幅度不连续,信号的大小用 0 和 1 两种基本状态组成的二进制数表示。数字电路处理的信号也可以是时间离散和幅度离散的数字信号。这些信号许多是从模拟信号转换过来的,它们一般是变化较慢的物理量,如炼钢炉的温度、空气的压力、温室的湿度、汽车的速度、货物的重量、水库的水位、植物的高度等,对它们的测量没必要连续进行。一般数字电路对这些物理量判断后做出相应的控制,这种处理速度也没必要像电波速度那么快,在数字电路刚诞生的年代也不可能有很快速度的数字电路。

第二次世界大战以后,随着计算机和微电子学的飞速发展,科技界的技术革命反映从经典信息论到现代信息理论的转变。从模拟量到数字量的转换加速了这一转变过程,信息技术在人们面前展示了一个广阔的、内容丰富的研究和应用领域。

微电子技术和计算机技术的发展为数字信号处理提供了必要的物质基础。库利(J. W. Cooley)和图基(J. W. Tukey)在 1965 年发明了一种快速傅里叶变换算法(FFT),它的出现使数字信号处理的速度提高了几个数量级,开创了数字信号处理的新时代。

在大规模集成电路技术以及处理算法的进一步发展和推动下,数字信号处理得到了迅猛发展和广泛应用,也让人们对信号处理提出更高的要求。例如,不改变电路的结构就可以改变电路的功能,用计算机代替模拟电路的工作,提高机器的性能而不淘汰机器本身,把语音转换成文字,提高电视通信的信号质量,无损伤地测量人体微血管中红细胞的运动速度,不拆机地检查机器的好坏等。这些处理信号的要求往往要用复杂的数学公式才能表达,而且这些信号的处理速度往往也要求很快,侧重逻辑判断的数字电路是难以胜任这种要求和速度的。数字信号处理电路正是为这些高要求和高速度而设计的专门电路,也叫数字信号处理器芯片、数字信号处理器、DSP 芯片或 DSP,它极大地提高了信号实时处理能力,是数字信号处理技术发展的又一个里程碑。

DSP 可以用专门的数字电路根据数字信号处理的数学公式或数字信号处理的原理图组装得到,也可以做成可执行程序的数字集成电路。当然通用计算机也可以完成数字信号处理的工作,特别是在学习和实验阶段,使用通用计算机做数字信号处理既简单又方便。但是在应用阶段,通用计算机就不合适了,因为它的体积相对一块芯片来说太大,成本太高,耗电也太多。用通用计算机来做便携式机器更不可能,比如汽车防撞雷达、导弹、地质勘探仪、电吉他、手机、数码相机等。所以数字信号处理器一般是指专门做数字计算的、计算速度很快的芯片。数字信号处理器的处理速度很快,可以快速地处理数字信号,也可以快速地处理模拟信号;处理模拟信号时应先将模拟信号变换成数字信号,待信号数字处理完毕再转换回模拟信号。

目前,数字信号处理的应用遍及雷达和声呐的目标检测、语言合成、数字音乐、电站的状态监测系统、飞行器的故障诊断、脑电图(EEG)机、核磁共振装置等,这些应用反映了数字处理技术的强大功能和重要应用意义。在非工程技术领域中,如金融活动,人们也在尝试使用数字信号处理从数据库的海量数据中挖掘和发现所希望获得的知识。数字信号处理影响了通信、语言处理、多媒体、运输、声学、生物医学等一系列领域,从而深深地进入人们的现代生活之中。

1.3.2　数字信号处理的前景分析

数字信号处理有许多的优点。随着计算机技术和微电子技术的进步,数字信号处理得到迅速发展,同时也推动各行各业的发展。

手机的普及使用就是一个范例。刚开始时手机是一个非常昂贵的商品,现在已成了一个普通的商品。手机在促进信息产业和它的相关配件产业迅速发展的同时,还增加了人们之间的联系、增加信息的流通。手机可以减少许多社会实践和生活的不方便,减少许多不必要的事情,使人们少走冤枉路、少办冤枉事,降低物资消耗、提高工作效率。

人们处理的事情越多、要求越高,就越需要深入了解事物变化的规律,并充分利用事物变化的本质。怎么了解和利用呢?这就需要对代表事物变化的信号进行分析和处理,需要数字信号处理。因为,数字信号处理具有功能多、应用广泛、使用灵活等优点,它能为科学处理信号、处理事务等方面提供优秀的理论,为制造业提供良好的生产机会,为社会活动提供科学的工作方式。

数字信号处理不仅能够科学地处理信号、准确地处理信号,能节省制造信号处理设备的原材料,能提高生产力、提高人们的工作效率,而且还能节约人类消耗的能源、合理地利用地球的资源,其应用前景宽广,意义深远。

1.4　数字信号处理的应用领域

数字信号处理的应用领域非常广泛,它涉及通信、电子仪器、自动控制、语音和声音处理、图形和图像处理、军事、工业、生物医学、社会管理、金融证券、地球物理、航海、航空航天、家用电器、广播电视等领域。小到分子电子,大到天文地理,只要能用数学来描述的问题,都可以用数字信号处理来解决。

1.4.1　通信领域

在通信领域,数字信号处理可以应用在光纤通信、蜂窝式移动电话、语音编码、互联网通信、信号调制、信号解调、多路复用、多路径均衡、信号分离、调制解调器、数字滤波、信号预测、信道识别、信道均衡补偿、自适应滤波、数据加密、跳频保密通信、数据压缩、数字通信、回声抵消、压扩处理、抖动、传真、扩展频谱通信、纠错编码、可视电话、电视会议、雷达、软件无线电、直播卫星技术、网络技术等方面。下面详细介绍数据压缩、回声抵消和压扩处理的应用。

(1)数据压缩

当信号需要从一个地方传到另一个地方时,模拟电路的通信方式是将声音信号变成电信号,直接调制高频载波进行无线电通信,接收机将收到的高频信号解调后还原为声音信号。它的特点是简单直接,一套设备一次只能传送一路信号。若一套设备同时能让越多的人使用则该设备的利用率就越高,若一套设备传送一段语言所用的时间越短则该设备的效率越高。如果能够把声音信号从时间上分段,找出每段信号的基本成分的参数,通信时只是传送这些参数,这样就能极大地减少传送的数字。基本成分的参数就好像食品标明的配料或营养成分,接收机收到这种信号后,依照与发射机变化信号的相反方法对信号进行处理,就能恢复原来的声音信号。基本成分是一种构成信号的最基本单位,它可以是正弦波、矩形波、短时震荡波等;至于哪种基本成分适合使用,可以根据实际效果的好坏做出决定。依靠数字信号计算的处理优势,通信设备可以极大地缩短传送信号的时间并且能同时传送更多路的信号。这种压缩数据的方法能够极大地降低通信的成本,使现代的数字通信的普及速度比以前的模拟通信的普及速度更快。

(2)回声抵消

回声存在电话的通话中,当通话者打电话时,语音信号经过线路传输到对方,如果线路的阻抗不匹配,信号到达对方时将有一部分信号沿线路反射回来,成为回声。如果线路只有几百公里,回声约几毫秒就能回到通话者的耳朵;因为人耳习惯几毫秒的回声,所以感觉正常。通话距离越来越长时,回声就会变得越来越明显。当回声归来时间超过 40ms 时,将扰乱通话者的听觉。当通话距离很长时,如中国到美国的洲际通话,直线距离 1.2 万多公里,回声归来的时间达到 80ms 以上,这种情况令通话者讨厌。若中国到美国的洲际通话是经过卫星传输的,通话距离更远,回声归来的时间达 500~600ms。用数字信号处理技术可以解决这个问题,方法是在产生回声的地方,也就是在当地的电话总机的地方做数字信号处理,如图 1-7 所示。消除回声的原理是:设法让远方传来的信号通过一个数字滤波器,它复制出与回声大小相同的信号,用它来与回声信号相减,达到抵消回声信号的目的。由于通话的长途电话线路经常随通话人、天气等因素改变,所以数字滤波器的性能必须适应具体线路的改变,才能在不同的场合都能抵消回声。这就需要经常根据远方的信号和相减的结果进行判断计算,计算出能减小反射回波的因素,用它们控制数字滤波器的参数,使滤波器的性能时刻朝着消除回声的方向改进,即复制出的信号与回声信号相似;同时还要计算处理当地传来的讲话信号,不让它影响滤波器的参数。

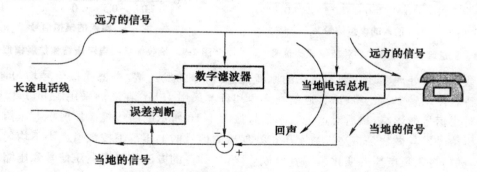

图 1-7　回声的产生和消除的原理

(3)压扩处理

在数字信号通信中会碰到一个问题,这个问题是模拟信号转化成数字信号时出现量化误差。量化是用数字表示模拟信号的大小,更准确地说是用二进制数表示离散时间信号的大小。有两种量化的方法。一种方法是均匀量化,即把离散信号的最小值到最大值均匀地分割成若干段,每一段用一个二进制数字表示。这种方法简单,它非常适用于大信号和小信号出现的概率是均匀的场合。但是它有个缺点,即均匀量化产生的绝对误差对大信号和小信号来说都是一样的,这使得大信号的相对误差较小、小信号的相对误差较大。如果量化的比特(二进制的位数)不够的话,误差会使数字信号表示的小信号面目全非。尽管增加比特可以减小这种影响,但是增加比特会加重传输信号的负担。另一种方法是非均匀量化,即先把模拟信号的最小值到最大值不均匀地分割成若干段,小信号的段较短,大信号的段较长,然后分配给每一段的电压值一个二进制数。这种方法比较复杂,但是它能在不增加比特的情况下减小量化误差对小信号的强烈影响,适用于小信号比大信号更多出现的语音信号。由于这种非均匀量化把量化误差的影响均匀地分给大信号和小信号,所以它的效果比均匀量化的效果好。

用模拟电路或数字信号处理器都可以完成非均匀量化的任务。用模拟电路实现非均匀量化的原理是:在信号的发送端,先用模拟压扩电路对输入的模拟信号按图1-8所示的曲线规律扩展小电压信号和压缩大电压信号,然后再对输出的模拟信号均匀地量化;在信号的接收端,先把数字信号转变成模拟信号,然后再用模拟压扩电路对输入的模拟信号按图1-9所示的曲线规律压缩小电压信号和扩展大电压信号。为了使收到的信号不失真,要求通信的双方,也就是发送端对信号的扩展压缩和接收端对信号的压缩扩展尽量对称。由于通信双方的机器性能不一定相同,所以采用模拟电路实现非均匀量化对生产厂家的要求非常苛刻,不利于降低生产成本。

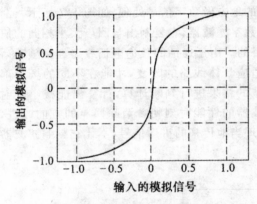

图1-8　发送端模拟电路扩展和压缩模拟信号　　图1-9　接收端模拟电路压缩和扩展模拟信号

用数字信号处理实现非均匀量化的原理是:在信号的发送端,先把模拟信号均匀地量化,量化时特意使用较多的比特(语音通信在北美和日本采用13bit、在欧洲采用14bit),以降低量化误差对小信号的影响;然后对这个数字信号按图1-10所示的曲线规律扩展小电压信号和压缩大电压信号。其做法是将送入数字压扩处理器的信号的电压范围按数值大小不均匀地分成若干段,例如将正负电压的变化范围各分成5段,用计算的方法扩展小电压信号和压缩大电压信号,计算结果四舍五入,用8bit表示输出的数字信号。这种方法相当于压缩语音信号,它将较多比特的数字信号变成较少比特的数字信号,达到均匀分布量化误差影响的效果,减轻通信的负担。在信号的接收端,先把数字信号按图1-11所示的曲线规律、用计算的方法压缩小电压信号和扩展大电压信号,采用较多的比特表示输出的数字信号,就可以恢复原先的数字信号;然后再把这个数字信号转换成模拟信号。这种方法相当于语音信号的扩展,它将较少比特的数字信号变成较多比特的数字信号。为了使收到的信号不失真,要求通信的双方,发送端对信号的压缩和接收端对信号的扩展尽量对称。由于数字压扩处理器的压缩和扩展是采用计算的方法,只要它们的计算公式、编程方法、计算过程对称就能满足要求,所以采用数字信号处理实现非均匀量化对生产厂家很容易做到,有利于降低生产成本。现在电话的非均匀量化有两种国际标准,一种是 μ 率标准(μ-law),主要在美国、日本等国家使用,另一种是 A 率标准(A-law),主要在欧洲和其余大部分国家使用。

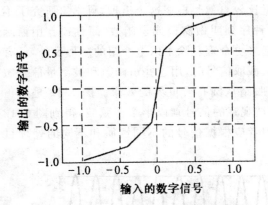

图 1-10　发送端 DSP 扩展和压缩数字信号

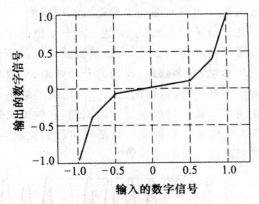

图 1-11　接收端 DSP 压缩和扩展数字信号

1.4.2　电子仪器领域

在电子仪器领域,数字信号处理可以应用在频谱分析、暂态分析、函数发生、信号发生器、波形产生、锁相环、勘探、模拟实验、数字电子示波器、频谱分析仪、倒频谱分析、逻辑分析仪、智能仪器、虚拟仪器、网络化仪器、自动测量仪器、截取信号、获取系统的频率响应函数、数字式频率综合器、数字式目标显示器、电子显微镜、过采样、噪声整形等方面。下面详细介绍数字电子示波器、智能仪器和截取信号的应用。

(1)数字电子示波器

数字电子示波器可以方便地实现对模拟信号进行长期存储,并利用机器内部的微型处理器芯片,按事先存入的计算程序,对存储的信号做进一步的处理,例如,对被测信号的频率、幅度、波形的上升时间、波形的下降时间、平均值等参数进行运算,非常方便观察和分析信号。

(2)智能仪器

人们习惯把内部装有微型集成电路的仪器称为智能仪器。普通仪器与微型计算机相结合,利用微型计算机的记忆、存储、数学运算、逻辑判断、命令识别等能力,可以完成复杂和繁重的测量任务。由于智能仪器把模拟信号变成数字信号、按科学的方法对信号进行数学计算,所以,智能仪器的测量速度快、精度高。智能仪器的特点是可以编写程序、保存信息和计算数据,拥有灵活的数据处理能力。

(3)截取信号

在分析组成信号的正弦波成分时,一般采集信号的方法是,像剪刀似的剪下一个很长信号的一段进行分析;科学家把它比做从一个矩形窗口看一个很长信号的一段,被采集的信号在两端是陡然消失的。这么做很简单,但它有缺点。例如,信号是一个固定频率的正弦波,它的频率应该只有一个。如果用矩形窗口的方法观察这个信号,但又不知道这个信号的周期,机器很难做到窗口的宽度正好是这个信号周期的整倍数。这时,用具有分解信号正弦波成分能力的数学公式计算,算出的频率成分就不止一个,而是许多与这个正弦波频率相近的频率成分。在不了解信号的情况下,根据这个频率分析结果很容易误判收到的信号是许多频率的正弦波。这种情况很像从一个矩形的小洞看外面的景象,景象左右两端的突然消失总是让人感觉不那么爽快。如果两端的景象是逐渐减少的,就会感觉比较自然。根据这个道理,科学家研究了不少截取信号的方法,也就是一段非0值的序列,这种序列叫做窗口或窗函数,简称窗。用窗函数乘以被观察的信号,可以使被截取的信号分析起来更合理。除了以上介绍的矩形窗外,还有三角形窗、升余弦窗、改进的升余弦窗、指数窗等。截取信号时,用这些窗函数和被测量信号做乘法运算,使被截取的信号在两端缓慢缩小,得到眼睛从圆孔看世界的效果。图1-12是用正弦波窗口截取被观察信号的原理,它的做法是:将被观察的信号乘以半个正弦波,得到图1-12下方的信号。各种窗函数都有自己的优缺点,使用者应根据信号的不同性质和不同的处理目的来选择合适的窗函数。

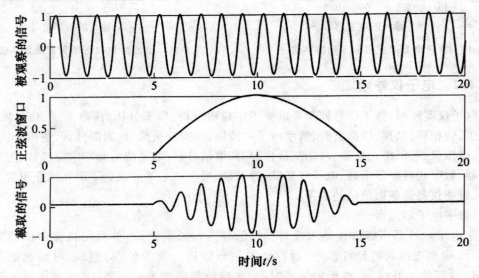

图1-12　用正弦波窗口截取信号的原理

1.4.3　自动控制领域

在自动控制领域,数字信号处理可以应用在电动机控制、声音控制、自动驾驶、位置与速率控制、汽车防撞雷达、减轻汽车震动、消除车厢内噪声、节约油耗、废气监控、自动挑选大米、机器人控制、磁盘伺服控制、光盘伺服控制、激光打印机伺服控制、发动机控制、自动加工、自动组装、数据采集、从噪声中确定主频率、测定物理系统的模拟特性等方面。下面详细介绍自动挑选大米、汽车防撞雷达、减轻汽车震动和消除车厢内噪声的应用。

(1)自动挑选大米

大米加工厂生产的大米中难免存在发霉的米粒、发黑的米粒和发黄的米粒,它们会影响全部大米的外观、质量和价格。剔除它们可以改善大米的外观,提高大米的价钱。机器剔除劣质米粒时,需要大米像瀑布一样地向下流,中途经过排成一行的电眼,每个电眼的下方有一个气孔;电眼观看经过的大米是否有黑色颗粒,发现黑色颗粒时电眼立即通知它下方的气孔喷出一束高速气流,吹掉这个黑色颗粒。电眼利用传感器、电荷耦合器件(CCD)或激光器件检测流过它前面的大米的光信号,再把光的电信号转换成数字信号,根据比较和判断的数学算法处理,准确地发现黑色颗粒并计算出它的下落速度。数字信号处理器是一种快速计算的芯片,它可以及时地通知气孔喷气,完成自动挑选大米的任务。

(2)汽车防撞雷达

高速公路上汽车多、车速快,撞车事故经常发生。雷达能发射高频脉冲电磁波并能接收这种电磁波,电磁波的速度非常快,像光波一样,传播中遇到物体会反射。根据能判断两个信号相似程度的相关函数,对雷达发射的信号和雷达接收的反射信号进行计算,可以算出反射目标的距离;根据运动物体会改变反射信号的频率的特点,还可以计算出反射物体的运动速度。用专用的数字信号处理器芯片和雷达相结合,可以在极短时间内对前方物体做出判断并启动自动刹车系统,保证汽车的安全。

(3)减轻汽车震动

减轻汽车的震动是提高汽车质量的一项指标。汽车采用机械弹簧减轻震动,这比车厢直接放在车轴上更能减轻汽车震动。但是,弹簧的弹性是固定的,而路面的凹凸是变化的,所以,路面凹凸得越厉害,汽车的震动还是越厉害。采用数字信号处理可以很好地解决这个问题,它的道理和人的走路相仿。人在走路时:路面平坦,人的大脑指挥肌肉放松,用小力缓解身体的震动;路面上下凹凸,人的大脑指挥肌肉紧张,用大力减轻身体的震动。利用液压系统的压力可调节特点,根据能判断信号周期的自相关函数,对传感器测量的汽车速度、加速度、车轮位置等信息进行运算,可以计算出路面的凹凸程度,以此控制液压系统的压力跟随路面状况变化,减轻汽车的震动,使乘客在各种路面上的感觉就像行驶在平坦路面上那么舒服。

(4)消除车厢内噪声

汽车上的噪声会影响人的旅途心情和健康,数字信号处理能解决这个问题。其原理是:从产生噪声的地方测量噪声信号,以此为根据,自动地产生一个与噪声大小相等、变化相反的声音,与车厢内的噪声掺杂在一块,就能抵消烦人的噪声。消噪系统的工作过程是:由传感器在车轴、发动机、车门、车窗等噪声最大的地方测量噪声信号,将它们相加后送给一个参数可以改变的数字滤波器;滤波得到与车厢内噪声相似的信号,它经功率放大器和扬声器播放,在车厢内与噪声混合,也可以看作是相减;相减的结果可以用传声器测量出来,并用它来修改数字滤波器的参数。这个过程循环进行,直至车厢内的噪声最小为止。当然,相减的结果包含车厢内的人声和音乐声,它们可以用其他的滤波器排除。这样就可以在车厢内营造一个无噪声的舒适环境。

1.4.4　语音和声音处理领域

在语音(speech)和声音(audio)处理领域,数字信号处理可以应用在语音编码、语音压缩、语音合成、语音识别、语音音调的测定、语音增强、说话人辨认、语音邮件、语音存储、声音的回声、声音的混响、唱歌的合唱效果、声音探测、声音定位、文字变语音、语音变文字、数字音频、音频图形均衡、音调控制、通道均衡、噪声整形、频带分离、确定响应对激励的滞后时间、模式匹配、系统识别、消除噪声干扰等方面。下面详细介绍数字音频回声、声音探测和消除噪声干扰的应用。

（1）数字音频回声

音乐厅内听到的声音由三部分组成：来自声源的直达波，经过墙壁几次反射的前期波，经过墙壁多次反射的后期波。由于声波的传播途径不同，这三种声音到达听众耳朵的先后顺序不同，存在互相混叠的现象。如果把整个音乐厅当作一个音乐处理系统，对声源发出的声波信号进行数字信号处理，则可得到人工制造的音乐厅声音效果。也可以用这种方法来研究音乐厅的设计方案，减少墙壁的回声，达到最佳的音乐效果。

（2）声音探测

在检修埋藏在地下深处的输油管或水管时，准确地测定输油管或水管的裂口位置，可以避免全部管线开挖，减小维修的工作量，其根据是管道裂口处的液体流动的摩擦力较大，其摩擦声会沿着管道向两端传播。在怀疑有裂口的管线的两端安放声音传感器，它是把物理量转变成电量的器件，可以拾取这两个摩擦声信号 $x(t)$ 和 $y(t)$，如图 1-13 所示。利用互相关函数能辨别两个信号相同之处的本领，对两个摩擦声信号做互相关函数的运算，可以算出 $x(t)$ 和 $y(t)$ 之间最相像的两段信号在时间上的距离 t_d。如果裂口正好在两个测量点的中间，则摩擦声传到两个测量点的时间一样，$x(t)$ 和 $y(t)$ 最相像的两段信号的时间距离 $t_d=0$；如果裂口不在中间位置，则摩擦声传到两个测量点的时间不同，根据速度、时间和距离的关系，裂口距离中间点的间隔 $s=vt_d/2$，式中 v 是声音沿管道传播的速度。声音在管道中的传播速度也可以用互相关函数的方法得到：在一个测量点处敲击管道，用互相关函数计算两个测量点的声音信号之间最相像的两段信号的时间差，两个测量点的距离除以这个时间差就是声音沿管道传播的速度。

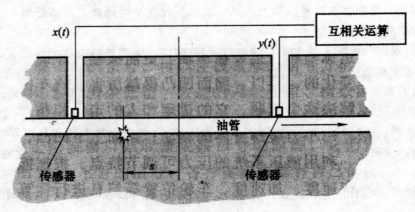

图 1-13   用互相关函数分析摩擦声信号

（3）消除噪声干扰

声音在记录、制作、传输、保存等过程中，难免受到环境噪声、空间电磁波、电路、元器件等因素的干扰，这些干扰大多是没有规律的。消除干扰可以采用模拟电路的滤波器来实现；也可以采用数字信号处理的数字滤波器，用程序控制计算机对信号进行计算，实现衰减信号中的噪声。由于所需的声音特点经常随对象不同而变化，例如男人、女人、汽车、小鸟等对象，若用模拟滤波器对信号进行滤波处理，因电路元器件的性能是固定的，只能设计折中的参数，滤波器只能按固定的功能工作，一个模拟滤波器只能用在一种对象上。而对于数字滤波器来说，它的滤波工作是按程序开展的,可以根据被处理的声音特点设置程序使用的参数,以适应滤波的要求。可编程的特点非常方便使用者根据需要灵活地设置数字滤波器,实现不同的功能,做到一个数字滤波器能应用在多种不同的对象上。相对模拟滤波器而言,数字滤波器大大延长了设备的使用寿命,节省生产和使用的开支。

1.4.5　图形和图像处理领域

在图形(graph)和图像(image)处理领域,数字信号处理可以应用在二维和三维的图形处理、指纹识别、字符识别、汽车牌照识别、目标跟踪、分析卫星天气照片、增强从月球传回的电视信号、增强从太空探测器传回的电视信号、消除图像背景干扰、图像的表示、图像建模、图像压缩与传输、图像存储、图像增强、图像的复原、图像的重建、图像去模糊、动画制作、电视特技制作、图像噪声滤除、机器人视觉、模式识别、图像识别、色彩调整、图像分析、图像编码、图像的边缘检测、传真、激光打印机、扫描仪、复印机、图像缩放、电子地图等方面。下面详细介绍图形处理、图像建模和图像增强的应用。

(1)图形处理

在生产和科学研究中,事物变化的规律可以用事物变化的数据表示,也可以用函数表示,也可以画图表示。每种方法都有优缺点:一般从实际观察获得的是数据,众多的数据往往用函数能简单地表达,用图形能直观清楚地描绘,实际应用时又离不开数据。数据、函数和图形三者经常需要转换,需要大量的数字计算实现对图形的信号处理。例如,函数 $y = e^{-0.1x} \sin(0.98x)$ 的二维图形描述的是衰减振荡规律,函数组 $x = \cos(1.2z)$ 和 $y = \sin(1.2z)$ 的三维图形描绘的是空间螺旋线变化规律,分别如图 1-14 左、右两图所示。反过来,通过修改函数的参数和观察图形可以更好地认识函数的规律,达到应用的目的。

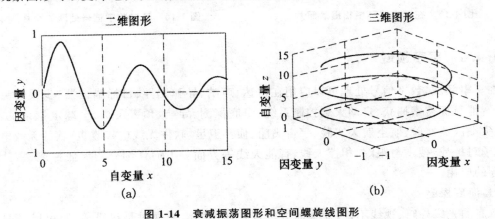

图 1-14　衰减振荡图形和空间螺旋线图形

(2)图像建模

一幅图像的每一个像素,即组成图像的最小点,它们都代表物体的某一物理量,像素的特征是对物体特征的描述。例如,普通照片描述的是物体表面光的亮度,而卫星或飞机拍摄地面的红外线照片描述的是地球表面温度的轮廓。红外线照片需要根据图像的类型和应用目的进行转换,才能建立符合要求的图像模型。如果将红外线照片直接拿给一般人看,恐怕他们看不懂这种单一颜色的温度图。如果把描述树木、河流、人等部分的温度图用人们习惯的颜色表示,人们才容易看懂这张红外线拍摄的照片。如果红外线照片是用来侦察隐藏在伪装下的军事设施,就需要把与自然植物温度不同的军事设施部分的红外线温度图用其他颜色表示,这样才方便军事专家的分析。这些图像模型的建立取决于人的习惯感觉和物体的红外线图像的局部和全局的特征,它们都需要对红外线图像的数据和人们积累的经验数据进行分析计算。利用这一技术可以从卫星上分辨地面上 1cm 的物体。

(3)图像增强

肉眼看不清楚的照片,感光器件却能感应出来,灵敏的感光器件能精确地测量物体表面的明暗程度和色彩偏差。利用数学公式对照片像素的数值进行某种类型的加工,可以获得某种希望的图像效果。例如,保留变化较快的像素并排除变化较慢的像素,可以突出图像的边缘和轮廓;放大像素的数值可以增强图像的明亮程度等。图 1-15 是一张室内静物照片,由于拍摄时光线较弱,图像层次不够清楚。经过对照片的像素数值进行放大运算,使较暗的像素提亮,让图像的层次变得较为清晰明亮,如图 1-16 所示。

图 1-15 在弱光线环境拍摄的照片　　　　图 1-16 经过数字信号处理的照片

1.4.6 军事领域

在军事领域,数字信号处理可以应用在雷达、声呐、导弹制导、目标瞄准器、步兵的头盔微光仪、智能目标搜索捕获、自动火炮控制系统、海底探测、导航、预警飞机、全球定位系统、保密通信、尖端武器实验、航空航天实验、宇宙飞船、侦察卫星、软件无线电接收机、软件无线电发射机、电子对抗战、搜索与跟踪、相控天线、智能天线等方面。下面详细介绍海底探测、雷达和导弹制导的应用。

(1)海底探测

海底的光线昏暗、视线不好,侦察前方是否有其他的潜艇通过是很重要的,可以及时了解周围情况、避免舰艇之间碰撞、赢得作战的主动权等。海底下光线很暗,肉眼看不了几米远,怎么知道远处有潜艇在运动呢?用听声音的方法。但是,这不是用人的耳朵来听,因为自己潜艇的机器声、海浪声、鱼叫声、自然漩涡声等因素的影响不会让我们听得多远,就是用模拟电路的方法放大声音信号,也很难辨别远处是否有潜艇通过。最好的办法是:利用相关函数对海底的声音信号进行相关运算处理,相关函数具有判断信号中是否存在周期信号的本领。因为,潜艇的发动机发出的是周期信号,不同型号的发动机发出的周期信号的周期是不同的,而海浪声和鱼叫声是没有规律的信号,不是周期信号,所以用相关函数分析计算这些声音信号,可以发现其中是否存在周期性的峰值,由此判断舰艇、渔船等的航行。根据声音的周期,能判断船只的类别;根据峰值的大小,能判断舰艇的距离,能知道几千公里外的大型舰队。

(2)雷达

雷达是利用相关函数来探测远处物体的距离、方位和速度的机器。相关函数还有一个本领,它能检测出信号中具有相同性质部分在时间上的距离。雷达有一个方向感很强的天线,天线的发射器向空中发射一束极短时间的电磁波信号,该信号像光波一样传播,遇到物体时会产生反射电磁波和折射电磁波,返回雷达天线的反射电磁波被天线接收。对接收的信号和发射的信号进行相关函数的运算,对计算结果再作一些其他计算,就可以获得电磁波信号来回传播的时间、反射电磁波的强度、反射电磁波的频率变化量等信息。多普勒效应指出:物体的运动会影响它发出的波的频率,当物体离开观察者时频率减小,当物体趋向观察者时频率增大。计算分析这些信息就可以确定目标与雷达之间的距离、方位和运动速度。

(3)导弹制导

导弹上安装有自动控制的推进器,它使导弹能够高速而准确地飞向敌方目标。推进器上有个电眼,它瞄准发射者给它设置的目标,例如红外线的光点、某种温度的热点、某幅图像中的一点等,并指挥推进器前进。在导弹飞行时,电眼时刻注视着目标,将目标的物理信号变成电信号,经特殊的数据处理测量出导弹飞行的方向数据,并与预定的目标数据比较,准确地计算出导弹飞行的偏差量,然后修正推进器的动力方向,控制导弹按正确的路线飞行。导弹的自动控制系统不断地瞬间完成控制工作,该系统必须非常轻巧、工作可靠,这唯有采用数字信号处理技术的专用集成电路才能胜任。

1.4.7　工业领域

在工业领域,数字信号处理可以应用在测量气体流量、测量液体流量、测量蒸汽流量、测定热轧钢的运动速度、测定汽车操纵系统的反应时间、噪声消除、无解体故障判断、机器故障检测、振动检测、识别动力系统的特征、判别减振效果、判别隔振效果等方面。下面详细介绍测定汽车操纵系统的反应时间、无解体故障判断和振动检测的应用。

(1)测定汽车操纵系统的反应时间

检验汽车的性能时,操纵系统的反应时间是一个重要的参数。用手工测定的方法是:给转向盘一个突然的力,测定汽车对此的响应。由于起始时间点不好确定、加上人的主观因素不稳定,使测量误差最大时有 $1/3s$;还有,这么做汽车实验的危险性较大,并需要很大的场地。所以手工的方法不好。另一种方法是判断两个信号的相似程度,采用具有判断相似程度本领的相关函数来测定它们,方法是:汽车在比较宽的路段上匀速直线行驶,司机间隔地、脉冲式地转动转向盘使汽车车身在行驶中产生晃动;记录司机转动转向盘的转角,并将它作为系统的输入信号,同时记录汽车垂直轴晃动的角速度,并将它作为系统的输出信号。这两个信号有相似的地方,它们在时间上有距离。对两个信号进行相关函数的计算,可以得到它们最相似的两段信号的时间距离,它就是汽车操纵系统的反应时间或滞后时间。相关函数的方法完全排除人为的主观因素,可以用来评价司机转动转向盘时汽车的反应快慢。相关函数的测定方法的优点是:测量精度高,实验安全,不需要很大的场地。

（2）无解体故障判断

在工厂，为了防止故障给生产带来损失，需要对大型设备定期检修。普通的检修方法是：拆开设备察看是否存在问题。但是，经常拆开设备或机器进行检修，好机器也会被拆坏，而且被拆开再安装的设备也不能完全避免事故的发生。信号处理的检修方法是：根据有分解或分离信号成分本领的数学公式，测量设备的振动信号，并用数字信号处理系统对测量信号做分析成分的计算，得到反映振动信号成分的图谱。设备正常时的图谱和不正常时的图谱是有区别的，根据振动的图谱，技术员可以判断设备是否有故障、然后再决定是否需要拆开设备检修。用这种方法检测设备时不必拆开设备，所以称它为无解体故障判断。这种方法不仅可以应用在大型设备（如电厂、化工厂、飞机、核反应堆等）的检修，也可以应用在小型设备（如发动机、齿轮箱、纺织机等）的检修。

（3）振动检测

机器制造业生产的成品，在合格检验时少不了考验机器的耐振动性能。振动检测应尽量符合真实情况，才能对机器零件和机器整体的强度、寿命、可靠性等各方面做出正确的判断。例如检验汽车成品的耐振动性能，最简单的方法是每次都把汽车开到户外行驶。用这种实地考验的方法检验汽车的最大缺点是污染汽车和损伤汽车，显然它不是好方法。如果把汽车放在一个振动台面接受振动考验，只要振动能符合汽车行驶的真实情况，就能不污损汽车地检验汽车的质量，这才是好方法。如何让振动台的振动接近真实情况是检验的关键。简单地说，用汽车在路面行驶时的振动信号控制检验用的振动台就可以完成这项任务，但检验中需要解决许多具体问题。

实际检验的做法是：真实地测量并记录汽车装载货物运行在坎坷不平的路面上的振动力信号；一般测量得到的信号含有许多与振动力不相关的信号，如发动机点火器产生的电波、机器零件摩擦产生的电波、电路元器件本身产生的杂波等，必须去掉这些与振动力不相关的杂波后的信号，才能作为标准信号控制振动台的工作。由于汽车行驶时的速度变换较慢，它的振动是慢节奏的，而杂波就没有节奏，利用这个特点可以去除测量信号中的杂波。相关函数具有恢复信号周期特征的能力，用它计算测量的信号，可以除掉那些没有节奏的杂波，保留有节奏的振动力信号，然后用这种信号去控制振动台。直接对测量信号进行相关函数的运算，可以滤除没用的杂波；先计算测量信号的功率频谱，然后再反计算功率频谱，这也可以滤除没用的杂波。实际上，控制不等于就能实现目标。为了让振动台的振动与控制信号的变化完全相同，必须把振动台的振动信号取回来与控制信号相比较，如图 1-17 所示，以两者的功率频谱的差别作为功率放大器的输入信号。用频谱函数计算控制信号可以得到控制信号的成分，信号的成分也叫频谱。平方运算能增加大数值和小数值之间的差别，相对提高控制信号的振动频谱和抑制杂波的频谱；振动台的信号也作相同的处理。然后，比较两种平方运算的大小，并对比较的结果进行频谱函数的反函数运算，得到时间信号。振动台的信号与控制信号相比较所起的作用是自动调节振动台的振动，使振动台竭力仿效汽车行驶时的振动情况。

振动台的这种信号处理只有依靠数字信号处理支撑，才可以让汽车在振动台上模拟道路行驶的状况，确保检验的可靠性，才可以方便地强化振动过程，以缩短检验的时间。

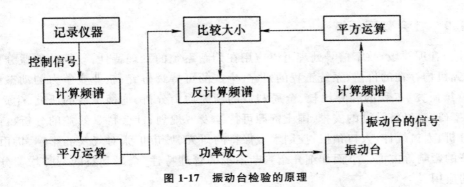

图 1-17 振动台检验的原理

1.4.8 生物医学领域

在生物医学领域,数字信号处理可以应用在助听器、微循环血流仪器、数字 X 光机、计算机断层(CT)扫描、超声波、心电图、脑电图、胎儿心电图、闭环控制麻醉术、电子血压计、磁共振成像(MRI)、医疗监护、医疗测试、医疗诊断、胎儿监视、研究噪声对人后脑的脑电波的影响、研究心肌梗塞病人的心电波等方面。下面详细介绍微循环血流仪器和计算机断层扫描的应用。

(1)微循环血流仪器

它是用来测量微血管中红细胞的运动速度,其原理是利用能够判断两个信号相似程度的相关函数。测量血流时,在手指尖部的微血管的上游和下游的位置安放两个测量用的电子光眼,观察微血管中流动的红细胞。这种测量不损伤皮肤,准确地说,电子光眼只是测量两个位置的红细胞的密度信号。一般来说,红细胞在血管中短距离的运动形态是不变的,所以,这两个小光眼观测的血流信号是相似的,只不过它们之间有一定的时间差。用相关函数计算它们,可以算出两个信号最相似时的时间差。因为事先可以测量两个小电眼的距离,所以现在测出红细胞从一个小电眼流到另一个小电眼的时间,根据速度等于距离除以时间,就可以算出红细胞的运动速度。

(2)计算机断层扫描

它是 X 射线技术和数字信号处理技术结合的产物。X 射线,也叫 X 光,它能穿透许多坚硬的物质。医用 X 射线透视拯救了无数人的性命,但受到两个因素的制约。第一,人体的组织器官互相重叠,用 X 射线看到的是平面影像,不易确定病灶的位置;例如腹部内有个小肿瘤,用 X 射线只能看到那里有一个黑影,不易判断它的深度位置;第二,经常暴露在 X 射线下是有害的,所以要有针对地使用 X 射线,不要滥用它。如果把 X 射线照射的结果转换成数据保存在计算机,而不是医生细心地观看一直处在 X 射线照射下的病人,则可极大地减少 X 射线照射的时间。如果从多个方向用 X 射线照射病灶的部位,如同从多角度观察事物,则可获得全面的影像数据。如果用很细的一束 X 射线照射人体的病灶,就像用很细的笔画图,则可得到该部位组织的很精细的反射信号。利用光在传播中遇到两种不同的物体会产生反射和折射的特点,不同密度的骨头和组织对 X 射线束有不同的衰减和反射;利用相关函数能判断反射信号的时间、反射信号的大小等物理和数学理论,对 X 射线透视的数据进行形成图像的计算,最后可得到人体组织的图像。这些图像很像人体被切片后拍摄的图片,比传统透视图像更详细和更清楚,所以该技术称为计算机断层扫描。

1.4.9　社会管理领域

在社会管理领域,数字信号处理可以应用在判断系统的管理特性、政策的效益分析、决策预测、研究机构存在的价值、系统工程的研究、生产的可持续研究、企业竞争力的动态评估、项目的可持续研究、工程的利弊比较、全局利益的利弊均衡分析、均衡发展的研究、生产力的效率、犯罪率研究、经济计划的安排、国土资源可持续发展规划、社会科学效益的分析、自然科学效益的分析、人口统计、人口预报、控制水土保持的研究、城市扩张对气候的影响、货币升值对国民经济的影响等方面。下面详细介绍判断系统的管理特性、全局利益的利弊均衡分析和人口统计的应用。

(1)判断系统的管理特性

人们在研究系统外部特性的同时,还需要研究外部特性与系统内部情况有关的问题,例如系统的稳定性、最优控制、最优设计等问题。以系统内部变量为基础的状态空间分析法是这方面研究的数学工具,它用状态变量描述系统的内部特性,并且通过状态变量将系统的输入输出变量联系在一起,描述系统的外部特性。状态是指描述系统特征的量,是一组能反映系统面貌的数量最少的参数;随时间改变的状态称为状态变量。例如,系统是国家,状态就是对国民经济和人民生活至关紧要的部门发挥的经济效益,这些作用如果随时间变化就是状态变量;输入则是卫生、教育、环保、治安等方面的资金投入,是产业、消费等方面的税率,是投资政策的实施,是法律的调整和执行等;输出则是工业产值、农业产值、绿化面积、水土流失、空气质量、降雨量等。如果能够将状态变量、输入和输出之间的关系用数学公式来表示,成为一组状态空间方程,就可以通过分析这组状态空间方程,对系统的管理状态进行分析和预测,了解各种政策方案的利弊,增加管理工作的科学含量。这种状态空间方程通常非常庞大,需要数字信号处理。

(2)全局利益的利弊均衡分析

人是一个有许多器官的整体,各器官相互依存、协调配合,使这个整体具有顽强的活力。一个国家有许多地方和许多部门,它们如果能够像人体那样相互依存、协调配合,就能生机勃勃。国家每年在制定工程计划和安排财政分配时,工程的项目很多,资金却是一个固定的数目。决定做什么工程,它们需要用多少资金,采用凭感觉从本部门或本地区的自身利益考虑的方法,可能导致与决策者距离近的工程容易得到批准和容易得到资金,造成各个地区或部门相互孤立的效果。数字信号处理可以解决这个问题,其原理是:把各地区和各部门的过去、现在和将来的经济投入、经济产出、生产效益、长远效益、环境资源、环境效益等因素用变量表示,根据它们之间的关系建立数学公式,然后计算处理这些变量的数字信号。把这么处理的结果作为分析和调整计划的依据,能够贴近实际情况;以此为根据决定的工程项目和投入的资金比例更具有科学道理。这种数学方法让决策者更能把握国家的前程,让同样的人力、同样的资金、同样的资源、同样的时间等,发挥更好的效益。

(3)人口统计

普查国家人口的数量是一项庞大的工作,为了提高效率和争取时间,需要计算机帮助统计处理数字信号,及时获得描述国家人口结构的各种数据。例如,男女比例、人口出生率和死亡率、身高、地区人口分布、受教育比例、文化程度、各年龄段人口的比例、人口密度分布、人口增长趋势等,这些数据是国家制定政策、规划建设项目、合理使用土地、规划财政分配、建立公共福利设施等方面的强有力的依据,它们能总结人们过去的工作经验,指导人们未来的工作。

1.4.10 金融证券领域

在金融证券领域,数字信号处理可以应用在金融资产的定价分析、投资组合分析、判断股市走势、制定金融政策、宏观经济分析、股票证券分析、统计经济数据、保险业务的价格分析、保险业务的产量分析、保险业务的敏感性分析、管理保险业务、设计和估价交易策略、风险的辨别、风险的测量、风险的控制、组合投资决策、利润率分析计算、贬值趋势、经济活动分析、资金管理、资产管理、对外贸易的统计、年度粮食收成研究、铁路月度乘客数量统计、航空公司月度乘客数量统计、商品的销售额分析、营销模型、预测商品销售的趋势、经济发展的统计分析、经济发展的趋势预测、国防支出预算、资金流动的分析计算、绘制金融数据图等方面。下面详细介绍资金流动的分析计算、营销模型和经济发展趋势的预测的应用。

(1)资金流动的分析计算

企业的资金进出好比流水,科学地管理有限的资金,资金才能具有活力。例如某项目的资金进出流水账是:最初投入资金 30 万元,接着三年的回报分别是 4 万元、5 万元、7 万元,第二次投入 8 万元,后四年的回报分别是 10 万元、12 万元、12 万元、12 万元。从数据的表面上看,很简单,7 年投入 38 万元,盈利 24 万元。实际上这项资金的年利润率、现在和将来的价值、贬值趋势等情况也很重要,它们能更全面地表现该项资金的本质和发展规律,需要根据数理统计的科学方法进行计算处理,才能得到正确的评价。科学计算处理是管活这项资金的依据。

(2)营销模型

商业规划中要求建立可靠而准确的营销模型,数据是最能说明问题的。在这种模型中,将商品的进货作为一种变量,将商品的出货作为另一种变量,找出它们的数学关系,就可以对商业实体中的各个环节的安排和开销进行数据分析,以此进行商业规划的数据预测,更好地按要求设计商业实体的各个环节。

(3)经济发展趋势的预测

根据反映本地区经济发展的多年财政支出和收入的经济数据,还有收集到的其他地区的经济数据,利用统计学和能够判断两种信号相似程度的互相关函数等,对数据信号做计算处理。以此研究本地区的经济发展特点,判断本地区与什么地区的经济发展最相似,预测本地区的发展是否健康持久,能否良性循环,为正确决策提供依据。

1.4.11 地球物理领域

在地球物理领域,数字信号处理可以应用在地理区域内的动物种群年度数量分析、地理勘探、判断地层的物理性能、地球物理信号分析、地波信号过滤、地震波数据采集、地震波分析、石油勘探、寻找水源、矿产资源勘探、天然气勘探、回声定位、海底勘探、地区的物理性能模型、地下水位升降的研究、环境保护等方面。下面详细介绍石油勘探、海底勘探和地震波分析的应用。

(1)石油勘探

地球内部岩层和断层向上凸起的地方,是石油聚集的良好场所。勘探石油时,采用地震波反射技术可以极大地减少人力物力的消耗。在陆地上,人们使用人工爆炸或者脉冲振荡信号对地球产生一个地震冲击波,通过泥土传播到地下;在水下,人们使用火花放电或压缩空气枪向水下发射机械冲击波,通过水层传播到海底,进入地下。由于地壳有弹性,在两种不同物质的界面,地震波会反射和折射。地底下的不同物质很多,爆炸声在地下传播中会产生很多反射波和折射波。用传感器拾取来自地下深处岩层的反射声波,对它们进行特殊的运算,运算的依据是具有确定反射波时间的相关函数或小波变换公式,能够计算出各种反射波的往返时间。根据各种反射波的时间进行结构图形组成的运算,可以勾画肉眼看不见的地球内部夹层结构。如果知道反射面是倾斜的和弯曲的,在那里钻探就比较容易找到石油。

(2)海底勘探

海底世界和陆地世界一样千姿百态,但是海水的能见度差,阻碍人们了解海底,利用声呐探测可以扩大人们的海底视野。声呐探测的方法是:用2～40kHz的声波脉冲在水中发射,声波在传播的过程被衰减、遇到物体被反射,反射回来的声波叫回波;对回波信号进行检测,按照能计算回波的往返时间的相关函数对回波进行运算分析,可以获得发射信号位置到反射信号的物体之间的距离。该方法探测海底的最大距离为100km,用它定位海下物体之间的距离数据就可以绘制海底的地形图。

(3)地震波分析

地震波是地震、火山喷发、地下爆炸等巨大能量释放导致的岩石移动所产生的振荡,振荡向各个方向传播形成地震波。地震波有三种:沿地表面传播的表面波,通过地壳传播的纵波和横波。纵波比横波传播得快。产生地震波的方式和强度不同,地震波的频率特点和持续时间也不同。利用多个测量点对地震波观测,首先用数字滤波器滤掉与地震无关的杂波,然后用能分辨信号成分的频谱函数计算、用能判断信号自身的相似部分的时间距离的自相关函数计算、用能判断两个信号的相似程度的互相关函数计算、用平均法计算各种信号等运算处理后,就能获得地震波的频率分布、传播时间、传播距离、持续时间等数据,进而判断引发地震的现象、方位、强度等信息。

1.4.12　航海领域

在航海领域,数字信号处理可以应用在船舶的导航、测量距离、测量方向、确定船舶的位置、海上通信、船舶黑匣子、检验轮船的操纵和稳定性能、船速测量、轮船的气体流量、液体流量和蒸汽流量测量、船舶的变速器检测、对齿轮和轴承的动态分析和故障诊断、轮船行驶时振动传递和衰减状况的分析、船舶的发动机维护、船壳裂缝的检测、海上风速测定、海底礁石探测、鱼群探测、海流速度检测、航海仪、轮船自动控制、自动故障报警、轮船控制系统显示、轮船节能系统、雷达观测、声呐探测、电子嘹望等方面。下面详细介绍检验轮船的操纵和稳定性能、船舶黑匣子和电子嘹望的应用。

(1)检验轮船的操纵和稳定性能

轮船的舵轮控制着轮船的前进方向,它的操纵性能和稳定性对于轮船的安全至关重要。以数字信号处理理论为依据、科学地检验轮船的操纵性能和稳定性的方法是:以舵轮的转角作为输入信号,以轮船的船身旋转角速度作为整个系统的输出信号;让轮船以一定的速度直线行驶,猛地转动舵轮又立即回到原位,每隔一定时间连续做这种冲击式的舵轮转向输入动作,同时测量舵轮和船身的转动角信号;然后根据分析信号相似程度的相关函数和分析信号基本成分的频谱函数,计算输出信号的基本成分的分布,以及输入和输出信号之间的相似程度。这些都是数字计算处理,它可以用图形清楚地表现轮船在哪些频率上不好驾驶、反应迟钝、稳定性差等动力特性。

(2)船舶黑匣子

现代的船舶都有许多动力装置和电控装置,例如推进器、发电机、制冷机、卷扬机、导航仪、火灾监控器、定位仪等,一旦船舶失事和船员失踪,没有一个记录这些装置情况的设备,就不好判断船舶失事的原因和船舶失事的位置。记录船舶电动装置的设备安装在一个抗震和抗高温的箱子里,俗称黑匣子。如果靠记录模拟信号的方法来记录船舶装置的情况,这种情况下黑匣子需要庞大的磁带设备,成本高、体积大、不抗震也不抗高温,显然不实用。而靠数据采集和编码压缩的方法来记录,信号保存在集成电路芯片里,这种方法可以使黑匣子的体积做得小巧、数据不易丢失、抗震、抗高温和成本低。

(3)电子瞭望

站得高看得远,轮船的驾驶舱大多设在轮船的高处,好让驾驶员观看海上前方的情况。要想在轮船上看得更远,前后左右都能看,甚至夜晚也能看,可以请数字信号处理技术来帮忙。在桅杆顶端安装具有高分辨力的红外线电子望远镜,将远方景物的热图像信号转变成数字信号,根据需要采用特殊的数据处理,减弱不想知道的图像信号,突出想知道的图像信号,并将红外线图像信号变换成人们习惯的图像颜色。由于数字图像的处理过程是依靠程序的安排来进行的,所以,人们可以根据需要方便地调用图像方式,获取不同的图像信息。另外,红外线电子望远镜是靠物体的温度发出肉眼看不见的红外线光来观察景象的,所以用这种望远镜在黑夜也能轻松地看清楚远处的景象。

1.4.13　航空航天领域

在航空航天领域,数字信号处理可以应用在飞机的设计、飞机的气流实验、飞机的动力实验、飞行器模型风洞实验、设计飞机起飞路径、飞机检修、观察太阳、探测月亮、卫星监测、卫星定位、卫星的覆盖图、卫星通信的多址技术、卫星气象图、智能化小口径卫星天线地球站、移动卫星通信系统、卫星电视系统、卫星的位置控制、设计卫星轨道、空间飞行器的姿态控制、空间探测信号分析、空间平流层通信、探测森林火灾、探测农业情况、信号预测、宇宙探测、从外太空传送信号回地球等方面。下面详细介绍飞机检修、观察太阳和设计卫星轨道的应用。

(1)飞机检修

飞机是在天上飞行的,起飞前必须保证机械没有故障,飞机检修万分重要。发动机是飞机的心脏,结构精密,不应随便地拆卸检修。因此,监听监测发动机发动的声音、齿轮啮合运转的振动、机身的振动等,就成了快速、准确和轻松地检测飞机、发现问题的行之有效的方法。根据是,发动机的各个部件有特定的尺寸,在工作过程中,各部件的相互作用形成特定频率的振动,并且,它们相互叠加和调制,形成发动机系统的特有频率特性。检修飞机时,用振动传感器检测发动机的这些信号,根据分析信号的频谱函数、功率谱公式、倒频谱公式等,分析计算发动机的各种信号,就可以了解发动机的内部情况。

（2）观察太阳

预测太阳黑子的发生,对人类的通信、航空、航天、航海、电力供应等活动具有指导意义。太阳黑子的年平均数具有周期特征,这是通过对 300 年的观测数据分析发现的,黑子发生的周期是 11 年。人类观察太阳黑子的发生有 300 多年的历史,观察的时间和观察所记录的时间是不连续的,即时间是离散的,记录的时间范围是有限长的,这些太阳黑子运动的观测记录是离散信号。天文学家根据频谱函数分解这些信号的基本成分和它们的周期,科学地处理大量观测数据,最后知道太阳黑子的活动具有周期规律,平均 11 年达到一个爆发高峰。

（3）设计卫星轨道

人造地球卫星在天上环绕地球长年飞行的轨道,可以根据卫星是否与地球同步运转、卫星在天上的位置、卫星的运行方向、轨道形状、运转周期等要求,按物理力学公式计算出来,这是理想的卫星轨道。在地球上空有两个地方存在高能量辐射,卫星必须避开这种地方。高能量辐射是由地球磁场和太阳风的相互作用产生的高能量电子和质子,高能量粒子的穿透力很强,它们撞击卫星会产生 x 射线和附加的高能电子,严重损害人造卫星的电子设备,缩短卫星的寿命。实际当中还有许多具体因素需要考虑,如月亮对卫星的引力、太阳对卫星的引力、地球引力场的不均匀、地球大气层的阻力、太阳辐射的压力、发射卫星的地点、卫星的重量、发射卫星的角度、发射卫星的速度、发射地点的地心引力等影响。还有,计算结果是否与实际相符,需要用已有的其他星球运行的观测数据对设计进行检验,以确保卫星的发射万无一失。通过设计的卫星轨道,计算和预测卫星通信中必须考虑的星蚀时间和日凌时间。星蚀是指卫星、地球和太阳共处在一条直线时,地球挡住阳光对卫星的照射,这时卫星进入地球的阴影区,失去太阳能。日凌是指地球、卫星和太阳共处在一条直线时,卫星地面站的天线对准卫星的同时也就对准太阳,强大的太阳噪声进入卫星地面站,造成通信中断。所有这些事情都需要大量的数据处理,需要计算机帮助科学家做数字信号处理。

1.4.14 家用电器领域

在家用电器领域,数字信号处理可以应用在数字电视机、数字收音机、数字广播、电视特技、高清晰度电视、数字电话、网络电话、数码相机、数码摄像机、掌上电脑、电子词典、可视电话、高保真音响、音乐合成、电子乐器、电子琴、激光(CD)唱机、数字视频碟(DVD)播放机、数字录音机、数码复读学习机、数字留言机、数字应答机、语音信箱、微型光盘(MD)、电子游戏机等方面。下面详细介绍激光唱机和数码相机的应用。

（1）激光唱机

激光唱碟机模拟人的左右耳朵听觉,分别以两个声道同时记录演奏场地的左右两边声音,达到立体声的效果。唱机对声音的记录是以每秒 44.1 千次的速度(44.1kHz)测量连续变化的声音信号,并将它转换成 16 位(比特)的二进制数字信号,这样每次采样得到 32 位二进制信号。这种记录能覆盖 $20\sim20000\mathrm{Hz}$ 的声音频率范围。数字信号记录在光碟的螺旋轨道,螺旋轨道是凹凸不等的痕迹,每 $1\mathrm{bit}$ 占据 $1\mu\mathrm{m}^2$ 的面积,也就是 $1\mathrm{mm}^2$ 有 $10^6\mathrm{bit}$。激光唱机在重放光碟的数字声音信号时,需要对数字信号转变来的阶梯状模拟信号进行平滑处理,即滤除没用的高次谐波。这种处理是模拟滤波,在采样频率为 44.1kHz 的情况下要求模拟滤波器的通带必须很快过渡到阻带,这在器件上不容易做到,还会增加机器的成本。采用数字信号处理,很容易解决这个问题：只要在数字声音信号转变成模拟信号之前，采用过采样的数字信号处理技术，即提高数字声音信号的采样频率，就可以降低对模拟滤波器的要求。如图 1-18 所示，左图是采样频率为 f_s 的数字信号转变为阶梯模拟信号，右图是采样频率为 $4f_s$ 的数字信号转变为阶梯模拟信号；前者的阶梯宽度是 $1/f_s$，后者的阶梯宽度是 $1/(4f_s)$，后者的阶梯宽度比前者的更窄。从波形看，采样频率高的阶梯信号更接近真实的模拟信号，换句话说，这种阶梯信号在模拟电路上更容易变成光滑的模拟信号。这种过采样技术使高保真音响产品能够物美价廉。

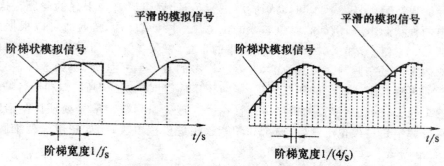

图 1-18　低采样频率和高采样频率的数—模转换

（2）数码相机

商用的电子产品必须好用和廉价，这要求数码相机在有限的存储器容量的情况下尽可能地增加保存照片的张数。解决的办法是对图像的原始数字信号进行分解计算，算出图像成分的参数，保存照片时只要存储主要成分的参数，丢弃次要成分的参数，就可以大幅度地减少需要保存的数据，使有限的存储器能保存的照片张数更多，降低产品的成本。恢复图像时，对存储器的数据采用与保存前的相反方法计算，就可以获得原先的图像。

1.4.15　广播电视领域

在广播电视领域，数字信号处理可以应用在节目采集、节目制作、节目存储、节目播出、节目接收、数字音频广播、数字调幅广播、网络广播、数字电视、视频会议、远程医疗、远程教学、高清晰度电视、电视机顶盒、动画制作、数字调音台、数字音频工作站、听觉激励器等方面。下面详细介绍网络广播、高清晰度电视和数字音频工作站的应用。

（1）网络广播

网络广播也有人称它为在线广播，它把模拟声音信号转变成数字声音信号，对数字信号做简化数据结构的处理，以互联网为传播媒介向大众提供数字音频和视频业务，是传统媒体与网络媒体结合的全新信息传播方式。它延伸了传统广播功能，并利用连接全球的互联网实现全球广播，可以进行直播、点播和双向互动收听。对于意义重大的活动和需要及时报道的事件，采用网上直播，实况信号源以恒定的速率传输数据，原始记录的时间和传输播放的时间同步进行，用户可以边下载边播放，也可以播放完节目而不保留数据在用户的计算机磁盘上。对于一般的事件，采用网上点播，它将节目按照内容制作成一个个片断，用户可以根据题目选择自己关心的内容。点播方式可以更合理地满足用户的要求，同时也能更好地利用带宽资源。听众有想法和要求，可以采用自己的计算机向电台的邮箱和网上论坛发表，使自己成为信息的制造者和传播者。利用数字信号处理的网络多媒体传播,使传统的声音广播添加了文字和图像功能,扩展了听众的选择范围,让大众共享广播数据库资源,使广播与听众、听众与听众之间可以互动,密切公众的关系。

(2)高清晰度电视

传统的电视信号是将摄像机摄取的物体图像转变成电信号,这种信号直接调制高频载波然后无线或有线传送。由于空中和电路中存在各种电波,还有接收信号中难免有反射信号,因此接收这种信号时,很难辨别什么是有用信号、什么是干扰信号和反射信号。如果把图像信号和声音信号变成数字信号,然后调制高频载波进行传送,就可以避免上述的问题。这是因为,数字信号由两种状态组成,例如高电位和低电位、宽脉冲和窄脉冲,接收时可以根据这个标准判断有用信号、干扰信号和反射信号,除掉上述的干扰,恢复原来的图像信号和声音信号。图像和声音的数字信号在调制高频载波前,还需经许多的数字信号处理,例如数字信号的滤波、能减少数据而不降低图像质量的压缩编码、能纠正传输数据错误的编码、能利用各帧相邻图像的相似性的编码、减少数据字长的扩展压缩计算等。这一系列数字信号处理让高清晰度电视使用的频率资源不超过模拟电视,而质量和功能远超过模拟电视,例如图像清楚细腻、多路声音、声音动态范围宽、文字信息服务等。

(3)数字音频工作站

数字音频工作站(Digital Audio Workstation,DAW)是根据数字音频处理技术用计算机对音频信号进行数字信号处理的专业机器。它把模拟声音信号变成数字声音信号,保存在计算机的硬盘里,通过计算机控制数字信号处理的运算,轻而易举地实现许多高级的声音效果。例如,数字音频工作站可以同时录制多种声音,同时监听多种声音,对多种声音缩小和混合,对声音进行不同要求的删除、静音、复制、移位、拼接、电平调整、时间伸缩、混响、延时、降噪、变速变调、合唱等编辑。数字音频工作站还有声音处理的显示功能,它以图形的形式在显示器上显示各种音频信号的波形、编辑数据、操作按钮等,方便各种节目的录制。用数字音频工作站加工声音信号不会损伤节目素材,准确、细致和快速。用一般的录音机编辑声音信号,要来回和反复地进退磁带,凭耳朵听力寻找剪辑点,费时费事,甚至破坏整个素材片断。

1.5　如何使用数字信号处理

数字信号处理的相关理论是建立在数学基础上并为实际应用服务的,它主要研究处理数字信号的有效方法,包括快速处理的方法。

做事情需要有方法,要把事情做好更需要有方法,好的方法是指讲究策略、讲究实效的科学方法。人们研究问题和解决问题的过程大体上是一样的:首先是确定基本概念,也就是给事物的基本部分、现象和成分取名字;然后找出事物的基本规律,建立解决问题的基本方法;在此基础上开展对事物的研究,清楚地、有条不紊地、有理有据地进行各种活动。数字信号处理的应用也是如此:首先区分被研究的事物的基本部分,确定每部分的计量单位,使每部分的特征能用数字来描述;然后找出各种特征之间的关系,并用数学公式来代替它们;在此基础上研究各种特征的变化,观察它们可能产生的结果,通过对比,找出最佳的解决问题的方法。

1.5.1 使用数字代表事物的特征

研究事物的第一步是：区分被研究的事物的基本部分，确定每部分的计量单位，使用数字来描述每部分的量。这是人类祖先认识世界所采用的方法，他们使用手指、石头、树枝等统计猎物、水果、粮食的多少。随着人类的进步，人们对事物的认识加深，对事物的研究更具体化，计量的方法也更详细、更科学。下面来看几个常见的事例。

研究布匹时，使用计量单位米来衡量布匹的长度和宽度，使用计量单位平方米来衡量布匹的面积，使用单位面积的重量来衡量布匹的质地。

研究电学时，使用计量单位伏特来衡量电位的高低，使用计量单位库仑来衡量电荷的多少，使用计量单位安培来衡量电流，也就是单位时间内流过导体的电荷量。

研究小学教育时，使用年级来描述学生在校的时间，年级是时间单位，以 50 人为一个班级，班级是计量单位，班级可以描述小学的规模，还可以从每个班有几位老师和学生的学习成绩衡量小学的师资力量和教学效率。

研究土地资源时，可以使用森林和草地的覆盖面积表示土地的绿化情况，使用单位面积的绿色植物的多少描述土地的绿化密度，使用动物的种类描述森林的活力，使用泥土的含水量表示雨水的保持能力，使用泥土裸露的表面积表示水土流失的范围，使用石头、房屋和水泥地的覆盖面描述不吸收水分的僵硬面积，使用降水量表示雨水的多少。

生活中的事物在数学中被抽掉具体内容，保留下来的这些特征的量被称作数字。

1.5.2 使用数字信号描述事物的变化

世间的事物都是处在运动变化的环境中，为了与实际情况相适应，观察事物也应该采用运动变化的观点看问题，这样才可以更全面和更深刻地揭示事物的特征。一般来说，时间是观察事物变化的基础。

对于电这种物质，以时间为基础观察电压，可以了解电压随时间流逝而运动变化的规律，使用计量单位赫兹（Hz）可以衡量电压变化的快慢，使用计量单位时间可以衡量电压的上升过程，使用速度可以衡量电压在变化时产生的电磁波的传播快慢，使用波长可以衡量电磁波的波峰之间的距离。人们可以通过专门的仪器或元件对事物进行连续地测量，得到事物运动变化的特征；但是，为了让计算机处理事物的特征，连续特征必须转变为数据。人们也可以对事物进行定时测量，得到事物变化的离散特征。

对于土地资源，使用每月降雨量来描述地区的风调雨顺，使用每年单位土地面积的经济价值来衡量土地的使用效益，使用每年单位土地面积产生的废物来衡量土地的污染情况。这些特征是在特定的时间对特定地点进行测量得到的数据。

当然，观察事物的基础并不一定总是时间，基础往往是随着被研究的对象来决定。在研究地形时，平面方向上的距离和长度才是基础、是自变量，高度才是特征、是因变量。在化学反应中，温度也经常被当作观察的基础，化学家以温度为自变量观察化学反应的结果。

在电子电路理论、通信理论、系统理论、信息论等专业中，人们更多地、更习惯地把以上所说的代表事物运动变化特征的量或数据称作信号。在数学中则把事物的具体内容抽掉，把这些特征统称为变量，包括以上所说的时间、长度、温度等也称为变量。

1.5.3　使用数学公式表示信号的关系

事物的特征之间存在关系就会互相影响、相互依靠，这是事物的基本规律。科学家研究事物规律和解决问题时经常采用的方法是：通过对事物特征的统计，也就是对信号或变量的统计，找出事物的基本规律，并使用简单的数学公式表示这些基本规律，以此建立解决问题的基本规则和基本方法。下面就从电学、动力学和医学三个方面来看科学家的这种做法。

在电学中，欧姆定律是指流过金属的电流和金属两端的电位差成正比，该关系的定量表达式是 $R=U/I$，电位差 U 和电流 I 的比值单位叫做欧姆。这个名称是为纪念德国物理学家欧姆而定的，欧姆对金属的导电性进行了多次实验并对测量数据进行统计，最后才得到电流和电位差的变量表达式。欧姆定律是人们解决电路问题的重要依据。有的事物关系很简单，不用实验就可以知道，如正弦波的频率和周期的关系，它们是反比的关系。

动力学中的惯性定律是科学家牛顿总结科学家伽利略的观察结果得到的。伽利略做实验观察球的滚动，得到的结论是：没有摩擦力，球将永远滚动下去。牛顿经过思考和推理，总结伽利略的观察：任何物体的运动，只要没有外力改变它，便会永远保持静止或匀速直线运动的状态。在此基础上牛顿继续努力，发现作用力和速度的关系，得到作用力等于质量乘以加速度的定律和作用力等于反作用力的定律。

在医学中，人体的心脏跳动频率的波动，数学上称频率变化率。频率变化率与心脏疾病的轻重有直接关系。若把频率变化率和心脏病看作是信号或看作是变量，两者的关系就可以使用数学公式的一次方程或直线方程近似地表示。这种做法可以为医生准确地判断病人的病情提供量的依据，为判断药物治疗的效果提供依据。

在电子电路理论、通信理论、系统理论、信息论等理论中，人们更多地把事物运动变化特征之间的相互作用、互相影响的关系称作系统。在数学中则把事物的具体内容抽掉，把这些变量的相互依赖的关系称作公式、函数或方程。数学的好处是使实际问题变得非常简洁、明了，同时也更一般化、更深刻。

上面介绍的使用数学解决问题的方法有一个共同的特点，就是使用数学符号、图表、公式等简洁的语言刻画和描述实际问题，这种使用数学语言描述实际问题的做法叫作数学建模，它是数据处理、信号处理和科学决策的基础。

以美国人口预报的问题为例。从 1790～1990 年，美国每隔 10 年的全国人口统计数据是 $\{3.9, 5.3, 7.2, 9.6, 12.9, 17.1, 23.2, 31.4, 38.6, 50.2, 62.9, 76.0, 92.0, 106.5, 123.2, 131.7, 150.7, 179.3, 204.0, 226.5, 251.4\}$ 百万，下面根据这些数据，使用马尔萨斯的人口模型测算 2000 年的美国人口。马尔萨斯（Malthus）是英国人口学家，他于 1798 年提出：如果人口的增长率与当时 t 的人口 $x(t)$ 成正比的话，则人口问题将是个微分方程问题。基于这个理论，美国人口的数学模型是

$$\frac{\mathrm{d}x(t)}{\mathrm{d}t} = rx(t)（r \text{ 是比例常数）}$$

这个微分方程的解是

$$x(t) = ce^{rt}（c \text{ 是待定常数）} \tag{1-2}$$

解的常数 c 和 r 可以由任意两组人口数据确定。例如,利用 $t=1790$ 和 $t=1890$ 的人口 $x(1790)=3.9$ 百万和 $x(1890)=62.9$ 百万,得到二元方程

$$\begin{cases} 3.9=ce^{1790r} \\ 62.9=ce^{1890r} \end{cases}$$

它的根是 $r=0.0278$ 和 $c\approx9.45\times10^{-22}$ 百万。将这些根代入式(1-2)就得到美国的人口方程

$$x(t)=9.45\times10^{-22}e^{0.0278t} \text{百万} \tag{1-3}$$

还有其他方法可以确定常数 c 和 r,比如令 $t=0$ 时(对应 1790 年)的人口 $x(0)=3.9$,则 $c=3.9$,再用 $t=1$ 时(对应 1800 年)算出 $r\approx0.307$ 等等。根据式(1-3)测算,2000 年美国的人口数 $x(2000)\approx1325$ 百万。这个预报是否正确必须经过实际人口数据的检验。人口随时间变化的规律如图 1-19 所示,黑点代表实际人口的统计数据,虚线则代表人口方程式(1-3)的变化规律,两者在 $t=1790\sim1920$ 年的变化规律比较接近,但是,时间超过 1920 年后,人口方程的误差就越来越大,这说明,数学模型式(1-3)测算的 1325 百万人口是错误的。

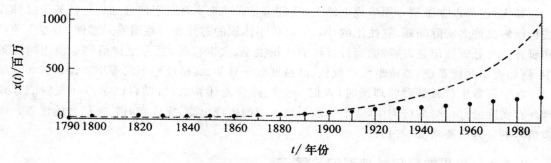

图 1-19 人口随时间变化的规律

人口的增长与自然资源、环境条件等诸多因素有关。在数学建模时,如果能够尽量考虑这些因素,就可以做出较合理的预报。认识人口数量的变化规律,做出较准确的预报,这是规划和控制国家可持续发展的重要依据。

1.5.4 找出最佳的处理方法

有了基本信号的名称,有了信号的计量标准,有了信号之间的基本关系,就建立了研究信号的基础。在此基础上开展对事物的研究,就可以清楚地、有理有据地使用数学理论探索事物更深层的规律,设计新的事物关系或变量方程,对信号的变化所可能产生的结果进行预测。通过对比人工设计的方程,就容易找出最佳的解决问题的方案。

在电子电路理论中,科学家和工程师们就是在基本的欧姆定律、基尔霍夫定律、二极管的伏安特性、晶体管的输入输出特性等基础上,开展对电路系统的研究和设计,得到共发射极、共集电极和共基极等三种基本放大电路;进而,以基本电路为单位做出各种组合,得到更复杂的电路,如运算放大器、乘法电路等。

研究和应用数字信号处理的过程也是这样:首先寻找事物的特征,确定它们的计量标准和测量方法,通过测量获取事物特征的数字信号;然后深入研究,找出信号之间的基本关系,并使用数学公式表示它们。在此基础上,以应用为目标开展数学理论探索,设计多种数学方案,并比较它们的优缺点,从中选择经济效益最好的那种方案,使用它解决实际问题。研究最佳处理

方法的基本做法是不受传统思想约束,集思广益和各取所长。

简单地说,处理数字信号的方法有:研究信号的基本组成部分,分解信号,获取信号的基本成分,对比信号的相似程度,利用函数的特点,提取信号的有用成分,综合利用。这一切做法都建立在数学理论的基础上。通过对这些基本方法进行组合,可以衍生出更复杂的处理信号方法。

1.5.5 使用计算机处理数字信号

数字信号处理的相关理论是以数学为基础、以实际应用为目标的,它最终必须通过计算达到应用的目标。有两个基本方法可以实现数字信号处理。

首先,可以在常用的、普通的或通用的计算机上,通过编写程序来实现数字信号处理的任务。这种方法能解决许多实际问题,它使用的计算机有显示器、主机、键盘和鼠标,非常方便观察和研究信号处理。但是,这种通用计算机的体积较大,成本较高,不方便移植到实际应用的设备中。例如,不可能将通用计算机嵌入导弹、手机、数码相机等便携式设备中。

其次,也可以在微型专用集成电路上,通过编写程序来实现数字信号处理的任务。这种方法也能解决许多实际问题,它使用的计算机是极小体积的芯片和一些附属元器件,不方便学习和研究信号处理。但是,这种微型计算机的体积很小,成本很低,很方便移植到需使用的设备中,例如汽车防撞系统、高清晰度电视机、高精度电子耳朵、高精度电子眼等小型设备。

在学习数字信号处理的理论时,人们一般选择普通计算机,帮助自己学习和观察信号处理。在实际处理信号的应用中,人们一般采取专用的集成电路,完成实时处理信号的任务。许多信号的处理都要求实时进行。

1.5.6 应用数字信号处理的关键

在学习数字信号处理、研究数字信号处理的应用和实现数字信号处理当中,都需要用数学来描述信号,需要建立数学公式来模拟信号的处理过程,以此为基础预测数字信号处理的行为。总之,解决实际问题的关键是数学方法。比如人的心脏跳动,它是一个周期信号,如果使用正弦函数来描述和分析,则可以区分出心跳信号和非心跳信号,这说明数学方法可以简化问题并提供理论依据。

当然,应用数字信号处理的关键,不只是使用数学的方法来解决问题,它还应包括处理数字信号的设备,比如通用计算机、微型处理芯片等。在微型的数字信号处理器芯片的基础上,实际应用的数字信号处理程序最好是能够满足简单短小、计算速度快、使用中容易维护、方便产品的升级换代等要求,这些要求是从用户和生产厂家的利益考虑的。数字信号处理器芯片能够让用户配置不同的应用软件来满足不同时间、不同环境和不同功能的需求。厂家则可以在这种芯片上,通过开发新的应用软件来满足用户或市场的新要求,适应不断发展的技术进步。满足这些要求也离不开优良的数学方法。

纵观全社会,数字信号处理技术能够节省大量硬件投资、缩短开发产品的周期、实时地适应市场变化。无论是用户还是厂家都能从数字技术中获取巨大的经济效益,数字技术是一种双赢的体系。

然而事物的形态是五花八门的,如何使用简明的数学来表示它们?如何系统地了解它们的本质?如何利用这些本质为人类服务呢?这些问题将在后面的章节逐一介绍。

第 2 章　离散时间信号与系统

2.1　离散时间信号

2.1.1　序列的定义与表示

在数字信号处理中,信号是用数字序列来表示的。序列(sequence)是一组以序列号为自变量的有序数字的集合,表示了在对应的离散时间点上的信号样本值。

通过对模拟信号在时域进行等时间间隔采样,可以获得时间量化的离散时间信号 $x(nT)$。$x(nT)$ 是一个有序的数字序列,其中 T 为采样周期,n 表示样点先后顺序。为了简化书写,采样周期 T 可以省略,直接表示为 $x(n)$,即序列 $x(n)$。

序列是离散时间信号在数学上的表示,其表示形式有两种:

1)集合表示形式;

2)函数表示形式。

1. 集合或函数的表示形式

一个序列可以采用集合或函数的形式来表示,记作序列

$$x=\{x(n)\}=\{x(-\infty),\cdots,x(-1),x(0),x(1),\cdots,x(\infty)\},\ -\infty<n<\infty \qquad (2-1)$$

其中 n 表示序列号,n 只能取整数,即 $n\in Z$。需要说明一点,序列号 n 强调数的先后顺序,而淡化顺序所表示的物理意义。$x(n)$ 表示第 n 项的序列值。序列 $x(n)$ 可以表示时间序列,也可以表示频域以及其他域上的一组有序数。x 为序列名称,不同的序列用名称加以区分,如 $x(n)$ 序列,$y(n)$ 序列等。在序列表示时,序列名称、序列号以及序列值三个要素缺一不可,例如

$$x(n)=\{1,2,3,4\},\ -2<n<3$$

即

$$x(-1)=1$$
$$x(0)=2$$
$$x(1)=3$$
$$x(2)=4$$

也可以表示成

$$x(n)=\{1,2\underset{\underset{n=0}{\uparrow}}{,}3,4\}$$

如果序列值与序列号之间具有一定的运算关系或规律,序列可以用函数的形式来表示。如序列

$$x(n)=\{1,2,3,4\},\ -2<n<3$$

可以用函数表达形式写成

$$x(n)=n+2, \quad -2<n<3$$

序列的函数表示形式给出了序列表示的闭合形式。

2. 序列图表示形式

序列图是一种直观、形象的序列表示方式。序列图就是采用直角坐标系的形式表示序列。例如序列

$$x(n)=\{1,2,3,4\}, \quad -2<n<3$$

的序列图如图 2-1 所示。其中横坐标表示序列号 n，n 只在整数值时才有意义，在非整数时无意义（而并非为零值）。纵坐标表示序列 $x(n)$，用有限长度的线段表示对应序列号 n 的序列值的大小。序列图也可以采用数轴的形式来简单地表示序列如图 2-2 所示。

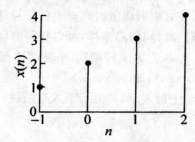

图 2-1　坐标形式的序列图

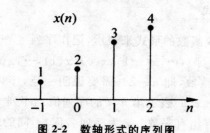

图 2-2　数轴形式的序列图

2.1.2　一些常用的时间序列

在研究离散时间信号与系统理论时，一些常用的序列是非常重要的。

1. 单位冲激序列 $\delta(n)$

单位冲激序列（unit sample sequence）也称为单位采样序列或脉冲序列，其定义为

$$\delta(n)=\begin{cases}1, & n=0 \\ 0, & n\neq0\end{cases} \tag{2-2}$$

单位冲激序列类似于模拟信号中的单位冲激函数 $\delta(t)$。单位冲激信号 $\delta(t)$ 是建立在积分定义上的，即

$$\int_{-\infty}^{\infty}\delta(t)\mathrm{d}t=1$$

$\delta(t)$ 是不可实现的数学极限,而 $\delta(n)$ 是可实现的。单位冲激序列和单位冲激信号如图 2-3 所示。

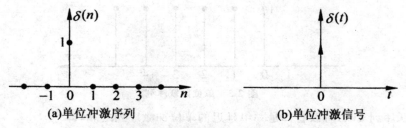

(a)单位冲激序列　　　　　　　　　(b)单位冲激信号

图 2-3　单位冲激序列和单位冲激信号

单位冲激序列在离散信号与系统的分析与综合中有着重要的作用。将单位冲激序列平移 m 个单位,可以表示为

$$\delta(n-m)=\begin{cases}1,n=m\\0,n\neq m\end{cases} \tag{2-3}$$

这样,任意的序列都可以表示成单位冲激序列移位加权和的形式,即

$$x(n)=\sum_{m=-\infty}^{\infty}x(m)\delta(n-m) \tag{2-4}$$

例如,序列如图 2-4 所示。

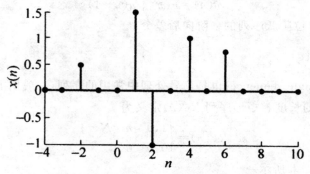

图 2-4　单位冲激序列表示任意序列

可以采用单位冲激序列 $\delta(n)$ 来表示,即

$$x(n)=0.5\delta(n+2)+1.5\delta(n-1)-\delta(n-2)+\delta(n-4)+0.75\delta(n-6)$$

因此,在说明某些离散时间系统(线性移不变系统)特性的时候,可以利用单位冲激序列作用时系统的输出响应序列,即单位冲激响应来完全描述,进而可以得到任意序列输入下系统的输出,因此单位冲激序列在离散系统的研究中具有重要的意义。

2. 单位阶跃序列 $u(n)$

单位阶跃序列(unit step sequence)定义为

$$u(n)=\begin{cases}1,n\geqslant0\\0,n<0\end{cases} \tag{2-5}$$

单位阶跃序列,如图 2-5 所示。

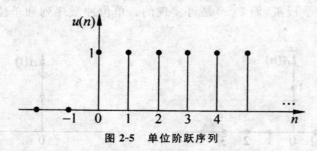

图 2-5　单位阶跃序列

单位阶跃序列 $u(n)$ 可以看作是一组延迟的单位冲激序列之和,即

$$u(n) = \delta(n) + \delta(n-1) + \delta(n-2) + \cdots \tag{2-6}$$

或者

$$u(n) = \sum_{k=0}^{\infty} \delta(n-k) \tag{2-7}$$

单位阶跃序列也可以表示为

$$u(n) = \sum_{k=-\infty}^{\infty} \delta(k) \tag{2-8}$$

可见,单位阶跃序列 $u(n)$ 相当于单位冲激序列的累加和序列。同样,单位冲激序列也可以用单位阶跃序列来表示

$$\delta(n) = u(n) - u(n-1) \tag{2-9}$$

即单位冲激序列是单位阶跃序列的一阶向后差分。

3. 矩形序列 $R_N(n)$

矩形序列(rectangle sequence)也是信号处理中常用的序列,一般用 $R_N(n)$ 表示,其中下脚标 N 表示矩形序列的长度。矩形序列 $R_N(n)$ 定义为

$$R_N(n) = \begin{cases} 1, 0 \leqslant n \leqslant N-1 \\ 0, n < 0 \end{cases} \tag{2-10}$$

矩形序列,如图 2-6 所示。

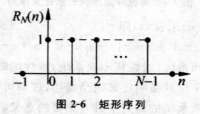

图 2-6　矩形序列

矩形序列 $R_N(n)$ 可以采用单位冲激序列和单位阶跃序列表示

$$R_N(n) = u(n) - u(n-N) = \sum_{m=0}^{N-1} \delta(n-m) \tag{2-11}$$

在序列的表示中,经常采用矩形序列来表示一个序列的序列号 n 的取值范围。例如一个序列

$$x(n) = 2n, -1 < n < 4$$

可以利用矩形序列表示为

$$x(n) = 2n \cdot R_4(n)$$

4. 实指数序列

实指数序列(real exponential sequence)可以定义为

$$x(n) = a^n u(n) \tag{2-12}$$

实指数序列如图 2-7 所示。

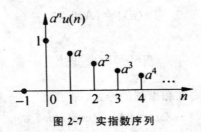

图 2-7　实指数序列

随着 a 取值不同,实指数序列呈现四种状态,具体如图 2-8 所示。

若 $|a| > 1$,则序列发散;若 $|a| < 1$,则序列收敛;若 $a < 0$,则序列值表现为正、负交替的形式。

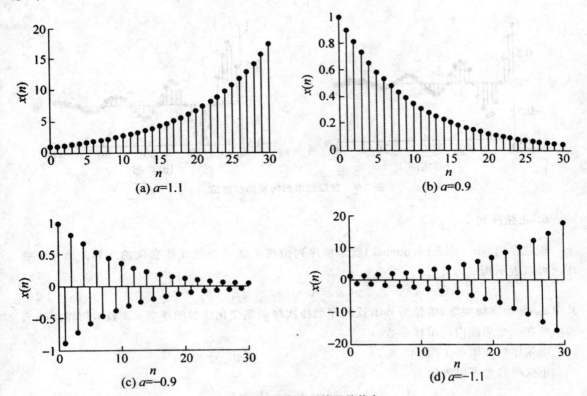

(a) a=1.1　　　　　　　　　　(b) a=0.9

(c) a=-0.9　　　　　　　　　　(d) a=-1.1

图 2-8　实指数数序列的四种状态

5. 复指数序列

复指数序列(complex number exponential sequence)表示为

$$x(n) = Ae^{(\sigma+j\omega_0)n} \tag{2-13}$$

由欧拉公式可知,复指数序列可以表示为

$$x(n) = Ae^{(\sigma+j\omega_0)n} = Ae^{\sigma n}e^{j\omega_0 n} = Ae^{\sigma n}(\cos\omega_0 n + j\sin\omega_0 n) = |x(n)|\arg[x(n)] \tag{2-14}$$

其中,

$$|x(n)| = |A| \cdot e^{\sigma n}$$

表示信号序列的幅值;

$$\arg[x(n)] = \omega_0 n$$

表示信号序列的幅角。

复指数序列也可以表示为实部和虚部的形式,即

$$\begin{cases} x_{re}(n) = |A|e^{\sigma_0 n}\cos(\omega_0 n + \phi) \\ x_{im}(n) = |A|e^{\sigma_0 n}\sin(\omega_0 n + \phi) \end{cases} \tag{2-15}$$

其中,$x_{re}(n)$表示复指数序列的实部,$x_{im}(n)$表示复指数序列的虚部。

例如,复指数序列 $x(n) = \exp\left(-\dfrac{1}{12} + j\dfrac{\pi}{6}\right)$ 的序列图如图 2-9 所示。

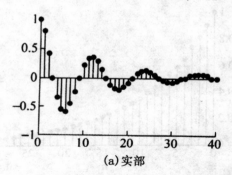
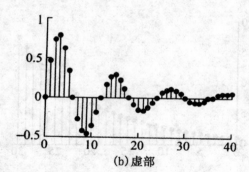

(a)实部　　　　　　　　　　　(b)虚部

图 2-9 复指数序列的实部和虚部

6. 正弦序列

正弦序列(sinusoidal sequence)就是指序列值按正弦或余弦规律变化的序列。通常正弦序列可以表示为

$$x(n) = A\cos(n\omega_0 + \phi) \tag{2-16}$$

其中 ω_0 是数字域频率,单位为 rad,反映序列按次序周期变化快慢的速率。ϕ 表示初相。N 表示序列在一个周期内的采样点数。

正弦序列如图 2-10 所示。

正弦序列也可以表示为

$$x(n) = A\cos(2\pi fnT_s + \phi) \tag{2-17}$$

其中 f 表示频率,单位为 Hz。若令

$$\Omega = 2\pi f$$

Ω 表示相对连续信号 $x(t)$ 的模拟角频率,单位为 rad/s。当频率 f 从 $-\infty$ 到 $+\infty$ 变化时,模拟角频率力也是从 $-\infty$ 到 $+\infty$ 变化。数字频率 ω_0 与实际频率 f 之间的关系如下:

$$\omega_0 = 2\pi f T_s = \frac{2\pi f}{f_s} \tag{2-18}$$

其中 f_s 为采样频率。当频率 f 从 0 变化到 f_s 时,ω_0 从 0 变化到 2π。当频率 f 从 0 变化到 $-f_s$ 时,ω_0 从 0 变化到 -2π。这样,频率 f 每变化 f_s,ω_0 变化 2π。

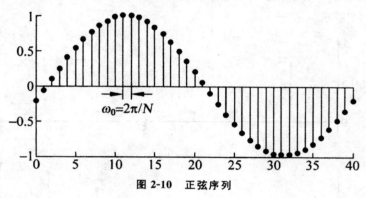

图 2-10　正弦序列

2.1.3　序列的运算

在离散时间信号与系统的分析与处理中,经常需要对信号进行操作,也就是对序列进行运算,常用的序列运算有序列的加与乘、移位与翻转、尺度变换、累加、差分、卷积和,以及相关等运算,所有的这些序列运算都可以利用 MATLAB 加以实现。

1. 序列的加法与乘法

序列的加法与乘法是指两个或两个以上的序列对应序号的样点值相加或相乘的运算。

$$y_1(n) = x_1(n) + x_2(n)$$

$y_1(n)$ 就是两个序列 $x_1(n)$、$x_2(n)$ 对应项相加后得到的和序列。

$$y_2(n) = x_1(n) \cdot x_2(n)$$

$y_2(n)$ 就是两个序列 $x_1(n)$、$x_2(n)$ 对应项相乘后得到的积序列。

例 2.1　利用 MATLAB 实现下面两个序列的相加运算。

$$x_1(n) = [1, 0.7, 0.4, 0.1, 0, 0.1], n = [1, 2, 3, 4, 5, 6]$$
$$x_2(n) = [0.2, 0.1, 0.3, 0.5, 0.7, 0.9, 1], n = [2, 3, 4, 5, 6, 7, 8]$$

解:MATLAB 实现程序如下:

```
n1=1:6;
x10=[1  0.7  0.4  0.10  0.1];
n2=2:8;
x20=[0.2  0.1  0.3  0.5  0.7  0.9  1];
n=1:8;
x1=[x10  zeros(1,8-length(n1))];%对 x10 进行右侧补零
x2=[zeros(1,8-length(n2))x20];%对 x20 进行左侧补零
```

x＝x1＋x2

subplot(3,1,1);stem(n,x1,'. k');subplot(3,1,2);stem(n,x2,'. k'); subplot(3,1,3);stem(n,x,'. k ');

计算结果为

x＝

1.0000　0.9000　0.5 000　0.4 000　0.5000　0.8000　0.9000　1.0000

结果如图 2-11 所示。

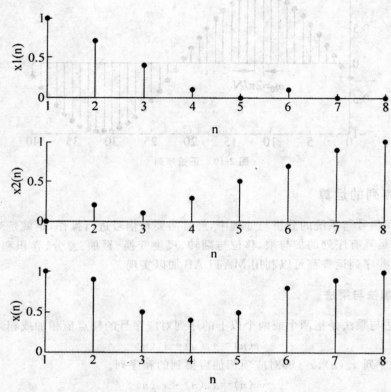

图 2-11　序列的加法

例 2.2　利用 MATLAB 实现下面两个正弦序列的相加运算。

$$x_1(n)=\sin(0.06\pi n)$$
$$x_2(n)=\sin(0.24\pi n)$$

求 $y(n)=x_1(n)+x_2(n)$。

解：MATLAB 实现程序如下：

```
t=0：0.00 1：0.6;
x1 = sin(2 * pi * 30 * t);
figure;
subplot(3,1,1);
plot(x1);
x2=sin(2 * pi * 120 * t);
```

```
subplot(3,1,2);
plot(x2);
y=xl+x2;
subplot(3,1,3);
plot(y);
```

结果如图 2-12 所示。

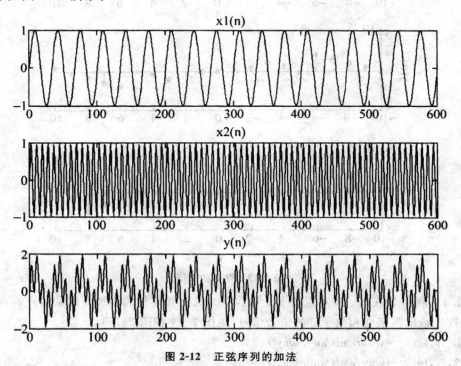

图 2-12　正弦序列的加法

例 2.3　利用 MATLAB 实现下面两个序列函数的相乘运算。

$$x(n)=e^{n}$$
$$y(n)=\sin(10\pi n)$$

求 $z(n)=x(n)\cdot y(n)$。

解：MATLAB 实现程序如下：

```
clear
n=[-10:1:10];
x=exp(n);
y=sin(2*pi*5*n);
z=x.*y;
subplot(3,1,1);stem(n,x,'. k ');subplot(3,1,2);stem(n,y,'. k');subplot(3,1,3);stem
(n,z,'. k')
```

结果如图 2-13 所示。

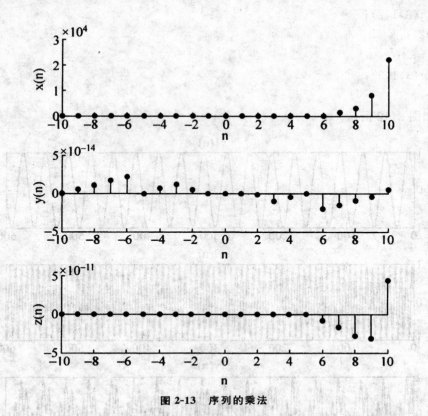

图 2-13 序列的乘法

例 2.4 利用 MATLAB 实现数字 0 和数字 2 的语音信号的相加与相乘运算。

解:首先给出数字 0 和数字 2 的语音信号(见图 2-14 和图 2-15)。

[au0,fs,bits]=wavread('au0. way');

[au2,fs,bits]=wavread('au2. wav');

11=size(au0);

12=size(au2);

l=max(11,12);

au0=[au0'zeros(1,1−11)]';

figure

plot(au0);

xlabel('n')

ylabel('au0')

figure

plot(au2)J;

xlabel('n')

ylabel('au2');

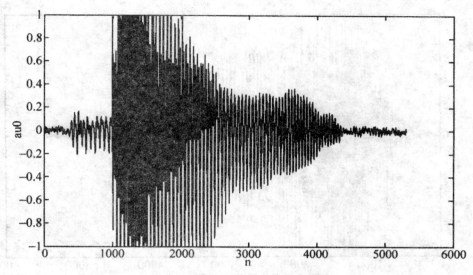

图 2-14　数字 0 的语音信号序列图

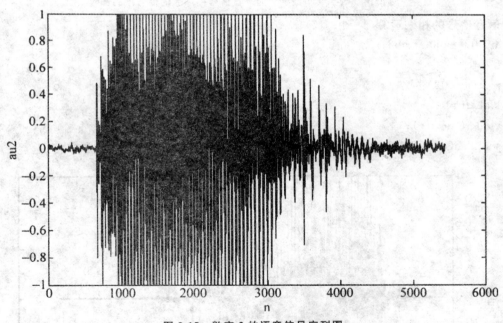

图 2-15　数字 2 的语音信号序列图

语音信号的相加运算（见图 2-16）：

au02＝au0＋au2，

figure

plot(au02)；

xlabel('n')；

ylabel('au02')；

soundsc(au02,fs)；

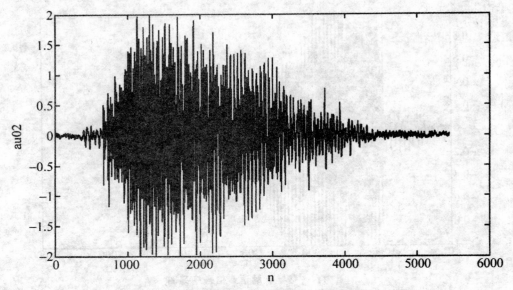

图 2-16 数字 0 和数字 2 的语音信号相加后的信号序列图

语音信号的相乘运算(见图 2-17):

```
au_02＝au0. * au2;
figure
plot(au_02);
xlabel('n');
ylabel('au_02');
soundsc(au_02,fs);
```

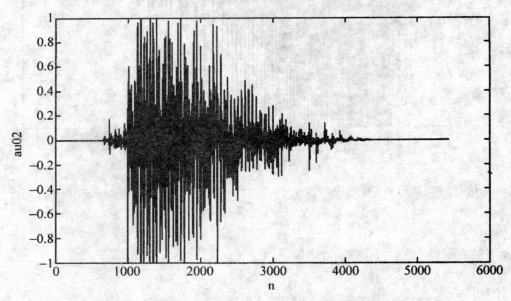

图 2-17 数字 0 和数字 2 的语音信号相乘后的信号序列图

2. 序列的移位

序列的移位也称作序列的延时,在数学上表示为

$$y(n) = x(n \pm m) \qquad (2-19)$$

当 $m > 0$ 时,$x(n-m)$ 是序列 $x(n)$ 右移 m 位后的序列;$x(n+m)$ 是序列 $x(n)$ 左移 m 位后的序列。

例 2.5 设序列

$$x(n) = [1,1,2,2,4,4,5,4,2,2,1]$$
$$n = [0,1,2,3,4,5,6,7,8,9,10]$$

利用 MATLAB 编程实现 $x(n)$ 的移位 $x(n+2)$ 和 $x(n-2)$。

解: MATLAB 实现程序如下:

```
n=[0:10];
x=[1,1,2,2,4,4,5,4,2,2,1];
subplot(3,1,1); stem(n,x,'. k');axis([-3,13,0,5])
n1=n-2;
subplot(3,1,2); stem(n1,x,'. k');axis([-3,13,0,5])
n2=n+2 ;
subplot(3,1,3); stem(n2,x,'. k');axis([-3,13,0,5])
```

结果如图 2-18 所示。

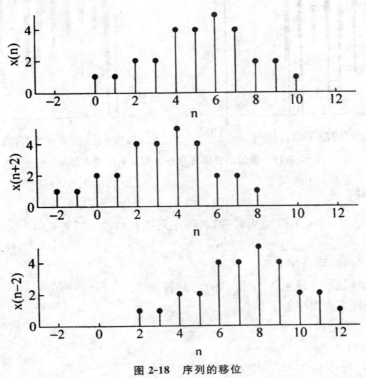

图 2-18 序列的移位

例 2.6 实现"0"~"9"数字语音信号的移位相加运算。

解: MATLAB 实现程序如下:

```
[x,fs,bits]=wavread('ito9.way');
z1=[zeros(1000,1),x,zeros(4000,1)];
z2=[zeros(2000,1),x,zeros(3000,1)];
z3=[zeros(3000,1),x,zeros(2000,1)];
z4=[zeros(4000,1),x,zeros(1000,1)];
z5=[zeros(5000,1),x];
x=[x,zeros(5000,1)];
y=z1+z2+z3+z4+z5+x,
soundsc(y,fs);
```

结果如图 2-19 所示。

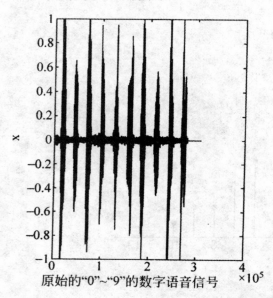
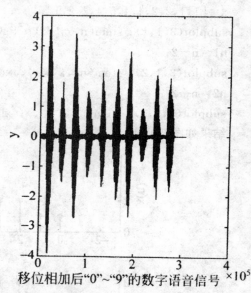

图 2-19 原始语音信号与移位相加后的语音信号

3. 序列的翻转

序列的翻转是以 $n=0$ 的纵轴为对称轴,将序列左右两边加以对调,即

$$y(n)=x(-n) \tag{2-20}$$

序列 $y(n)$ 就是 $x(n)$ 的翻转序列。

例 2.7 已知函数 $x(n)=\mathrm{e}^{n-2}$,求 $x(n)$ 的翻转序列。

解: MATLAB 实现程序如下:

```
n=[-4:1:10];
x=exp(n-2);
subplot(2,1,1);stem(n,x,'. k');axis([-10,10,0,10])
```

```
n=fliplr(-n);
x=fliplr(x);
subplot(2,1,2);stem(n,x,'. k');axis([-1 0,10,0,10])
```

结果如图 2-20 所示。

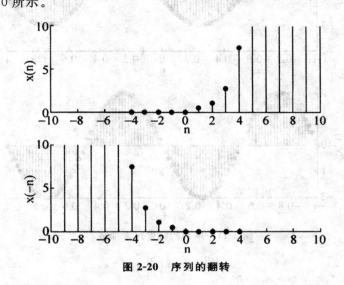

图 2-20　序列的翻转

4. 序列的尺度变换

序列的尺度变换包括幅度尺度变换和时间尺度变换。

（1）幅度尺度变换

$$y(n)=mx(n) \tag{2-21}$$

表示将序列 $x(n)$ 的序列值按比例放大 m 倍。体现为序列按一定比例伸长或缩短。

例 2.8　设 $x(n)=\sin(2\pi n)$，求利用 MATLAB 实现 $x(n)$ 的幅度尺度变换。

解：MATLAB 实现程序如下：

```
n=[-1:0.02:1];
x=sin(2*pi*n);
subplot(2,1,1);stem(n,x,'. k');
y=2*x;%对信号进行幅度加倍
subplot(2,1,2);stem(n,y,'. k');
```

结果如图 2-21 所示。

（2）时间尺度变换

时间尺度变换表示为序列按一定比例伸长或缩短。

$$y(n)=x(mn) \tag{2-22}$$

表示序列每隔 m 点取一点形成的抽样序列，相当于将时间轴压缩为原来的 $\dfrac{1}{m}$ 倍，即序列的抽取。

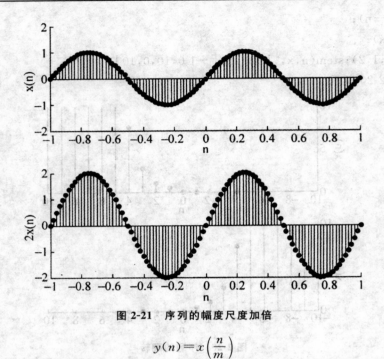

图 2-21　序列的幅度尺度加倍

$$y(n) = x\left(\frac{n}{m}\right) \tag{2-23}$$

表示序列每两点之间插入 $m-1$ 点的序列值形成的插值序列,相当于将时间轴扩展了 m 倍,即序列的插值。

例 2.9　实现信号的抽取运算,其中

$$x(n) = \sin(2\pi 50n)$$
$$y(n) = \sin(4\pi 50n)$$

解:MATLAB 实现程序如下:

```
n=0:0.0 007:2;
x=sin(2 * pi * 50 * n);
y=decimate(x,2);%对信号进行 2 倍抽取
subplot(2,1,1);stem(x(1:250),'. k');subplot(2,1,2);stem(y(1:140),'. k');
```

运行结果,如图 2-22 所示。

例 2.10　实现信号的插值运算,其中

$$x(n) = \sin(2\pi 50n)$$
$$y(n) = \sin(\pi 50n)$$

解:MATLAB 实现程序如下:

```
n:0:0.0016:2;
x=sin(2 * pi * 50 * n);
y=interp(x,2);%对信号进行 2 倍插值
subplot(2,1,1);stem(x(1:140),'. k');subplot(2,1,2);stem(y(1:250),'. k');
```

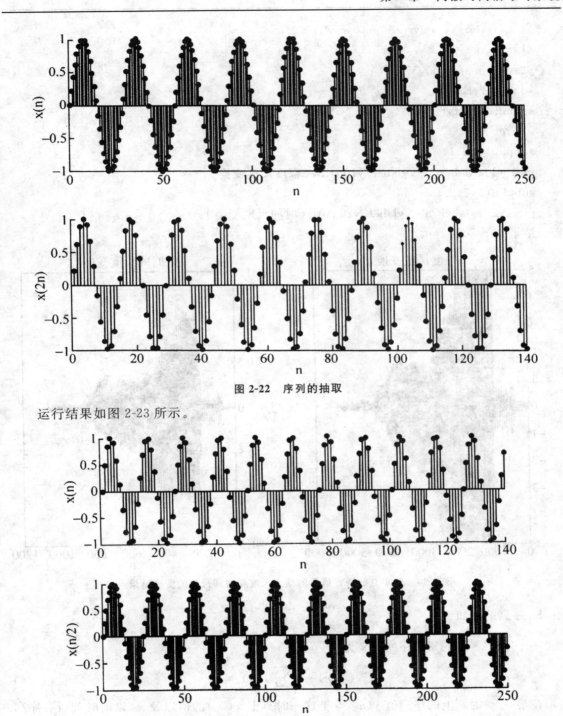

图 2-22　序列的抽取

运行结果如图 2-23 所示。

图 2-23　序列的插值

例 2.11　对数字 0 的语音信号进行幅度尺度与时间尺度的变换。

解：对语音信号进行时间尺度变换就是相当于改变数字语音信号的采样频率，其 MATLAB 实现程序如下：

```
[au0,fs,bits]=wavread('au0. wav');
y1=5 * au0;
y2=decimate(au0,5);
soundsc(y1,fs);
soundsc(y2,fs);
figure
subplot(1,2,1)
plot(y1);xlabel('n');ylabel('y1');title('幅度尺度变换');
subplot(1,2,2)
plot(y2);xlabel('n'); ylabel('y2');title('时间尺度变换');
```

结果如图 2-24 所示。

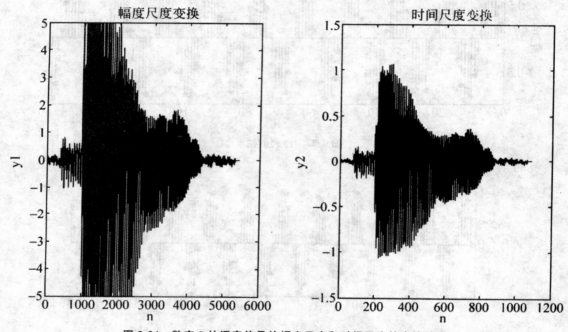

图 2-24　数字 0 的语音信号的幅度尺度和时间尺度的变换结果

5. 序列的累加

一个序列 $x(n)$ 的累加序列定义为

$$y(n) = \sum_{k=-\infty}^{n} x(k) \tag{2-24}$$

表示在某一 n_0 时刻上的序列值 $y(n_0)$ 等于这一时刻上 $x(n_0)$ 的值以及 n_0 以前时刻所有序列值的和。

例 2.12　实现信号的累加运算,其中

$$x(n)=[0.1,0.2,0.3,0.5,0.5,0.1,0.5,0.6]$$
$$n=[1,2,3,4,5,6,7,8]$$

求 $x(n)$ 的累加和序列。

解：MATLAB 实现程序如下：

```
n=[1:8];
x=[0.1  0.2  0.3  0.5  0.5  0.1  0.5  0.6];
subplot(2,1,1);stem(n,x,'.k');
y=zeros(1,8);
n1=1;
for n2=1:8
y(n2)=sum(x(n1:n2))
end
subplot(2,1,2);stem(n,y,'.k');
```

运行结果如图 2-25 所示。

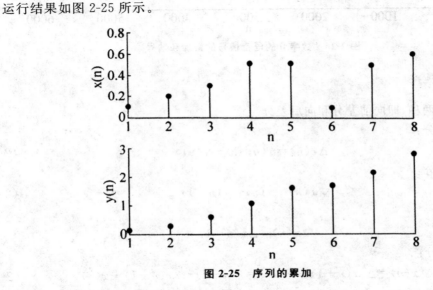

图 2-25　序列的累加

例 2.13　计算数字 0 的语音信号的累加和信号。

解：MATLAB 实现程序如下：

```
[au0,fs,bits]=wavread('au0.way');
N=length(au0);
n=[1:N];
for n=1:N
y(n)=sum(au0(1:n));
end
figure
plot(y);xlabel('n')
soundsc(y,fs)
```

运行结果如图 2-26 所示。

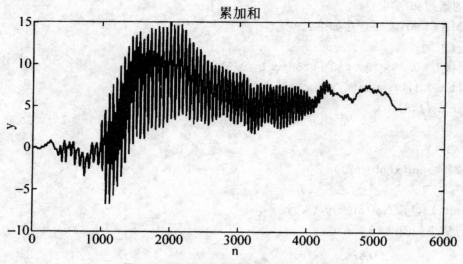

图 2-26　数字 0 的语音信号的累加和信号

6. 差分运算

差分运算有两种,即向前差分和向后差分。

一阶向前差分:

$$\Delta x(n) = x(n+1) - x(n) \tag{2-25}$$

一阶向后差分:

$$\nabla x(n) = x(n) - x(n-1) \tag{2-26}$$

可见,

$$\nabla x(n) = \Delta x(n-1)$$

二阶向前差分:

$$\Delta^2 x(n) = \Delta[x(n+1) - x(n)] = x(n+2) - 2x(n+1) + x(n) \tag{2-27}$$

7. 序列的卷积和

在连续系统的分析与处理中,系统零状态响应常常利用卷积积分来求解。对于离散系统来说,卷积和是求解离散时间线性移不变系统零状态响应的有效方法。卷积和定义为

$$y(n) = x(n) * h(n) = \sum_{m=-\infty}^{\infty} x(m) \cdot h(n-m) \tag{2-28}$$

其中"*"为卷积和运算符号,通常这种离散卷积也叫做离散线性卷积。如果序列 $x(n)$ 为有限长序列,序列长度为 L_1,序列的取值区间为 $[N_1, N_2]$。序列 $h(n)$ 为有限长序列,序列长度为 L_2,序列的取值区间为 $[N_3, N_4]$,即在卷积和的运算中,

$$x(m): N_1 \leqslant m \leqslant N_2$$
$$h(n-m): N_3 \leqslant n-m \leqslant N_4$$

则

$$y(n): N_1 + N_3 \leqslant n \leqslant N_2 + N_4$$

可见两个序列的卷积和序列 $y(n)$ 也是有限长序列,其取值区间为 $[N_1+N_3,N_2+N_4]$,序列 $y(n)$ 的长度为 L_1+L_2-1。

下面具体讨论几种离散卷积的运算方法。

(1)公式法

公式法就是直接利用卷积和的定义来计算离散卷积的方法。

例 2.14 已知两个序列

$$x(n)=2^n,0\leqslant n\leqslant 2$$
$$h(n)=1,0\leqslant n\leqslant 2$$

试计算这两个序列的卷积和序列 $y(n)$。

解: 由卷积和计算公式

$$y(n)=\sum_{m=-\infty}^{\infty} x(m)\cdot h(n-m)=x(n)*h(n)$$

$$x(m):0\leqslant m\leqslant 2$$

$$h(n-m):0\leqslant n-m\leqslant 2$$

$$y(n):0\leqslant n\leqslant 4$$

$$y(0)=\sum_{m=0}^{2} x(m)\cdot h(n-m)=x(0)h(0)+x(1)h(-1)+x(2)h(-2)=1$$

$$y(1)=\sum_{m=0}^{2} x(m)\cdot h(1-m)=x(0)h(1)+x(1)h(0)+x(2)h(-1)=3$$

$$y(2)=\sum_{m=0}^{2} x(m)\cdot h(2-m)=x(0)h(2)+x(1)h(1)+x(2)h(0)=7$$

$$y(3)=\sum_{m=0}^{2} x(m)\cdot h(3-m)=x(0)h(3)+x(1)h(2)+x(2)h(1)=6$$

$$y(4)=\sum_{m=0}^{2} x(m)\cdot h(4-m)=x(0)h(4)+x(1)h(3)+x(2)h(2)=4$$

(2)图解法

图解法就是在序列图上实现离散卷积的计算。通过序列的翻转、移位、相乘以及相加来完成卷积和的计算。

例 2.15 将例 2.14 用图解法实现。

解: 利用 MATLAB 实现基于图解法的卷积和计算程序如下:

```
n=-5:5;
x=zeros(1,length(n));
x(6)=1;x(7)=2;x(8)=4;
h=zeros(1,length(n));
h([find((n>=0)&(n<=2))])=1;
subplot(4,2,1),stem(n,x,'* k');
subplot(4,2,3);stem(n,h,'. k');
n1=fliplr(-n);h1=fliplr(h);
subplot(4,2,5);stem(n,x,'* k');hold on;stem(n1,h1,'. k');
```

```
h2=[0,h1];h2(length(h2))=[];n2=nl;
subplot(4,2,7);stem(n,x,'* k');hold on;stem(n2,h2,'. k');
h3=[0,h2];h3(length(h3))=[];n3=n2;
subplot(4,2,2);stem(n,x,'* k');hold on;stem(n3,h3, '. k');
h4=[0,h3];h4(length(h4))=[];n4=n3;
subplot(4,2,4);stem(n,x,'* k');hold on;stem(n4,h4,'. k');
h5:[0,h4],h5(length(h5))=[];n5=n4;
subplot(4,2,6);stem(n,x,'* k');hold on;stem(n5,h5,'. k');
n6=-n;nmin=min(n1)-max(n6),
nmax=max(n1)-min(n6);
n=nmin:nmax,
y=conv(x,h);%MATLAB下卷积和计算函数
subplot(4,2,8);
stem(n,y,'. k');
```

运算过程如图 2-27 所示。

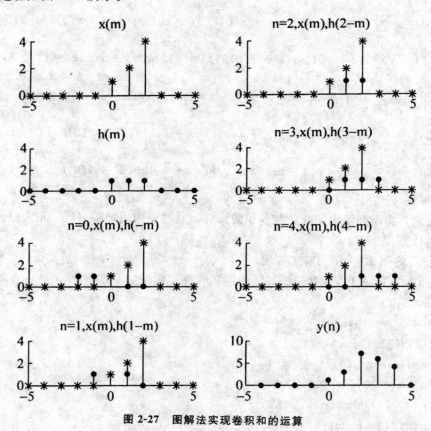

图 2-27　图解法实现卷积和的运算

（3）列表法

列表法是计算两个有限长序列离散卷积和的方法，该方法具有简单、有效的特点。列表法

的实现:将参加卷积运算的两个序列作为表中的行和列,然后将行与列的元素对应相乘作成乘积表,最后将乘积表中对角线的元素相加得到卷积和的结果。

例 2.16　将例 2.14 用列表法实现卷积和的计算。

解:根据列表法规则,实现如图 2-28 所示。

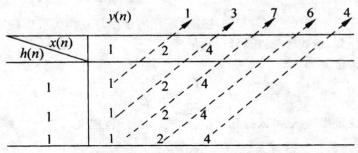

图 2-28　列表法实现序列卷积和的计算

因此,卷积和

$$y(n)=[1,3,7,6,4],0\leqslant n\leqslant 4$$

(4)相乘对位相加法

相乘对位相加法适用于有限长序列的卷积和计算。

将参加卷积和运算两个序列的序列值按乘法运算的竖式排列,然后按照从左到右的顺序逐项将竖式相乘的乘积对位相加,所得结果就是离散卷积和。

例 2.17　将例 2.14 用相乘对位相加法实现。

解:根据相乘对位相加法运算规则,得如图 2-29 所示的乘法运算。

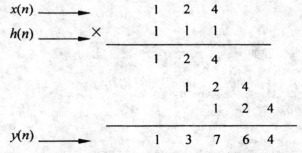

图 2-29　相乘对位相加法实现序列卷积和的计算

因此,利用相乘对位相加法得卷积和运算结果为

$$y(n)=[1,3,7,6,4],0\leqslant n\leqslant 4$$

8. 序列信号的相关

在信号的分析与处理中,经常需要研究两个信号的相似性,或者一个信号与其自身的时延信号的相似性,这就引出了相关函数。相关函数是研究随机信号的一种重要运算。

相关函数有两种形式:自相关函数(auto-correlation function,ACF)和互相关函数(cross-correlation function,CCF)。

自相关函数只涉及一个信号,提供时域中信号结构或其行为的有关信息。自相关函数在检测隐藏的周期信号时具有特殊的用途。

自相关函数的定义为

$$r_{xx}(m) = \sum_{m=0}^{2} x(n)x(n+m) \tag{2-29}$$

互相关函数是两个信号之间的相似性或共享性的量度。互相关可以应用于互谱分析、噪声信号的检测与恢复、模式匹配以及延迟测量等。

互相关函数的定义为

$$r_{xy}(m) = \sum_{n=-\infty}^{\infty} x(n)y(n+m) \tag{2-30}$$

通过简单的变量代换,就可以得到互相关函数的另一种定义

$$r_{xy}(m) = \sum_{n=-\infty}^{\infty} x(n-m)y(n) \tag{2-31}$$

上述的两种定义称为序列信号 $x(n)$ 和 $y(n)$ 的互相关函数,式(2-31)和式(2-32)中,$r_{xy}(m)$ 不能写成 $r_{yx}(m)$,因为

$$r_{yx}(m) = \sum_{n=-\infty}^{\infty} y(n)x(n+m) \underline{k=n+m} \sum_{k=-\infty}^{\infty} x(k)y(k-m) = r_{xy}(-m)$$

$r_{yx}(m)$ 称为信号 $y(n)$ 和 $x(n)$ 的互相关函数。

例 2.18 计算序列 $x(n)$ 和 $y(n)$ 的自相关和互相关函数。

其中

$$x(n) = \sin\left(\frac{\pi n}{8} + \frac{\pi}{3}\right) + 2 \cdot \cos\left(\frac{\pi n}{6}\right)$$
$$y(n) = x(n) + \omega(n)$$

$\omega(n)$ 为均值为 0 方差为 1 的白噪声。

解:MATLAB 实现程序如下:

```
n=[1:50];
x=sin(pi/8 * n+pi/3)+2 * cos(pi/6 * n);
w=randn(1,iength(n));
y=x+w;
rxx=xcorr(x);
rxy=xcorr(x,y);
ryy=xcorr(y);
figure(1),plot(rxx),grid;
figure(2),plot(rxy)f,grid;
figure(3),plot(ryy),grid;
figure(4),plot(y);
```

运行结果如图 2-30 所示。

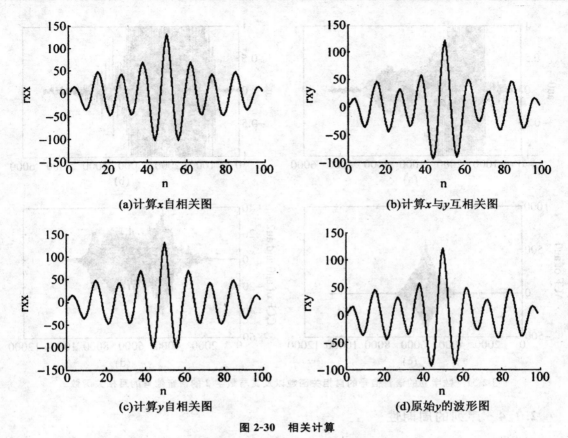

(a)计算x自相关图　　　　　　　(b)计算x与y互相关图

(c)计算y自相关图　　　　　　　(d)原始y的波形图

图 2-30　相关计算

例 2.19　计算数字 0 的语音信号的自相关函数以及其与数字 2 的语音信号的互相关函数。

解：MATLAB 实现程序如下：

```
[au0,fs,bits]＝wavread('au0. way');
[au2,fs,bits]＝wavread('au2. wav');
au00＝xcorr(au0);
au02＝xcorr(au0,au2);
subplot(2,2,1)
plot(au0);ylabel('au0');
subplot(2,2,2)
plot(au2);ylabel('au2');
subplot(2,2,3)
plot(au00),ylabel('ACF of au0');
subplot(2,2,4)
plot(au02);ylabel('CCF Of au0 and au2');
```

运行结果如图 2-31 所示。

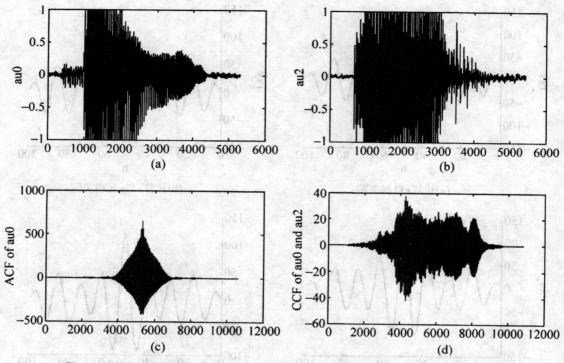

图 2-31　数字 0 的语音信号的自相关函数以及其与数字 2 的语音信号的互相关函数

2.1.4　序列的周期性

在连续系统中,正弦信号和复指数信号都是周期信号,周期等于 $\dfrac{2\pi}{\omega}$。在离散系统中,信号的周期性,即序列的周期性就是指对序列中所有 n 存在一个最小的正整数 N,使其满足

$$x(n) = x(n+N) \tag{2-32}$$

则称序列 $x(n)$ 是周期序列,周期为 N。图 2-32 表示了一个周期为 4 的周期序列。

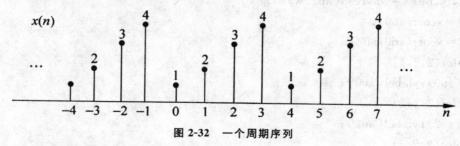

图 2-32　一个周期序列

下面以正弦序列为例,讨论一下序列的周期性。

具有周期性的正弦序列应满足

$$A\cos(\omega_0 n + \phi) = A\cos[\omega_0(n+N) + \phi] \tag{2-33}$$

即

$$\omega_0 N = k\pi, k \in Z \tag{2-34}$$

所以正弦序列的周期为

$$N=\frac{2k\pi}{\omega_0},k\in Z \tag{2-35}$$

当 ω_0 的取值能够使得 $\frac{2k\pi}{\omega_0}(k\in Z)$ 为正整数,正弦序列才具有周期性。因此 ω_0 的值决定了正弦序列的周期性。

例 2.20　讨论下面两个序列的周期性。

(1) $x_1(n)=\cos(0.01\pi n+\phi)$,

(2) $x_2(n)=\sin(5n+\phi)$。

解:

(1) 序列 $x_1(n)$ 如图 2-33 所示。

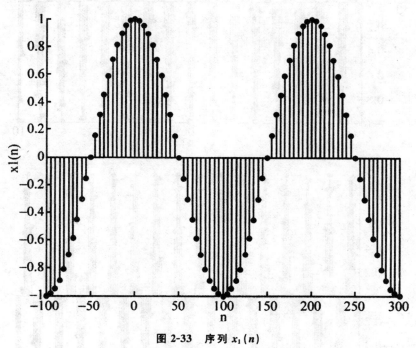

图 2-33　序列 $x_1(n)$

周期性应满足

$$x_1(n+N)=\cos[0.01\pi(n+N)+\phi]$$

即

$$0.01\pi N=2k\pi\Rightarrow N=200k,k\in Z$$

当 $k=1$ 时,

$$N=200$$

所以序列 $x_1(n)$ 是周期序列,周期 $N=200$。

(2) 序列 $x_2(n)$ 如图 2-34 所示。

周期性应满足

$$x_2(n+N)=\sin[5(n+N)+\phi]$$

即

$$5N = 2k\pi \Rightarrow N = \frac{2k\pi}{5}, k \in Z$$

因为在任意的 k 值下，都不会获得整数的 N，所以序列 $x_2(n)$ 不是严格意义上的周期序列。

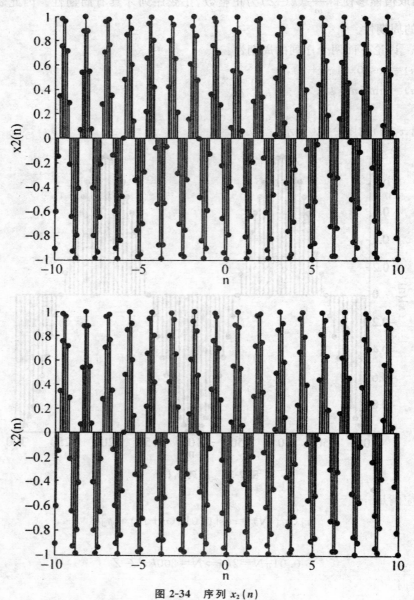

图 2-34 序列 $x_2(n)$

2.1.5 序列的能量与功率

序列 $x(n)$ 的能量 E 定义为序列中各个序列值的平方和，即

$$E = \sum_{n=-\infty}^{\infty} |x(n)|^2 \tag{2-36}$$

如果 $E<\infty$，信号 $x(n)$ 为能量有限信号，可以简称为能量信号。如果 $E>\infty$，信号 $x(n)$ 为能量无限信号，这时往往研究信号的功率。

序列 $x(n)$ 的功率 P 定义为

$$P = \lim_{N \to \infty} \frac{1}{2N+1} \sum_{n=-N}^{N} |x(n)|^2 \qquad (2\text{-}37)$$

如果 $P<\infty$，信号 $x(n)$ 为有限功率信号，可以简称为功率信号。当信号 $x(n)$ 为一个周期为 N 周期信号时，其功率定义为

$$P = \frac{1}{N} \sum_{n=0}^{N-1} |x(n)|^2 \qquad (2\text{-}38)$$

对于时间是无限长的信号来说，如周期信号、准周期信号以及随机信号，通常都是功率信号。而在有限区间上定义的确定性信号，一般都是能量信号。

有限长序列的能量的计算可以利用 MATLAB 语句实现：

E＝sum(x. ＊ conj(x))

或

E＝sum(x. ＊ abs(x)⌃2)

有限长序列的功率计算可以利用 MATLAB 语句实现：

P＝sum(x. ＊ conj(x))/length(x)

或

P＝sum(abs(x)⌃2)/length(x)

例 2.21　确定由序列 $x(n)$ 所定义的信号的能量与功率。

$$x(n) = \begin{cases} 5(-1)^n, & n \geq 0 \\ 0, & n < 0 \end{cases}$$

解：序列 $x(n)$ 的序列图如图 2-35 所示。

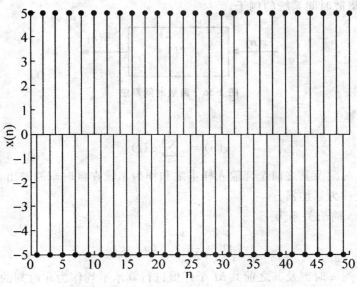

图 2-35　例 2.20 中序列 $x(n)$

序列的能量

$$E = \sum_{n=-\infty}^{\infty} |x(n)|^2 = \sum_{n=0}^{\infty} |5(-1)^n|^2 = \infty$$

序列的功率

$$P = \lim_{N \to \infty} \frac{1}{2N+1} \sum_{n=-N}^{N} |x(n)|^2 = \lim_{N \to \infty} \frac{1}{2N+1} \left(25 \sum_{n=0}^{N} 1\right) = \lim_{N \to \infty} \frac{25(N+1)}{2N+1} = 12.5$$

可见,由序列 $x(n)$ 所定义的信号是一个能量为无穷大、平均功率为 12.5W 的功率信号。

2.2 离散时间系统

系统的作用是将输入信号按照某种需要变成输出信号。如同信号有模拟信号、离散时间信号和数字信号之分一样,根据信号处理系统的输入输出信号形式,系统也可分为模拟系统、离散时间系统和数字系统。

离散时间系统可以抽象为一种变换或者一种映射,它将输入序列 $x(n)$ 映射为输出序列 $y(n)$,表示为:

$$y(n) = T(x(n))$$

$T[]$ 表示变换关系或映射,该变换可以由软、硬件完成。在系统分析时,该变换表示了系统本身所具有的特性;在系统综合时,该变换表示了我们所期望的特性。例如,输入信号可能受到加性干扰噪声,我们就需要设计一个离散时间系统,以便消除这些噪声分量。输入 $x(n)$,通常称为"激励",输出 $y(n)$ 称为系统对输入 $x(n)$ 的"响应"。一个离散时间系统也称为数字滤波器(digital filter),其输入输出关系如图 2-36 所示。一般情况下离散时间系统是一个单输入单输出的系统,在一些应用中,离散时间系统也可以有多个输入和多个输出。M 输入和 N 输出的离散时间系统能完成对 M 个输入信号的运算,得到 N 个输出信号。调制器和加法器就是双输入单输出离散时间系统的例子。

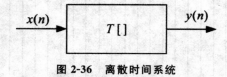

$$x(n) \qquad T[] \qquad y(n)$$

图 2-36　离散时间系统

例 2.22　运算关系

$$y(n) = \sum_{l=-\infty}^{n} x(l) \tag{2-39}$$

描述的系统,将 n 时刻及其之前全部输入样本之和作为系统在该时刻的输出,实现输入序列的累积相加,该系统称为累加器。

例 2.23　输入输出关系为

$$y(n) = \frac{1}{M} \sum_{k=0}^{M-1} x(n-k) \tag{2-40}$$

的系统,将输入序列 n 时刻及其之前共 M 个样值进行算术平均作为 n 时刻的输出。由上式易写出:

$$y(0)=\frac{1}{M}[x(0)+x(-1)+\cdots+x(-M+1)]$$

$$y(1)=\frac{1}{M}[x(1)+x(0)+\cdots+x(1-M+1)]$$

$$\vdots$$

$$y(n)=\frac{1}{M}[x(n)+x(n-1)+\cdots+x(n-M+1)]$$

可以看到,在顺序计算 $0,1,2,\cdots,n,n+1,n+2,n+3,\cdots$ 各个时刻输出序列的值时,参加运算的 M 个输入序列的样本,随着即值的改变而改变,依次向右平移。这样的系统称为 M 点滑动平均滤波器(moving average filter),常用于数据的平滑处理。

例 2.24　为估计两个样值之间的样本值大小,常采用线性插值的办法。线性插值系统将插值过程等效为图 2-37 所示两个系统的处理结果。

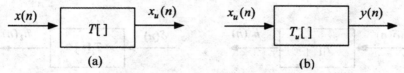

图 2-37　两点插值等效系统

首先系统(a)给待内插的输入序列 $x(n)$ 两样本之间补零,得到 $x_u(n)$,然后将 $x_u(n)$ 输入给系统(b),再由系统(b)完成对 $x_u(n)$ 序列中插入的零值重新"填入","填入"的数据是 $x(n)$ 中相邻两个样本值的线性内插值。序列的两点线性插值过程如图 2-38 所示,其计算关系为

$$y(n)=x_u(n)+\frac{1}{2}[x_u(n-1)+x_u(n+1)]$$

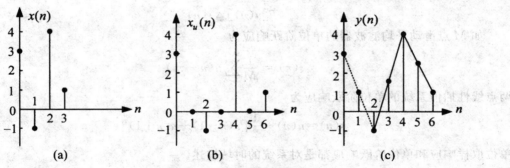

图 2-38　两点线性插值

2.2.1　系统的单位取样响应

设系统初始状态为零,输入序列 $x(n)=\delta(n)$ 时,输出序列 $y(n)$ 是由单位取样序列 $\delta(n)$ 激励该系统所产生的响应,称为该系统的单位取样响应序列,记作:

$$T[\delta(n)]\triangleq h(n) \tag{2-41}$$

即 $h(n)$ 是系统对 $\delta(n)$ 的零状态响应。

系统不同,对 $\delta(n)$ 的响应不同,即不同的系统 $h(n)$ 不同。当系统 1 输入 $\delta(n)$ 时,输出

$$T_1[\delta(n)]=h_1(n)$$

当系统 2 输入为 $\delta(n)$ 时,输出

$$T_2[\delta(n)]=h_2(n)$$

如图 2-39 所示。因此,$h(n)$ 是系统的固有特征,也是离散系统的一个重要参数,是从时域对系统的描述。如 M 点滑动平均滤波器的单位取样响应为:

$$h(n)=\frac{1}{M}\sum_{m=0}^{M-1}\delta(n-m)$$

可表示为

$$\{h(n)\}=\left\{\frac{1}{M},\frac{1}{M},\cdots,\frac{1}{M};n=0,1,2,\cdots,M-1\right\}$$

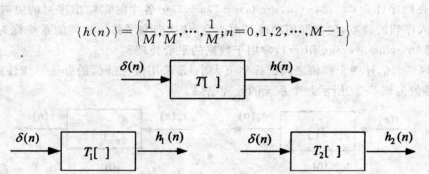

图 2-39　不同系统的单位取样响应

两点线性插值系统图 2-38 中(b)系统的单位取样响应为:

$$h_u(n)=\delta(n)+\frac{1}{2}[\delta(n-1)+\delta(n+1)]$$

系统的时域特征也可用单位阶跃响应来描述,其定义为:当系统初始状态为零,输入序列为 $x(n)=u(n)$ 时系统的输出,记作

$$T[u(n)]\triangleq s(n)$$

如 M 点滑动平均滤波器的单位阶跃响应为

$$s(n)=\frac{1}{M}\sum_{m=0}^{M-1}u(n-m)$$

两点线性插值系统的单位阶跃响应为

$$s(n)=u(n)+\frac{1}{2}[u(n-1)+u(n+1)]$$

单位取样响应和单位阶跃响应都是对系统的时域描述。

对变换 $T[\ ]$ 加上种种约束条件,就可以定义出各类时域离散系统。例如线性、非线性、时不变或时变系统等,其中线性时不变离散时间系统(Linear Time Invariant System,LTI),是最基本也是最重要的一类系统。许多实际系统都能近似为线性时不变系统,并且这类系统很容易用数学关系描述,也易于设计与实现,因此,我们以讨论这类系统为主。

2. 2. 2　线性时不变离散时间系统

1. 线性系统

线性系统是满足叠加原理的一类系统。如图 2-40 所示,如果一个离散系统的输入分别为

$x_1(n)$、$x_2(n)$，其相应的输出为 $y_1(n)$、$y_2(n)$，即

$$y_1(n) = T[x_1(n)]$$
$$y_2(n) = T[x_2(n)]$$

若系统输入

$$x(n) = ax_1(n) + bx_2(n)$$

a、b 为任意常数，系统输出满足

$$T[ax_1(n) + bx_2(n)] = T[ax_1(n)] + T[bx_2(n)]$$
$$= aT[x_1(n)] + bT[x_2(n)]$$
$$= ay_1(n) + by_2(n)$$

即系统满足比例性和叠加性，称为线性系统(linear system)，否则称为非线性系统(nonlinear system)。

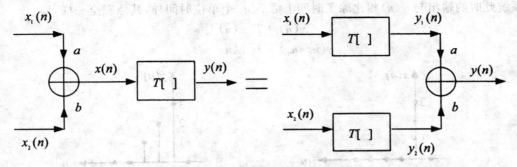

图 2-40　线性系统等效框图

对于有 M 个输入的系统，线性性质可表示成

$$T\Big[\sum_{k=1}^{M} a_k x_k(n)\Big] = \sum_{k=1}^{M} T[a_k x_k(n)] = \sum_{k=1}^{M} a_k y_k(n)$$

线性系统是使用最广泛的一种离散时间系统，系统满足线性性质，可以简化系统对复杂信号的响应分析。当某一叠加型复杂信号通过线性系统时，可分解成几个简单信号响应的叠加。

例 2.25　分析式(2-41)描述的累加器的线性特性。

解：设输入分别为 $x_1(n)$、$x_2(n)$ 时，根据式(2-41)描述的离散时间累加器的输入输出关系，可得到系统的输出 $y_1(n)$、$y_2(n)$ 为

$$y_1(n) = \sum_{l=-\infty}^{n} x_1(l)$$
$$y_2(n) = \sum_{l=-\infty}^{n} x_2(l)$$

当输入为 $ax_1(n) + bx_2(n)$ 时，输出 $y(n)$ 为

$$y(n) = T[ax_1(l) + bx_2(l)]$$
$$= \sum_{l=-\infty}^{n} [ax_1(l) + bx_2(l)]$$
$$= a\sum_{l=-\infty}^{n} x_1(l) + b\sum_{l=-\infty}^{n} x_2(l)$$
$$= ay_1(n) + by_2(n)$$

因此,式(2-41)描述的离散时间系统是线性系统。

2. 时不变系统

若系统对于任意激励的响应不随时间变化而变化,该系统称为时不变系统(time invaria-ntsystem,也叫非移变系统),否则称为时变系统。通常如果系统的元器件参数值及组成结构不随时间变化,则系统的全部特性都不会随时间而发生变化。对于时不变系统,输入序列的移位或延迟将引起输出序列相应的移位或延迟。如图 2-41 所示,具体来说,设系统的输入序列为 $x(n)$ 时,输出序列为 $y(n)$,若 n_0 个单位时间(n_0 个样点时间)以后用同一个序列激励该系统,即输入为

$$x(n-n_0)$$

而系统此时的输出与 $y(n)$ 相比除了时间上滞后 n_0 个单位时间外,其他完全一样,即

$$y(n)=T[x(n)]$$
$$y(n-n_0)=T[x(n-n_0)]$$

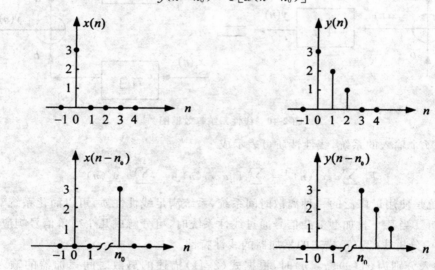

图 2-41　时不变系统的输入、输出

例 2.26 系统的输入输出关系为

$$y(n)=cx(n)$$

c 为任意常数,判断系统是否为时不变系统。

解: 当输入为 $x_1(n)=x(n-n_0)$ 时,该系统的输出为:

$$y_1(n)=cx_1(n)=cx(n-n_0)$$

与输出 $y(n)$ 做 n_0 点的移位 $y(n-n_0)$ 相同,即

$$y_1(n)=y(n-n_0)$$

此系统为时不变系统。

如果将 c 换成 n 即得到另外一个系统

$$y(n)=nx(n)$$

则当输入为 $x_1(n)=x(n-n_0)$ 时,输出为

$$y_1(n) = nx_1(n) = cx(n-n_0)$$

而 $y(n)$ 作做 x_0 点的位移可得

$$y(n-n_0) = (n-n_0)x(n-n_0)$$

此时

$$y_1(n) \neq y(n-n_0)$$

所以该系统为时变系统。

系统 $y(n) = cx(n)$ 可理解为恒定增益放大系统,而系统 $y(n) = nx(n)$ 的增益随时间变化。

3. 线性时不变系统的输入输出关系

同时满足线性和时不变性的系统称为线性时不变系统,这种系统的外部特性使得系统可以由它的单位取样响应完全描述,即如果知道了系统的单位取样响应,就可以得到系统对任意输入的输出响应。

详细讨论如下:

对时不变系统,当输入依次为 $\cdots\delta(n+1),\delta(n),\delta(n-1),\cdots,\delta(n-m),\cdots$ 时,系统的输出依次为 $\cdots h(n+1),h(n),h(n-1),\cdots,h(n-m),\cdots$。

将任意序列

$$x(n) = \sum_{m=-\infty}^{\infty} x(m) \cdot \delta(n-m)$$

作为系统的输入,则系统的输出

$$y(n) = T[x(n)] = T\left[\sum_{m=-\infty}^{\infty} x(m) \cdot \delta(n-m)\right]$$

此时将 $\delta(n-m)$ 视为系统的输入序列,$x(m)$ 为 $\delta(n-m)$ 序列的加权系数,系统的输入由多个 $\delta(n)$ 的移位加权和构成,则当系统是线性系统时,满足叠加原理,必有

$$T\left[\sum_{m=-\infty}^{\infty} x(m) \cdot \delta(n-m)\right] = \sum_{m=-\infty}^{\infty} x(m) \cdot T[\delta(n-m)] \tag{2-42}$$

若系统为时不变系统,$T[\delta(n-m)] = h(n-m)$ 成立。因此,系统输出

$$y(n) = \sum_{m=-\infty}^{\infty} x(m) \cdot h(n-m) \tag{2-43}$$

式(2-43)表示线性时不变系统的输出等于输入序列与单位取样响应的线性卷积运算,也叫离散卷积运算,记为

$$y(n) = x(n) * h(n) \tag{2-44}$$

由上式可以看出,给定 $h(n)$ 可以计算出任意输入时系统的所有输出值。所以一个线性时不变系统可以完全由其单位取样响应来表征如图 2-42 所示。

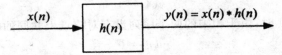

图 2-42　线性时不变离散时间系统

2.2.3 线性卷积运算

如上所述,线性时不变系统的输出可以通过计算输入序列 $x(n)$ 和单位取样响应序列 $h(n)$ 的线性卷积来完成。线性卷积运算,常用来实现信号的增强、去噪、参数提取、滤波和相关运算等功能。因此,探索两个序列的线性卷积运算及其运算规律是有意义的。

1. 线性卷积运算步骤

序列 $x_1(n)$ 和 $x_2(n)$ 的线性卷积运算表示为

$$y(n) = \sum_{m=-\infty}^{\infty} x_1(m) x_2(n-m) \tag{2-45}$$

由上式可知,卷积计算过程包括:序列的翻转、移位、相乘和求和四个步骤。

步骤 1:将 $x_1(n)$、$x_2(n)$ 进行变量代换,时间下标 n 都换成 m,得到 $x_1(m)$、$x_2(m)$,并按式 (2-45) 的要求将 $x_2(m)$ 翻转得到序列 $x_2(-m)$。

步骤 2:将 $x_2(-m)$ 平移 n 个样点得到 $x_2(n-m)$,当 n 为正数时,沿 m 轴右移;当规为负数时,沿 m 轴左移;$n=0$ 时,不移位。

步骤 3:$x_1(m)$ 与 $x_2(n-m)$ 沿 m 轴逐点对应相乘。

步骤 4:对乘积序列逐点累加,得到序列 $y(n)$ 在 n 时刻的值,当 n 取遍整个整数集时得到 $y(n)$ 在各时刻的值。

例如,对于 $n=0,1,2$,计算输出 $y(n)$ 的表示式是

$$y(0) = \sum_{m=-\infty}^{\infty} x_1(m) x_2(-m)$$

$$y(1) = \sum_{m=-\infty}^{\infty} x_1(m) x_2(1-m)$$

$$y(2) = \sum_{m=-\infty}^{\infty} x_1(m) x_2(2-m)$$

例 2.27 求解图 2-43(a)、(b) 所示序列 $x_1(n)$ 与 $x_2(n)$ 的线性卷积。

解:(1) 变量代换结果如图 2-43(c)、(d) 所示,并将序列 $x_2(m)$ 翻转得到序列 $x_2(-m)$,如图 2-43(e) 所示。图 2-43(c)、(e) 所示两个序列相乘后逐点相加得到 $y(0)=1$。

(2) n 取 1,即将序列 $x_2(-m)$ 右移 1 个样点,右移结果,如图 2-43(f) 所示,此时用于计算 $y(1)$ 的值。由图 2-43(c)、(f) 所示两个序列运算得到

$$y(1) = 3$$

(3) 当 n 分别取 2,3,4 时,与步骤 (2) 所述方法同样计算,得到的 $y(n)$ 依次为

$$y(2) = 5$$

$$y(3) = 7$$

$$y(4) = 4$$

(4) 当 $n<0$ 或 $n>4$ 时,由于相乘的两个序列没有对应点上共同的非零取值,此时

$$y(n) = 0$$

$x_1(n)$ 与 $x_2(n)$ 的线性卷积结果 $y(n)$ 序列,如图 2-43(g) 所示。

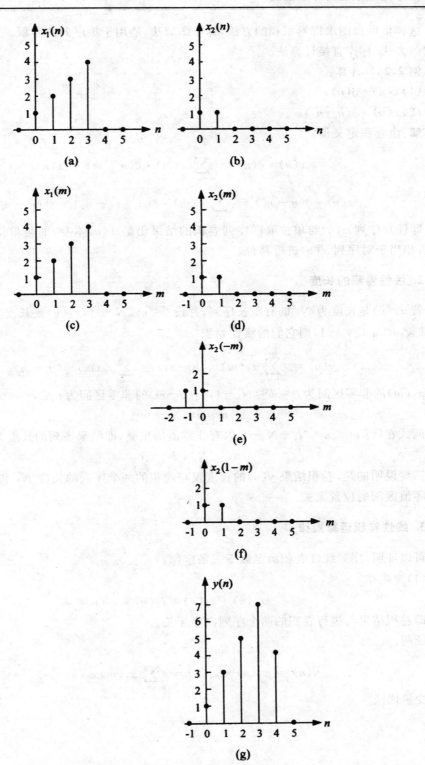

图 2-43 图解法求有限长序列线性卷积

这种借助画图求得卷积和的方法,称作图解法,适用于短序列的卷积。直接利用序列求卷积和的方法,称作直接计算法。

例 2.28 计算:

(1)$x(n) * \delta(n)$;

(2)$x(n) * \delta(n-n_0)$。

解:由卷积定义得

$$x(n) * \delta(n) = \sum_{m=-\infty}^{\infty} x(m) \cdot \delta(n-m) = x(n)$$

$$x(n) * \delta(n-n_0) = \sum_{m=-\infty}^{\infty} x(m) \cdot \delta(n-m-n_0) = x(n-n_0)$$

即任意序列 $x(n)$ 与单位取样序列卷积的结果仍是 $x(n)$ 本身,而与单位取样序列的移位卷积,相当于对序列 $x(n)$ 进行移位。

2. 线性卷积的长度

若 $x_1(n)$ 是长度为 N_1 的有限长序列,并设 $0 \leqslant n \leqslant N_1 - 1$,$x_2(n)$ 是长度为 N_2 的有限长序列,并设 $0 \leqslant n \leqslant N_2 - 1$,则它们的线性卷积

$$y(n) = \sum_{m=-\infty}^{+\infty} x_1(m) x_2(n-m) = \sum_{m=0}^{N_1-1} x_1(m) x_2(n-m) \tag{2-46}$$

$x_1(m)$ 的非零区间为 $0 \leqslant m \leqslant N_1 - 1$,$x_2(n-m)$ 的非零区间为 $0 \leqslant n-m \leqslant N_2 - 1$,即

$$m \leqslant n \leqslant N_2 + m - 1$$

所以两式在区间 $0 \leqslant n \leqslant N_1 + N_2 - 2$ 内有非零值的重叠,即结果序列的长度为

$$N_1 + N_2 - 1$$

需要说明的是,卷积结果 $y(n)$ 的长度仅与卷积的两个序列的长度 N_1 和 N_2 有关,与各序列非零值区间的位置无关。

3. 线性卷积运算规律

可以证明,序列线性卷积满足以下三条定律:

(1)交换律

$$x_1(n) * x_2(n) = x_2(n) * x_1(n)$$

即卷积结果与进行卷积的两个序列次序无关。

证明:

$$y(n) = x_1(n) * x_2(n) = \sum_{m=-\infty}^{\infty} x_1(m) x_2(n-m) \tag{2-47}$$

进行变量代换

$$m' = n - m$$

得到

$$y(n) = \sum_{m=-\infty}^{+\infty} x_1(n-m') x_2(m')$$

进行变量代换

$$m = m'$$

有

$$y(n) = \sum_{m=-\infty}^{\infty} x_2(m) x_1(n-m) = x_2(n) * x_1(n)$$

（2）结合律

$$x_1(n) * x_2(n) * x_3(n) = [x_1(n) * x_2(n)] * x_3(n) = x_1(n) * [x_2(n) * x_3(n)]$$

（3）分配律

$$x_1(n) * [x_2(n) + x_3(n)] = x_1(n) * x_2(n) + x_1(n) * x_3(n)$$

上述三条定律为系统结构的灵活实现奠定了坚实基础，请读者自己完成（2）、（3）两条定律的证明。

例 2.29　已知

$$x_1(n) = a^n u(n), \quad |a| < 1, \quad x_2(n) = R_N(n)$$

求两个序列的线性卷积。

解：由卷积定义得

$$y(n) = x_1(n) * x_2(n) = \sum_{m=-\infty}^{\infty} x_2(m) x_1(n-m) = \sum_{m=-\infty}^{\infty} a^m u(m) R_N(n-m)$$

对 $x_2(m)$ 进行翻转后，进行 n 取值范围不同的平移，参见图 2-44(c)、(d)、(e)，则有以下结果：

当 $n < 0$ 时，

$$y(n) = 0$$

当 $0 \leqslant n \leqslant N-1$ 时，

$$y(n) = \sum_{m=0}^{n} 1 \cdot a^m = \frac{1 - a^{n+1}}{1 - a}$$

当 $n > N-1$ 时，

$$y(n) = \sum_{m=n-N+1}^{n} a^m = a^{n-N+1} \frac{1 - a^N}{1 - a}$$

所以

$$y(n) = \begin{cases} 0, & n < 0 \\ \dfrac{1 - a^{n+1}}{1 - a}, & 0 \leqslant n \leqslant N-1 \\ a^{n-N+1} \dfrac{1 - a^N}{1 - a}, & n > N-1 \end{cases} \tag{2-48}$$

根据卷积交换律，

$$y(n) = x_2(n) * x_1(n) = \sum_{m=-\infty}^{\infty} x_2(m) x_1(n-m) = \sum_{m=-\infty}^{\infty} R_N(m) a^{n-m} u(n-m)$$

对 $x_1(m)$ 进行翻转、平移，参见图 2-44(f)、(g)、(h)，再与 $x_2(m)$ 的对应点相乘得到和式 (2-48) 同样的结果，序列 $y(n)$ 如图 2-44 所示。

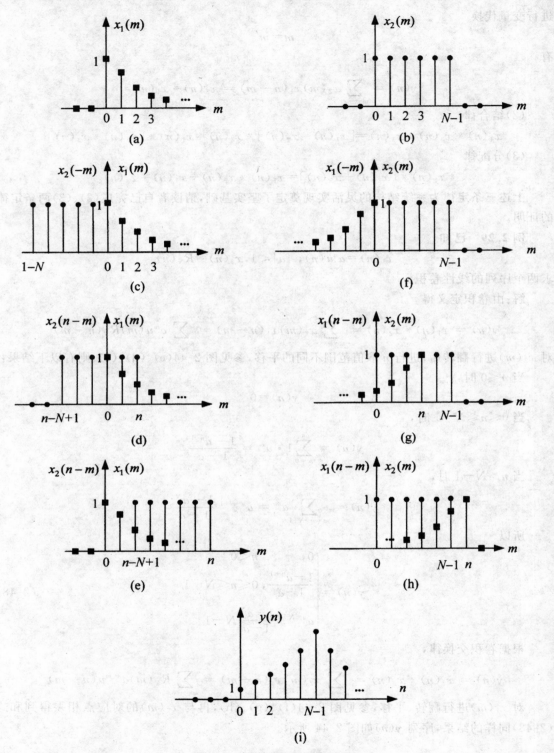

图 2-44　线性卷积交换律图解

4. 线性时不变系统的串并联关系

根据序列卷积运算的交换律，有
$$y(n)=x(n)*h(n)=h(n)*x(n)$$
即序列 $x(n)$ 通过单位取样响应为 $h(n)$ 的系统与序列 $h(n)$ 通过单位取样响应为 $x(n)$ 的系统具有同样的输出。如图 2-45 所示。

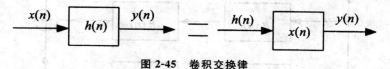

图 2-45　卷积交换律

根据序列卷积的结合律，两个线性时不变系统 $h_1(n)$、$h_2(n)$ 级联，等效为单位取样响应为
$$h(n)=h_1(n)+h_2(n)$$
的线性时不变系统，且系统的级联与级联次序无关，如图 2-46 所示。

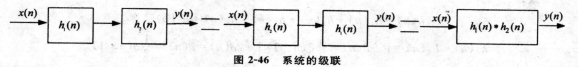

图 2-46　系统的级联

根据序列卷积的分配律，两个线性时不变系统 $h_1(n)$、$h_2(n)$ 并联，可以等效为单位取样响应为
$$h(n)=h_1(n)+h_2(n))$$
的线性时不变系统，如图 2-47 所示。

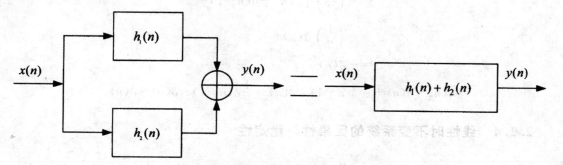

图 2-47　系统的并联

需要说明的是，以上系统的等效关系基于线性卷积的运算规律，而系统输出与输入和单位取样响应之间的线性卷积关系，是基于线性时不变系统的叠加原理和时不变特性。因此，对于非线性系统和时变系统，这些等效关系不存在。

例 2.30　已知图 2-48 所示系统中，
$$h_1(n)=\delta(n)+\frac{1}{2}\delta(n-1)$$
$$h_2(n)=\frac{1}{2}\delta(n)-\frac{1}{4}\delta(n-1)$$
$$h_3(n)=2\delta(n)$$

$$h_4(n) = -2\left(\frac{1}{2}\right)^n u(n)$$

求系统的总冲激响应 $h(n)$。

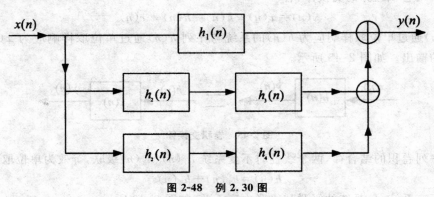

图 2-48　例 2.30 图

解：

$$h(n) = h_1(n) + h_1(n) * h_2(n) + h_2(n) * h_4(n)$$

$$h_2(n) * h_3(n) = \left[\frac{1}{2}\delta(n) - \frac{1}{4}\delta(n-1)\right] * 2\delta(n) = \delta(n) - \frac{1}{2}\delta(n-1)$$

$$h_2(n) * h_4(n) = \left[\frac{1}{2}\delta(n) - \frac{1}{4}\delta(n-1)\right] * \left[-2\left(\frac{1}{2}\right)^n u(n)\right]$$

$$= -\left(\frac{1}{2}\right)^n u(n) + \frac{1}{2}\left(\frac{1}{2}\right)^{n-1} u(n-1)$$

$$= -\left(\frac{1}{2}\right)^n \left[u(n) - u(n-1)\right]$$

$$= -\left(\frac{1}{2}\right)^n \delta(n)$$

$$= -\delta(n)$$

$$h(n) = \delta(n) + \frac{1}{2}\delta(n-1) + \delta(n) - \frac{1}{2}\delta(n-1) - \delta(n) = \delta(n)$$

2.2.4　线性时不变系统的因果性与稳定性

1. 因果性

对于实际应用系统，我们强调其因果性，它反映了系统的物理可实现性。

定义：如果系统在 n 时刻的输出只取决于 n 时刻和 n 时刻以前的输入，而与 n 时刻以后的输入无关，那么，该系统是因果系统，否则为非因果系统。

定理：线性时不变系统为因果系统的充要条件是

$$h(n) = h(n) \cdot u(n) \tag{2-49}$$

证明：(1)充分性。

因为

$$h(n)\big|_{n<0} = 0$$

所以

$$y(n) = \sum_{m=-\infty}^{\infty} h(m)x(n-m)$$

$$= \sum_{m=0}^{\infty} h(m)x(n-m)$$

$$= h(0)x(n) + h(1)x(n-1) + h(2)x(n-2) + \cdots$$

上式说明，$y(n)$ 只与 $x(n)$、$x(n-1)$、$x(n-2)$、$\cdots$ 有关，而与 $x(n+1)$、$x(n+2)$、$\cdots$ 无关。因此，$n<0$ 时，$h(n)=0$ 是因果系统的充分条件。

（2）必要性。

采用反证法证明。

如果 $n<0$ 时，

$$h(n) \neq 0$$

则 n_0 时刻的输出为

$$y(n_0) = \sum_{m=-\infty}^{n_0} x(m)h(n_0-m) + \sum_{m=n_0+1}^{\infty} x(m)h(n_0-m)$$

系统的输出 $y(n_0)$ 不但同 $m<n_0$ 的 $x(m)$ 有关，而且还同 $m>n_0$ 的 $x(m)$ 有关，即同未来输入序列有关，这同因果性矛盾。

故 $h(n)|_{n<0} = 0$ 是线性时不变系统为因果系统的充要条件。

对于一个物理系统，响应不能发生在激励之前。因果系统是非超前的，称为物理可实现的系统。否则，就不是物理可实现的系统。

例如，

$$y(n) = \sum_{m=0}^{2} b(m)x(n-m)$$

$b(0)$、$b(1)$、$b(2)$ 为常数

$$y(n) = nx(n)$$

以及 M 点滑动平均滤波器

$$y(n) = \frac{1}{M} \sum_{m=0}^{M-1} x(n-m)$$

等都是因果系统。而系统

$$y(n) = x(n+1)$$

$$y(n) = x(-n)$$

$$y(n) = \frac{1}{M} \sum_{m=0}^{M-1} b(m)x(n-m)$$

$b(-1)$、$b(0)$、$b(1)$ 为常数，都是非因果系统。

把非因果系统通过延迟得到因果系统。如例 2.24 的两点线性插值系统图 2-49(b) 系统

$$y(n) = x_u(n) + \frac{1}{2}[x_u(n-1) + x_u(n+1)]$$

其单位取样响应为

$$h_u(n) = \delta(n) + \frac{1}{2}[\delta(n-1) + \delta(n+1)]$$

显然,

$$h_u(n)|_{n<0} \neq 0$$

为非因果系统。

若这样计算系统输出

$$y_d(n) = x_u(n+1) + \frac{1}{2}[x_u(n-2) + x_u(n)]$$

则 $y_d(n)$ 仅仅比 $y(n)$ 延迟了一个样点,此时,系统的单位取样响应

$$h_d(n) = \delta(n-1) + \frac{[\delta(n-2) + \delta(n)]}{2}$$

也仅是原来单位取样响应 $h(n)$ 的移位,但却是因果系统。

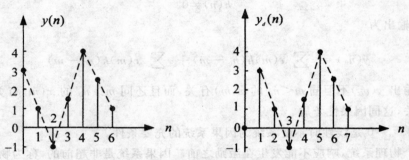

图 2-49 非因果系统通过延迟得到因果系统

2. 稳定性

希望一个系统能够对有限的激励信号产生有限度的响应。若响应是无限大的,则可能系统瞬间消耗无限的能量。对数字系统,则意味着输出响应序列无法用有限字长来表示。

定义:当输入有界时,输出也有界的系统,称为稳定系统,否则称为非稳定系统。

定理:线性时不变系统是一个稳定系统的充要条件是:

$$\sum_{n=-\infty}^{\infty} |h(n)| < \infty \qquad (2-50)$$

即系统单位取样响应序列绝对可和。

证明:(1)充分性。

$$y(n) = \sum_{n=-\infty}^{\infty} x(m) \cdot h(n-m)$$

$$|y(n)| \leqslant \sum_{m=-\infty}^{\infty} |x(m)| \cdot |h(n-m)|$$

因为输入序列 $x(n)$ 有界,即

$$|x(n)| \leqslant R, 对 \forall n 成立$$

所以

$$|y(n)| \leqslant R \sum_{m=-\infty}^{\infty} |h(n-m)|$$

而系统单位取样响应 $h(n)$ 满足式(2-50),那么,输出一定有界。

因此

$$|y(n)| < \infty$$

(2)必要性。

采用反证法证明。

若不满足式(2-50)条件,即

$$\sum_{n=-\infty}^{\infty} |h(n)| = \infty$$

则当 $x(n)$ 为如下有界序列时,

$$x(n) = \begin{cases} \dfrac{h^*(-n)}{|h(-n)|}, & |h(-n)| \neq 0 \\ 0 \end{cases}$$

输出序列 $y(n)$ 在 $n=0$ 点值为

$$y(0) = \sum_{m=-\infty}^{\infty} x(0-m)h(m) = \sum_{m=-\infty}^{\infty} \frac{|h(m)|^2}{|h(m)|} = \infty$$

即在 $n=0$ 点得到了无穷大的输出,证明式(2-50)是系统稳定的必要条件。

因此,$\sum\limits_{n=-\infty}^{\infty} |h(n)| < \infty$ 是线性时不变系统为稳定系统的充要条件。

例 2.31 讨论线性时不变系统 $h(n) = a^n u(n)$ 的因果稳定性。

解:因为 $n<0$ 时,$h(n)=0$,所以系统是因果系统。

由于

$$\sum_{n=-\infty}^{\infty} |h(n)| = \sum_{m=-\infty}^{\infty} |a^n| = \begin{cases} \dfrac{1}{1-|a|}, & |a| < 1 \\ \infty, & |a| \geqslant 1 \end{cases}$$

因此,$|a| < 1$ 时,该系统为稳定系统,$|a| \geqslant 1$ 时,为非稳定系统。

同时满足稳定性和因果性条件,即满足

$$h(n)|_{n<0} = 0$$

和

$$\sum_{n=-\infty}^{\infty} |h(n)| < \infty$$

条件的系统称为稳定的因果系统。这种系统既是可实现的又是稳定工作的。

2.2.5 线性时不变系统的差分方程

在连续时间系统的时域分析中,系统数学模型可用微分方程描述。在离散线性时不变系统中,系统输入输出关系常用差分方程描述。

例 2.32 考察一个银行存款本息总额的计算问题。储户每月定期在银行存款。设第 n 个月的存款是 $x(n)$,银行支付月利率为 β,每月利息按复利结算,那么储户在 n 个月后的本息总额 $y(n)$ 应包括以下三部分款项:

(1)前面 $n-1$ 个月的本息总额 $y(n-1)$;

（2）$y(n-1)$的月息$\beta y(n-1)$；

（3）第n个月的存款$x(n)$。

于是有

$$y(n)=y(n-1)+\beta y(n-1)+x(n)=(1+\beta)y(n-1)+x(n)$$

上述本息总额计算过程是一个银行本息结算系统，储户每月存款$x(n)$是系统的输入，本息总额$y(n)$为系统的输出。

例2.32 一个具有单位取样响应$h(n)=a^n u(n)$（a为常数）的线性时不变系统输出为

$$y(n)=h(n)*x(n)=\sum_{m=0}^{\infty}a^m x(n-m)$$

由这个计算式可求得任何输入$x(n)$时系统的输出，但从计算的角度来看，这种输入输出关系的表示并不是最为有效的。因为

$$y(n)=x(n)+\sum_{m=1}^{\infty}a^m x(n-m)$$

上式中第二项变量代换

$$m'=m-1$$

得到

$$y(n)=x(n)+\sum_{m'=0}^{\infty}a^{m'+1}x(n-m'-1)$$

上面的系统可以更简洁地表示为

$$y(n)=ay(n-1)+x(n)。$$

上式表示，系统现时刻的输出$y(n)$等于上一时刻的输出$y(n-1)$乘以常数a再加上现在的输入$x(n)$。这种输入序列项和输出序列项组成的时间递推方程称为差分方程（difference equation）。常系数线性差分方程的一般表达式为

$$y(n)-\sum_{k=1}^{N}a_k y(n-k)=\sum_{k=0}^{M}b_k x(n-k) \tag{2-51}$$

或者

$$y(n)=\sum_{k=0}^{M}b_k x(n-k)+\sum_{k=1}^{N}a_k y(n-k) \tag{2-52}$$

式中，$x(n)$和$y(n)$分别为系统的输入和输出序列，系数

$$a_k(k=0,1,2,\cdots,N)(a_0\equiv1),b_k(k=0,1,2,\cdots,M)$$

决定了输入输出序列中每一项的权重，是由系统结构决定的常数，不随时间的改变而改变。方程式中仅有$x(n-k)$、$y(n-k)$的一次幂，即n时刻的输出$y(n)$是由n时刻及以前M个输入与n时刻以前N个输出的线性组合来表示。习惯上，差分方程用系数矩阵表示，即

$$B=[b_0,b_1,\cdots,b_M]$$
$$A=[1,-a_1,\cdots,-a_N]$$

并以$y(n-k)$中k的最大取值N作为方程的阶数，所以式(2-52)称为N阶线性差分方程。

例2.33 累加器系统

$$y(n)=\sum_{l=-\infty}^{n}x(l)$$

可表示为

$$y(n) = \sum_{l=-\infty}^{n-1} x(l) + x(n)$$

将

$$y(n-1) = \sum_{l=-\infty}^{n-1} x(l)$$

代入上式,得到差分方程

$$y(n) = y(n-1) + x(n)$$

这是一个一阶($N=1$)差分方程,系数

$$b_0 \equiv 1, b_k = 0, (k \neq 0), a_1 \equiv 1, a_k = 0 (k \neq 0, 1)$$

n 时刻的输出仅与该时刻的输入和 $n-1$ 时刻的输出有关。

　　而滑动平均滤波器的差分方程

$$y(n) = \frac{1}{M} \sum_{k=1}^{M-1} x(n-k)$$

中,阶数 $N=0$,系数

$$b_k = \frac{1}{M} (k=0,1,2,\cdots,M-1)$$

$$a_k = 0 (k=0,1,2,\cdots)$$

即时刻的输出只取决于该时刻及以前 M 个输入,与输出没有关系。

　　式(2-52)表明,给定输入信号 $x(n)$ 及系统的初始条件,可求出差分方程的解 $y(n)$。求解差分方程有变换域法、经典法和递推法三种基本求解方法。z 变换法将差分方程变换到 z 域求解,是一种有效的求解方法。经典法类似于模拟系统中求解微分方程的方法,差分方程的解包括零状态响应和零输入响应。在数字信号处理中人们关心的是 LTI 系统的稳态输出。当系统为零状态时,用递推法求解简单而直观,并且递推法适合用计算机求解。

2.3　常系数线性差分方程

　　在系统的分析与处理过程中,通常都需要建立系统的数学模型。连续系统的数学模型是微分方程,而离散系统的信号是序列,其自变量是离散的整型变量行,因此微分就失去意义,而采用差分方程来表示函数的变化率。对于线性时不变系统,常常采用常系数线性差分方程来确定系统输入输出序列的运算关系。本节主要介绍常系数线性差分方程的形式、解法以及初始条件或边界条件对系统性质的影响。如无特殊说明,以后差分方程均指常系数线性差分方程。

2.3.1　常系数线性差分方程形式

　　在系统的分析与处理的过程中,通常都需要建立系统的数学模型。对于连续系统来说,描述其系统的数学模型为微分方程;而对于离散系统来说,采用差分方程来描述系统。差分方程可以通过微分方程的离散化来获得。图 2-50 是一个简单的一阶 RC 低通滤波电路。

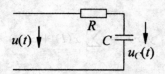

图 2-50 一阶 RC 氏通滤波电路

这是一个模拟系统,可以利用电路的基本知识列出该系统的回路电压方程。

$$\frac{\mathrm{d}u_c(t)}{\mathrm{d}t} + u_c(t) = u(t)$$

令

$$R = 1, C = 1,$$

则

$$\frac{\mathrm{d}u_c(t)}{\mathrm{d}t} + u_c(t) = u(t)$$

这样就得到了形如

$$y'(t) + y(t) = x(t)$$

的描述一阶 RC 低通滤波电路的微分方程。因为函数的导数是函数的变化量与自变量的变化量之比。这样将微分方程离散化得到

$$y(t) = y(nT),$$

$$y'(t) = y'(nT) = \frac{y(nT) - y[(n-1)T]}{T} = \frac{y(n) - y(n-1)}{T},$$

$$\frac{y(n) - y(n-1)}{T} + y(n) = x(n),$$

$$(1+T)y(n) - y(n-1) = Tx(n),$$

$$a_0 y(n) + a_1 y(n-1) = b_0 x(n)。$$

这样将微分方程离散化得到一阶差分方程。将一阶差分方程推广到 N 阶,N 阶常系数线性差分方程可以用下式表示

$$y(n) = \sum_{r=0}^{M} b_r x(n-r) - \sum_{k=1}^{N} a_k y(n-k), a_0 = 1 \tag{2-53}$$

或

$$\sum_{k=0}^{N} a_k y(n-k) = \sum_{r=0}^{M} b_r x(n-r) \tag{2-54}$$

其中,$x(n)$ 和 $y(n)$ 分别是系统的输入序列和输出序列,a_k、b_r 是表示系统特征的常数,所有的 $x(n-r)$ 和 $y(n-k)$ 都是一次项,没有乘积项,因此称为常系数线性差分方程。差分方程的阶次由 $y(n-k)$ 中 k 的最大值和最小值之差确定。在式(2-54)中,k 的最大值和最小值之差为 N,所以称为 N 阶差分方程。

例 2.34 给出累加器系统 $y(n) = \sum_{k=-\infty}^{n} x(k)$ 的差分方程表示形式。

解:已知累加器系统 $n-1$ 时刻的输出可以写成

$$y(n-1) = \sum_{k=-\infty}^{n-1} x(k)$$

将累加器系统中的输入 $x(n)$ 从

$$y(n) = \sum_{k=-\infty}^{n} x(k)$$

中单独分开,则累加器系统可以表示为

$$y(n) = x(n) + \sum_{k=-\infty}^{n-1} x(k)$$

将 $y(n-1)$ 表达式代入上式,得累加器系统的差分方程表示形式

$$y(n) = x(n) + y(n-1)$$

2.3.2 常系数线性差分方程的求解

常系数线性差分方程的求解是在已知输入序列的前提下,通过求解差分方程,获得系统的输出序列。一般来说,差分方程的求解有三种方法:经典法、离散时域求解法以及变换域求解法。

1. 经典法

经典法求解差分方程类似于连续系统中微分方程的求解,即先求方程的齐次解和特解,最后由边界条件待定系数获得完全解。

2. 离散时域求解法

(1)迭代法

迭代法是一种简单易行的方法。根据差分方程和系统的初始状态或边界条件,通过逐次迭代以获得每一时刻的数值解。这种方法简单实用,比较适合于用计算机求解任意时刻的数值解。对于阶次较高的常系数线性差分方程,利用迭代法不容易得到系统输出的函数表达形式。

例 2.35 已知描述某离散系统的差分方程为

$$y(n) = ay(n-1) + x(n)$$

输入信号

$$x(n) = u(n) - u(n-5)$$

系统初始条件

$$y(n) = 0, n < 0$$

求系统的输出 $y(n)$。

解:

$$y(0) = ay(0-1) + x(0) = a \times y(-1) + x(0) = 0 + 1 = 1$$
$$y(1) = ay(1-1) + x(1) = ay(0) + x(1) = a \times 1 + 1 = a + 1$$
$$y(2) = ay(2-1) + x(2) = ay(1) + x(2) = a^2 + a + 1$$
$$y(3) = ay(3-1) + x(3) = ay(2) + x(3) = a^3 + a^2 + a + 1$$
$$y(4) = ay(4-1) + x(4) = ay(3) + x(4) = a^4 + a^3 + a^2 + a + 1$$
$$\vdots$$
$$y(n) = a^{n-4} \cdot y(4), n > 4$$

(2)卷积和计算法

零状态系统的差分方程可以利用卷积和计算法来求解。卷积和计算法不是直接求解输入信号作用下系统的输出,而是先由差分方程求出系统的单位冲激响应,这样系统就可以转化为单位冲激响应的表示形式,那么在任意输入信号作用下,系统的输出就可以通过卷积的计算来获得。由此可见,卷积和计算法需要两个步骤来实现。首先,令输入序列为单位冲激序列,即

$$x(n)=\delta(n)$$

利用迭代法求解差分方程,获得系统的单位冲激响应 $h(n)$。其次,将输入序列 $x(n)$ 与系统单位冲激响应 $h(n)$ 作卷积计算,得到系统的输出响应 $y(n)$。

例 2.36 利用卷积和计算法求解例 2.34。

解:

(1)求解系统的单位冲激响应 $h(n)$。

令

$$x(n)=\delta(n)$$

则

$$y(n)=h(n)=ah(n-1)+\delta(n)$$

初始条件

$$h(n)=0,n<0$$
$$h(0)=ah(0-1)+\delta(0)=a\times 0+1=1$$
$$h(1)=ah(1-1)+\delta(1)=a\times 1+0=a$$

(2)计算卷积和求 $x(n)$ 作用下系统的输出。

$$y(n) = \sum_{k=-\infty}^{\infty} x(k)h(n-k) = \sum_{k=0}^{\infty} [u(k)-u(k-5)][a^{n-k}u(n-k)]$$

当 $0 \leqslant n \leqslant 4$ 时

$$y(n) = \sum_{k=0}^{n} a^{n-k} = a^n \sum_{k=0}^{n} a^{-k} = a^n \cdot \frac{1-a^{-(n+1)}}{1-a^{-1}} = \frac{2^{n+1}-1}{2^n}, a=0.5$$

当 $n>4$ 时

$$y(n) = \sum_{k=0}^{4} a^{n-k} = a^n \sum_{k=0}^{4} a^{-k} = a^n \cdot \frac{1-a^{-5}}{1-a^{-1}} = \frac{2^5-1}{2^n}, a=0.5$$

3. 变换域求解法

变换域求解法是利用 z 变换将差分方程变换到 z 域中求解。通过 z 变换将差分方程转化为简单的代数方程,求解代数方程,最后再通过 z 反变换回到时域,得到时域中输出序列 $y(n)$ 的值。

2.3.3 边界条件对差分方程的影响

用差分方程描述系统时,在没有任何其他初始状态或边界条件的情况下,同一个差分方程对同一个输入信号的响应不同。当初始状态或边界条件的改变时,系统的一些特性也会随之

改变。例如,系统差分方程为

$$y(n)-ay(n-1)=x(n)$$

当边界条件为 $n<0,y(n)=0$ 时,该差分方程表示的是一个因果系统;当边界条件为 $n>0$,$y(n)=0$ 时,该差分方程表示的是一个非因果系统;当边界条件为 $y(-1)=0$ 时,该差分方程表示的是一个线性时不变系统;当边界条件为 $y(0)=0$ 时,该差分方程表示的是一个线性时变系统;当边界条件为 $y(0)=1$ 时,该差分方程表示的是一个非线性时变系统。

例 2.37　一系统用常系数线性差分方程

$$y(n)=ay(n-1)+x(n)$$

描述,初始条件

$$y(-1)=0$$

试分析该系统是否是线性时不变系统。

解:设给定两个输入信号

$$x_1(n)=\delta(n)$$
$$x_2(n)=\delta(n-1)$$

令

$$x_3(n)=\delta(n)+\delta(n-1)$$

是 $x_1(n)$ 和 $x_2(n)$ 简单的线性组合,在初始条件 $y(-1)=0$ 的条件下,通过迭代法分别求出在三个输入 $x_1(n)$、$x_2(n)$ 和 $x_3(n)$ 作用下系统的三个输出 $y_1(n)$、$y_2(n)$ 和 $y_3(n)$,来检验系统是否是线性时不变系统。

(1) $x_1(n)=\delta(n)$,$y_1(-1)=0$,

$y_1(n)=ay_1(n-1)+\delta(n)$,

$y_1(0)=ay_1(-1)+\delta(0)=1$,

$y_1(1)=ay_1(0)+\delta(1)=a$,

$y_1(2)=ay_1(1)+\delta(2)=a^2$,

$\vdots$

$y_1(n)=a^nu(n)$。

(2) $x_2(n)=\delta(n-1)$,$y_2(-1)=0$,

$y_2(n)=ay_2(n-1)+\delta(n-1)$,

$y_2(0)=ay_2(-1)+\delta(-1)=0$,

$y_2(1)=ay_2(0)+\delta(0)=1$,

$y_2(2)=ay_2(1)+\delta(1)=a$,

$\vdots$

$y_2(n)=a^{n-1}u(n-1)$。

因为

$$x_1(n-1)=x_2(n)$$

是移一位的关系,

$$y_1(n-1)=y_2(n)$$

输出也是移一位的关系,因此系统是时不变系统。

$(3) x_3(n) = \delta(n) + \delta(n-1)$, $y_3(-1) = 0$,

$y_3(n) = a y_3(n-1) + \delta(n) + \delta(n-1)$,

$y_3(0) = a y_3(-1) + \delta(0) + \delta(-1) = 1$,

$y_3(1) = a y_3(0) + \delta(1) + \delta(0) = 1 + a$,

$y_3(2) = a y_3(1) + \delta(2) + \delta(1) = a + a^2$,

$$\vdots$$

$y_3(n) = a^n u(n) + a^{n-1} u(n-1)$。

因为

$$x_3(n) = x_1(n) + x_2(n)$$

而

$$y_3(n) = y_1(n) + y_2(n)$$

因此系统是线性系统。

由此可见,在初始条件 $y(-1) = 0$ 的情况下,差分方程

$$y(n) = a y(n-1) + x(n)$$

所表示的系统是一个线性时不变系统。在初始条件为 $y(0) = 0$ 和 $y(0) = 1$ 时,该差分方程所表示的就不是线性时不变系统,利用上述方法可以自行证明。

在 MATLAB 中,可以利用信号处理工具箱提供的 filter 函数求解在给定输入和差分方程系数时系统输出的数值解,其调用格式为

y＝filter(b,a,x,zi)

zi＝filtic(b,a,yi,xi)

其中,b 表示输入项的系数,即

$$b = [b_0, b_1, \cdots, b_M]$$

a 表示输出项的系数,即

$$a = [a_0, a_1, \cdots, a_N]$$

其中 $a_0 = 1$,若 $a_0 \neq 1$,则需对系数向量 b 和 a 进行归一化处理。x 为输入序列;zi 为等效初始条件的输入向量,是与初始条件有关的向量,可以利用 filtic 函数获取,其中 yi,xi 表示实际初始条件,即

$$yi = [y(-1), y(-2), y(-3), \cdots, y(-N)]$$

$$xi = [x(-1), x(-2), x(-3), \cdots, x(-M)]$$

若 xi 为因果序列,则 xi＝0。

例 2.38 描述一个离散系统的差分方程为

$$y(n) - 0.6 y(n-1) - 0.5 y(n-2) + y(n-3) = x(n)$$

试利用 MATLAB 程序实现系统单位冲激响应 $h(n)$ 的求解。

解:MATLAB 实现程序如下:

a＝[1,-0.6,-0.5,1];

b＝1;

```
n=[-20:100];
x=[(n)= =0];
h=filter(b,a,x);
stem(n,h,! k');
```

运行结果如图 2-51 所示。

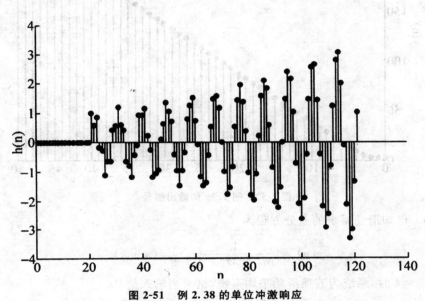

图 2-51　例 2.38 的单位冲激响应

例 2.39　一个离散系统的差分方程为

$$y(n+1)-0.6y(n)=x(n)$$

系统输入信号

$$x(n)=2nu(n)$$

初始条件

$$y(-1)=4$$

试利用 MATLAB 求解输出信号 $y(n)$,$0{\leqslant}n{\leqslant}50$。

解：MATLAB 实现程序如下：

```
n=[0:50];
x=2 * n. * (n>=1);
a=[1,-0.6];
b=[0,1];
z i=filtic(b,a,4);
y=filter(b,a,x,z i);
stem(n,y,! k');
```

运行结果如图 2-52 所示。

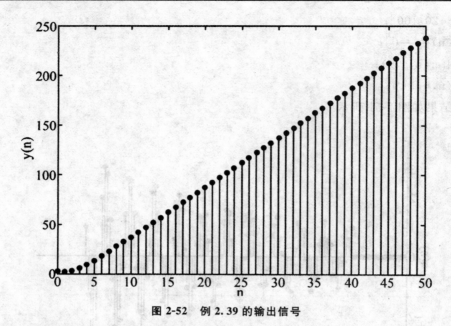

图 2-52　例 2.39 的输出信号

例 2.40　已知滑动系统的差分方程为

$$y(n) = \frac{1}{M_1 + M_2 + 1} \sum_{k=-M_1}^{M_2} x(n-k)$$

当 $M_1 = 0, M_2 = 4$ 时,系统为五项滑动平均系统,试求当输入信号

$$x(n) = 2u(n) + 3\delta(n-15) - \delta(n-19) + 2\delta(n-26)$$

时五项滑动平均系统的输出。

解:滑动平均系统是通过计算算术平均值实现对输入信号的平滑处理,相当于一个低通滤波器,用来保留低频分量,滤除高频分量。

五项滑动平均系统的差分方程可以写成

$$y(n) = \frac{1}{5}[x(n) + x(n-1) + x(n-2) + x(n-3) + x(n-4)]$$

因此该系统的单位冲激响应为

$$h(n) = \frac{1}{5}[\delta(n) + \delta(n-1) + \delta(n-2) + \delta(n-3) + \delta(n-4)]$$

如图 2-53 所示。则系统输出为

$$y(n) = x(n) * h(n) = \sum_{k=-\infty}^{\infty} x(k) \cdot h(n-k)$$

具体 MATLAB 实现程序如下:

```
n=[0:49];
x=2*ones(1,50)+3*[(n)==15]-[(n)==19]+2*[(n)==26];
h=0.2*ones(1,5);b=[0,1];
y=conv(x,h);
subplot(1,2,1)
```

```
stem(x);
subplot(1,2,2)
stem(y);
```

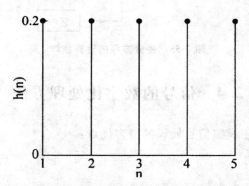

图 2-53　五项滑动平均系统的单位冲激响应

运行结果如图 2-54 所示。

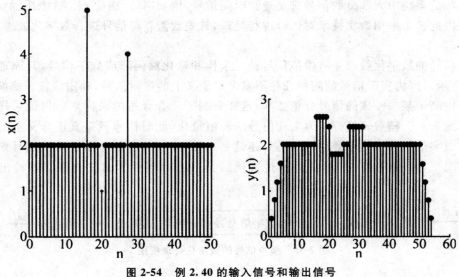

图 2-54　例 2.40 的输入信号和输出信号

2.3.4　差分方程表示法的用途

离散系统差分方程表示法主要有两个用途：

(1)比较容易得到系统结构；

(2)便于求解系统瞬态响应。

例如,描述一个离散系统的差分方程为

$$y(n) = -a_1 y(n-1) + b_0 x(n) + b_1 x(n-1)$$

该系统由常数乘法器、加法器和延时单元构成。其系统结构如图 2-55 所示。

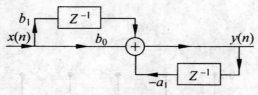

图 2-55　差分方程的运算结构

2.4　信号的数字化处理方法

数字信号处理具有优于模拟信号处理的诸多优点：

1）精度高；

2）可靠性强；

3）灵活性强；

4）易于计算机处理等。

在实际的系统中大部分的信号都是连续时间信号，例如声音、图像、水流、电压、脑电图、心电图等。因此若想采用数字技术对信号进行处理，首先就需要将信号进行数字化处理，转换为数字信号。

模拟信号的数字化处理是将模拟信号经过采样和量化编码形成数字信号，其原理框图如图 2-56 所示。因为实际信号的频谱往往不是严格意义上的带限信号，利用前置预滤波实现将输入信号中高于某一频率的信号分量滤除，这样有利于选择合适的采样率．保证采样后信号不发生混叠失真。模数转换（A/D）实现信号的幅值量化，此时信号就是真正意义上的数字信号。经过数字信号处理技术处理后的信号还是一个数字信号，在某些需要模拟信号作为实际输出的情况下，输出的数字信号还要通过数模转换（D/A）和平滑滤波获得实际输出的模拟信号。

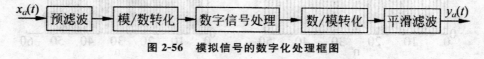

图 2-56　模拟信号的数字化处理框图

2.4.1　信号的采样

采样是对连续时间信号进行数字处理的重要环节，是连接离散信号和连续信号的桥梁。信号的采样可以通过采样开关实现，如图 2-57 所示。设采样开关每间隔周期 T 闭合一次，每次合上的时间为 $\tau \ll T$，在采样开关的输出端得到采样信号。采样实现了信号的时间量化，即离散时间信号。

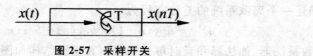

图 2-57　采样开关

采样开关闭合周期的选择决定了采样后的信号。现在先研究一下采样周期的选择。已知

三个连续时间余弦信号，

$$s_1(t) = \cos(6\pi t)$$
$$s_2(t) = \cos(14\pi t)$$
$$s_3(t) = \cos(26\pi t)$$

这三个信号分别具有不同的频率成分，$s_1(t)$ 信号的频率为 $3\,\text{Hz}$，$s_2(t)$ 信号的频率为 $7\,\text{Hz}$，$s_3(t)$ 信号的频率为 $13\,\text{Hz}$。现在对这三个连续时间信号进行采样，选择采样周期 $T = 0.1\,\text{s}$，即采样频率为 $10\,\text{Hz}$，那么采样后的三个离散时间信号分别为

$$s_1(n) = s_1(t)|_{t=nT} = \cos(6\pi nT) = \cos(0.6\pi n)$$
$$s_2(n) = s_2(t)|_{t=nT} = \cos(14\pi nT) = \cos(1.4\pi n) = \cos[(2\pi - 0.6\pi)n] = \cos(0.6\pi n)$$
$$s_3(n) = s_3(t)|_{t=nT} = \cos(26\pi nT) = \cos(2.6\pi n) = \cos[(2\pi + 0.6\pi)n] = \cos(0.6\pi n)$$

三个频率不同的连续时间信号经过采样后会得到完全相同的离散时间信号，如图 2-58 所示。

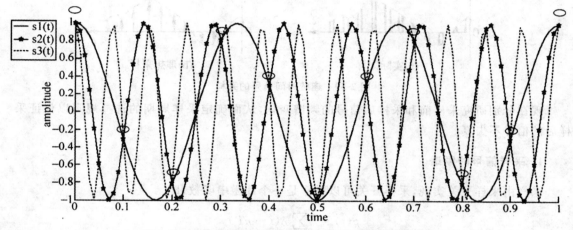

图 2-58　三个不同频率的连续余弦信号及其采样后信号

在图 2-57 中"O"表示 $10\,\text{Hz}$ 采样频率对 $s_1(t)$，$s_2(t)$ 和 $s_3(t)$ 采样后的信号。由此可见，采样后的三个序列是完全相同的，很难与原来的三个不同频率的连续时间信号联系起来，也就是说很难从采样后的信号恢复回原始信号，其主要原因就是采样周期选择的不合适。采样点过少，会丢失信号信息；采样点过多，会增加计算量。因此只有选择合适的采样周期才能够既保证保留原始信号的完整性，又不丢失采样点之间的信息。

如何选择合适的采样周期？首先来讨论采样信号以及采样信号的频谱。

图 2-59 给出了实际采样和理想采样的过程。$x_a(t)$ 代表输入的连续时间信号，S 为采样开关，至 $\hat{x}_a(t)$ 表示采样后的信号。采样开关可以用冲激串函数 $p(t)$ 来描述，$p_\tau(t)$ 表示实际的采样开关，其输出是周期为 T，宽度为 τ 的脉冲串，$p_\delta(t)$ 表示采样周期为 T 的理想采样开关，采样后的信号就是连续时间信号与冲激串函数的乘积。

$$p(t) = \sum_{n=-\infty}^{\infty} \delta(t - nT)$$

$$\hat{x}_a(t) = x_a(t) \cdot p(t) = \sum_{n=-\infty}^{\infty} x_a(t)\delta(t - nT) \tag{2-55}$$

在式（2-55）中，只有当 $t = nT$ 时，至 $\hat{x}_a(t)$ 才可能有非零值，因此写成

$$\hat{x}_a(t) = \sum_{n=-\infty}^{\infty} x_a(nT)\delta(t - nT) \tag{2-56}$$

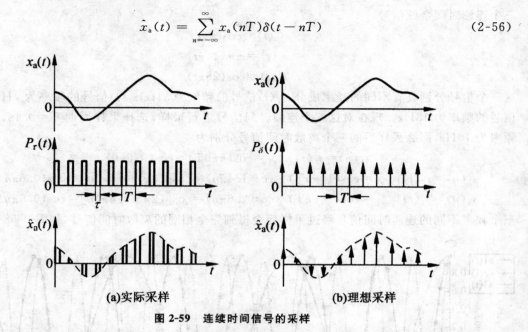

(a)实际采样　　　　　　　　(b)理想采样

图 2-59　连续时间信号的采样

现在分别研究采样前和采样后信号的频谱变化,从而确定采样周期的选择规则以保证采样后的信号不失真。

1. 采样信号的频谱

采样由采样开关实现,采样开关可以看作是一个冲激串函数,即

$$p(t) = \sum_{n=-\infty}^{\infty} \delta(t - nT)$$

冲激串函数是周期函数,因此可以展成傅里叶级数

$$p(t) = \sum_{n=-\infty}^{\infty} \delta(t - nT) = \sum_{k=-\infty}^{\infty} P(k\Omega_0)e^{jk\Omega_0 t} \tag{2-57}$$

其中,傅里叶级数的系数

$$P(k\Omega_0) = \frac{1}{T}\int_{-\frac{T}{2}}^{\frac{T}{2}} \delta(t)e^{-jk\Omega_0 t}dt = \frac{1}{T} \tag{2-58}$$

则

$$p(t) = \sum_{n=-\infty}^{\infty} \delta(t - nT) = \frac{1}{T}\sum_{k=-\infty}^{\infty} e^{jk\Omega_0 t}, \Omega_0 = \frac{2\pi}{T} \tag{2-59}$$

那么这个冲激串函数的频谱为

$$P(j\Omega_0) = FT[p(t)] = \frac{1}{T}\sum_{k=-\infty}^{\infty}\int_{-\infty}^{\infty} e^{-j\Omega t}e^{jk\Omega_0 t}dt = \frac{2\pi}{T}\sum_{k=-\infty}^{\infty}\delta(\Omega - k\Omega_0) \tag{2-60}$$

可见,时域冲激串信号的傅里叶变换得到频域的冲激串序列,幅度为 $\frac{2\pi}{T}$,频谱周期为 Ω_0,即

$$\sum_{n=-\infty}^{\infty} \delta(t-nT) \xrightarrow{\text{FT}} \frac{2\pi}{T} \sum_{k=-\infty}^{\infty} \delta(\Omega-k\Omega_0) \tag{2-61}$$

因为

$$\Omega_0 = \frac{2\pi}{T}$$

所以 T 越小，Ω_0 越大。

2. 采样后信号的频谱

令采样后的信号

$$\hat{x}_a(t) = x_s(t)$$

则 $x_s(t)$ 是连续时间信号 $x_a(t)$ 与冲激串函数 $p(t)$ 的乘积，即

$$\hat{x}_a(t) = x_s(t) = x_a(t) \cdot p(t) = \sum_{n=-\infty}^{\infty} x_a(t)\delta(t-nT) \tag{2-62}$$

采样前原始信号的频谱为

$$X_a(\text{j}\Omega) = FT[x_a(t)] = \int_{-\infty}^{\infty} x_a(t)\text{e}^{-\text{j}\Omega t}\,\text{d}t \tag{2-63}$$

采样后信号的频谱为

$$
\begin{aligned}
X_s(\text{j}\Omega) &= X_a(\text{j}\Omega) * P(\text{j}\Omega) \\
&= X_a(\text{j}\Omega) * \left[\frac{2\pi}{T} \sum_{k=-\infty}^{\infty} \delta(\Omega-k\Omega_s) \right] \\
&= \frac{1}{2\pi} \frac{2\pi}{T} \int_{-\infty}^{\infty} X_a(\text{j}\lambda) \sum_{k=-\infty}^{\infty} \delta(\Omega-\lambda-k\Omega_s)\,\text{d}\lambda \\
&= \frac{1}{T} \sum_{k=-\infty}^{\infty} \int_{-\infty}^{\infty} X_a(\text{j}\lambda)\delta(\Omega-\lambda-k\Omega_s)\,\text{d}\lambda
\end{aligned}
$$

最后得

$$X_s(\text{j}\Omega) = \frac{1}{T} \sum_{k=-\infty}^{\infty} X_a(\text{j}\Omega - \text{j}k\Omega_s) \tag{2-64}$$

其中

$$\Omega_s = \Omega_0 = \frac{2\pi}{T}$$

从式(2-64)可以看出，连续信号 $x_a(t)$ 经过抽样变成离散时间信号 $x_s(t)$ 后，信号的频谱呈现出周期性。采样信号的频谱沿频率轴，每间隔采样角频率 ns 重复出现一次，这种现象称为频谱的周期延拓。就是说采样信号的频谱是原始信号的频谱以 Ω_s 为周期，进行周期延拓而成的，如图 2-60 所示。其中图 2-60(a)表示原始信号 $x_a(t)$ 的频谱，图 2-60(b)表示冲激串函数 $p(t)$ 的频谱。当采样频率 $\Omega_s \geqslant 2\Omega_c$ 时，采样后的信号频谱，如图 2-60(c)所示，采样造成信号频谱的周期延拓。当采样频率 $\Omega_s < 2\Omega_c$ 时，采样后的信号频谱，如图 2-60(d)所示，周期延拓后的信号频谱发生了频率混叠现象。

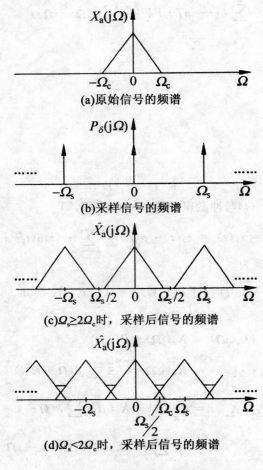

(a)原始信号的频谱

(b)采样信号的频谱

(c)$\Omega_s \geq 2\Omega_c$时，采样后信号的频谱

(d)$\Omega_s < 2\Omega_c$时，采样后信号的频谱

图 2-60　采样对信号频谱的影响

3. 采样定理

如果连续时间信号 $x(t)$ 的频谱是有限带宽的,其频谱的最高频率为 f_m,对 $x(t)$ 进行采样时,若想保证采样后的信号不失真,则采样频率 f_s 必须满足

$$f_s \geq 2f_m \tag{2-65}$$

该采样定理也称为奈奎斯特采样定理或香农采样定理,将允许的最低采样频率

$$f_s = 2f_m$$

定义为奈奎斯特频率,将奈奎斯特频率的一半 $\dfrac{f_s}{2}$ 称为折叠频率。当采样频率低于信号谱最高频率的二倍时,采样后的信号就会发生频率混叠。因此在对信号进行采样前,首先应该了解信号的最高频率,以此来确定采样频率 f_s。为确保采样后信号的频谱不发生混叠,通常在采样前,对信号进行模拟滤波,以滤去 $f > f_m$ 的高频成分。

一些常见信号的主要频率范围如下:

（1）生理信号

1）心电图（Electrocardiograph，ECG）　　　　　　　　0～100Hz

2）自发脑电图（Electroencephalogram，EEG）　　　　0～100Hz

3）表面肌电图（Electromyography，EMG）　　　　　10～200Hz

4）眼电图（Electro-Oculogram，EOG）　　　　　　　0～20Hz

5）语音　　　　　　　　　　　　　　　　　　　　100～4000Hz

（2）地震信号

1）风噪声　　　　　　　　　　　　　　　　　　　100～1000Hz

2）地震勘探信号　　　　　　　　　　　　　　　　10～100Hz

3）地震及核爆炸信号　　　　　　　　　　　　　　0.01～10Hz

（3）电磁信号

1）无线电广播　　　　　　　　　　　　　　　$3 \times 10^4 \sim 3 \times 10^6$ Hz

2）短波　　　　　　　　　　　　　　　　　　$3 \times 10^6 \sim 3 \times 10^{10}$ Hz

3）雷达、卫星通信　　　　　　　　　　　　　$3 \times 10^8 \sim 3 \times 10^{10}$ Hz

4）远红外　　　　　　　　　　　　　　　　$3 \times 10^{11} \sim 3 \times 10^{14}$ Hz

5）可见光　　　　　　　　　　　　　　　$3.7 \times 10^{14} \sim 7.7 \times 10^{14}$ Hz

6）紫外线　　　　　　　　　　　　　　　　$3 \times 10^{15} \sim 3 \times 10^{16}$ Hz

7）γ 射线和 X 射线　　　　　　　　　　$3 \times 10^{17} \sim 3 \times 10^{18}$ Hz

2.4.2　信号的恢复

信号的恢复是从无混叠的采样后的离散时间信号 $x(nT)$ 重建出原始的连续时间信号 $x(t)$。信号的恢复在实际工程上采用转换器来实现，在理论上利用插值函数 $h(t)$ 实现离散到连续的转化，也就是在采样点间进行内插的过程如图 2-61 所示。

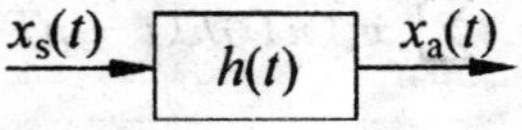

图 2-61　信号的恢复

因为若想保证采样后的信号不发生混叠，信号的最高频率不会超过折叠频率，即

$$X_a(j\Omega) = \begin{cases} X_a(j\Omega), & |\Omega| < \dfrac{\Omega_s}{2} \\ 0, & |\Omega| \geqslant \dfrac{\Omega_s}{2} \end{cases} \qquad (2\text{-}66)$$

采样后的信号的频谱为

$$X_s(j\Omega) = \frac{1}{T} \sum_{k=-\infty}^{\infty} X_a(j\Omega - jk\Omega_s)$$

在 $|\Omega| < \dfrac{\Omega_s}{2}$ 的区间上，

$$X_s(j\Omega) = \frac{1}{T} X_a(j\Omega)$$

设一理想低通滤波器

$$H(j\Omega) = \begin{cases} T, & |\Omega| < \dfrac{\Omega_s}{2} \\ 0, & |\Omega| \geqslant \dfrac{\Omega_s}{2} \end{cases} \tag{2-67}$$

其频率特件如图 2-62(a)所示,计采样信号 $x_s(t)$ 通过该滤波器,存滤波器的输出端就得到了恢复的原始连续时间信号 $x_a(t)$ 如图 2-62 所示。

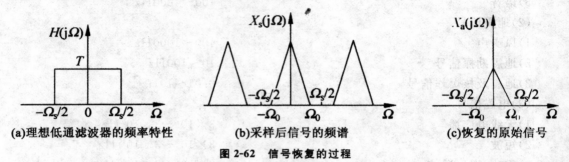

(a)理想低通滤波器的频率特性   (b)采样后信号的频谱   (c)恢复的原始信号

图 2-62　信号恢复的过程

如式(2-67)所示的理想低通滤波器的单位冲激响应为

$$h(t) = \frac{1}{2\pi} \int_{-\infty}^{\infty} H(j\Omega) e^{j\Omega t} d\Omega = \frac{1}{2\pi} \int_{-\Omega_s/2}^{\Omega_s/2} T e^{j\Omega t} d\Omega = \frac{\sin(\Omega_s t/2)}{\Omega_s t/2} \tag{2-68}$$

则理想滤波器的输出为采样信号与滤波器单位冲激响应的卷积和,即

$$\begin{aligned} y(t) &= \int_{-\infty}^{\infty} x_s(\tau) h(t-\tau) d\tau \\ &= \int_{-\infty}^{\infty} \Big[\sum_{n=-\infty}^{\infty} x_a(\tau) \delta(\tau - nT) \Big] h(t-\tau) d\tau \\ &= \sum_{n=-\infty}^{\infty} \int_{-\infty}^{\infty} x_a(\tau) h(t-\tau) \delta(\tau - nT) d\tau \\ &= \sum_{n=-\infty}^{\infty} x_a(nT) h(t-nT) \end{aligned} \tag{2-69}$$

根据式(2-68),可知

$$h(t-nT) = \frac{\sin \dfrac{\pi}{T}(t-nT)}{\dfrac{\pi}{T}(t-nT)} \tag{2-70}$$

则滤波器输出为

$$y(t) = \sum_{n=-\infty}^{\infty} x_a(nT) \cdot \frac{\sin \dfrac{\pi}{T}(t-nT)}{\dfrac{\pi}{T}(t-nT)} = x_a(t) \tag{2-71}$$

在此信号恢复过程中,$h(t-nT)$ 就是内插函数,该内插函数为 sinc 函数,插值间隔为 T,权重为 $x(nT)$。采样的内插公式表明了只要采样率满足采样定理,连续时间信号就可以用其采样值来表示而不损失任何信息,利用无穷多项加权的 sinc 函数移位后的和就可以重建出原始信号。

在利用理想低通滤波器进行信号恢复的过程中,除了可以选择 sinc 函数作内插函数以外,还可以利用一阶线性函数作内插。零阶保持器就是一种线性内插函数,能够起到将时域离散信号恢复成模拟信号的作用。它将前一个采样值进行保持,一直到下一个采样值来到,再跳到新的采样值并保持,因此相当于进行常数内插。零阶保持器的单位冲激函数 $h(t)$ 以及输出波形,如图 2-63 所示。

对 $h(t)$ 进行傅里叶变换,得

$$H(\mathrm{j}\Omega) = \int_{-\infty}^{\infty} h(t)\mathrm{e}^{-\mathrm{j}\Omega t}\,\mathrm{d}t = \int_{0}^{T} \mathrm{e}^{-\mathrm{j}\Omega t}\,\mathrm{d}t = T\,\frac{\sin(\Omega t/2)}{\Omega t/2}\mathrm{e}^{-\mathrm{j}\Omega T/2} \tag{2-72}$$

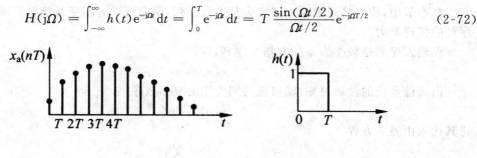

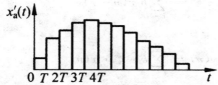

图 2-63 零阶保持器的单位冲激函数 $h(t)$ 以及输出波形

零阶保持器的频率响应如图 2-64 所示。

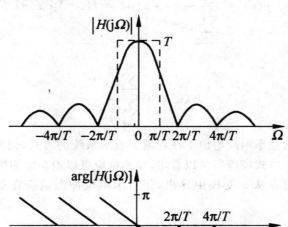

图 2-64 零阶保持器的频率特性

图 2-64 中虚线表示理想低通滤波器的幅度特性。零阶保持器的幅度特性与理想低通滤波器的幅度特性有明显的差别,主要是在 $|\Omega|>\pi/T$ 域有较多的高频分量,表现在时域上,就是恢复出的模拟信号呈现台阶状。因此需要在 DAC 之后加平滑低通滤波器,滤除多余的高频分量,对时间波形起平滑作用,这也就是在图 2-56 模拟信号数字处理框图中,最后需要进行

平滑滤波的原因。虽然这种零阶保持器恢复的模拟信号有些失真,但是处理简单、易于实现,因此是实现信号恢复的常用方法。

2.5 系统的频率响应

在本节中,我们将系统输入限定为复指数序列,研究线性时不变系统对不同频率的复指数序列的传递能力。

设输入序列是频率为 ω 的复指数序列,即

$$x(n) = A\mathrm{e}^{\mathrm{j}\omega n} \tag{2-73}$$

由线性系统的性质可知,输出应为同类型的复指数序列

$$y(n) = B\mathrm{e}^{\mathrm{j}\omega n}$$

将其代入由差分方程

$$\sum_{k=0}^{N} a_k y(n-k) = \sum_{r=0}^{M} b_r x(n-r)$$

所表示的离散系统中,得

$$\sum_{k=0}^{N} a_k \mathrm{e}^{-\mathrm{j}\omega k} \cdot y(n) = \sum_{r=0}^{M} b_r \mathrm{e}^{-\mathrm{j}\omega k} \cdot x(n)$$

因此

$$y(n) = \frac{\displaystyle\sum_{r=0}^{M} b_r \mathrm{e}^{-\mathrm{j}\omega k}}{\displaystyle\sum_{k=0}^{N} a_k \mathrm{e}^{-\mathrm{j}\omega k}} \cdot x(n) = H(\mathrm{e}^{\mathrm{j}\omega}) \cdot x(n)$$

这样,定义

$$H(\mathrm{e}^{\mathrm{j}\omega}) = \frac{\displaystyle\sum_{r=0}^{M} b_r \mathrm{e}^{-\mathrm{j}\omega r}}{\displaystyle\sum_{k=0}^{N} a_k \mathrm{e}^{-\mathrm{j}\omega k}} \tag{2-74}$$

为系统频率响应。系统频率响应给出了在频域中表示系统的方式,说明系统对不同频率的复指数序列的传递能力。由式(2-74)可以看出,频率响应可以由系统的结构参数确定。

系统频率响应也可以从 z 变换中导出,相当于单位冲激响应在单位圆 $z = \mathrm{e}^{\mathrm{j}\omega}$ 上的 Z 变换,即

$$H(z)\big|_{z=\mathrm{e}^{\mathrm{j}\omega}} = \sum_{n=-\infty}^{\infty} h(n) \cdot z^{-n}\big|_{z=\mathrm{e}^{\mathrm{j}\omega}} = \sum_{n=-\infty}^{\infty} h(n) \cdot \mathrm{e}^{-\mathrm{j}\omega n}$$

因此,得

$$H(\mathrm{e}^{\mathrm{j}\omega}) = \sum_{n=-\infty}^{\infty} h(n) \cdot \mathrm{e}^{-\mathrm{j}\omega n} \tag{2-75}$$

系统的频率响应具有以下性质:

1) $H(\mathrm{e}^{\mathrm{j}\omega})$ 是 ω 的连续复函数,系统频率响应可以表示为

$$H(\mathrm{e}^{\mathrm{j}\omega}) = \sum_{n=-\infty}^{\infty} h(n) \cdot \mathrm{e}^{-\mathrm{j}\omega n} = \sum_{n=-\infty}^{\infty} h(n)[\cos\omega n - \mathrm{j}\sin\omega n]$$

$$= \sum_{n=-\infty}^{\infty} h(n)\cos\omega n - j\sum_{n=-\infty}^{\infty} h(n)\sin\omega n$$

$$= \mathrm{Re}[H(e^{j\omega})] + \mathrm{Im}[H(e^{j\omega})]。 \tag{2-76}$$

系统的频率响应包括了幅度响应和相位响应，即

$$H(e^{j\omega}) = |H(e^{j\omega})| \cdot e^{j\arg[H(e^{j\omega})]} \tag{2-77}$$

其中，幅度响应为

$$|H(e^{j\omega})| = \sqrt{\mathrm{Re}^2[H(e^{j\omega})] + \mathrm{Im}^2[H(e^{j\omega})]} \tag{2-78}$$

可以看出，幅度响应 $|H(e^{j\omega})|$ 是关于 ω 的偶函数，即

$$|H(e^{j\omega})| = |H(e^{-j\omega})| \tag{2-79}$$

相位响应为

$$\arg[H(e^{j\omega})] = \arctan\frac{\mathrm{Im}[H(e^{j\omega})]}{\mathrm{Re}[H(e^{j\omega})]} \tag{2-80}$$

相位响应 $\arg[H(e^{j\omega})]$ 是关于 ω 的奇函数，即

$$\arg[H(e^{j\omega})] = -\arg[H(e^{-j\omega})] \tag{2-81}$$

例如，一个系统的单位冲激响应为 $h(n) = \delta(n)$，其对应的频率响应为

$$H(e^{j\omega}) = \sum_{n=-\infty}^{\infty} \delta(n) \cdot e^{-j\omega n} = 1$$

如图 2-65 所示。

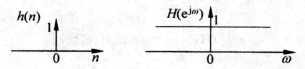

图 2-65 单位冲激响应为 $\delta(n)$ 的时域序列及其频率响应

2）$H(e^{j\omega})$ 是周期为 2π 的周期函数，因为

$$H(e^{j(\omega+2\pi)}) = \sum_{k=-\infty}^{\infty} h(k) \cdot e^{-j(\omega+2\pi)k}$$

$$= \sum_{k=-\infty}^{\infty} h(k)e^{-j\omega k} \cdot e^{-j\omega \cdot 2\pi k}$$

$$= \sum_{k=-\infty}^{\infty} h(k)e^{-j\omega k}$$

$$= H(e^{j\omega})$$

由此可见，$H(e^{j\omega})$ 具有周期性，其周期为 2π。

3）若一系统的频率响应为 $H(e^{j\omega_0})$，当输入信号为

$$x(n) = A \cdot \cos(\omega_0 n)$$

则系统的输出为

$$y(n) = A|H(e^{j\omega_0})| \cdot \cos[\omega_0 n + \arg H(e^{j\omega_0})] \tag{2-82}$$

证明：首先根据欧拉公式，将输入信号 $x(n)$ 表示为 $x_1(n)$ 与 $x_2(n)$ 和的形式，即

$$x(n) = A \cdot \cos(\omega_0 n) = \frac{A}{2} \cdot e^{j\omega_0 n} + \frac{A}{2} \cdot e^{-j\omega_0 n}$$

其中,

$$x_1(n) = \frac{A}{2} \cdot e^{j\omega_0 n}$$

$$x_2(n) = \frac{A}{2} \cdot e^{-j\omega_0 n}$$

那么,对应 $x_1(n) = \frac{A}{2} \cdot e^{j\omega_0 n}$ 的系统输出响应为

$$y_1(n) = H(e^{j\omega_0}) \cdot x_1(n) = H(e^{j\omega_0}) \frac{A}{2} \cdot e^{j\omega_0 n}$$

对应 $x_2(n) = \frac{A}{2} \cdot e^{-j\omega_0 n}$ 的系统输出响应为

$$y_2(n) = H(e^{-j\omega_0}) \cdot x_2(n) = H(e^{-j\omega_0}) \frac{A}{2} \cdot e^{-j\omega_0 n}$$

则系统总的输出响应为

$$y(n) = \frac{A}{2} [H(e^{j\omega_0}) \cdot e^{j\omega_0 n} + H(e^{-j\omega_0}) \cdot e^{-j\omega_0 n}]$$

$$= \frac{A}{2} [|H(e^{j\omega_0})| \cdot e^{j\arg[H(e^{j\omega_0})]} \cdot e^{j\omega_0 n} + |H(e^{-j\omega_0})| \cdot e^{j\arg[H(e^{-j\omega_0})]} \cdot e^{-j\omega_0 n}]$$

由式(2-77)可知

$$|H(e^{j\omega_0})| = |H(e^{-j\omega_0})|$$

可知

$$\arg[H(e^{j\omega_0})] = -\arg[H(e^{-j\omega_0})]$$

由此可得

$$y(n) = \frac{A}{2} [H(e^{-j\omega_0}) \cdot e^{j\omega_0 n} + H(e^{-j\omega_0}) \cdot e^{-j\omega_0 n}]$$

$$= A|H(e^{j\omega_0})| \cdot \left[\frac{e^{j(\omega_0 n + \arg[H(e^{j\omega_0})])} + e^{-j(\omega_0 n + \arg[H(e^{j\omega_0})])}}{2} \right]$$

$$= A|H(e^{j\omega_0})| \cdot \cos(\omega_0 n + \arg[H(e^{j\omega_0})])$$

4)时域中两个信号的卷积和对应频域中两个信号的频谱的乘积,即,若

$$y(n) = x(n) * h(n)$$

则有

$$Y(e^{j\omega}) = X(e^{j\omega}) \cdot H(e^{j\omega}) \tag{2-83}$$

证明:

$$Y(e^{j\omega}) = \sum_{n=-\infty}^{\infty} y(n) \cdot e^{-j\omega n}$$

因为

$$y(n) = x(n) * h(n)$$

则

$$Y(e^{j\omega}) = \sum_{n=-\infty}^{\infty} x(n) * h(x) \cdot e^{-j\omega n}$$

$$= \sum_{n=-\infty}^{\infty} \sum_{m=-\infty}^{\infty} x(m) \cdot h(n-m) \cdot e^{-j\omega n}$$

$$= \sum_{n=-\infty}^{\infty} \sum_{m=-\infty}^{\infty} x(m) \cdot h(n-m) \cdot e^{-j\omega(n-m)} \cdot e^{-j\omega m}$$

$$= \sum_{n=-\infty}^{\infty} x(m) \cdot e^{-j\omega m} \sum_{n=-\infty}^{\infty} h(n-m) \cdot e^{-j\omega(n-m)}$$

$$= X(e^{j\omega}) \cdot H(e^{j\omega})$$

例 2.41　已知一线性时不变系统的单位冲激响应为

$$h(n) = R_N(n)$$

试求该系统的频率响应 $H(e^{j\omega})$。

解： 易知

$$H(e^{j\omega}) = \sum_{n=-\infty}^{\infty} h(n) \cdot e^{-j\omega n} = \sum_{n=0}^{N-1} e^{-j\omega n}$$

$$= \frac{1 - e^{-j\omega N}}{1 - e^{-j\omega}}$$

$$= \frac{e^{-j\omega N/2} \cdot (e^{j\omega N/2} - e^{-j\omega N/2})}{e^{-j\omega/2} \cdot (e^{j\omega/2} - e^{-j\omega/2})}$$

$$= e^{-j\omega(N-1)/2} \frac{\sin\left(\dfrac{N}{2}\omega\right)}{\sin\left(\dfrac{1}{2}\omega\right)}$$

因此，该系统频率响应的幅度特性为

$$|H(e^{j\omega_0})| = \frac{\sin\left(\dfrac{N}{2}\omega\right)}{\sin\left(\dfrac{1}{2}\omega\right)}$$

相位特性为

$$\arg[H(e^{j\omega})] = -\frac{N-1}{2}\omega$$

当 $N=20$ 时，系统频率响应，如图 2-66 所示。

例 2.42　已知系统的差分方程为

$$y(n) = ay(n-1) + x(n), \quad |a| < 1$$

试求该系统的频率响应 $H(e^{j\omega})$。当 a 分别为 0.9 和 -0.9 时，试分析系统特性。

解： 易得该系统的频率响应为

$$H(e^{j\omega}) = \frac{1}{1 - ae^{-j\omega}}$$

则该系统频率响应的幅度特性为

$$|H(e^{j\omega})| = \left| \frac{1}{1 - a \cdot e^{-j\omega}} \right| = \frac{1}{\sqrt{1 + a^2 - 2a \cdot \cos\omega}}$$

相位特性为

$$\arg[H(e^{j\omega})] = -\arctan \frac{a\sin\omega}{1 - a\cos\omega}$$

当 $a=0.9$ 时，系统的频率响应如图 2-67 所示。

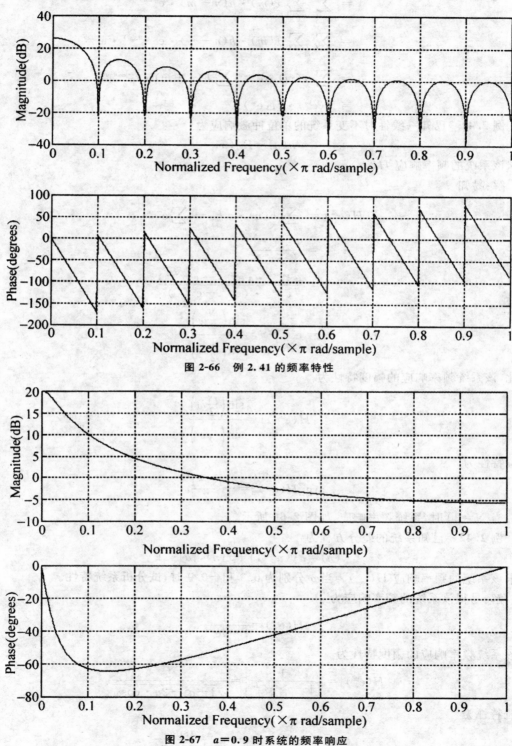

图 2-66　例 2.41 的频率特性

图 2-67　$a=0.9$ 时系统的频率响应

可见,$a=0.9$ 时,该系统具有低通滤波特性,为低通滤波器。当 $a=0.9$ 时,系统的频率响应如图 2-68 所示。

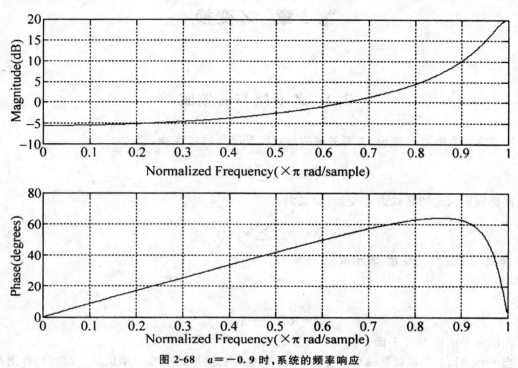

图 2-68　$a=-0.9$ 时,系统的频率响应

可见,$a=-0.9$ 时,该系统具有高通滤波特性,为高通滤波器。

第 3 章   Z 变换

3.1   Z 变换与收敛域

Z 变换称为单边 Z 变换,主要考虑的是对因果序列的 Z 变换,即

$$X(z) = \sum_{n=0}^{\infty} x(n) z^{-n} \tag{3-1}$$

这里我们讨论的是双边 Z 变换,定义为

$$X(z) = \sum_{n=-\infty}^{\infty} x(n) z^{-n} \tag{3-2}$$

式中:z 是一个连续复变量,表示成

$$z = r e^{j\omega}$$

或

$$z = \text{Re}[z] + j\text{Im}[z]$$

它所在的复平面称为 Z 平面。

当 $r=1$ 时,Z 变换就是傅里叶变换,可见傅里叶变换是 Z 变换在单位圆上取值的特例。

出于方便,信号 $x(n)$ 的 Z 变换记为

$$X(z) = Z[x(n)] \tag{3-3}$$

对于序列 $x(n)$,能保证其 Z 变换收敛的所有 Z 值的集合,称为序列 $x(n)$ 的 Z 变换 $X(z)$ 的收敛域。

由于级数

$$X(z) = \sum_{n=-\infty}^{\infty} x(n) z^{-n}$$

收敛的充分必要条件为

$$\Big| \sum_{n=-\infty}^{\infty} x(n) z^{-n} \Big| \leqslant \sum_{n=-\infty}^{\infty} |x(n)| \, |z^{-n}| < \infty \tag{3-4}$$

因此为了确保级数 $X(z)$ 收敛,需要限制 $|z|$ 的取值范围,收敛域通常为一环状区域,如图 3-1 所示。

收敛域通常表示为

$$R_{x-} < |z| < R_{x+} \tag{3-5}$$

式中: R_{x-}、R_{x+} 称为收敛半径,内半径 R_{x-} 可以小到零,而外半径 R_{x+} 可以大到无限大。

存在

$$z = z_i$$

使得 $x(n)$ 的 Z 变换

$$X(z_i) = 0$$

则 z_i 为 $X(z)$ 的零点。存在

$$z = z_i$$

使得 $x(n)$ 的 Z 变换

$$X(z_i) \to \infty$$

则 z_i 为 $X(z)$ 的极点。

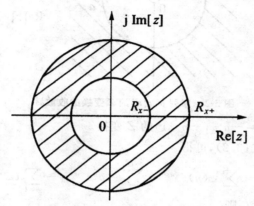

图 3-1　Z 变换的收敛域

例 3.1　求序列 $x(n) = a^n u(n)$ 的 Z 变换。

解：依据 Z 变换定义式(3-2)，可得

$$X(z) = \sum_{n=-\infty}^{\infty} x(n)z^{-n} = \sum_{n=0}^{\infty} a^n z^{-n} = \sum_{n=0}^{\infty} (az^{-1})^n$$

若保证上述幂级数收敛，则

$$|az^{-1}| < 1$$

或者等价于

$$|z| > |a|$$

那么幂级数收敛于

$$\frac{1}{1 - az^{-1}}$$

从而得到 Z 变换为

$$Z[a^n u(n)] = \frac{1}{1 - az^{-1}} \tag{3-6}$$

收敛域为

$$|z| > |a|$$

收敛域是半径为 $|a|$ 的圆的外部，零点为

$$z = 0$$

极点为

$$z = a$$

相应的收敛域，如图 3-2 所示。注意，a 不一定是实数。

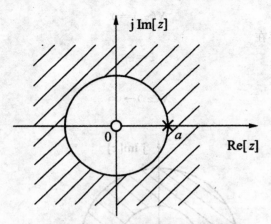

图 3-2　序列 $a^n u(n)$ 的 Z 变换的收敛域

例 3.2　求序列 $x(n) = -a^n u(-n-1)$ 的 Z 变换。

解：依据 Z 变换定义式(3-2)，可得

$$X(z) = \sum_{n=-\infty}^{\infty} x(n) z^{-n} = \sum_{n=-\infty}^{-1} -a^n z^{-n} = -\sum_{n=1}^{\infty} (a^{-1} z)^n$$

若保证上述幂级数收敛，则

$$|a^{-1} z| < 1$$

或者等价于

$$|z| < |a|$$

那么幂级数收敛于

$$\frac{1}{1 - a z^{-1}}$$

从而得到 Z 变换为

$$Z[-a^n u(-n-1)] = \frac{1}{1 - a z^{-1}}$$

收敛域为

$$|z| < |a| \tag{3-7}$$

收敛域是半径为 $|a|$ 的圆的内部，零点为

$$z = 0$$

极点为

$$z = a$$

相应的收敛域，如图 3-3 所示。注意，a 不一定是实数。

从例 3.1 和例 3.2 的 Z 变换结果，可以得出以下两个结论：

1）Z 变换的唯一性。不同的序列可能有相同的 Z 变换表达式和相同的零极点分布，但是收敛域不同。因此为了单值的确定 Z 变换所对应的原序列，要同时给出 Z 变换的表达式和收敛域。

2）Z 变换的收敛域通常以极点为边界，收敛域内一定不存在极点，但零点可以在收敛域内，也可以在收敛域外。

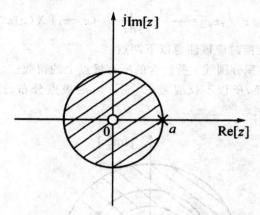

图 3-3 序列 $-a^n u(-n-1)$ 的 Z 变换的收敛域

3.2 Z 反变换

Z 变换的定义式确定了从序列 $x(n)$ 求函数 $X(z)$ 的方法,而从函数 $X(z)$ 求序列 $x(n)$ 的过程称为 Z 反变换,表示为

$$x(n) = Z^{-1}[X(z)] \tag{3-8}$$

由于 Z 变换的定义实际上就是复变函数中的洛朗技术,它在收敛域内是解析函数,因此收敛域内的 $X(z)$ 也为解析函数,可以利用复变函数的定理和方法来处理 Z 变换和 Z 反变换。

基于复变理论中的柯西积分定理,Z 反变换有严格的求解公式

$$x(n) = Z^{-1}[X(z)] = \frac{1}{2\pi j} \oint_c X(z) z^{n-1} dz \tag{3-9}$$

其中围线 c 为 $X(z)$ 收敛域内,沿逆时针方向环绕原点的封闭曲线。为了简化,c 可取 Z 平面上收敛域内的圆。

直接求式(3-9)的围线积分是比较麻烦的,实际中求 Z 反变换的常用方法有留数定理法、部分分式法和幂级数三种方法。

3.2.1 留数定理法

若 $X(z)z^{n-1}$ 在积分围线 c 内的极点集合为 $\{z_k\}$,根据留数定理,可得

$$\begin{aligned} x(n) &= Z^{-1}[X(z)] \\ &= \frac{1}{2\pi j} \oint_c X(z) z^{n-1} dz \\ &= \sum_k \mathrm{Res}[X(z) z^{n-1}, z_k] \end{aligned} \tag{3-10}$$

其中 z_k 表示 $X(z)z^{n-1}$ 的极点,Res 表示极点的留数。

若 $z = z_k$ 为 $X(z)z^{n-1}$ 的一阶极点,则

$$\mathrm{Res}[X(z)z^{n-1}, z_k] = [(z - z_k) X(z) z^{n-1}]|_{z=z_k} \tag{3-11}$$

若 $z = z_k$ 为 $X(z)z^{n-1}$ 为 s 阶极点,则

$$\text{Res}\big[X(z)z^{n-1},z_k\big]=\frac{1}{(s-1)!}\frac{\mathrm{d}^{s-1}}{\mathrm{d}z^{s-1}}\Big[(z-z_k)^s X(z)z^{n-1}\Big]\Big|_{z=z_k} \tag{3-12}$$

应用留数法求 Z 反变换时应该注意以下两点：

1）只要计算收敛域内积分围线 c 所包含的所有极点上的留数。

2）由于是双边 Z 变换，所以不仅要考虑 $n\geqslant 0$ 时的极点分布，还要考虑 $n<0$ 时的极点分布。

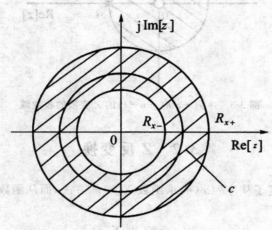

图 3-4　积分围线路径

例 3.3　已知 $X(z)=\dfrac{1}{1-az^{-1}}$，$|z|<|a|$（$a$ 为正实数），求 $x(n)=Z^{-1}[X(z)]$。

解：应用留数法求解，根据式（3-10），可得

$$x(n)=Z^{-1}\big[X(z)\big]=\frac{1}{2\pi \mathrm{j}}\oint_c X(z)z^{n-1}\mathrm{d}z=\sum_k \text{Res}\big[X(z)z^{n-1},z_k\big]$$

其中

$$X(z)z^{n-1}=\frac{z^n}{z-a}$$

可见，当 $n\geqslant 0$ 时，$X(z)z^{n-1}$ 有一个一阶极点

$$z=a$$

当 $n<0$ 时，$X(z)z^{n-1}$ 有两个极点，分别为 $z=0$（$-n$ 阶）和 $z=a$（一阶）。图 3-5 表示了积分围线和两极点在 Z 平面中的相对位置。

1）当 $n\geqslant 0$ 时，$\dfrac{z^n}{z-a}$ 在积分围线 c 内无极点，故

$$x(n)=0$$

2）当 $n<0$ 时，$\dfrac{z^n}{z-a}$ 在积分围线 c 内有一个（$-n$）阶极点 $z=0$，

$$x(n)=\text{Res}\Big[\frac{z^n}{z-a},0\Big]$$

$$=\frac{1}{(-n-1)!}\frac{\mathrm{d}^{-n-1}}{\mathrm{d}z^{-n-1}}\Big[\frac{z^n}{z-a}\cdot z^{-n}\Big]\Big|_{z=0}$$

$$= (-1)^{-n-1}(z-a)^n \big|_{z=0}$$
$$= -a^n。$$

由此可见

$$x(n) = -a^n u(-n-1)$$

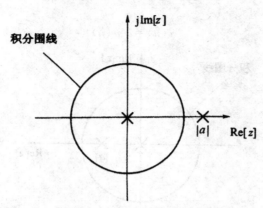

图 3-5　极点和积分围线位置图

例 3.4　已知 $X(z) = \dfrac{1}{1-az^{-1}}, |z| > |a|$，求 $x(n) = Z^{-1}[X(z)]$。

解：应用留数法求解，根据式（3-10），可得

$$
\begin{aligned}
x(n) &= Z^{-1}[X(z)] \\
&= \frac{1}{2\pi \mathrm{j}} \oint_c X(z) z^{n-1} \mathrm{d}z \\
&= \sum_k \mathrm{Res}[X(z)z^{n-1}, z_k]
\end{aligned}
$$

其中

$$X(z)z^{n-1} = \frac{z^n}{z-a}$$

可见，当 $n \geq 0$ 时，$X(z)z^{n-1}$ 有一个一阶极点

$$z = a$$

当 $n < 0$ 时，$X(z)z^{n-1}$ 有两个极点，分别为 $z=0$（$-n$ 阶）和 $z=0$（一阶）。图 3-6 表示了积分围线和两极点在 Z 平面中的相对位置。

1）当 $n \geq 0$ 时，$\dfrac{z^n}{z-a}$ 在积分围线 c 内有一个一阶极点 $z=a$，可得

$$x(n) = \mathrm{Res}\left[\frac{z^n}{z-a}, a\right] = (z-a)\frac{z^n}{z-a}\bigg|_{z=a} = a^n$$

2）当 $n < 0$ 时，$\dfrac{z^n}{z-a}$ 在积分围线 c 内有一个一阶极点 $z=a$，有一个（$-n$）阶极点 $z=0$，可得

$$\mathrm{Res}_1\left[\frac{z^n}{z-a}, a\right] = (z-a)\frac{z^n}{z-a}\bigg|_{z=a} = a^n$$

$$\mathrm{Res}_2\left[\frac{z^n}{z-a}, 0\right] = \frac{1}{(-n-1)!}\frac{\mathrm{d}^{-n-1}}{\mathrm{d}z^{-n-1}}\left[\frac{z^n}{z-a} \cdot z^{-n}\right]\bigg|_{z=0}$$

$$= (-n)^{-n-1}(z-a^n)\big|_{z=0}$$
$$= -a^n$$

根据式(3-10),可得

$$x(n) = \text{Res}_1 + \text{Res}_2 = a^n - a^n = 0$$

由此可见

$$x(n) = a^n u(n)$$

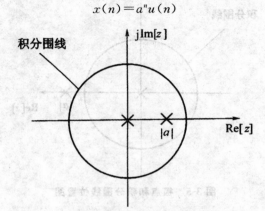

图 3-6　极点和积分围线位置图

3.2.2　幂级数法

幂级数法又称长除法,其思想是将 $X(z)$ 在收敛域内展开为 z^{-1} 的幂级数,其中对应 z^{-n} 项的系数就是 $x(n)$。长除法应用的条件是 $X(z)$ 为有理分式。

幂级数展开时的要点:

1)若 $X(z)$ 的收敛域为

$$R_{x-} < |z| \leqslant \infty$$

对应的 $x(n)$ 为右边序列,则长除时应按 z^{-1} 的升幂排列(或按 z 的降幂排列)。

2)若 $X(z)$ 的收敛域为 $0 < |z| < R_{x+}$,对应的 $x(n)$ 为左边序列,则长除时应按 z^{-1} 的降幂排列(或按 z 的升幂排列)。

例 3.5　计算 $X(z) = \dfrac{1}{1-az^{-1}}$ 的 Z 反变换 $x(n)$,收敛域分别为 $|z| > |a|$ 和 $|z| < |a|$。

解:当 $|z| > |a|$ 时,因为收敛域是圆的外围,原信号为因果序列,因此将 $X(z)$ 展开成 Z 的负幂级数

$$X(z) = 1 + az^{-1} + az^{-2} + \cdots = \sum_{n=0}^{\infty} a^n z^{-n}$$

从而求得 $X(z)$ 的反变换为

$$x(n) = a^n u(n)$$

当 $|z| < |a|$ 时,因为收敛域是圆的内部,原信号为左边序列,因此将 $X(z)$ 其展开成 Z 的正幂级数

$$X(z) = -a^{-1}z - a^{-2}z^2 - a^{-3}z^3 - \cdots = -\sum_{n=1}^{\infty} a^{-n} z^n = -\sum_{n=-\infty}^{-1} a^n z^{-n}$$

从而求得 $X(z)$ 的反变换为

$$x(n) = -a^n u(-n-1)$$

3.2.3 部分分式法

部分分式法是根据 Z 变换的线性性质,将 $X(z)$ 表达式展开成若干个简单的常见部分分式之和,对这些部分分式分别求 Z 反变换,求和即为 $X(z)$ 的 Z 反变换。由于每个部分分式都可以在 Z 变换表中找到基本的 Z 变换表达式和相应的离散时间序列,因此计算简单。

若 $X(z)$ 为有理分式,即

$$X(z) = \frac{P(z)}{Q(z)} = \frac{\sum\limits_{k=0}^{M} b_k z^{-k}}{\sum\limits_{k=0}^{N} a_k z^{-k}} \tag{3-13}$$

等效地,可以写成如下形式

$$X(z) = \frac{P(z)}{Q(z)} = \frac{z^N \sum\limits_{k=0}^{M} b_k z^{M-k}}{z^M \sum\limits_{k=0}^{N} a_k z^{N-k}} \tag{3-14}$$

可见 $X(z)$ 在 Z 平面有 M 个零点,N 个极点,此外在 $z=0$ 处还有一个 $(N-M)$ 阶极点($M \leqslant N$ 时)或 $(M-N)$ 阶极点($M \geqslant N$ 时),假设 $X(z)$ 的非零零点为 $c_k(k=1,\cdots,M)$,非零极点为 $d_k(k=1,\cdots,N)$,则

$$X(z) = \frac{b_0 \prod\limits_{k=1}^{M} (1-c_k z^{-1})}{a_0 \prod\limits_{k=1}^{M} (1-d_k z^{-1})} \tag{3-15}$$

对上式做部分分式展开:

(1)如果 $M < N$ 且所有的极点都是一阶的,则

$$X(z) = \sum\limits_{k=1}^{N} \frac{A_k}{1-d_k z^{-1}} \tag{3-16}$$

其中

$$A_k = (1-d_k z^{-1}) X(z) \big|_{z=d_k} \tag{3-17}$$

(2)如果 $M \geqslant N$ 且所有的极点都是一阶的,则

$$X(z) = \sum\limits_{k=1}^{M-N} B_k z^{-k} + \sum\limits_{k=1}^{N} \frac{A_k}{1-d_k z^{-1}} \tag{3-18}$$

其中 B_k 由多项式的长除计算,A_k 则由下式求得

$$A_k = (1-d_k z^{-1}) \left[X(z) - \sum\limits_{k=1}^{M-N} B_k z^{-k} \right]\bigg|_{z=d_k} \tag{3-19}$$

(3)如果 $M \geqslant N$ 且除了一阶极点以外,在 $z=d_i$ 处有一个 s 阶极点,则

$$X(z) = \sum\limits_{k=1}^{M-N} B_k z^{-k} + \sum\limits_{\substack{k=1 \\ k \neq i}}^{N} \frac{A_k}{1-d_k z^{-1}} + \sum\limits_{r=1}^{s} \frac{C_r}{(1-d_k z^{-1})^r} \tag{3-20}$$

其中 A_k 和 B_k 的求法同上，C_r 则由下式求得

$$C_r = \frac{1}{(s-r)!} \frac{1}{(-d_i)^{s-r}} \left\{ \frac{d^{s-r}}{d(z^{-1})^{s-r}} \left[(1-d_i z^{-1})^s X(z) \right] \right\} \bigg|_{z=d_i} \tag{3-21}$$

在情况（3）时，给出了部分分式展开的最一般形式，（1）、（2）都可以看成（3）的特殊情况。考虑极点为一阶极点的情况。

1）若部分分式为 $B_k z^{-k}$，则对应序列为 $B_k \delta(n-k)$；

2）若部分分式为 $\dfrac{A_k}{1-d_k z^{-1}}$，按照以下原则做 Z 反变换：

①若极点 $z=d_k$ 位于收敛域内侧，$|d_k| \leqslant R_{x-}$，原序列对应右边序列，即
$$x(n) = d_k^n u(n)$$

②若极点 $z=d_k$ 位于收敛域外侧，$|d_k| \geqslant R_{x+}$，原序列对应左边序列，即
$$x(n) = -d_k^n u(-n-1)$$

例 3.6 求 $X(z) = \dfrac{5z^{-1}}{1+z^{-1}-6z^{-2}}$ 的 Z 反变换 $x(n)$，其中收敛域为 $2<|z|<3$。

解：为了去掉原式中 Z 的负幂次项，分子和分母同时乘以 z^2，可得

$$X(z) = \frac{5z^{-1}}{1+z^{-1}-6z^{-2}} = \frac{5z}{(z-2)(z+3)}$$

$X(z)$ 的极点有两个：
$$z_1 = 2, z_2 = -3$$

两个极点都是一阶极点。从而

$$\frac{X(z)}{z} = \frac{5}{(z-2)(z+3)} = \frac{A_1}{z-2} + \frac{A_2}{z+3}$$

系数 A_1 和 A_2 通过以下两式求取

$$A_1 = \frac{(z-z_1)X(z)}{z} \bigg|_{z=z_1} = \frac{5}{z+3} \bigg|_{z=2} = 1$$

$$A_2 = \frac{(z-z_2)X(z)}{z} \bigg|_{z=z_2} = \frac{5}{z-2} \bigg|_{z=-3} = -1$$

因此原式可以展成两个部分分式和的形式

$$X(z) = \frac{z}{z-2} - \frac{z}{z+3}$$

对于 $z_1 = 2$，位于收敛域内侧，则有

$$Z^{-1} \left[\frac{z}{z-2} \right] = 2^n u(n)$$

对于 $z_2 = -3$，位于收敛域外侧，则有

$$Z^{-1} \left[\frac{z}{z+3} \right] = -(-3)^n u(-n-1)$$

所以

$$x(n) = 2^n u(n) - \left[-(-3)^n u(-n-1) \right] = 2^n u(n) + (-3)^n u(-n-1)$$

3.3　Z 变换与傅里叶变换的关系

序列 $x(n)$ 的 Z 变换定义为

$$X(z) = \sum_{n=-\infty}^{\infty} x(n)z^{-n}, R_{x-} < |z| < R_{x+} \tag{3-22}$$

其中 $R_{x-} < |z| < R_{x+}$ 是 $X(z)$ 的收敛区间。把复变量 z 表示成极坐标的形式为

$$z = re^{j\omega} \tag{3-23}$$

其中 $r = |z|$。在 $X(z)$ 的收敛区间内,将

$$z = re^{j\omega}$$

代入式(3-22),得到

$$X(z) \big|_{z=re^{j\omega}} = \sum_{n=-\infty}^{\infty} x(n)r^{-n}e^{j\omega n} \tag{3-24}$$

从式(3-24)可以看出,$X(z)$ 可被解释为序列 $x(n)r^{-n}$ 的傅里叶变换。如果 $r < 1$,加权因子 r^{-n} 随着 n 增长,如果 $r > 1$,加权因子 r^{-n} 随着 n 衰减。另外,如果 $|z| = 1$ 时,$X(z)$ 收敛,那么

$$X(z) \big|_{z=re^{j\omega}} = \sum_{n=-\infty}^{\infty} x(n)e^{-j\omega n} X(e^{j\omega}) \tag{3-25}$$

因此,傅里叶变换可以视为序列的 Z 变换在单位圆上的取值。如果 $X(z)$ 在区域 $|z| = 1$ 内不收敛(即如果单位圆不包含在收敛区域内),那么傅里叶变换 $X(e^{j\omega})$ 不存在。

Z 变换的存在要求序列 $x(n)r^{-n}$ 对于某些 r 值绝对可和,也即

$$\sum_{n=-\infty}^{\infty} |x(n)r^{-n}| < \infty \tag{3-26}$$

因此,如果式(3-26)仅在 $r > r_0 > 1$ 的值上收敛,那么虽然 Z 变换存在,但是傅里叶变换不存在。例如:当 $|a| > 1$ 时,因果序列

$$x(n) = a^n u(n)$$

就是这种情况。然而,有一些序列不满足式(3-26)的要求,如序列

$$x(n) = \frac{\sin\omega_c n}{\pi n}, \quad -\infty < n < \infty \tag{3-27}$$

这个序列没有 Z 变换,因为它具有有限能量,所以它的傅里叶变换在均方意义上收敛于不连续函数 $X(e^{j\omega})$,定义如下

$$X(e^{j\omega}) = \begin{cases} 1, & |\omega| < \omega_c \\ 0, & \omega_c < |\omega| \leqslant \pi \end{cases} \tag{3-28}$$

总之,Z 变换的存在要求对于 Z 平面上的某个区域式(3-26)是满足的。如果这个区域包含单位圆,那么傅里叶变换 $X(e^{j\omega})$ 存在。然而,针对有限能量信号定义的傅里叶变换的存在不一定能保证 Z 变换的存在。

有一些非周期序列,既不绝对可和也不平方可和,因此它们的傅里叶变换不存在。单位阶跃序列 $x(n) = u(n)$ 就是这种序列中的一个,它具有 Z 变换

$$X(z) = \frac{1}{1 - z^{-1}}$$

另一个这种序列是因果正弦信号序列

$$x(n) = \cos(\omega_0 n)u(n)$$

这个序列具有 Z 变换

$$X(z) = \frac{1 - z^{-1}\cos\omega_0}{1 - 2z^{-1}\cos\omega_0 + z^{-2}}$$

注意,这两个序列都在单位圆上有极点。

对于这样的两个序列,拓展傅里叶变换的表示有时候是有用的。对于拓展傅里叶变换,本书不做详细讲解,读者可以参阅相关书籍。

3.4 利用 Z 变换求解差分方程

在 Z 域中求解差分方程的思想是利用 Z 变换将差分方程转换成 Z 域的代数方程,将代数方程的解再通过 Z 反变换转换到时域,获得差分方程的时域解。利用 Z 变换可以将差分方程的求解大大简化。

表示离散时间线性时不变系统的常系数线性差分方程的一般形式为

$$y(n) = \sum_{m=0}^{M} b_m x(n-m) - \sum_{k=1}^{N} a_k y(n-k)$$

当系统处于零状态时,将该差分方程两端同时作双边 Z 变换(若系统的初始状态不为零,则差分方程两端作单边 Z 变换),那么差分方程转换为关于 $Y(z)$ 的代数方程,得

$$\sum_{k=0}^{N} a_k \cdot z^{-k} \cdot Y(z) = \sum_{r=0}^{M} b_m \cdot z^{-m} \cdot X(z)$$

则

$$Y(z) = \frac{\sum_{m=0}^{M} b_m \cdot z^{-m}}{\sum_{k=0}^{N} a_k \cdot z^{-k}}$$

因此,系统的输出响应 $y(n)$ 为

$$y(n) = Z^{-1}[Y(z)]$$

例 3.7 已知描述系统的差分方程为 $y(n) = -3y(n-1) - 2y(n-2) + x(n)$, $n < 0$ 时 $y(n) = 0$。系统的输入信号 $x(n) = \delta(n)$。利用 Z 变换求解系统输出响应 $y(n)$。

解: 由 $n < 0$ 时 $y(n) = 0$ 可知系统为零状态因果系统,因此对差分方程两端作双边 Z 变换,得

$$Y(z) = -3z^{-1}Y(z) - 2z^{-2}Y(z) + X(z)$$

则

$$Y(z) = \frac{1}{1 + 3z^{-1} + 2z^{-2}} \cdot X(z)$$

因为

$$X(z) = \Im[x(n)] = \Im[\delta(n)] = 1$$

所以

$$Y(z) = \frac{1}{1 + 3z^{-1} + 2z^{-2}} = \frac{1}{(1 + z^{-1})(1 + 2z^{-1})}, \; |z| > 2$$

对 $Y(z)$ 求 Z 反变换,得

$$y(n) = [2 \cdot (-2)^n - (-1)^n] \cdot u(n)$$

MATLAB 实现差分方程求解程序如下：

a=[1,3,2];

b=[1];

n=[0：10];

x=[(n)==0];

y=filter(b,a,x);

stem(n,y);

运行结果的前 11 项如下：

y=

Columns 1 through 10

    1   —3   7   —15   31   —63   127

  —255   511   —l023

Column 11

  2047

3.5 离散时间傅里叶变换(DTFT)

3.5.1 序列傅里叶变换定义

$$X(e^{j\omega}) = \text{DTFT}[x(n)] = \sum_{n=-\infty}^{\infty} x(n)e^{-j\omega n} \tag{3-29}$$

$$x(n) = \text{IDTFT}[X(e^{j\omega})] = \frac{1}{2\pi}\int_{-\pi}^{\pi} X(e^{j\omega})e^{j\omega n}\,d\omega \tag{3-30}$$

式(3-29)表示序列 $x(n)$ 的傅里叶正变换（离散时间傅里叶变换——DTFT），式(3-30)表示 $X(e^{j\omega})$ 的傅里叶反变换（离散时间傅里叶反变换——IDTFT）。

注意：

1)时域 $x(n)$ 是离散的,则频域 $X(e^{j\omega})$ 一定是周期的,这可从 $e^{j\omega n} = e^{j(\omega+2\pi)n}$ 看出, $e^{j\omega n}$ 是 ω 的以 2π 为周期的正交周期性函数,所以 $X(e^{j\omega})$ 也是 ω 的以 2π 为周期的周期函数,故式(3-29)可看成 $X(e^{j\omega})$ 的傅里叶级数展开,其傅里叶级数的系数是 $x(n)$ 。

2)由于时域 $x(n)$ 是非周期的,故频域 $X(e^{j\omega})$ 是变量 ∞ 的连续函数。

3) $X(e^{j\omega})$ 是 $x(n)$ 的频谱密度,简称频谱,它是 ω 的复函数,可分解为模（幅度谱 $|\cdot|$),相角（相位谱 $\arg[\cdot]$)或分解为实部 $\text{Re}[\cdot]$,虚部 $\text{Im}[\cdot]$,它们都是 ω 的连续、周期（周期为 2π)函数,即

$$\begin{aligned}
X(e^{j\omega}) &= |X(e^{j\omega})|e^{j\arg[X(e^{j\omega})]} \\
&= \text{Re}[X(e^{j\omega})] + j\text{Im}[X(e^{j\omega})]
\end{aligned} \tag{3-31}$$

3.5.2 序列傅里叶变换的收敛性——DTFT 的存在条件

1. 一致收敛

序列的傅里叶变换可以看成序列的 Z 变换在单位圆上的值，即

$$X(e^{j\omega}) = X(z) \mid_{z=e^{j\omega}} = \sum_{n=-\infty}^{\infty} x(n)e^{-j\omega n} \tag{3-32}$$

因此，如果要求式(3-29)成立，即要求级数收敛，就要求 $|X(e^{j\omega})| < \infty$（对全部 ω），也就是要求 $X(z)$ 的收敛域必须包含 z 平面单位圆，就是说，要求 $x(n)$ 的傅里叶变换存在，即

$$| X(e^{j\omega}) | = \left| \sum_{n=-\infty}^{\infty} x(n)e^{j\omega} \right| \leqslant \sum_{n=-\infty}^{\infty} | x(n) | | e^{j\omega} | \leqslant \sum_{n=-\infty}^{\infty} | x(n) | < \infty \tag{3-33}$$

式(3-33)表明，若 $x(n)$ 绝对可和，则 $x(n)$ 的傅里叶变换一定存在，即序列 $x(n)$ 绝对可和是其傅里叶变换存在的充分条件。满足此条件下，式(3-29)等式右端的级数一致收敛于 ω 的连续函数 $X(e^{j\omega})$)，也就是说，对所有 ω，级数都满足以下的一致收敛条件，即对所有 ω，有

$$\lim_{N \to \infty} \left| X(e^{j\omega}) - \sum_{n=-N}^{N} x(n)e^{-j\omega n} \right| = 0$$

例 3.8 求矩形序列 $x(n) = R_N(n)$ 的 N 点 DTFT。

解：

$$R_N(e^{j\omega}) = \sum_{n=0}^{N-1} R_N e^{-j\omega n} = \sum_{n=0}^{N-1} e^{-j\omega n} = \frac{1 - e^{-j\omega N}}{1 - e^{-j\omega}} = \frac{e^{-j\omega N/2}(e^{j\omega N/2} - e^{-j\omega N/2})}{e^{-j\omega/2}(e^{j\omega/2} - e^{-j\omega/2})}$$

$$= e^{-j(N-1)\omega/2} \frac{\sin\left(\dfrac{\omega N}{2}\right)}{\sin\left(\dfrac{\omega}{2}\right)}$$

$$= | X(e^{j\omega}) | e^{j\arg[X(e^{j\omega})]} \tag{3-34}$$

其中

$$| X(e^{j\omega}) | = \left| \frac{\sin(N\omega/2)}{\sin(\omega/2)} \right| \tag{3-35}$$

$$\arg[X(e^{j\omega})] = -\frac{N-1}{2}\omega + \arg\left[\frac{\sin(N\omega/2)}{\sin(\omega/2)}\right] \tag{3-36}$$

图 3-7 画出了当 $N=5$ 时矩形序列 $R_5(n)$ 及其频谱 $|x(e^{j\omega})|$、$\arg[X(e^{j\omega})]$ 的图形。

可以看出，由于 $R_5(n)$ 是有限长序列，故一定满足绝对可和的条件，则其傅里叶变换一定存在，且一定是一致收敛的。

$x(n) = a^n u(n)(|a| < 1)$，是无限长序列又是绝对可和的，故其频谱也一定是一致收敛的。

2. 均方收敛

因为 $x(n)$ 绝对可和只是傅里叶变换存在的充分条件，如果式(3-29) $X(e^{j\omega})$ 的展开式中表示系数 $x(n)$ 的式(3-30)存在，则 $X(e^{j\omega})$ 总可以用傅里叶级数表示，但不一定是一致收敛的。例如当序列 $x(n)$ 不满足绝对可和条件，而是满足以下的平方可和条件

$$\sum_{n=-\infty}^{\infty} |x(n)|^2 < \infty \tag{3-37}$$

也就是序列 $x(n)$ 是能量有限的,此时(3-29)式右端的展开式均方收敛于 $X(\mathrm{e}^{\mathrm{j}\omega})$,即满足以下均方收敛条件

$$\lim_{M \to \infty} \frac{1}{2\pi} \int_{-\pi}^{\pi} \left| X(\mathrm{e}^{\mathrm{j}\omega}) - \sum_{n=-M}^{M} x(n) \mathrm{e}^{-\mathrm{j}\omega n} \right|^2 \mathrm{d}\omega = 0 \tag{3-38}$$

序列 $x(n)$ 能量有限(平方可和)也是其傅里叶变换存在的充分条件。

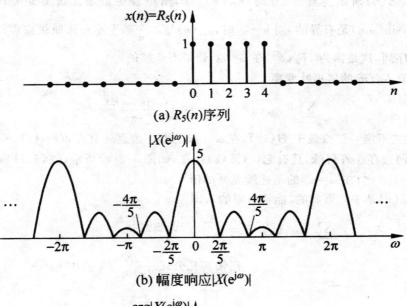

(a) $R_5(n)$ 序列

(b) 幅度响应 $|X(\mathrm{e}^{\mathrm{j}\omega})|$

(c) 相位响应 $\mathbf{arg}[X(\mathrm{e}^{\mathrm{j}\omega})]$

图 3-7　矩形序列及其傅里叶变换($N=5$)

　　例 3.9　已知理想低通数字滤波器的频率响应 $H_{lp}(\mathrm{e}^{\mathrm{j}\omega})$ 如图 3-8(a)所示,试求其单位抽样响应,并讨论 $H_{lp}(n)$ 的傅里叶变换的收敛情况。

　　解:图 3-8(a)的理想数字低通滤波器的频率响应可写成

$$H_{lp}(\mathrm{e}^{\mathrm{j}\omega}) = \begin{cases} 1, & |\omega| \leqslant \omega_c \\ 0, & \omega_c < |\omega| \leqslant \pi \end{cases} \tag{3-39}$$

此滤波器的单位抽样响应为

$$h_{lp}(n) = \frac{1}{2\pi} \int_{-\pi}^{\pi} H_{lp}(e^{j\omega}) e^{j\omega n} d\omega = \frac{1}{2\pi} \int_{-\omega_c}^{\omega_c} e^{j\omega n} d\omega$$

$$= \frac{1}{2\pi j n} (e^{j\omega_c n} - e^{-j\omega_c n})$$

$$= \frac{\sin(\omega_c n)}{\pi n}, \quad -\infty < n < \infty \tag{3-40}$$

$h_{lp}(n)$ 如图 3-8(b) 所示。当 $n < 0$ 时,$h_{lp}(n) \neq 0$,所以理想低通滤波器是非因果的。由式 (3-40) 看出,$\sin(\omega_c n)$ 是有界的,当 $n \to \infty$ 时,$h_{lp}(n)$ 是以 $\frac{1}{n}$ 趋于零。按照级数理论,$h_{lp}(n)$ 不是绝对可和的序列,这是因为 $H_{lp}(e^{j\omega})$ 在 $\omega = \omega_c$ 处是不连续的。

我们来看 $h_{lp}(n)$ 的傅里叶变换

$$\sum_{n=-\infty}^{\infty} |h_{lp}(n)| e^{-j\omega n} = \sum_{n=-\infty}^{\infty} \frac{\sin(\omega_c n)}{\pi n} e^{-j\omega n} \tag{3-41}$$

对所有 ω,此式不能一致收敛于 $H(e^{j\omega})$,在 $\omega = \omega_c$ 的不连续点处有吉布斯(Gibbs)现象存在,即在不连续点两边存在着肩峰,且有起伏(波纹)存在,如图 3-8(c) 所示,故 (3-41) 式的级数不能一致收敛于 $H_{lp}(e^{j\omega})$ 在 $\omega = \omega_c$ 的不连续点处的值。

但是,$h_{lp}(n)$ 是平方可和的(能量有限的),即

$$\sum_{n=-\infty}^{\infty} |h_{lp}(n)|^2 = \sum_{n=-\infty}^{\infty} \left| \frac{\sin(\omega_c n)}{\pi n} \right|^2$$

$$\underline{\text{按帕赛瓦公式}} \frac{1}{2\pi} \int_{-\omega_c}^{\omega_c} |h_{lp}(e^{j\omega})|^2 d\omega$$

$$= \frac{1}{2\pi} \int_{-\omega_c}^{\omega_c} d\omega = \frac{\omega_c}{\pi} < \infty \tag{3-42}$$

故式 (3-41) 的级数在均方误差为零的意义下收敛于 $h_{lp}(e^{j\omega})$,也就是满足式 (3-38) 的收敛条件,可代入 $h_{lp}(e^{j\omega})$ 重写如下:

$$\lim_{M \to \infty} \frac{1}{2\pi} \int_{-\pi}^{\pi} |H_{lp}(e^{j\omega}) - H_M(e^{j\omega})|^2 d\omega = 0 \tag{3-43}$$

其中

$$H_M(e^{j\omega}) = \sum_{n=-M}^{M} \frac{\sin(\omega_c n)}{\pi n} \tag{3-44}$$

表示 $h_{lp}(n)$ 的有限项的傅里叶变换,图 3-8(c) 画出了 $M = 11$ 时的 $H_M(e^{j\omega})$。M 越大,通带、阻带的波纹变得更密,其肩峰更靠近频响的不连续点 ω_c,但波纹肩峰的大小却不改变,仍不能对 $H_{lp}(e^{j\omega})$ 一致收敛,而只能是在均方误差为零的平均意义上收敛。

理想低通滤波器、理想线性微分器、理想 90°移相器三者的单位冲激响应都是和 $\frac{1}{n}$ 成比例的,因而都不是绝对可和,而是均方可和的,它们的傅里叶变换也都是在均方误差为零的意义上均方收敛于 $H(e^{j\omega})$。

这三者并列为有价值的理论概念,都相当于非因果系统。

由于

$$\left[\sum_{n=-\infty}^{\infty}|x(n)|\right]^2 \geqslant \sum_{n=-\infty}^{\infty}|x(n)|^2 \tag{3-45}$$

即,若 $x(n)$ 是绝对可和的,则它一定是平方可和的,但反过来却不一定成立。也就是说,一致收敛一定满足均方收敛,而均方收敛不一定满足一致收敛。

由于上面两个条件(绝对可和及平方可和)是傅里叶变换存在的充分条件,不满足这两个条件的某些序列(例如周期性序列、单位阶跃序列),只要引入冲激函数(奇异函数)δ,则也可得到它们的傅里叶变换。

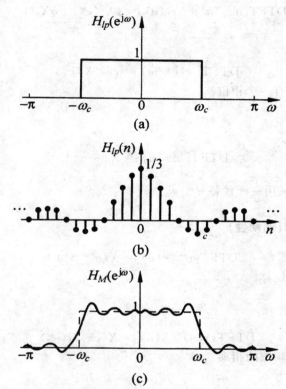

图 3-8 理想数字低通滤波器 $H_{lp}(e^{j\omega})$ 及其 $h_{lp}(n)$ 的傅里叶变换的收敛性($\omega_c=\dfrac{\pi}{3}$,$M=11$)

3.5.3 序列傅里叶变换的主要性质

由于序列傅里叶变换是序列在单位圆上的 Z 变换(当序列的 Z 变换在单位圆上收敛时),因而可表示成

$$X(e^{j\omega}) = X(z)\mid_{z=e^{j\omega}} = \sum_{n=-\infty}^{\infty}x(n)e^{-j\omega n} \tag{3-46}$$

$$x(n) = \frac{1}{2\pi j}\oint_{|z|=1}X(z)z^{n-1}dz = \frac{1}{2\pi}\int_{-\pi}^{\pi}X(e^{j\omega})e^{j\omega n}d\omega \tag{3-47}$$

故序列傅里叶变换的主要性质皆可由 Z 变换的主要性质得出,可归纳如下:

设

$$X(e^{j\omega})=\text{DTFT}[x(n)]$$

$$H(e^{j\omega}) = DTFT[h(n)]$$
$$Y(e^{j\omega}) = DTFT[y(n)]$$
$$X_1(e^{j\omega}) = DTFT[x_1(n)]$$
$$X_2(e^{j\omega}) = DTFT[x_2(n)]$$

则有(以下 a,b 皆为任意常数):

1. 线性

$$DTFT[ax_1(n) + bx_2(n)] = aX_1(e^{j\omega}) + bX_2(e^{j\omega}) \tag{3-48}$$

2. 序列的移位

$$DTFT[x(n-m)] = e^{-j\omega n}X(e^{j\omega}) \tag{3-49}$$

时域的移位对应于频域有一个相位移。

3. 乘以指数序列

$$DTFT[a^n x(n)] = X\left(\frac{1}{a}e^{j\omega}\right) \tag{3-50}$$

时域乘以 a^n,对应于频域用 $\frac{1}{a}e^{j\omega}$ 代替 $e^{j\omega}$。

4. 乘以复指数序列(调制性)

$$DTFT[e^{j\omega_0 n}x(n)] = X(e^{j(\omega - \omega_0)}) \tag{3-51}$$

时域的调制对应于频域位移。

5. 时域卷积定理

$$DTFT[x(n) * h(n)] = X(e^{j\omega})H(e^{j\omega}) \tag{3-52}$$

时域的线性卷积对应于频域的相乘。

6. 频域卷积定理

$$DTFT[x(n)y(n)] = \frac{1}{2\pi}[X(e^{j\omega}) * Y(e^{j\omega})] = \frac{1}{2\pi}\int_{-\pi}^{\pi} X(e^{j\theta})Y(e^{j(\omega - n)}) d\theta \tag{3-53}$$

时域的加窗(即相乘)对应于频域的周期性卷积并除以 2π。

7. 序列的线性加权

$$DTFT[nx(n)] = j\frac{d}{d\omega}[X(e^{j\omega})] \tag{3-54}$$

时域的线性加权对应于频域的一阶导数乘 j。

8. 帕塞瓦定理

$$\sum_{n=-\infty}^{\infty} x(n)y(n) = \frac{1}{2\pi}\int_{-\pi}^{\pi} X(e^{j\omega})Y(e^{-j\omega}) d\omega \tag{3-55}$$

$$\sum_{n=-\infty}^{\infty} |x(n)|^2 = \frac{1}{2\pi} \int_{-\pi}^{\pi} |X(e^{j\omega})|^2 d\omega \tag{3-56}$$

时域的总能量等于频域的总能量（$|X(e^{j\omega})|^2/2\pi$ 称为能量谱密度）。

9. 序列的翻褶

$$\mathrm{DTFT}[x(-n)] = X(e^{-j\omega}) \tag{3-57}$$

时域的翻褶对应于频域的翻褶。

10. 序列的共轭

$$\mathrm{DTFT}[x^*(n)] = X^*(e^{-j\omega}) \tag{3-58}$$

时域取共轭对应于频域的共轭且翻褶。

3.5.4　序列及其傅里叶变换的一些对称性质

（1）任一复序列 $x(n)$ 可分解成共轭对称分量 $x_e(n)$ 与共轭反对称分量 $x_o(n)$ 之和，（$x_e(n)$ 与 $x_o(n)$ 也是复序列）。

$$x(n) = x_e(n) + x_o(n) \tag{3-59}$$

（2）a. 共轭对称序列（分量）$x_e(n)$ 满足

$$x_e(n) = x_e^*(-n) \tag{3-60}$$

若

$$x_e(n) = \mathrm{Re}[x_e(n)] + j\mathrm{Im}[x_e(n)] \tag{3-61}$$

则有

$$\mathrm{Re}[x_e(n)] = \mathrm{Re}[x_e(-n)] \tag{3-62}$$

$$\mathrm{Im}[x_e(n)] = -\mathrm{Im}[x_e(-n)] \tag{3-63}$$

即共轭对称序列的实部是偶对称的，虚部是奇对称的。

b. 共轭反对称序列（分量）$x_o(n)$ 满足

$$x_o(n) = -x_o^*(-n) \tag{3-64}$$

若

$$x_o(n) = \mathrm{Re}[x_o(n)] + j\mathrm{Im}[x_o(n)] \tag{3-65}$$

则有

$$\mathrm{Re}[x_o(n)] = -\mathrm{Re}[x_o(-n)] \tag{3-66}$$

$$\mathrm{Im}[x_o(n)] = \mathrm{Im}[x_o(-n)] \tag{3-67}$$

即共轭反对称序列的实部是奇对称的，虚部是偶对称的。因而有

$$\mathrm{Re}[x_o(0)] = 0$$

即 $x_o(n)$ 为纯虚数。

（3）若 $x(n)$ 是实序列，则仍有式（3-59），但此时，$x_e(n)$ 称为偶对称分量，$x_o(n)$ 称为奇对称分量，二者均为实序列。

$$x_e(n) = x_e(-n) \tag{3-68}$$

$$x_o(n) = -x_o(-n) \tag{3-69}$$

即实序列可分解成偶对称分量与奇对称分量之和。

(4)若 $x(n)$ 为复序列。只要能找到 $x_e(n)$ 和 $x_o(n)$，就可证明式(3-59)的正确性。

若令

$$x_e(n) = \frac{1}{2}[x(n) + x^*(-n)] \tag{3-70}$$

$$x_o(n) = \frac{1}{2}[x(n) - x^*(-n)] \tag{3-71}$$

则由此组成的 $x_e(n)$ 一定满足共轭对称的关系式(3-60)，$x_o(n)$ 一定满足共轭反对称的关系式(3-64)。

(5)若 $x(n)$ 是实序列，则其偶对称分量 $x_e(n)$ 及奇对称分量 $x_o(n)$ 分别为

$$x_e(n) = \frac{1}{2}[x(n) + x(-n)] \tag{3-72}$$

$$x_o(n) = \frac{1}{2}[x(n) - x(-n)] \tag{3-73}$$

这两个式子各自满足式(3-68)和式(3-69)，即分别是偶对称序列和奇对称序列。

(6)同样，一个序列 $x(n)$ 的傅里叶变换 $X(e^{j\omega})$ 也可分解为共轭对称分量 $X_e(e^{j\omega})$ 与共轭反对称分量 $X_o(e^{j\omega})$ 之和

$$X(e^{j\omega}) = X_e(e^{j\omega}) + X_o(e^{j\omega}) \tag{3-74}$$

$X_e(e^{j\omega})$、$X_o(e^{j\omega})$ 的共轭对称、共轭反对称关系以及由 $X(e^{j\omega})$ 构成它们的方法，都与上述时域序列的完全相似。

(7)序列及其傅里叶变换的共轭对称分量、共轭反对称分量及实部虚部的关系可归纳为

$$x(n) = \text{Re}[x(n)] + j\text{Im}[x(n)] \tag{3-75}$$
$$\updownarrow \qquad \updownarrow \qquad \updownarrow$$
$$X(e^{j\omega}) = X_e(e^{j\omega}) + X_o(e^{j\omega}) \tag{3-76}$$

注意

$$j\text{Im}[x(n)] \leftrightarrow X_o(e^{j\omega})$$
$$x(n) = x_e(n) + x_o(n) \tag{3-78}$$
$$\updownarrow \qquad \updownarrow \qquad \updownarrow$$
$$X(e^{j\omega}) = \text{Re}[X(e^{j\omega})] + j\text{Im}[X(e^{j\omega})] \tag{3-79}$$

注意

$$x_o(n) \leftrightarrow j\text{Im}[X(e^{j\omega})]$$

以上 4 个式子就表示了时域与频域间的对偶关系，符号"$\updownarrow$"及"$\leftrightarrow$"表示互为 DTFT、IDTFT 变换对关系。式(3-75)与式(3-76)说明，时域 $x(n)$ 的实部及 j 乘虚部的傅里叶变换分别等于频域 $X(e^{j\omega})$ 的共轭对称分量与共轭反对称分量；式(3-78)与式(3-79)说明，时域 $X(e^{j\omega})$ 的共轭对称分量及共轭反对称分量的傅里叶变换分别等于频域 $X(e^{j\omega})$ 的实部与 j 乘虚部。

(8)由式(3-75)与式(3-76)的关系可得出，当 $x(n)$ 是实序列时，其傅里叶变换 $X(e^{j\omega})$ 只存在共轭对称分量 $X_e(e^{j\omega})$，因而实序列的傅里叶变换 $X(e^{j\omega})$ 满足共轭对称性

$$X(e^{j\omega}) = X^*(e^{-j\omega})$$

即 $X(e^{j\omega})$ 的实部满足偶对称关系，虚部满足奇对称关系，或模满足偶对称关系，相角满足奇对

称关系,即

若 $x(n)$ 为实序列,其离散时间傅里叶变换可表示为

$$X(e^{j\omega})=\text{DTFT}[x(n)]=\text{Re}[X(e^{j\omega})]+j\text{Im}[X(e^{j\omega})]=|X(e^{j\omega})|e^{j\arg[X(e^{j\omega})]} \tag{3-80}$$

则有以下关系

$$\text{Re}[X(e^{j\omega})]=\text{Re}[X(e^{-j\omega})] \tag{3-81}$$

$$\text{Im}[X(e^{j\omega})]=-\text{lm}[X(e^{-j\omega})] \tag{3-82}$$

$$|X(e^{j\omega})|=|X(e^{-j\omega})| \tag{3-83}$$

$$\arg[X(e^{j\omega})]=\arg[X(e^{-j\omega})] \tag{3-84}$$

(9)a. 若 $x(n)$ 是实偶序列,则 $X(e^{j\omega})$ 是实偶函数。即有

b. 若 $x(n)$ 为实奇序列,则 $X(e^{j\omega})$ 是虚奇函数,即有

c. 若 $x(n)$ 为虚偶序列,则 $X(e^{j\omega})$ 为虚偶函数。即有

d. 若 $x(n)$ 为虚奇序列,则 $X(e^{j\omega})$ 是实奇函数。即有

(10)同前面讨论相似,任何一个序列也可表示成偶序列与奇序列之和,即

$$x(n) = x_e(n) + x_o(n) \tag{3-85}$$

式中

$$\begin{cases} x_e(n) = \dfrac{1}{2}[x(n) + x(-n)] \\ x_o(n) = \dfrac{1}{2}[x(n) - x(-n)] \end{cases} \tag{3-86}$$

注意式(3-86)与式(3-68)、式(3-69)不同之处是这是用的 $x(-n)$,而不是 $x^*(-n)$。

式(3-85)、式(3-86)适合于任何序列 $x(n)$,不管它是复序列或是实序列,也不管它是否是因果序列。

然而,当 $x(n)$ 是因果序列时(可以是实序列,也可以是复序列),则可以从偶序列 $x_e(n)$ 中恢复出 $x(n)$,或从奇序列 $x_o(n)$ 加上 $x(0)$ 来恢复 $x(n)$。即

$$x(n) = \begin{cases} 2x_e(n), & n > 0 \\ x_e(n), & n = 0 \\ 0, & n < 0 \end{cases} \tag{3-87}$$

$$x(n) \leqslant \begin{cases} 2x_o(n), & n > 0 \\ x(0), & n = 0 \\ 0, & n < 0 \end{cases} \tag{3-88}$$

以 $x(n)$ 为实因果序列为例,图 3-9 即可得到这样的结果,同样复因果序列 $x(n)$ 也可得到式(3-87)及式(3-88)同样的结果。

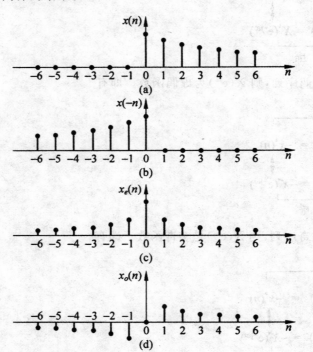

图 3-9　实因果序列的奇偶分解

　　若 $x(n)$ 是实因果序列,则又可得到以下的结果:

　　只要知道 $\mathrm{Re}[X(\mathrm{e}^{\mathrm{j}\omega})]$ 就可求得 $x(n)$ 及 $X(\mathrm{e}^{\mathrm{j}\omega})=\mathrm{DTFT}[x(n)]$,即

$$\mathrm{Re}[X(\mathrm{e}^{\mathrm{j}\omega})] \xrightarrow{\mathrm{IDTFT}} x_e(n) \xrightarrow{(3\text{-}87)式} x(n) \xrightarrow{\mathrm{DTFT}} X(\mathrm{e}^{\mathrm{j}\omega})$$

所以当 $x(n)$ 是实因果序列时,$\mathrm{Re}[X(\mathrm{e}^{\mathrm{j}\omega})]$ 包含了 $x(n)$ [或 $X(\mathrm{e}^{\mathrm{j}\omega})$]的全部信息。

　　同样,对实因果序列 $x(n)$,只要知道 $\mathrm{Im}[X(\mathrm{e}^{\mathrm{j}\omega})]$ 加上 $x(0)$,就可求得 $x(n)$[或 $X(\mathrm{e}^{\mathrm{j}\omega})$],即

$$\mathrm{jIm}[x(\mathrm{e}^{\mathrm{j}\omega})] \xrightarrow{\mathrm{IDTFT}} x_o(n) \xrightarrow{+x(0),(3\text{-}88)式} x(n) \xrightarrow{\mathrm{DTFT}} X(\mathrm{e}^{\mathrm{j}\omega})$$

因而,对实因果序列,$X(\mathrm{e}^{\mathrm{j}\omega})$ 中包含冗余信息。

3.5.5　周期性序列的傅里叶变换

　　由于 $n \to \infty$ 时,周期性序列不趋于零。故它既不是绝对可和的,也不是平方可和的,因而它的傅里叶变换既不是一致收敛的,也不是均方收敛的。然而,当引入冲激函数 $\delta(\omega)$ 后,就可以有它的傅里叶变换存在,这样就能很好地描述周期性序列的频谱特性了。

1. 复指数序列的傅里叶变换对

　　设复指数序列为

$$x(n)=\mathrm{e}^{\mathrm{j}\omega_0 n},\text{任意 } n$$

则它的傅里叶变换一定为

$$\mathrm{DTFT}[\mathrm{e}^{\mathrm{j}\omega_0 n}] = X(\mathrm{e}^{\mathrm{j}\omega}) = \sum_{i=-\infty}^{\infty} 2\pi\delta(\omega-\omega_0-2\pi i), -\pi < \omega_0 < \pi \qquad (3\text{-}89)$$

这是因为,我们可以对此 $X(\mathrm{e}^{\mathrm{j}\omega})$ 求傅里叶反变换,如果结果正好得到序列为

$$x(n)=\mathrm{e}^{\mathrm{j}\omega_0 n}$$

则式(3-89)一定成立。$X(\mathrm{e}^{\mathrm{j}\omega})$ 的傅里叶反变换为

$$x(n) = \frac{1}{2\pi}\int_{-\pi}^{\pi} X(\mathrm{e}^{\mathrm{j}\omega})\mathrm{e}^{\mathrm{j}\omega n}\,\mathrm{d}\omega = \frac{1}{2\pi}\int_{-\pi}^{\pi}\left[\sum_{i=-\infty}^{\infty} 2\pi\delta(\omega-\omega_0-2\pi i)\right]\mathrm{e}^{\mathrm{j}\omega n}\,\mathrm{d}\omega$$

由于积分区间为 $-\pi$ 到 π,所以上式积分中,只需包括 $i=0$ 这一项,因此可写成

$$x(n) = \frac{1}{2\pi}\int_{-\pi}^{\pi} 2\pi\delta(\omega-\omega_0)\mathrm{e}^{\mathrm{j}\omega n}\,\mathrm{d}\omega = \mathrm{e}^{\mathrm{j}\omega_0 n},\text{任意 } n$$

由此可归纳出复指数序列的傅里叶变换对为

$$\mathrm{DTFT}[\mathrm{e}^{\mathrm{j}\omega_0 n}] = \sum_{i=-\infty}^{\infty} 2\pi\delta(\omega-\omega_0-2\pi i), -\pi < \omega_0 < \pi \qquad (3\text{-}90)$$

$$\mathrm{IDTFT}\left[\sum_{i=-\infty}^{\infty} 2\pi\delta(\omega-\omega_0-2\pi i)\right] = \mathrm{e}^{\mathrm{j}\omega_0 n} \qquad (3\text{-}91)$$

即复指数序列(复正弦型序列) $\mathrm{e}^{\mathrm{j}\omega_0 n}$ 的傅里叶变换,是以 ω_0 为中心,以 2π 的整数倍为间距的一系列冲激函数,每个冲激函数的积分面积为 2π。

　　由式(3-90)可推导出正弦型序列的傅里叶变换

$$\mathrm{DTFT}[\cos(\omega_0 n+\varphi)] = \mathrm{DTFT}\left[\frac{\mathrm{e}^{\mathrm{j}\varphi}\mathrm{e}^{\mathrm{j}\omega_0 n} + \mathrm{e}^{-\mathrm{j}\varphi}\mathrm{e}^{-\mathrm{j}\omega_0 n}}{2}\right]$$

$$= \pi\sum_{i=-\infty}^{\infty}\left[\mathrm{e}^{\mathrm{j}\varphi}\delta(\omega-\omega_0-2\pi i) + \mathrm{e}^{-\mathrm{j}\varphi}\delta(\omega+\omega_0-2\pi i)\right] \qquad (3\text{-}92)$$

$$\text{DTFT}[\sin(\omega_0 n + \varphi)] = \text{DTFT}\left[\frac{\mathrm{e}^{\mathrm{j}\varphi}\mathrm{e}^{\mathrm{j}\omega_0 n} - \mathrm{e}^{-\mathrm{j}\varphi}\mathrm{e}^{-\mathrm{j}\omega_0 n}}{2\mathrm{j}}\right]$$

$$= -\mathrm{j}\pi \sum_{i=-\infty}^{\infty}\left[\mathrm{e}^{\mathrm{j}\varphi}\delta(\omega - \omega_0 - 2\pi i) - \mathrm{e}^{-\mathrm{j}\varphi}\delta(\omega + \omega_0 - 2\pi i)\right]。 \quad (3\text{-}94)$$

2. 常数序列的傅里叶变换对

常数序列可表示成

$$x(n) = 1, \quad -\infty < n < \infty \quad (3\text{-}95)$$

或表示成

$$x(n) = \sum_{i=-\infty}^{\infty}\delta(n - i) \quad (3\text{-}96)$$

利用式(3-90)，令 $\omega_0 = 0$，考虑到式(3-94)及式(3-95)，则有

$$\text{DTFT}\left[\sum_{i=-\infty}^{\infty}\delta(n - i)\right] = \sum_{n=-\infty}^{\infty}1 \cdot \mathrm{e}^{-\mathrm{j}\omega n} = \sum_{n=-\infty}^{\infty}\mathrm{e}^{-\mathrm{j}\omega n} = \sum_{n=-\infty}^{\infty}2\pi\delta(\omega - 2\pi i) \quad (3\text{-}96)$$

$$\text{IDTFT}\left[\sum_{i=-\infty}^{\infty}2\pi\delta(\omega - 2\pi i)\right] = \text{IDTFT}\left[\sum_{n=-\infty}^{\infty}\mathrm{e}^{-\mathrm{j}\omega n}\right] = \sum_{i=-\infty}^{\infty}\delta(n - i) \quad (3\text{-}97)$$

即常数序列的傅里叶变换是以 $\omega = 0$ 为中心，以 2π 的整数倍为间隔的一系列冲激函数，每个冲激函数的积分面积为 2π。

式(3-96)及式(3-97)这两个式子在一些运算中也起很重要的作用。

式(3-96)及式(3-97)的变换时，可用图 3-10 来表示。

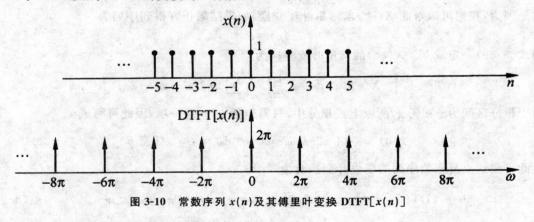

图 3-10　常数序列 $x(n)$ 及其傅里叶变换 $\text{DTFT}[x(n)]$

3. 周期为 N 的单位抽样序列串的傅里叶变换对

$$x(n) = \sum_{i=-\infty}^{\infty}\delta(n - iN)$$

则有

$$\text{DTFT}\left[\sum_{i=-\infty}^{\infty}\delta(n - iN)\right] = \sum_{n=-\infty}^{\infty}\left(\sum_{i=-\infty}^{\infty}\delta(n - iN)\right)\mathrm{e}^{-\mathrm{j}\omega n}$$

$$= \sum_{n=-\infty}^{\infty} \sum_{i=-\infty}^{\infty} \delta(n-iN) e^{-j\omega n}$$

$$= \sum_{i=-\infty}^{\infty} e^{-j\omega N i}$$

利用式(3-96),将其 ω 用 N_ω 代替,则上式可写成

$$\mathrm{DTFT}\Big[\sum_{i=-\infty}^{\infty} \delta(n-iN)\Big] = \sum_{i=-\infty}^{\infty} e^{-j\omega N i} = \sum_{k=-\infty}^{\infty} 2\pi\delta(N\omega - 2\pi k) = \sum_{k=-\infty}^{\infty} 2\pi\delta\big[(N(\omega - 2\pi k/N)\big]$$

利用冲激函数的以下性质

$$\delta(at) = \frac{1}{|a|}\delta(t)$$

则上式可写成

$$\mathrm{DTFT}\Big[\sum_{i=-\infty}^{\infty} \delta(n-iN)\Big] = \frac{2\pi}{N}\sum_{k=-\infty}^{\infty} \delta(\omega - 2\pi k/N) \tag{3-97}$$

$$\mathrm{IDTFT}\Big[\frac{2\pi}{N}\sum_{i=-\infty}^{\infty} \delta(\omega - 2\pi k/N)\Big] = \sum_{i=-\infty}^{\infty} \delta(n-iN) \tag{3-98}$$

即周期为 N 的单位抽样序列,其傅里叶变换是频率在 $\frac{2\pi}{N}$ 的整数倍上的一系列冲激函数之和,每个冲激函数的积分面积为 $\frac{2\pi}{N}$。

周期为 N 的周期性序列的傅里叶变换仍是以 2π 为周期的,只不过是一个周期中有 N 个用冲激函数表示的频谱。

4. 周期为 N 的周期性序列 $\tilde{x}(n)$ 的傅里叶变换

$$\tilde{x}(n) = \sum_{i=-\infty}^{\infty} x(n-iN) = x(n) * \sum_{i=-\infty}^{\infty} \delta(n-iN) \tag{3-99}$$

也就是把周期性序列 $\tilde{x}(n)$ 看成 $\tilde{x}(n)$ 的一个周期中的有限长序列 $x(n)$ 与周期为 N 的单位抽样序列串的卷积。时域卷积,则频域是相乘。若 $x(n)$ 的傅里叶变换为 $X(e^{j\omega})$,$\tilde{x}(n)$ 的傅里叶变换为 $\tilde{X}(e^{j\omega})$,再利用式(3-97),可得

$$\tilde{X}(e^{j\omega}) = \mathrm{DTFT}[\tilde{x}(n)] = \mathrm{DTFT}[x(n)] \cdot \mathrm{DTFT}\Big[\sum_{i=-\infty}^{\infty} \delta(n-iN)\Big]$$

$$= X(e^{j\omega})\Big(\frac{2\pi}{N}\sum_{i=-\infty}^{\infty} \delta(\omega - 2\pi k/N)\Big)$$

$$= \frac{2\pi}{N}\sum_{k=-\infty}^{\infty} X(e^{j\frac{2\pi}{N}k})\delta(\omega - 2\pi k/N)$$

$$= \frac{2\pi}{N}\tilde{X}(k)\delta(\omega - 2\pi k/N) \tag{3-100}$$

式(3-100)表明,周期性序列 $\tilde{x}(n)$(周期为 N)的傅里叶变换 $\tilde{X}(e^{j\omega})$ 是频率在 $\frac{2n}{N}$ 的整数倍上的一系列冲激函数,其每一冲激函数的积分面积等于 $\tilde{X}(k)$ 与 $\frac{2\pi}{N}$ 的乘积,而 $\tilde{X}(k)$ 是 $x(n)[\tilde{x}(n)$ 一

个周期]的傅里叶变换 $X(e^{j\omega})$ 在频域中相应于 $\omega = \frac{2\pi}{N}k$ 上的抽样值($k = 0, 1, 2, \cdots, N-1$)。

$$\widetilde{X}(k) = X(e^{j\omega}) \mid_{\omega = 2\pi k/N} = \sum_{n=0}^{N-1} \widetilde{x}(n) e^{-j\omega n} \mid_{\omega = 2\pi k/N}$$

$$= \sum_{n=0}^{N-1} \widetilde{x}(n) e^{-j\frac{2\pi}{N}nk}$$

$$= \sum_{n=0}^{N-1} x(n) e^{-j\frac{2\pi}{N}nk} \tag{3-101}$$

此式对应于在 $\omega = 0$ 到 $\omega = 2\pi$ 之间的 N 个等间隔点上，以 $\frac{2\pi}{N}$ 为间隔，对 $x(n)$ 的傅里叶变换进行抽样。

注意，与序号 3 中的讨论一样，周期性序列的傅里叶变换式(3-100)仍是以 2π 为周期，在一个周期中有 N 个冲激函数表示的谱线。

对式(3-100)求傅里叶反变换，可得 $\widetilde{x}(n)$ 的表达式

$$\widetilde{x}(n) = \frac{1}{2\pi} \int_{0-\varepsilon}^{2\pi-\varepsilon} \left[\frac{2\pi}{N} \sum_{k=-\infty}^{\infty} \widetilde{X}(k) \delta(\omega - 2\pi k/N) \right] e^{j\omega n} \, d\omega$$

其中 ε 满足 $0 < \varepsilon < \frac{2\pi}{N}$。因为被积函数是周期的，周期为 2π，因而可以在长度为 2π 的任意区间积分。现在积分限取成 $0-\varepsilon$ 到 $2\pi-\varepsilon$，表示是从 $\omega = 0$ 之前开始，在 $\omega = 2\pi$ 之前结束，因而它包括了 $\omega = 0$ 处的抽样，而不包括 $\omega = 2\pi$ 处的抽样，所以，在此区间内共有 N 个抽样值，即 k 值范围应为 $0 \leqslant k \leqslant N-1$，因而上式可写成

$$\widetilde{x}(n) = \frac{1}{N} \int_{0-\varepsilon}^{2\pi-\varepsilon} \left[\sum_{k=0}^{N-1} \widetilde{X}(k) \delta(\omega - 2\pi k/N) \right] e^{j\omega n} \, d\omega$$

$$= \frac{1}{N} \sum_{k=0}^{N-1} \widetilde{X}(k) \int_{0-\varepsilon}^{2\pi-\varepsilon} \delta(\omega - 2\pi k/N) e^{j\omega n} \, d\omega$$

$$= \frac{1}{N} \sum_{k=0}^{N-1} \widetilde{X}(k) e^{j\frac{2\pi}{N}nk} \tag{3-102}$$

式(3-102)即为周期性序列 $\widetilde{x}(n)$ 的傅里叶级数展开式，它表示周期性序列 $\widetilde{x}(n)$ 可由其 N 个谐波分量 $\widetilde{X}(k)$ 组成，谐波分量的数字频率为 $\frac{2\pi k}{N}$($k = 0, 1, \cdots, N-1$)，幅度为 $|\widetilde{X}(k)|/N$，$\widetilde{X}(k)$ 由式(3-101)决定，$\widetilde{X}(k)$ 是 $\widetilde{x}(n)$ 的傅里叶级数展开式式(3-102)中的系数。

实际上式(3-101)与式(3-102)就构成了周期性序列的离散傅里叶级数(DTS)对，重写如下

$$\widetilde{X}(k) = \mathrm{DFS}[\widetilde{x}(n)] = \sum_{n=0}^{N-1} \widetilde{x}(n) e^{-j\frac{2\pi}{N}nk}$$

$$\widetilde{x}(n) = \mathrm{IDFS}[\widetilde{X}(n)] = \frac{1}{N} \sum_{k=0}^{N-1} \widetilde{X}(k) e^{j\frac{2\pi}{N}nk}$$

第4章 离散傅里叶变换(DFT)

4.1 傅里叶变换的形式

傅里叶变换是建立以时间 t 为自变量的"信号"与以频率 f 为自变量的"频率函数"(频谱)之间的某种变换关系。所以"时间"或"频率"取连续值还是离散值,就形成各种不同形式的傅里叶变换对。

在深入讨论离散傅里叶变换 DFT 之前,先概述 4 种不同形式的傅里叶变换对。

4.1.1 连续时间、连续频率——连续傅里叶变换(FT)

这是非周期连续时间信号 $x(t)$ 的傅里叶变换,其频谱 $X(j\Omega)$ 是一个连续的非周期函数。这一变换对为

$$X(j\Omega) = \int_{-\infty}^{\infty} x(t)e^{-j\Omega t} dt$$

$$x(t) = \frac{1}{2\pi}\int_{-\infty}^{\infty} X(j\Omega)e^{j\Omega t} d\Omega$$

这一变换对的示意图如图 4-1(a)所示。可以看出时域连续函数造成频域是非周期的谱,而时域的非周期造成频域是连续的谱。

4.1.2 连续时间、离散频率——傅里叶级数(FS)

这是周期(T_p)连续时间信号 $x(t)$ 的傅里叶变换,得到的是非周期离散频谱函数 $X(jk\Omega_0)$,这一变换对为

$$X(jk\Omega_0) = \frac{1}{T_p}\int_{-\frac{T_p}{2}}^{\frac{T_p}{2}} x(t)e^{-jk\Omega_0 t} dt$$

$$x(t) = \sum_{k=-\infty}^{\infty} X(jk\Omega_0)e^{jk\Omega_0 t}$$

其中,$\Omega_0 = 2\pi F = \dfrac{2\pi}{T_p}$ 为离散频谱相邻两谱线之间的角频率间隔,k 为谐波序号。

这一变换对的示意图如图 4-1(b)所示,可以看出时域的连续函数造成频域是非周期的频谱函数,而频域的离散频谱就与时域的周期时间函数相对应。

4.1.3 离散时间、连续频率——序列的傅 n-l-变换(DTFT)

这是非周期离散时间信号的傅里叶变换,得到的是周期性连续的频率函数。这一变换对为

$$X(\mathrm{e}^{\mathrm{j}\omega}) = \sum_{n=-\infty}^{\infty} x(n)\mathrm{e}^{-\mathrm{j}\omega n}$$

$$x(n) = \frac{1}{2\pi}\int_{-\pi}^{\pi} X(\mathrm{e}^{\mathrm{j}\omega})\mathrm{e}^{\mathrm{j}\omega n}\,\mathrm{d}\omega$$

其中,ω 是数字频率,它和模拟角频率 Ω 的关系为 $\omega = \Omega T$。

这一变换对的示意图如图 4-1(c)所示。可以看出时域的离散造成频域的周期延拓,而时域的非周期对应于频域的连续。

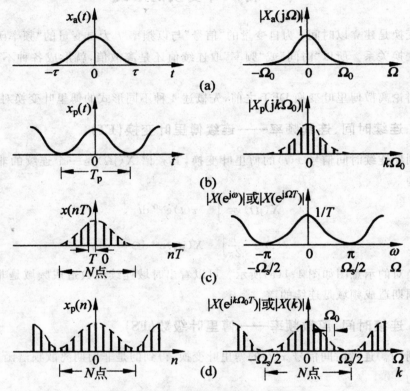

图 4-1   4 种形式的傅里叶变换对示意图

4.1.4 离散时间、离散频率——离散傅里叶变换(DFT)

上面讨论的 3 种傅里叶变换对都不适用在计算机上运算,因为它们至少在一个域(时域或频域)中函数是连续的。我们感兴趣的是时域及频域都是离散的情况,这就是离散傅里叶变换。一种常用的离散傅里叶变换对可表示为

$$X(k) = \sum_{n=0}^{N-1} x(n)\mathrm{e}^{-\mathrm{j}\frac{2\pi}{N}nk}, \quad 0 \leqslant k \leqslant N-1$$

$$x(n) = \frac{1}{N}\sum_{k=0}^{N-1} X(k)\mathrm{e}^{\mathrm{j}\frac{2\pi}{N}nk}, \quad 0 \leqslant n \leqslant N-1$$

比较图 4-1(a)、图 4-1(b)和图 4-1(c)可发现有以下规律:如果信号频域是离散的,则表现为周期性的时间函数。相反,在时域上是离散的,则该信号在频域必然表现为周期性的频率函

数。不难设想,一个离散周期序列,它一定具有既是周期又是离散的频谱,其示意图如图 4-1 (d)所示。

　　由此可以得出一般的规律:一个域的离散对应另一个域的周期延拓,一个域的连续必定对应另一个域的非周期。

4.2　周期序列的离散傅里叶级数(DFS)

4.2.1　DFS 的定义

$\tilde{x}(n)$表示一个周期为 N 的周期序列,即

$$\tilde{x}(n)=\tilde{x}(n+rN) \tag{4-1}$$

其中 N 为正整数,r 为任意整数。

　　由于周期序列 $\tilde{x}(n)$ 不是绝对可和的,因而其 z 变换是不存在的,也就是说找不到任何一个衰减因子 $|z|$ 使周期序列绝对可和。即有

$$\sum_{n=-\infty}^{\infty}\tilde{x}(n)\mid z^{-n}\mid = \infty$$

所以周期序列不能作 z 变换。但是与连续时间周期信号一样,也可以用离散傅里叶级数来表示周期序列,即用周期为 N 的复指数序列 $e^{j\frac{2\pi}{N}nk}$ 来表示周期序列。

　　可以将连续周期信号的复指数信号与离散周期信号的复指数序列引用以下表格来加以对比,如表 4-1 所示。

表 4-1　连续周期信号的复指数信号与离散周期信号的复指数序列对比

	基频序列(信号)	周期	基频	k 次谐波序列 (信号)
连续周期	$e^{j\Omega_0 t}=e^{j\left(\frac{2\pi}{T_0}\right)t}$	T_0	$\Omega_0=\dfrac{2\pi}{T_0}$	$e^{jk\frac{2\pi}{T_0}t}$
离散周期	$e^{j\Omega_0 n}=e^{j\left(\frac{2\pi}{N}\right)n}$	N	$\omega_0=\dfrac{2\pi}{N}$	$e^{jk\frac{2\pi}{N}n}$

所以周期为 N 的复指数序列的基频序列为

$$e_0(n)=e^{j\left(\frac{2\pi}{N}\right)n}$$

其 k 次谐波序列为

$$e_k(n)=e^{j\left(\frac{2\pi}{N}\right)kn}$$

虽然表现形式上和连续周期函数是相同的,但是离散傅里叶级数的谐波成分只有 N 个是独立成分,这是和连续傅里叶级数不同之处(后者有无穷多个谐波成分)。原因是

$$e^{j\frac{2\pi}{N}(k+rN)n}=e^{\frac{2\pi}{N}kn}$$

r 为任意整数,也就是

$$e_{k+rN}(n)=e_k(n)$$

因而对离散傅里叶级数,只能取 $k=0$ 到 $N-1$ 的 N 个独立谐波分量,不然就会产生二义性。因而 $\tilde{x}(n)$ 可展成如下的离散傅里叶级数,即

$$\tilde{x}(n) = \frac{1}{N}\sum_{k=0}^{N-1}\tilde{X}(k)e^{j\frac{2\pi}{N}kn} \tag{4-2}$$

这里的 $\frac{1}{N}$ 是一个常用的常数,选取它是为了下面的 $\tilde{X}(k)$ 表达式成立的需要,$\tilde{X}(k)$ 是 k 次谐波的系数。

下面我们来求解系数 $\tilde{X}(k)$,这要利用以下性质,即

$$\frac{1}{N}\sum_{k=0}^{N-1}e^{j\frac{2\pi}{N}rn} = \frac{1}{N}\cdot\frac{1-e^{j\frac{2\pi}{N}rN}}{1-e^{j\frac{2\pi}{N}r}}$$

$$= \begin{cases} 1, r=mN, m \text{ 为任意整数} \\ 0, \text{其他 } r \end{cases} \tag{4-3}$$

将式(4-2)两端同乘 $e^{-j\frac{2\pi}{N}rn}$,然后从 $n=0$ 到 $N-1$ 的一个周期内求和,考虑到式(4-3),可得到

$$\sum_{n=0}^{N-1}\tilde{x}(n)e^{-j\frac{2\pi}{N}rn} = \frac{1}{N}\sum_{n=0}^{N-1}\sum_{k=0}^{N-1}\tilde{X}(k)e^{j\frac{2\pi}{N}(k-r)n}$$

$$= \sum_{k=0}^{N-1}\tilde{X}(k)\left[\frac{1}{N}\sum_{n=0}^{N-1}e^{j\frac{2\pi}{N}(k-r)n}\right]$$

$$= \tilde{X}(r)$$

把 r 换成 k 可得

$$\tilde{X}(k) = \sum_{n=0}^{N-1}\tilde{x}(n)e^{j\frac{2\pi}{N}kn} \tag{4-4}$$

这就是求 $k=0$ 到 $N-1$ 的 N 个谐波系数 $\tilde{X}(k)$ 的公式。同时看出 $\tilde{X}(k)$ 也是一个以 N 为周期的周期序列,即

$$\tilde{X}(k+mN) = \sum_{n=0}^{N-1}\tilde{x}(n)e^{-j\frac{2\pi}{N}(k+mN)n} = \sum_{n=0}^{N-1}\tilde{x}(n)e^{-j\frac{2\pi}{N}kn} = \tilde{X}(k) \tag{4-5}$$

这和式(4-2)的复指数只在 $k=0,1,\cdots,N-1$ 时才各不相同,即离散傅里叶级数只有 N 个不同的系数 $\tilde{X}(k)$ 的说法是一致的。所以可看出,时域周期序列的离散傅里叶级数在频域(即其系数)也是一个周期序列。因而我们把式(4-2)与式(4-4)一起看作是周期序列的离散傅里叶级数(DFS)对。$\tilde{x}(n)$、$\tilde{X}(k)$ 都是离散的且是周期的序列,因而只要研究它们的一个周期的 N 个序列值就足够了,所以和有限长序列有本质的联系。

一般书上常采用以下符号

$$W_N = e^{-j\frac{2\pi}{N}}$$

则式(4-2)及式(4-4)的离散傅里叶级数(DFS)对可表示为:

正变换

$$\tilde{X}(k) = DFS[\tilde{x}(n)] = \sum_{n=0}^{N-1}\tilde{x}(n)e^{-j\frac{2\pi}{N}nk} = \sum_{n=0}^{N-1}\tilde{x}(n)W_N^{nk} \tag{4-6}$$

反变换

$$\tilde{x}(n) = IDFS[\tilde{X}(k)] = \frac{1}{N}\sum_{k=0}^{N-1}\tilde{X}(k)e^{j\frac{2\pi}{N}nk} = \frac{1}{N}\sum_{k=0}^{N-1}\tilde{X}(k)W_N^{-nk} \tag{4-7}$$

DFS[·]表示离散傅里叶级数正变换,IDFS[·]表示离散傅里叶级数反变换。

函数 W_N 具有以下性质:

1)共轭对称性

$$W_N^n = (W_N^{-n})^*$$ (4-8)

2)周期性

$$W_N^n = W_N^{n+iN}, i \text{ 为整数}$$ (4-9)

3)可约性

$$W_N^{in} = W_{N/i}^n$$

$$W_{Ni}^{in} = W_N^n$$

4)正交性

$$\cdot \frac{1}{N}\sum_{k=0}^{N-1} W_N^{nk}(W_N^{mk})^* = \frac{1}{N}\sum_{k=0}^{N-1} W_N^{(n-m)k} = \begin{cases} 1, n-m = iN \\ 0, n-m \neq iN \end{cases}$$ (4-10)

其中 i 为整数。

一个周期中的 $\widetilde{X}(k)$ 与 $\tilde{x}(n)$ 为

$$X(k) = \sum_{n=0}^{N-1} x(n)e^{-j\frac{2\pi}{N}nk} = \sum_{n=0}^{N-1} x(n)W_N^{nk}$$ (4-11)

其中 $k=0,1,2,\cdots,N-1$;

$$x(n) = \sum_{n=0}^{N-1} X(k)e^{j\frac{2\pi}{N}nk} = \sum_{n=0}^{N-1} X(k)W_N^{-nk}$$ (4-12)

其中 $n=0,1,2,\cdots,N-1$。

例 4.1　设 $\tilde{x}(n)$ 是周期为 $N=5$ 的周期序列,其一个周期内的序列为

$$x(n) = R_5(n)$$

$$\tilde{x}(n) = \sum_{i=-\infty}^{\infty} x(n+5i)$$

求 $\widetilde{X}(k) = \text{DFS}[\tilde{x}(n)]$。

解:

$$\widetilde{X}(k) = \sum_{n=0}^{N-1} \tilde{x}(n)W_N^{nk} = \sum_{n=0}^{4} e^{-j\frac{2\pi}{5}nk} = \frac{1-e^{-j2\pi k}}{1-e^{-j2\pi k/5}}$$

$$= \frac{e^{-j\pi k}(e^{j\pi k} - e^{-j\pi k})}{e^{-j\pi k/5}(e^{j\pi k/5} - e^{-j\pi k/5})}$$

$$= e^{-j4\pi k/5} \frac{\sin k\pi}{\sin \frac{k\pi}{5}}。$$ (4-13)

则

$$|\widetilde{X}(k)|R_5(k) = \begin{cases} 5, k=0 \\ 0, k=1,2,3,4 \end{cases}°$$

图 4-2 画出了 $|\widetilde{X}(k)|$ 的图形及 $\tilde{x}(n)$ 的图形。

现在我们来求 $\tilde{x}(n)$ 的一个周期 $x(n)$ 的傅里叶变换 $X(e^{j\omega})$

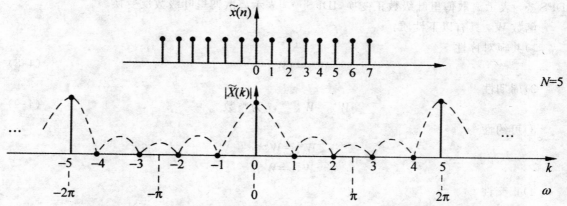

图 4-2　例 4.1 中的 $\tilde{x}(n)$ 与 $|\tilde{X}(k)|$（$N=5$）（虚线表示 $X(e^{j\omega})$ 的包络线）

$$X(e^{j\omega}) = \sum_{n=0}^{4} e^{-j\omega n} = \frac{1 - e^{-j5\omega}}{1 - e^{-j\omega}}$$

$$= \frac{e^{-j5\omega/2}(e^{j5\omega/2} - e^{-j5\omega/2})}{e^{-j\omega/2}(e^{j\omega/2} - e^{-j\omega/2})}$$

$$= e^{-j2\omega} \frac{\sin\left(\dfrac{5\omega}{2}\right)}{\sin\left(\dfrac{\omega}{2}\right)} \tag{4-14}$$

由此式可以得到 $X(e^{j\omega})$ 和 $\tilde{X}(k)$ 的关系,即

$$\tilde{X}(k) = X(e^{j\omega})\big|_{\omega = \frac{2\pi}{N}k}, \quad N=5 \tag{4-15}$$

由此式可引出结论为:

$\tilde{x}(n)$ 的傅里叶级数的系数,即

$$\tilde{X}(k) = \mathrm{DFS}[\tilde{x}(n)]$$

等于 $\tilde{x}(n)$ 的一个周期 $x(n)$ 的傅里叶变换

$$X(e^{j\omega}) = \mathrm{DTFT}[x(n)]$$

在 $\omega = \dfrac{2\pi k}{N}$（这里 $N=5$）上的抽样值。由于此例中 $\tilde{x}(n)$ 实际上是抽样间隔为 1 的常数序列(幅度为 1),故 $|\tilde{X}(k)|$ 一定是周期为 $N=5$（相当于 $\omega = 2\pi$）的周期性单位抽样序列一个周期中只有一个抽样值不为零,其他抽样值正好处于 $X(e^{j\omega})$ 为零处,因而其值为零,即有

$$\tilde{X}(0) = 5, \quad |\tilde{X}(1)| = |\tilde{X}(2)| = |\tilde{X}(3)| = |\tilde{X}(4)| = 0$$

例 4.2　若 $\tilde{x}(n)$ 的一个周期的表达式与例 4.1 相同为

$$x(n) = R_5(n)$$

求 $N=10$ 的 $\tilde{X}(k)$ 并与例 4.1 中的 $\tilde{X}(k)$ 加以比较。

解: 由于是周期序列运算,在离散时域及离散频域都应有相同的周期 N,这里 $N=10$,因而 $\tilde{x}(n)$ 的表达式中的一个周期($N=10$)应为在 $x(n)$ 的后面补 5 个零值点,即有

$$\tilde{x}(n) = \begin{cases} 1, & 0 \leqslant n \leqslant 4 \\ 0, & 5 \leqslant n \leqslant N-1 = 9 \end{cases}$$

由于 $\tilde{x}(n)$ 补零值后没有变化,故 $X(e^{j\omega})$ 与式(4-14)相同。而 $N=10$ 的 $\tilde{X}(k)$ 则为

$$\widetilde{X}(k)=X(\mathrm{e}^{\mathrm{j}\omega})\big|_{\omega=\frac{2\pi}{N}k}=\mathrm{e}^{-\mathrm{j}2\pi k/5}\frac{\sin\dfrac{k\pi}{2}}{\sin\dfrac{k\pi}{10}},N=10 \tag{4-16}$$

与上例中 $N=5$ 的 $\widetilde{X}(k)$ 相比,这里 $N=10$ 的 $\widetilde{X}(k)$ 其包络函数是没有变化的,只是抽样间隔减半,也就是在一个周期内($0\leqslant\omega\leqslant2\pi$)抽样数由 5 个变成 10 个,增加了一倍,即频谱抽样更密,故可以看到 $X(\mathrm{e}^{\mathrm{j}\omega})$ 的更密的频率抽样值。

图 4-3 画出了 $\widetilde{x}(n)$ 与 $|\widetilde{X}(k)|$、$|X(\mathrm{e}^{\mathrm{j}\omega})|$、$\arg[\widetilde{X}(k)]$ 以及 $\arg[X(\mathrm{e}^{\mathrm{j}\omega})]$ 的图形。

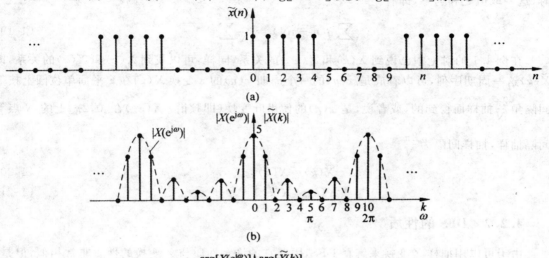

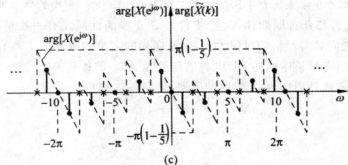

图 4-3　例 4.2 中图形

"×"表示相位是不确定的(因为此处 $X(\mathrm{e}^{\mathrm{j}\omega})=0$,相位有突变)

例 4.3　设有一个周期为 N 的周期性单位抽样序列串

$$\widetilde{x}(n)=\sum_{i=-\infty}^{\infty}\delta(n-iN)=\begin{cases}1,n=iN,i\text{ 为任意整数}\\0,\text{其他 }n\end{cases} \tag{4-17}$$

求

$$\widetilde{X}(k)=\mathrm{DFS}[\widetilde{x}(n)]$$

解:因为在 $0\leqslant n\leqslant N-1$ 范围内

$$\widetilde{x}(n)=\delta(n)$$

按照 DFS 的定义式(4-6),可得

$$\widetilde{X}(k)=\mathrm{DFS}\Big[\sum_{i=-\infty}^{\infty}\delta(n-iN)\Big]=\sum_{n=0}^{N-1}\delta(n)W_N^{nk}=W_N^0=1 \tag{4-18}$$

因而,对所有 k 值($-\infty < k < \infty$)皆有

$$X(k) = 1$$

是一个常数序列,现在将式(4-18)的 $\widetilde{X}(k)$ 代入式(4-7)中,可得 $\widetilde{x}(n)$ 的另一种表示式

$$\widetilde{x}(n) = \sum_{i=-\infty}^{\infty} \delta(n-iN) = \frac{1}{N}\sum_{k=0}^{N-1} \widetilde{X}(k)W_N^{-nk} = \frac{1}{N}\sum_{k=0}^{N-1} W_N^{-nk} = \frac{1}{N}\sum_{k=0}^{N-1} e^{j\frac{2\pi}{N}nk}$$

即当 n 等于 N 的整数倍时,N 个复指数 $e^{j\frac{2\pi}{N}nk}$($k=0,1,2,\cdots N$)之和为 N,当 n 为其他整数时,这一取值之和为零,即有

$$\sum_{i=-\infty}^{\infty} \delta(n-iN) = \frac{1}{N}\sum_{k=0}^{N-1} e^{j\frac{2\pi}{N}nk} \tag{4-19}$$

在例 4.1 的讨论中已说到 $\widetilde{X}(k)$ 和 $X(e^{j\omega})$ 的关系,同样,可以找到 $\widetilde{X}(k)$ 和 $X(z)$ 的关系,即 $\widetilde{X}(k)$ 这一周期序列,可以看成是 $\widetilde{x}(n)$ 的一个周期 $x(n)$ 的 z 变换 $X(z)$ 在 z 平面单位圆上按等间隔角 $\frac{2\pi}{N}$ 抽样而得到的,或者说,是 $x(n)$ 的傅里叶变换(即频谱)$X(e^{j\omega})$ 在 $[0,2\pi]$ 上的 N 点等间隔抽样,抽样间隔为 $\frac{2\pi}{N}$。

$$\widetilde{X}(k) = X(z)\big|_{z=e^{j2\pi k/N}} \tag{4-20}$$

$$\widetilde{X}(k) = X(e^{j\omega})\big|_{\omega=e^{2\pi k/N}} \tag{4-21}$$

4.2.2 DFS 的性质

由于可以用抽样 Z 变换来解释 DFS,因此它的许多性质与 Z 变换的性质非常相似,但是,由于 $\widetilde{x}(n)$ 和 $\widetilde{X}(k)$ 两者都具有周期性,这就使它与 Z 变换的性质还有一些重要差别。此外,DFS 在时域和频域之间具有严格的对偶关系,这是序列的 Z 变换表示所不具有的。研究 DFS 的性质,是为了引伸出有限长序列的 DFT(离散傅里叶变换)的各有关性质。

令 $\widetilde{x}_1(n)$ 和 $\widetilde{x}_2(n)$ 皆是周期为 N 的周期序列,它们各自的 DFS 为

$$\widetilde{X}_1(k) = \text{DFS}[\widetilde{x}_1(n)]$$

$$\widetilde{X}_2(k) = \text{DFS}[\widetilde{x}_2(n)]$$

1. 线性

$$\text{DFS}[a\widetilde{x}_1(n) + b\widetilde{x}_2(n)] = a\widetilde{X}_1(k) + b\widetilde{X}_2(k) \tag{4-22}$$

其中 a,b 为任意常数,所得到的频域序列也是周期序列,周期为 N。

2. 周期序列的移位

$$\text{DFS}[\widetilde{x}_1(n+m)] = W_N^{-mk}\widetilde{X}(k) = e^{j\frac{2\pi}{N}mk}\widetilde{X}(k)$$

3. 调制特性

$$\text{DFS}[W_N^{ln}\widetilde{x}(n)] = \widetilde{X}(k+l)$$

4. 对偶性

在"信号与系统"课中,我们知道,连续时间傅里叶变换在时域、频域间存在着对偶性,即若

$$\mathscr{F}\big[f(t)\big]=f(\mathrm{j}\Omega)$$

则有

$$\mathscr{F}\big[F(t)\big]=2\pi f(-\mathrm{j}\Omega)$$

但是,非周期序列和它的离散时间傅里叶变换是两类不同的函数,时域是离散的序列,频域则是连续周期的函数,因而不存在对偶性。而从 DFS 和 IDFS 公式看出,它们只差 $\dfrac{1}{N}$ 因子和 W_N 的指数的正负号,故周期序列 $\tilde{x}(n)$ 和它的 DFS 的系数 $\tilde{X}(k)$ 是同一类函数,即都是离散周期的,因而也一定存在时域与频域的对偶关系。

从(4-7)式的反变换关系中可得到

$$N\tilde{x}(-n)=\sum_{k=0}^{N-1}\tilde{X}(k)W_N^{nk} \tag{4-23}$$

由于等式右边是与式(4-6)相同的正变换表达式,故将式(4-6)中 n 和 k 互换,可得

$$N\tilde{x}(-k)=\sum_{n=0}^{N-1}\tilde{X}(n)W_N^{nk} \tag{4-24}$$

式(4-24)与式(4-6)相似,即周期序列 $\tilde{X}(n)$ 的 DFS 系数是 $N\tilde{x}(-k)$,因而有以下的对偶关系

$$\mathrm{DFS}\big[\tilde{x}(n)\big]=\tilde{X}(k) \tag{4-25}$$

$$\mathrm{DFS}\big[\tilde{X}(n)\big]=N\tilde{x}(-k) \tag{4-26}$$

5. 对称性

周期性序列的离散傅里叶级数在离散时域及离散频域间有对称关系。在这里我们不去一一列出这些对称性质。

6. 周期卷积和

如果

$$\tilde{Y}(k)=\tilde{X}_1(k)\cdot\tilde{X}_2(k)$$

则

$$\begin{aligned}
\tilde{y}(n) &= \mathrm{IDFS}\big[\tilde{Y}(k)\big]\\
&=\sum_{m=0}^{N-1}\tilde{x}_1(m)\tilde{x}_2(n-m)\\
&=\sum_{m=0}^{N-1}\tilde{x}_2(m)\tilde{x}_1(n-m)
\end{aligned} \tag{4-27}$$

证明:

$$\tilde{y}(n)=\mathrm{IDFS}\big[\tilde{X}_1(k)\cdot\tilde{X}_2(k)\big]=\frac{1}{N}\sum_{k=0}^{N-1}\tilde{X}_1(k)\tilde{X}_2(k)W_N^{-nk}$$

代入

$$\tilde{X}_1(k)=\sum_{m=0}^{N-1}\tilde{x}_1(m)W_N^{mk}$$

则

$$\widetilde{y}(n) = \frac{1}{N} \sum_{k=0}^{N-1} \sum_{m=0}^{N-1} \widetilde{x}_1(m) \widetilde{X}_2(k) W_N^{-(n-m)k}$$

$$= \sum_{m=0}^{N-1} \widetilde{x}_1(m) \left[\frac{1}{N} \sum_{k=0}^{N-1} \widetilde{X}_2(k) W_N^{-(n-m)k} \right]$$

$$= \sum_{m=0}^{N-1} \widetilde{x}_1(m) \widetilde{x}_2(n-m)$$

将变量进行简单换元,即可得等价的表示式

$$\widetilde{y}(n) = \sum_{m=0}^{N-1} \widetilde{x}_2(m) \widetilde{x}_1(n-m)$$

式(4-27)是一个卷积和公式,但是它与非周期序列的线性卷积和不同。首先 $\widetilde{x}_1(m)$ 和 $\widetilde{x}_1(n-m)$ 都是变量 m 的周期序列,周期为 N,故乘积也是周期为 N 的周期序列;其次,求和只在一个周期上进行,即 $m=0$ 到 $N-1$,所以称为周期卷积。

图 4-4 用来说明两个周期序列(周期为 $N=6$)的周期卷积的形成过程。过程中,一个周期的某一序列值移出计算区间时,相邻的一个周期的同一位置的序列值就移入计算区间。运算在 $m=0$ 到 $N-1$ 区间内进行,先计算出 $n=0,1,2,\cdots,N-1$ 的结果,然后将所得结果周期延拓,就得到所求的整个周期序列 $\widetilde{y}(n)$。

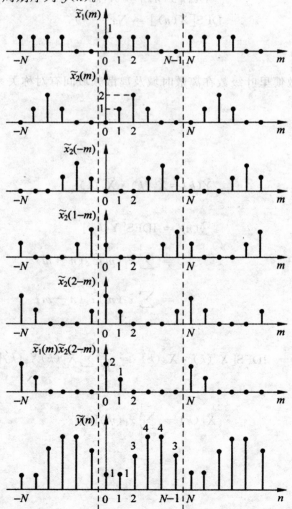

图 4-4　两个周期序列($N=6$)的周期卷积过程

同样,由于 DFS 和 IDFS 的对称性,可以证明(请读者自己证明)时域周期序列的乘积对应着频域周期序列的周期卷积结果除以 N。

4.3　离散傅里叶变换(DFT)

4.3.1　DFT 的定义、DFT 与 DFS、DTFT 及 z 变换的关系

1. 主值区间、主值序列

由于周期序列是周期性的,因而只有有限个序列值有意义,所以将 DFS 表示式用于有限长序列,就可得到 DFT 关系。

设 $x(n)$ 为有限长序列,只在 $0 \leqslant n \leqslant N-1$ 处有值,我们可以把它看成是以 N 为周期的周期性序列 $\tilde{x}(n)$ 的第一个周期($0 \leqslant n \leqslant N-1$),这第一个周期 $[0, N-1]$ 就称为主值区间,主值区间的序列 $x(n)$ 就称为主值序列,则有

$$x(n) = \tilde{x}(n) R_N(n) = x((n))_N R_N(n) \tag{4-28}$$
$$\tilde{x}(n) = x((n))_N \tag{4-29}$$

其中 $x((n))_N$ 表示模运算关系

$$x((n))_N = x(n \text{ 模 } N) = x(n \text{ 对 } N \text{ 取余模}) = x(n_1)$$

即

$$n = n_1 + mN$$

其中 $0 \leqslant n_1 \leqslant N-1$,$m$ 为整数,也就是说余数 n_1 是主值区间中的值,例 $N=8$,则

$$n = 27 = 3 \times 8 + 3$$

故

$$((27))_8 = 3$$

即

$$n_1 = 3$$
$$n = -6 = -1 \times 8 + 2$$

故

$$((-6))_8 = 2$$

即

$$n_1 = 2$$

同样,对频域序列也可表示为

$$X(k) = X((k))_N R_N(k)$$
$$\tilde{X}(k) = X((k))_N$$

2. DFT 定义

设 $x(n)$ 为 M 点有限长序列,即在 $0 \leqslant n \leqslant M-1$ 内有值,则可定义 $x(n)$ 的 N 点($N \geqslant M$,当

$N>M$ 时，补 $N-M$ 个零值点），离散傅里叶变换定义为

$$X(k) = \mathrm{DFT}[x(n)] = \sum_{n=0}^{N-1} x(m) \mathrm{e}^{-\mathrm{j}\frac{2\pi}{N}nk} = \sum_{n=0}^{N-1} x(n) W_N^{nk}$$

其中 $k=0,1,\cdots,N-1$，而 $X(k)$ 的 N 点离散傅里叶反变换定义为

$$x(n) = \mathrm{IDFT}[X(k)] = \frac{1}{N}\sum_{k=0}^{N-1} X(k)\mathrm{e}^{\mathrm{j}\frac{2\pi}{N}nk} = \frac{1}{N}\sum_{k=0}^{N-1} X(k) W_N^{-nk} \qquad (4\text{-}30)$$

其中 $n=0,1,2,\cdots,N-1$。

3. DFT 用矩阵表示

由式(4-28)定义的 DFT 也可用矩阵表示

$$X = W_N x \qquad (4\text{-}31)$$

式中 X 是 N 点 DFT 频域的列向量，即

$$X = [X(0), X(1), \cdots, X(N-2), X(N-1)]^{\mathrm{T}} \qquad (4\text{-}32)$$

x 是时域序列的列向量，即

$$x = [x(0), x(1), \cdots, x(N-2), x(N-1)]^{\mathrm{T}} \qquad (4\text{-}33)$$

W_N 称为 N 点 DFT 矩阵，定义为

$$W_N = \begin{bmatrix} 1 & 1 & 1 & \cdots & 1 \\ 1 & W_N^{-1} & W_N^{-2} & \cdots & W_N^{N-1} \\ 1 & W_N^2 & W_N^4 & \cdots & W_N^{2(N-1)} \\ \vdots & \vdots & \vdots & \ddots & \vdots \\ 1 & W_N^{N-1} & W_N^{2(N-1)} & \cdots & W_N^{(N-1)(N-1)} \end{bmatrix} \qquad (4\text{-}34)$$

因而式(4-30)定义的 IDFT 也可用矩阵表示

$$x = W_N^{-1} X \qquad (4\text{-}35)$$

其中 W_N^{-1} 称为 N 点 IDFT 矩阵，定义为

$$W_N^{-1} = \frac{1}{N} \begin{bmatrix} 1 & 1 & 1 & \cdots & 1 \\ 1 & W_N^{-1} & W_N^{-2} & \cdots & W_N^{-(N-1)} \\ 1 & W_N^{-2} & W_N^{-4} & \cdots & W_N^{-2(N-1)} \\ \vdots & \vdots & \vdots & \ddots & \vdots \\ 1 & W_N^{-(N-1)} & W_N^{-2(N-1)} & \cdots & W_N^{-(N-1)(N-1)} \end{bmatrix} \qquad (4\text{-}36)$$

将 W_N 与 W_N^{-1} 的表示式进行比较，可得到

$$W_N^{-1} = \frac{1}{N} W_N^* \qquad (4\text{-}37)$$

将式(4-32)、式(4-33)及式(4-34)代入式(4-31)，可得 DFT 具体矩阵表达式

$$\begin{bmatrix} X(0) \\ X(1) \\ X(2) \\ \vdots \\ X(N-1) \end{bmatrix} = \begin{bmatrix} 1 & 1 & 1 & \cdots & 1 \\ 1 & W_N^{-1} & W_N^{-2} & \cdots & W_N^{N-1} \\ 1 & W_N^2 & W_N^4 & \cdots & W_N^{2(N-1)} \\ \vdots & \vdots & \vdots & \ddots & \vdots \\ 1 & W_N^{N-1} & W_N^{2(N-1)} & \cdots & W_N^{(N-1)(N-1)} \end{bmatrix} \begin{bmatrix} x(0) \\ x(1) \\ x(2) \\ \vdots \\ x(N-1) \end{bmatrix} = W_N x \qquad (4\text{-}38)$$

同样将式(4-32)、式(4-33)式(4-36)代入式(4-35)可得 IDFT 具体矩阵及表达式

$$\begin{bmatrix} x(0) \\ x(1) \\ x(2) \\ \vdots \\ x(N-1) \end{bmatrix} = \frac{1}{N} \begin{bmatrix} 1 & 1 & 1 & \cdots & 1 \\ 1 & W_N^{-1} & W_N^{-2} & \cdots & W_N^{-(N-1)} \\ 1 & W_N^{-2} & W_N^{-4} & \cdots & W_N^{-2(N-1)} \\ \vdots & \vdots & \vdots & \ddots & \vdots \\ 1 & W_N^{-(N-1)} & W_N^{-2(N-1)} & \cdots & W_N^{-(N-1)(N-1)} \end{bmatrix} \begin{bmatrix} X(0) \\ X(1) \\ X(2) \\ \vdots \\ X(N-1) \end{bmatrix} = \boldsymbol{W}_N^* \boldsymbol{X}/N$$

$$(4-39)$$

4. DFT 与 DFS 的关系

由于在研究 DFT 和 DFS 时,时域和频域都是离散的,因而时域和频域应都是周期的,本质上都是离散周期的序列。

定义于第一个周期($0 \leqslant n \leqslant N-1$)中的 DFS 对,就得到 DFT 对,也就是说,对 DFT 来说,人们感兴趣的定义范围,在 $x(n)$ 为 $0 \leqslant n \leqslant N-1$,在 $X(k)$ 则为 $0 \leqslant k \leqslant N-1$,但是,我们根据本质上的周期性可知,它们都隐含有周期性,即在 DFT 讨论中,有限长序列都是作为周期序列的一个周期来表示的。也就是说,对 DFT 的任何处理,都是先把序列值周期延拓后,再作相应的处理,然后取主值序列后,就是处理的结果。

$$x(n) = \tilde{x}(n) R_N(x) = \frac{1}{N} \sum_{k=0}^{N-1} X(k) W_N^{-nk} \qquad (4-40)$$

其中 $0 \leqslant n \leqslant N-1$。

$$\tilde{x}(n) = x((n))_N = \sum_{m=-\infty}^{\infty} x(n+mN) = \frac{1}{N} \sum_{k=0}^{N-1} \tilde{X}(k) W_N^{-nk} \qquad (4-41)$$

即 $x(n)$ 是 $\tilde{x}(n)$ 的主值序列,$\tilde{x}(n)$ 是 $x(n)$ 的以 N 为周期的周期延拓序列,同样

$$X(k) = \tilde{X}(k) R_N(k) = \sum_{n=0}^{N-1} x(n) W_N^{nk} \qquad (4-42)$$

其中 $0 \leqslant n \leqslant N-1$。

$$\tilde{X}(k) = X((k))_N = \sum_{m=-\infty}^{\infty} X(k+mN) = \sum_{n=0}^{N-1} \tilde{x}(n) W_N^{nk} \qquad (4-43)$$

即 $X(k)$ 是 $\tilde{X}(k)$ 的主值序列,$\tilde{X}(k)$ 是 $X(k)$ 的以 N 为周期的周期延拓序列。

5. DFT 和 DTFT(离散时间傅里叶变换)、Z 变换的关系——频域抽样

$\tilde{X}(k)$ 与 $\tilde{x}(n)$ 的一个周期 $x(n)$ 的 Z 变换 $X(z)$ 以及与 $x(n)$ 的傅里叶变换 $X(e^{j\omega})$ 的关系可由式(4-20)与式(4-21)确定。取此二式中 $\tilde{X}(k)$ 的主值区间,即可得 $\tilde{X}(k)$ 与 $X(z)$ 及 $X(e^{j\omega})$ 的关系为

$$X(k) = X(z) \Big|_{z=e^{j\frac{2\pi}{N}nk}}, k=0,1,2,\cdots,N-1 \qquad (4-44)$$

$$X(k) = X(e^{j\omega}) \Big|_{\omega=e^{\frac{2\pi}{N}k}}, k=0,1,2,\cdots,N-1 \qquad (4-45)$$

从(4-43)式及(4-44)式看出,$x(n)$ 的 N 点 DFT 的含义是 $x(n)$ 的 z 变换在单位圆上的抽样值,即 $x(n)$ 的傅里叶变换 $X(e^{j\omega})$ 在 $0 \leqslant \omega < 2\pi$ 上的 N 个等间隔点

$$\omega_k = \frac{2\pi k}{N}, (k=0,1,\cdots,N-1)$$

的抽样值，其抽样间隔为 $\dfrac{2\pi}{N}$。

对某一特定 N，$X(k)$ 与 $x(n)$ 是一对一对应的，当频域抽样点数 N 变化时，$X(k)$ 也将变化，当 N 足够大时，$X(k)$ 的幅度谱 $|X(k)|$ 的包络可更逼近 $X(\mathrm{e}^{\mathrm{j}\omega})$ 曲线，在用 DFT 作谱分析时，这一概念起很重要的作用。

6. 离散傅里叶变换对 $x(n)$ 与 $X(k)$ 的抽样间隔与周期之间的关系（可参见表 4-1）

1）时域离散周期序列的周期 T_0 为

$$T_0 = NT = \frac{N}{f_s} = \frac{1}{F_0}$$

其中 F_0 为频域的抽样间隔，可以看出，T_0 对应于离散频谱两相邻谱线的间隔的倒数。

时域离散周期序列的两抽样值之间的间距 T 为

$$T = \frac{1}{f_s} = \frac{1}{NF_0} = \frac{T_0}{N}$$

T 对应于离散谱周期的倒数，也就是抽样频率的倒数。

2）频域离散周期序列的周期为时域的抽样频率 f_s

$$f_s = NF_0 = \frac{N}{T_0} = \frac{1}{T}$$

频域离散周期序列的两个抽样值之间的间距 F_0 为

$$F_0 = \frac{f_s}{N} = \frac{1}{NT} = \frac{1}{T_0}$$

F_0 对应于时域离散周期序列的周期 T_0 的倒数。

例 4.4 设有一个 IIR 系统（自回归滑动平均系统即 ARMA 系统）其差分方程为

$$y(n) = \sum_{i=0}^{M} b_i x(n-i) + \sum_{i=1}^{N} a_i y(n-i)$$

若此系统代表因果稳定系统，输入为 $x(n)$，输出为 $y(n)$。试确定系统频率响应 $H(\mathrm{e}^{\mathrm{j}\omega})$ 在 $[0, 2\pi]$ 区间的 L 点等间隔抽样 $H(k)$。需要采 L 点 DFT 进行计算。

解：由差分方程可得到系统函数 $H(z)$ 为

$$H(z) = \frac{\displaystyle\sum_{i=0}^{M} b_i z^{-i}}{1 - \displaystyle\sum_{i=1}^{M} a_i z^{-i}}$$

由此可得系统频率响应

$$H(\mathrm{e}^{\mathrm{j}\omega}) = \frac{\displaystyle\sum_{i=0}^{M} b_i \mathrm{e}^{-\mathrm{j}\omega i}}{1 - \displaystyle\sum_{i=1}^{M} a_i \mathrm{e}^{-\mathrm{j}\omega i}}$$

将频率响应在 ω 的一个周期内（$0 \leqslant \omega \leqslant 2\pi$），按 L 点抽样，但需满足

$$L \geqslant \max[M+1, N+1]$$

则有

$$H(k) = H(e^{j\frac{2\pi}{L}k}) = \frac{\sum\limits_{i=0}^{M} b_i e^{-j2\pi ki/L}}{1 - \sum\limits_{i=1}^{M} a_i e^{j2\pi ki/L}}$$

其中，$0 \leqslant k \leqslant L-1$。

为了采用 DFT，需将差分方程的系数 b_i 及 a_i 看成两个 L 点序列 $a(i)$ 及 $b(i)$，求出它们的 L 点 DFT 后，即可求出 $H(k)$ 值。而 L 点的 $a(i)$ 及 $b(i)$ 序列可表示成

$$a(i) = \begin{cases} 1, & i=0 \\ a_i, & 1 \leqslant i \leqslant N \\ 0, & N+1 \leqslant i \leqslant L-1 \end{cases}$$

$$b(i) = \begin{cases} b_i, & 0 \leqslant i \leqslant M \\ 0, & M+1 \leqslant i \leqslant L-1 \end{cases}$$

由两序列的 L 点 DFT 可表示为

$$A(k) = \text{DFT}[a(i)] = \sum_{i=0}^{L-1} a(i)e^{-j2\pi ki/L} = 1 - \sum_{i=1}^{N} a_i e^{-j2\pi ki/L}$$

$$B(k) = \text{DFT}[b(i)] = \sum_{i=0}^{L-1} b(i)e^{-j2\pi ki/L} = \sum_{i=1}^{N} b_i e^{-j2\pi ki/L}$$

将此两式可与 $H(k)$ 相比较，可得

$$H(k) = H(e^{j\frac{2\pi}{L}k}) = \frac{B(k)}{A(k)}$$

其中，$0 \leqslant k \leqslant L-1$。

4.3.2　模拟信号时域、频域都抽样后，对应的模拟频率 f_k 与频域一个周期中的抽样点数 N 及抽样频率 f_s 的关系

如果 $x(n)$ 表示对模拟信号的抽样，抽样频率为 f_s，时域抽样间隔为

$$T = \frac{1}{f}$$

频域一个周期 N 点抽样后为

$$X(k) = X(e^{j\omega})\big|_{\omega_k = e^{2\pi k/N}}$$

离散变量为 k，要导出 k 和与之相对应的模拟频率 f_k 以及 N 的关系，由于

$$\omega_k = \frac{2\pi}{N}k = \Omega_k T = 2\pi f_k T = 2\pi \frac{f_k}{f_s} \tag{4-46}$$

因而

$$f_k = \frac{k}{NT} = \frac{kf_s}{N} \tag{4-47}$$

可以这样来理解这一公式，时域抽样频率 f_s 就是频域的一个周期，若频域抽样点数（当然是指一个周期的抽样点数）为 N，则频域相邻两个抽样点间的间隔频率为 $\frac{f_s}{N}$，因而频域第 k 个抽样点所对应的频率就是

$$f_k = \frac{k f_s}{N}$$

这与式(4-46)是一样的。这说明,N 点 DFT 所对应的模拟频域抽样间隔为 $\frac{1}{NT} = F_0$。由于 NT 表示时域抽样的区间长度,即是记录(观察)时间,(但是要求是有效的记录时间),因而称

$$\frac{1}{NT} = F_0$$

为频率分辨力。从而看出,增加记录时间,就能减小 F_0,即提高频率分辨力。

4.3.3 DFT 隐含的周期性

由于 $\tilde{X}(k)$ 是对 $\tilde{x}(n)$ 的一个周期 $x(n)$ 的频谱 $X(e^{j\omega})$ 的抽样,$X(e^{j\omega})$ 是周期性的频谱,周期为 2π。$X(k)$ 是 $\tilde{X}(k)$ 的主值区间上的值,即是 $X(e^{j\omega})$ 在 $[0, 2\pi)$ 这一主值区间上的 N 点等间隔抽样值,因而当 k 超出主值区间($k = 0, 1, \cdots, N-1$)时,就相当于对 ω 在 $[0, 2\pi)$ 以外区间对 $X(e^{j\omega})$ 的抽样,它是以 N 为周期而重复的,即有

$$\tilde{X}(k) = X((k))_N$$

因而 DFT 是隐含周期性的。

其次,从 W_N^{kn} 的周期性

$$W_N^{(k+mN)n} = W_N^{kn}$$

也可证明 $X(k)$ 隐含周期性,其周期为 N,即

$$X(k + mN) = \sum_{n=0}^{N-1} x(n) W_N^{(k+mN)n} = \sum_{n=0}^{N-1} x(n) W_N^{kn} = X(k) \tag{4-48}$$

由于 $\tilde{x}(n)$ 和 $\tilde{X}(k)$ 是一对变换关系,$\tilde{X}(k)$ 是 $\tilde{x}(n)$ 的频谱,取 $\tilde{x}(n)$ 及 $\tilde{X}(k)$ 的主值序列

$$x(n) = \tilde{x}(n) R_N(n)$$

$$X(k) = \tilde{X}(k) R_N(k)$$

作为一对变换时,显然是合理的,因为它们是符合一对一的唯一变换关系。

4.4 DFT 的应用

4.4.1 利用 DFT 计算线性卷积

由于线性卷积是信号通过线性移不变系统的基本运算过程。但是,实际上我们不是直接计算圆周卷积(当然可以用矩阵方法来计算圆周卷积),而是利用圆周卷积和定理,用 DFT 方法(采用 FFT 算法)来计算圆周卷积和,从而求得线性卷积和,如图 4-5 所示。

求解过程如下:

设输入序列为 $x(n), 0 \leqslant n \leqslant N_1 - 1$,系统单位抽样响应为 $h(n), 0 \leqslant n \leqslant N_2 - 1$,用计算圆周卷积和的办法求系统的输出 $y_l(n) = x(n) * h(n)$ 的过程为

1)设

$$L = 2^m \geqslant N_1 + N_2 - 1$$

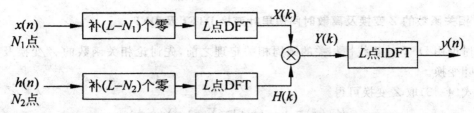

图 4-5　利用 DFT 计算两个有限长 L 点序列的圆周卷积和框图

2）取

$$x(n) = \begin{cases} x(n), & 0 \leqslant n \leqslant N_1 - 1 \\ 0, & N_1 \leqslant n \leqslant L - 1 \end{cases}$$

$$h(n) = \begin{cases} h(n), & 0 \leqslant n \leqslant N_2 - 1 \\ 0, & N_2 \leqslant n \leqslant L - 1 \end{cases}$$

3）$X(k) = \text{DFT}[x(n)]$，L 点，

　$H(k) = \text{DFT}[h(n)]$，L 点。

4）$Y(k) = X(k) \cdot H(k)$。

5）$y(n) = \text{IDFT}[Y(k)]$，L 点。

6）$y_l(n) = y(n)$，$0 \leqslant n \leqslant N_1 + N_2 - 1$。

4.4.2　利用 DFT 计算线性相关

与卷积讨论相似，在讨论有限长序列的离散傅里叶变换时，有圆周相关，它不同于线性相关，就好像圆周卷积不同于线性卷积一样。

线性相关的定义已表明可用卷积运算来表示相关运算，重写如下：

$$\begin{aligned} r_{xy}(m) &= \sum_{n=-\infty}^{\infty} x(n) y(n-m) = \sum_{n=-\infty}^{\infty} x(n) y[-(m-n)] \\ &= x(m) * y(-m) \end{aligned} \tag{4-49}$$

既然线性相关函数可以用式（4-49）的线性卷积表示，那么线性卷积和圆周卷积的关系，就完全可以用到相关运算之上，即线性相关与圆周相关有相似的关系，讨论圆周相关的目的是可以用 DFT 来计算线性相关，DFT 运算所对应的圆周相关就是一种快速相关运算。

由于要作 DFT 运算，序列必须是有限长的，设 $x(n)$，$y(n)$，$0 \leqslant n \leqslant N-1$ 为有限长实序列。

1. 圆周相关

与圆周卷积相似，圆周相关定义为（以下变换中，注意周期为 N）

$$\begin{aligned} \overline{r}_{xy}(m) &= \sum_{n=0}^{N-1} x(n) y((n-m))_N R_N(m) \\ &= \sum_{n=0}^{N-1} x(n) y((-(m-n)))_N R_N(m) \\ &= x(m) \textcircled{N} y(N-m) \end{aligned} \tag{4-50}$$

2. 相关函数的 Z 变换及离散时间傅里叶变换 DTFT 及 DFT

在讨论用 DFT 计算线性相关的圆周相关定理之前,先讨论相关函数的 Z 变换及离散时间傅里叶变换。

将式(4-48)取 Z 变换可得

$$R_{xy}(z) = \mathbb{Z}[r_{xy}(m)] = X(z) \cdot Y(z^{-1}) \tag{4-51}$$

代入

$$z = e^{j\omega}$$

得到 $r_{xy}(m)$ 的离散时间傅里叶变换为

$$R_{xy}(e^{j\omega}) = X(e^{j\omega})Y(e^{-j\omega}) \tag{4-52}$$

由于实序列的频谱对 $\omega = 0$ 呈共轭对称性,故对任意 ω,只有当

$$X(e^{j\omega}) \neq 0$$

且

$$Y(e^{-j\omega}) = Y^*(e^{-j\omega}) \neq 0$$

时,才有

$$R_{xy}(e^{j\omega}) \neq 0$$

也就是说两信号的频谱相重叠时,才有相关性。

将频域抽样

$$\omega_k = \frac{2\pi k}{N}$$

在满足频域抽样定理要求下,可得相关函数的 DFT 为

$$R_{xy}(k) = X(k)Y(N-k) = X(k)Y^*(k) \tag{4-53}$$

3. 圆周相关定理

若

$$R_{xy}(k) = X(k)Y(N-k) = X(k)Y^*(k) \tag{4-54}$$

则圆周相关序列 $\bar{r}_{xy}(m)$ 为

$$\bar{r}_{xy}(m) = \text{IDFT}[R_{xy}(k)] = \sum_{n=0}^{N-1} x(n)y((n-m))_N R_N(m) \tag{4-55}$$

将线性相关运算转变成圆周相关运算,再利用圆周相关定理从 DFT 求解中求得线性相关,就称为快速相关计算。

计算线性相关有三种方法:

(1)直接用线性相关的公式求解,即移位(左右移位)相乘、相加,很麻烦。

(2)采用线性卷积办法来计算线性相关,即

$$r_{xy}(m) = x(m) * y(-m)$$

可以用对位相乘相加法来作 $x(m)$ 与 $y(-m)$ 的卷积,用卷积和定位的方法来确定 $r_{xy}(0)$ 的位置。或直接由线性相关的定位法来确定 $r_{xy}(0)$ 的位置。

(3)用圆周相关代替线性相关,再利用圆周相关定理,利用 DFT(采用 FFT 算法)来求线

性相关,其步骤为

1)给定 $x(n)$, N_1 点; $y(n)$, N_2 点;

2)将 $x(n)$, $y(n)$ 补零补到 $L \geqslant N_1 + N_2 - 1$ 点:

即

$$x(n) = \begin{cases} x(n), 0 \leqslant n \leqslant N_1 - 1 \\ 0, \qquad N_1 \leqslant n \leqslant L - 1 \end{cases}$$

$$y(n) = \begin{cases} y(n), 0 \leqslant n \leqslant N_2 - 1 \\ 0, \qquad N_2 \leqslant n \leqslant L - 1 \end{cases}$$

3)求

$$X(k) = \mathrm{DFT}[x(n)], L \text{ 点}$$

$$Y(k) = \mathrm{DFT}[y(n)], L \text{ 点}$$

4) 　　　　　　　　$R_{xy}(k) = X(k)Y^*(k)$

5) 　　　　　　　　$\overline{r}_{xy}(m) = \mathrm{IDFT}[R_{xy}(k)], L \text{ 点}$

6)确定 $r_{xy}(0)$ 的定位,由于圆周相关定理求出的 $\overline{r}_{xy}(m)$ 的 m 全部是正值,而线性相关在 m 为正数及 m 为负数时皆有值,因而有 $m = 0$ 的定位问题。用以下例子来讨论 $r_{xy}(0)$ 的定位问题。

例 4.5 设两个实序列为

$$x(n) = \{\overline{2}, 1, 3, 2, 15, 1\}$$

$$y(n) = \{\overline{2}, 1, 3, 4\}$$

试求互相关序列 $r_{xy}(m)$ 。

解:(1)采式(4-47)

$$r_{xy}(m) = \sum_{n=-\infty}^{\infty} x(n)y(n-m) = x(m) * y(-m)$$

即用卷积的办法来求互相关序列 $r_{xy}(m)$,采用对位相乘相加法,可得到 $x(m)$ 与 $y(-m)$ 的卷积结果为

$$r_{xy}(m) = x(m) * y(-m) = \{8, 10, 17, \overline{22}, 15, 31, 24, 10, 11, 12\}$$

(2)用 DFT 法求解,即利用圆周卷积代替线性卷积来求解。

$x(n)$ 是 $N_x = 7$ 点序列, $y(n)$ 是 $N_y = 4$ 点序列,则 DFT(圆周卷积)长度应为

$$L = N_x + N_y - 1 = 10 \text{ 点}$$

步骤 :

1)将 $x(n)$, $y(n)$ 补零,补到皆为 $L = 10$ 点序列;

2) $X(k) = \mathrm{DFT}[x(n)]$, $Y(k) = \mathrm{DFT}[y(n)]$, $L = 10$ 点;

3) $R_{xy}(k) = X(k)Y^*(k)$;

4) $\overline{r}_{xy}(m) = \mathrm{IDFT}[R_{xy}(k)]$, $L = 10$ 点;

5)确定 $r_{xy}(0)$ 的位置,并求得 $r_{xy}(m)$ 。

以下设 $x(n)$ 的长度点数为 N_x , $y(n)$ 的长度点数为 N_y ,故有

$$N_x = 7, N_y = 4$$

本题较为简单,直接作圆周相关(序列补零后)后,可得到和 DFT 求出相同的圆周相关序

列 $\bar{r}_{xy}(m)$

$$\bar{r}_{xy}(m)=\{\overline{22},15,31,24,10,11,2,8,10,17\}$$

实际上易知,当 $x(n),y(n)$ 都是因果序列时,$r_{xy}(m)$ 的有值范围为

$$-(\text{length}(y)-1)\leqslant m\leqslant \text{length}(x)-1$$

由于

$$\text{length}(x)=N_x=7$$
$$\text{length}(y)=N_y=4$$

故有

$$-3\leqslant m\leqslant 6$$

因而只要将它作

$$N_y-1=3$$

点圆周右移位就可得到 $r_{xy}(m)$,和求解 1 中的 $r_{xy}(m)$ 完全一样。

4. 用 DFT 计算自相关 $r_{xx}(m)$

设

$$x(n),0\leqslant n\leqslant N-1$$

将式(4-48)中代入

$$y(n)=x(n)$$

可得

$$r_{xx}(m)=x(m)*x(-m) \tag{4-56}$$

则式(4-51)及式(4-52),考虑到 $x(n)$ 为实序列,将 $x(n)$ 补零,补到长度为 $L\geqslant 2N-1$ 点,再求 $R_{xx}(z),R_{xx}(e^{j\omega})$,可得

$$R_{xx}(z)=X(z)X(z^{-1})$$
$$R_{xx}(e^{j\omega})=X(e^{j\omega})X^*(e^{j\omega})=|X(e^{j\omega})|^2 \tag{4-57}$$

而圆周相关定理的式(4-54)及式(4-55)变成

若

$$R_{xx}(k)=X(k)X^*(k)=|X(k)|^2,L \text{ 点} \tag{4-58}$$

则 L 点圆周自相关为

$$\bar{r}_{xx}(m)=\sum_{n=0}^{L-1}x(n)x((n-m))_L R_L(m)$$
$$=x(m)Ⓛx(L-m) \tag{4-59}$$

因而,给定实序列 $x(n),0\leqslant n\leqslant N-1$,用 DFT 计算自相关序列 $r_{xx}(m)$ 的步骤为

1)令

$$x(n)=\begin{cases}x(n),0\leqslant n\leqslant N-1\\0,\qquad N\leqslant n\leqslant L-1\end{cases}$$

其中 $L\geqslant 2N-1$。

2)求 $X(k)=\text{DFT}[x(n)]$,L 点。

3)求 $X^*(k)$。

— 146 —

4)求 $R_{xx}(k) = |X(k)|^2$。

5)求 $\bar{r}_{xx}(m) = \mathrm{IDFT}[|X(k)|^2]$，$L$ 点。

6)将 $\bar{r}_{xx}(m)$ 作圆周移位定位后即得到自相关函数 $r_{xx}(m)$。

4.4.3　利用 DFT 对模拟信号的傅里叶变换(级数)对的逼近

1. 用 DFT 对连续时间非周期信号的傅里叶变换对的逼近

这实际上，就是利用 DFT 来对模拟信号进行频谱分析。因而必须对时域、频域都要离散化，以便在计算机上用 DFT 对模拟信号的傅里叶变换对进行逼近。

连续时间非周期的绝对可积信号 $x(t)$ 的傅里叶变换对为

$$X(\mathrm{j}\Omega) = \int_{-\infty}^{\infty} x(t)\mathrm{e}^{-\mathrm{j}\Omega t}\,\mathrm{d}t \tag{4-60}$$

$$x(t) = \frac{1}{2\pi}\int_{-\infty}^{\infty} X(\mathrm{j}\Omega)\mathrm{e}^{\mathrm{j}\Omega t}\,\mathrm{d}\Omega \tag{4-61}$$

用 DFT 方法计算这一对变换的办法如下：

(1)将 $x(t)$ 在 t 轴上等间隔(宽度为 T)分段，每一段用一个矩形脉冲代替，脉冲的幅度为其起始点的抽样值

$$x(t)|_{t=nT} = x(nT) = x(n)$$

然后把所有矩形脉冲的面积相加。

由于

$$t \to nT$$

$$\mathrm{d}t \to T(\mathrm{d}t = (n+1)T - nT)$$

$$\int_{-\infty}^{\infty} \mathrm{d}t \to \sum_{n=-\infty}^{\infty} T$$

则得频谱密度

$$X(\mathrm{j}\Omega) = \int_{-\infty}^{\infty} x(t)\mathrm{e}^{-\mathrm{j}\Omega t}\,\mathrm{d}t$$

的近似值为

$$X(\mathrm{j}\Omega) \approx \sum_{n=-\infty}^{\infty} x(nT)\mathrm{e}^{-\mathrm{j}\Omega nT} \cdot T \tag{4-62}$$

(2)将序列

$$x(n) = x(nT)$$

截断成从 $t=0$ 开始长度为 T_0 的有限长序列，包含有 N 个抽样(即 $n = 0 \sim (N-1)$，时域取 N 个样点)，则式(4-62)成为

$$X(\mathrm{j}\Omega) \approx T\sum_{n=0}^{N-1} x(nT)\mathrm{e}^{-\mathrm{j}\Omega nT} \tag{4-63}$$

由于时域抽样，抽样频率为

$$f_s = \frac{1}{T}$$

则频域产生以 f_s 周期的周期延拓(角频率为 $\Omega_s = 2\pi f_s$),如果频域是限带信号,则有可能不产生混叠,成为连续周期频谱序列,频域周期为

$$f_s = \frac{1}{T} \text{(即时域的抽样频率)}$$

(3)为了数值计算,在频域上也要离散化(抽样),即在频域的一个周期(f_s)中取 N 个样点,

$$f_s = N F_0$$

每个样点间的间隔为 F_0。频域抽样,那么频域的积分式(4-61)就变成求和式,而时域就得到原已截断的离散时间序列的周期延拓序列,其时域周期为

$$T_0 = \frac{1}{F_0}$$

这时

即有

$$\Omega = k\Omega_0$$

$$d\Omega = (k+1)\Omega_0 - k\Omega_0 = \Omega_0$$

$$\int_{-\infty}^{\infty} d\Omega \rightarrow \sum_{k=0}^{N-1} \Omega_0$$

各参量关系为

$$T_0 = \frac{1}{F_0} = \frac{N}{f_s} = NT$$

又

$$\Omega_0 = 2\pi F_0$$

则

$$\Omega_0 T = \Omega_0 \cdot \frac{1}{f_s} = \Omega_0 \cdot \frac{2\pi}{\Omega_s} = 2\pi \cdot \frac{\Omega_0}{\Omega_s} = 2\pi \cdot \frac{F_0}{f_s} = 2\pi \cdot \frac{T}{T_0} = \frac{2\pi}{N} \tag{4-64}$$

这样,经过上面(1)、(2)、(3)三个步骤后,时域、频域都是离散周期的序列,推导如下:

第(1)、(2)两步:时域抽样、截断

$$X(j\Omega) \approx \sum_{n=0}^{N-1} x(nT) e^{-j\Omega nT} T$$

$$x(nT) \approx \frac{1}{2\pi} \int_0^{\Omega_s} X(j\Omega) e^{j\Omega nT} d\Omega \text{(在频域的一个周期内积分)}$$

第(3)步:频域抽样,则得

$$X(jk\Omega_0) \approx T \sum_{n=0}^{N-1} x(nT) e^{-j\Omega_0 nT} = T \sum_{n=0}^{N-1} x(n) e^{-j\frac{2\pi}{N}nk} = T \cdot \text{DFT}[x(n)]$$

$$x(nT) \approx \frac{\Omega_0}{2\pi} \sum_{k=0}^{N-1} X(jk\Omega_0) e^{jk\Omega_0 nT} = F_0 \sum_{k=0}^{N-1} X(jk\Omega_0) e^{j\frac{2\pi}{N}nk}$$

$$= F_0 \cdot N \cdot \frac{1}{N} \sum_{k=0}^{N-1} X(jk\Omega_0) e^{j\frac{2\pi}{N}nk}$$

$$= f_s \cdot \frac{1}{N} \sum_{k=0}^{N-1} X(jk\Omega_0) e^{j\frac{2\pi}{N}nk}$$

$$= f_s \cdot \mathrm{IDFT}\left[X(jk\Omega_0)\right]$$

$$X(jk\Omega_0) = X(j\Omega)\mid_{\Omega=k\Omega_0} \approx T \cdot \mathrm{DFT}[x(n)] \tag{4-65}$$

$$x(n) = x(t)\mid_{t=nT} \approx \frac{1}{T} \cdot \mathrm{IDFT}\left[X(jk\Omega_0)\right] \tag{4-66}$$

这就是从离散傅里叶变换法求连续非周期信号的傅里叶变换的抽样值的方法。

2. 用 DFS 对连续时间周期信号 $x(t)$ 的傅里叶级数的逼近

这实际上是用 DFS 方法将周期信号时域频域都离散化后,对模拟周期信号进行频谱分析。特别要注意两点。

(1)周期信号抽样后要变成周期序列是有条件的,即必须周期信号的周期 T_0 等于抽样间隔 $T\left(T=\dfrac{1}{f_s}\right)$ 的整数倍,或 T 与 T_0 为互素的整数。即 N 个抽样间隔 T 应等于 M 个连续周期信号的周期 T_0,即

$$NT = MT_0$$

这样,得到的才是周期为 N 的周期性序列(N、M 都需是正整数)。此外,抽样频率必须满足奈奎斯特抽样定理,即满足

$$f_s \geqslant 2f_{max}$$

(2)只能按所形成的离散周期序列的一个周期进行截断,以此作为 DFS 的一个周期,以防止频谱的泄漏。这是因为频域抽样后,时域会周期延拓,当时域的 N 点序列是周期序列的一个周期(或其整数倍),则经延拓后,仍为周期序列,其包络仍为原周期信号,则频谱分析才不会产生泄漏误差。

连续时间周期信号 $x(t)$ 的傅里叶级数对为

$$X(jk\Omega) = \frac{1}{T_0}\int_0^{T_0} x(t)\mathrm{e}^{-jk\Omega_0 t}\mathrm{d}t \tag{4-67}$$

$$x(t) = \sum_{k=-\infty}^{\infty} X(jk\Omega_0)\mathrm{e}^{jk\Omega_0 t} \tag{4-68}$$

这里 T_0 为连续时间周期信号的周期。

由于满足:时域周期↔频域离散

时域连续↔频域非周期

要将连续周期信号与 DFS 联系起来,就需要

(1)先对时域抽样

$$x(n) = x(nT) = x(t)\mid_{t=nT}$$

$$t = nT$$

$$\mathrm{d}t = (n+t)T - nT = T$$

设

$$T_0 = NT$$

即一个周期 T_0 内的抽样点数为 N,则式(4-66)变成

$$X(jk\Omega_0) \approx \frac{T}{T_0}\sum_{n=0}^{N-1} x(nT)\mathrm{e}^{-jk\Omega_0 nT} = \frac{1}{N}\sum_{n=0}^{N-1} x(n)\mathrm{e}^{-j\frac{2\pi}{N}nT} \tag{4-69}$$

（2）将频域离散序列加以截断，使它成为有限长序列，如果这个截断长度正好等于一个周期（时域抽样造成的频域周期延拓的一个周期），则式（4-68）变成（既有时域抽样，又有频域截断）

$$
\begin{aligned}
x(nT) &\approx \sum_{k=0}^{N-1} X(jk\Omega_0) e^{jk\Omega_0 nT} \\
&= \sum_{k=0}^{N-1} X(jk\Omega_0) e^{j\frac{2\pi}{N}nk} \\
&= N \cdot \frac{1}{N} \sum_{k=0}^{N-1} X(jk\Omega_0) e^{j\frac{2\pi}{N}nk}
\end{aligned}
\tag{4-70}
$$

按照 DFT(DFS) 的定义，由式（4-69）及式（4-70）可得

$$
X(jk\Omega_0) \approx \frac{1}{N} \cdot \mathrm{DFS}[x(n)]
\tag{4-71}
$$

$$
x(nT) = x(t)\big|_{t=nT} \approx N \cdot \mathrm{IDFS}[X(jk\Omega_0)]
\tag{4-72}
$$

这就是用 DFS(DFT) 来逼近连续时间周期信号傅里叶级数对的公式。

3. 用 DFT 对非周期连续时间信号进行频谱分析

整个处理过程可见图 4-6，一共有三个处理：时域抽样；时域截断；频域抽样，分别讨论如下：

（1）时域抽样

时域 f_s 频率抽样，频域就会以抽样频率 f_s 为周期而周期延拓。若频域是限带信号，最高频率为 f_h 则只要满足 $f_s \geqslant 2f_h$ 就不会产生周期延拓后频谱的混叠失真。

（2）时域截断

即在时域序列上乘一个窗口函数 $d(n)$，得到 $x(n)d(n)$，$d(n)$ 是有限长的即 $d(n)$，$0 \leqslant n \leqslant N-1$。窗函数有各种类型，若为矩形窗，则在 $0 \leqslant n \leqslant N-1$ 范围内 $x(n)d(n)$ 与 $x(n)$ 数值相同；否则，若用其他形状窗，在此范围内数据也产生变化。

（3）频域抽样

由于频域仍是连续值，故必须加以离散化，将 $X(e^{j\omega}) * d(e^{j\omega})$ 离散化，则在离散时域产生周期延拓序列 $\tilde{x}_N(n)$。要求频域抽样间隔 F_0 满足

$$
F_0 \leqslant \frac{f_s}{N}
$$

即一个周期内频域抽样点数 M 满足 $M \geqslant N$。

4.4.4　用 DFT 对模拟信号进行谱分析时参数的选择

上面式（4-65）及式（4-66）已求出用 DFT 对非周性模拟信号进行谱分析的逼近式，下面要讨论这一 DFT 运算中几个主要参数的选择依据。

1. 抽样频率 f_s 的选择

若信号最高频率分量为 f_h，则至少满足以下关系，才不会产生频谱的混叠失真。

$$
f_s \geqslant 2f_h
\tag{4-73}
$$

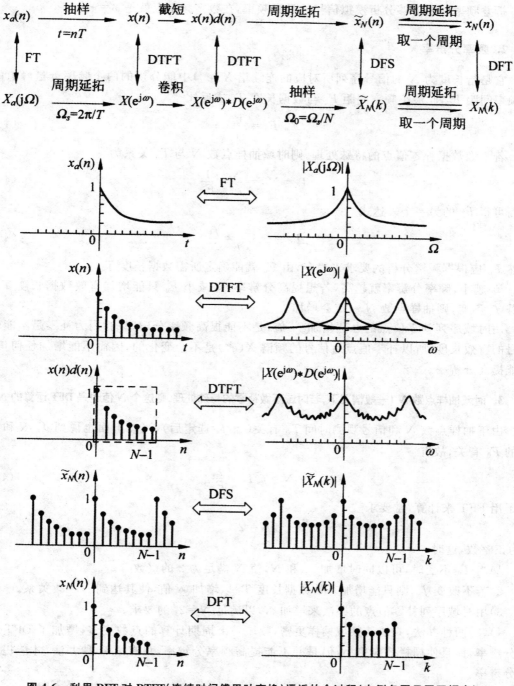

图 4-6 利用 DFT 对 DTFT(连续时间傅里叶变换)逼近的全过程(右侧各图只画了幅度)

但考虑到将信号截断成有限长序列会造成频谱泄漏使原来的频谱展宽且产生谱间的串扰,这些都可能造成频谱的混叠失真,因而可以适当增加信号的抽样频率 f_s 可选为

$$f_s = (3 \sim 6)f_h \tag{4-74}$$

折叠频率 $\dfrac{f_s}{2}$ 是能够分析模拟信号的最高频率,在数字频率上就是 $\omega = \pi$。

2. 频率分辨率

它是指长度为 N 的信号序列所对应的连续谱 $X(e^{j\omega})$ 中能分辨的两个频率分量峰值的最小频率间距 F_0,此最小频率间距 F_0 与数据长度 T_0 成反比

$$F_0 = \frac{1}{T_0} \tag{4-75}$$

若不做数据补零值点的特殊处理,则时域抽样点数 N 与 T_0 关系为

$$T_0 = NT = \frac{N}{f_s} = \frac{1}{F_0} \tag{4-76}$$

从而可得 F_0 的另一个表达式

$$F_0 = \frac{1}{(NT)} = \frac{f_s}{N} \tag{4-77}$$

显然 F_0 应根据频谱分析的要求来确定,由 F_0 就能确定所需数据长度 T_0。

F_0 越小,频率分辨率就越高,若想提高分辨率,即减小 F_0 只能增加有效数据长度 T_0,此时若 f_s 不变,则抽样点数 N 一定会增加。

用时域序列补零值点的办法增加 N 值,是不能提高频率分辨率的,因为补零是不能增加信号的有效长度,所以补零值点后信号的频谱 $X(e^{j\omega})$ 是不会变化的,因而不能增加任何信息,不能提高分辨率。

3. 时域抽样点数 N (一般情况下,若时域不做补零的特殊处理,则这个 N 值也是 DFT 运算的 N 值)

由于抽样点数 N 和信号观测时间 T_0 有关(当 f_s 选定后),当然上面也说到 T_0 又和所要求的 F_0 有关,故有

$$N = f_s T_0 = \frac{f_s}{F_0} \tag{4-78}$$

为了用 FFT 来计算,常要求

$$N = 2^r$$

r 为正整数,这时

1)当 T_0 不变时,可以同时增加 f_s 和 N,使 N 满足为 2 的整数幂。

2)若不改变 f_s,则只能增加有效数据长度 T_0 以增加 N 值,使其达到 $N = 2^r$ 关系。

3)用时域序列补零值点的办法来增加 N,以满足 $N = 2^r$ 的要求。

1)、3)两种办法,只能使频域抽样更密,频域一个周期计算的点数更多,增加了 DFT 计算的分辨率,而且使栅栏效应更小,但是并不能提高频率分辨率,只有第 2)种办法,才能提高频率分辨率。

4.4.5　用 DFT 对模拟信号作谱分析时的几个问题

(1)频谱的混叠失真。

若抽样频率不满足抽样定理要求,即不满足

$$f_s \geqslant 2f_h$$

则频域周期延拓分量会在

$$f = 0.5f_s$$

附近($\omega = \pi$)产生频谱的混叠失真。由图 4-6(c)看出,这一混叠现象是由信号的高频分量与延拓信号的低频分量的交叠而形成,其影响更为严重。一般来说,由于时域的突变会造成频域的拖尾现象,因而总会有轻微的混叠产生;另外,信号中的高频噪声干扰,也可能造成频域混叠;再次,由于下面要讨论的频域泄漏也会造成频谱的混叠失真。

综合考虑各种影响后,选取 f_s 时,应使 $f \leqslant \dfrac{f_s}{2}$ 内能包含 98% 以上的信号能量,在

$$f_s = (3-6)f_h$$

范围内选取 f_s;再有在抽样之前采用截止频率为 $\dfrac{f_s}{2}$ 的限带低通滤波器,即防混叠滤波器。

(2)频谱泄漏。

这就是时域截断为有限长序列时的截断效应(因为 DFT 是针对有限长序列的)。

设模拟信号 $x(t)$,抽样后得到序列

$$x(n) = x(t)\big|_{t=nT}$$

如将其截断成一个 N 点长序列 $x_N(t)$,这相当于 $x(t)$ 乘上一个 N 点长的窗函数 $\omega_N(n)$,

$$x_N(n) = x(n)\omega_N(n)$$

如果是直接截断,则 $\omega_N(n)$ 相当于矩形窗 $R_N(n)$,如果采用其他形式的缓变窗,例如海明窗等则除了截断以外,窗内数据还有所变化。

先讨论矩形窗截断的情况,即

$$x_N(n) = x(n)R_N(n)$$

利用时域相乘,则频域是复卷积的关系

$$X_N(e^{j\omega}) = \frac{1}{2\pi} X(e^{j\omega}) * W_N(e^{j\omega})$$

式中

$$X_N(e^{j\omega}) = \text{DTFT}[R_N(n)]$$

表示截断后序列的频谱。

$X(e^{j\omega}) = \text{DTFT}[x(n)]$ 表示原序列的频谱,而矩形窗谱为

$$W_N(e^{j\omega}) = \text{DTFT}[R_N(n)] = \sum_{n=-\infty}^{\infty} R_N(n)e^{-j\omega n}$$

$$= \sum_{n=0}^{N-1} e^{-j\omega n} = \frac{1 - e^{-j\omega N}}{1 - e^{-j\omega}}$$

$$= \frac{e^{-j\frac{\omega}{2}N}(e^{j\frac{\omega}{2}N} - e^{-j\frac{\omega}{2}N})}{e^{-j\frac{\omega}{2}}(e^{j\frac{\omega}{2}} - e^{-j\frac{\omega}{2}})}$$

$$= e^{-j\frac{N-1}{2}\omega} \frac{\sin(\omega N/2)}{\sin(\omega/2)}$$

其幅度谱为

$$|W_N(e^{j\omega})| = \left| \frac{\sin(\omega N/2)}{\sin(\omega/2)} \right|$$

相位谱为

$$\arg[W_N(e^{j\omega})] = -\frac{N-1}{2}\omega + \arg\left[\frac{\sin(\omega N/2)}{\sin(\omega/2)}\right]$$

矩形窗的幅度谱如图 4-7 所示(只画了一个周期)它有一个主瓣宽度为 $\frac{4\pi}{N}$,在其旁边有许多旁瓣。

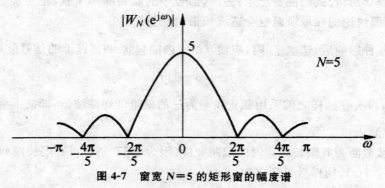

图 4-7　窗宽 $N=5$ 的矩形窗的幅度谱

旁瓣多少视 N 而定。这一窗的幅度谱 $|W_N(e^{j\omega})|$ 与幅度谱 $|X(e^{j\omega})|$ 卷积后,得到的幅度谱 $X_N(e^{j\omega})$ 与 $|X(e^{j\omega})|$ 是不相同的。很显然,如果窗谱是 δ 函数,则卷积结果就是 $X(e^{j\omega})$,这样的窗实际上是时域长度为无穷长的窗,就等于不加窗,因而毫无意义。

若信号是余弦信号,其抽样序列是无限时长的,

$$x(n) = \cos(\omega_0 n)$$

的频谱 $X(e^{j\omega})$ 是以 ω_0 为中心,以 2π 的整数倍为间隔的一系列冲激函数,图 4-8(a)画出了一个周期中的 $X(e^{j\omega})$,它与图 4-7 的矩形窗的频谱幅度卷积后,可得到图 4-8(b)的 $|X_N(e^{j\omega})|$,实际上是将窗谱平移到其主瓣中心处于 $\omega = \omega_0$ 及 $\omega = -\omega_0$ 位置上。

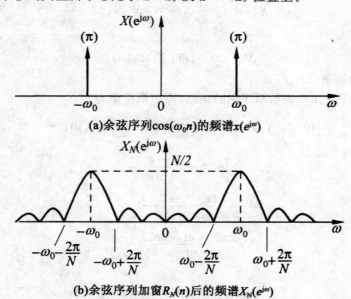

(a)余弦序列 $\cos(\omega_0 n)$ 的频谱 $x(e^{j\omega})$

(b)余弦序列加窗 $R_N(n)$ 后的频谱 $X_N(e^{j\omega})$

图 4-8 （即 $\cos(\omega_0 n) \cdot R_N(n)$ 的频谱）

将 $X(\mathrm{e}^{\mathrm{j}\omega})$ 与 $X_N(\mathrm{e}^{\mathrm{j}\omega})$ 比较,即截断前后频谱加以比较,可以看出:

1)首先是产生了频谱泄漏,使原来的谱线展宽了,同时降低了频率分辨率。截断的时域序列长度越长,即 N 越大则 $\frac{4\pi}{N}$ 越小,展宽得越窄,泄漏越小。这种展宽就称为频谱泄漏,泄漏会使频率分辨率降低,也就是说,两信号的频率离得很近时,由于频谱的泄漏,会使得无法分辨出这两信号。

例如原来两个频率分量 ω_1、ω_2 处是两根谱线。矩形窗谱主瓣宽度为 $\frac{4\pi}{N}$(N 为矩形窗宽度),此矩形窗谱的主瓣宽度就决定了对相邻两频率的辨别能力,因而将矩形窗谱主瓣宽度的一半定义为频率分辨率,即

$$\Delta\omega=\frac{2\pi}{N}(\mathrm{rad}) \tag{4-79}$$

此式与式(4-76)是一致的,这里是用弧度(rad)表示的数字频率,式(4-76)是用赫兹(Hz)表示的同一频率,这是因为,考虑到式(4-77),有

$$\Delta\omega=\frac{2\pi}{N}=\frac{2\pi F_0}{f_s}=2\pi F_0 T$$

如果有

$$\frac{2\pi}{N}>|\omega_1-\omega_2|$$

那么频域卷积后,两个频谱将分辨不出来了。

2)其次是截断后产生谱间串扰,这是由于矩形窗存在着很多相对于主瓣幅度不是太小的旁瓣,因而在 $X_N(\mathrm{e}^{\mathrm{j}\omega})$ 中也形成了很多旁瓣,这些旁瓣就起到谱间串扰作用,它有可能使得原信号中的两个频率分量,强信号的旁瓣掩盖弱信号的主瓣,使得人们以为根本不存在弱信号,因而降低了频率分辨率。

泄漏和谱间串扰使频谱展宽和拖尾,也会造成频谱的混叠失真,当这一情况严重时,就需提高抽样频率 f_s。

为了减轻截断效应,可有两种方法。

1)可以采用缓变型的窗函数,例如用海明窗,可以使窗的旁瓣幅度更小,海明窗第一旁瓣(即幅度最大的旁瓣)幅度比矩形窗的第一旁瓣幅度小 32dB,这样谱间串扰就会大大减小。但是其主瓣宽度则变成 $\frac{8\pi}{N}$,增加一倍,又会降低频率分辨率。

2)为了使主瓣宽度减小,提高频率分辨率,减小泄漏,则需采用截断长度(T_0)更长,即加大窗宽 N(截断长度 $T_0=\frac{N}{f_s}$),使主瓣更窄,泄漏可以降低。

(3)栅栏效应

一般非周期模拟信号的频谱是频率的连续函数,而用 DFT 来分析信号频谱时,DFT 计算的分辨能力,即看到的频率间隔为 $\frac{N}{f_s}$,也就是得到的是连续频谱的等间隔的 N 点抽样值,而这 N 点抽样值的任意相邻两点之间的频率点上的频谱值是不知道的,就好像是通过一个栅栏的缝隙观看一个景象一样,只能在相隔一定间距的离散点上看到真实景象,被栅栏挡住部分是看

不见的,把这种现象称为栅栏效应。

为了减小栅栏效应,可以有两个办法:

1)在数据长度 T_0 不变的情况下,增加 f_s,即增加时域抽样点数 N(此时时域数据 $x(n)$ 发生变化),即增加 DFT 变换的点数;

2)如果 T_0 不变,时域有效抽样点数也不变,则可在有效 N 点数据的尾部增加零值点,使整个数据长度为 M 点($M > N$),这就相当于使频域的抽样点数为 M,即 DFT 的变换点数为 M。这时,时域的 $x(n)$ 的有效数据没有变化。

以上两种办法,都可使频域抽样密度加大,可看到更多的频率上的频谱,也就是减小了栅栏效应。

以上两种办法都使得可看到频域更多的抽样值,也就是增加了 DFT 计算的频率点数,减小了计算的频率间距。人们一定会问,这是否意味着频率分辨率可以用这种办法来提高呢?回答是否定的。因为频率分辨率 F_0 和数据长度 T_0 有关,即

$$F_0 = \frac{1}{T_0} = \frac{f}{N}$$

若在有效数据长度 T_0 固定不变时,在第一种情况下,N 和 f_s 都增加,则频率间隔 F_0 仍是不变的,故频率分辨率没有变化,只不过看到更多频率点上的频谱而已;在第二种情况下,即补零值点,虽然 N 增加了,但是有效数据长度 T_0 没变,没有增加信息量,因而频率分辨率也没有改变,改变的只是增加了计算上的频率点数。数据长度(T_0)固定后,原来不能分辨的两个频率,靠以上两种办法,使频域样点加多,仍不能分辨出这两个频率。提高频率分辨率的唯一办法是增加数据的有效长度 T_0。

将数据补零值点的办法,除了可减小栅栏效应外,还可在有效数据不变的情况下,使 DFT 运算的点数变成 2 的整数幂($N = 2^r$,r 正整数)以便于用 FFT(快速傅里叶变换)算法进行计算。

(4)若预先不知道信号的最高频率 f_h,则只能从观测记录下来的一段数据或波形中来确定 f_h,取数据(波形)中变化速度最快的两相邻峰谷点之间隔 t_0 作为半个周期,如图 4-9 所示,则有

$$t_0 = \frac{T_h}{2} \tag{4-80}$$

$$f_h = \frac{1}{T_h} = \frac{1}{2t_0} \tag{4-81}$$

知道了这一近似最高频率分量后,就可按前面方法选取 f_s。

(5)若信号为无限带宽,则可选占信号能量 98% 左右的频带宽度 f_h 作为最高频率分量,这里我们不进行讨论。

(6)对周期信号,前已说到,必须使抽样后仍为周期序列,且截断的数据长度 T_0 必须等于周期序列周期的整数倍,并且不能补零值点,否则会产生频谱泄漏。

以下的例 4.6 是讨论,对周期信号,其截断长度必须为抽样后的周期序列的一个周期或为周期的整数倍时,用 DFT 来分析频谱,才不会产生频谱的泄漏现象。

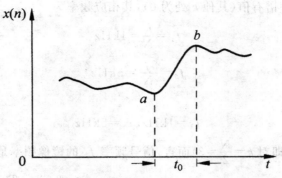

图 4-9　估算信号最高频率 f_h

例 4.6　设有单频周期信号

$$x_a(t) = \cos(2\pi f_0 t)$$
$$f_0 = 1\text{kHz}$$

试用 DFT 分析它的频谱。

解：$x_a(t)$ 的信号周期为

$$T_0 = \frac{1}{f_0} = 10^{-3}\text{s}$$

抽样频率 f_s 取为

$$f_s = 6\text{kHz}$$

抽样间隔

$$T = \frac{1}{f_s} = \frac{10^{-3}}{6}\text{s}$$

则有

$$x(n) = x_a(nT) = \cos(2\pi f_0 Tn) = \cos(\omega_0 n) = \cos(\pi n/3)$$

这里

$$\frac{2\pi}{\omega_0} = \frac{2\pi}{\pi/3} = 6$$

故序列一定是正弦周期序列，周期为

$$N = 6 = \frac{T_0}{T}$$

即一个周期的数据长度

$$T_0 = NT = 10^{-3}\text{s}$$

1)若截取数据 $N=6$，即截取一个正弦周期的长度 $T_0 = 10^{-3}$s 易设计得到 $[X(k)]$ 及其图形。

$$
\begin{aligned}
X(k) &= \sum_{n=0}^{5} \cos\left(\frac{\pi}{3}n\right) W_6^{nk} \\
&= \sum_{n=0}^{5} \cos\left(\frac{2\pi}{6}n\right) W_6^{nk} \\
&= \begin{cases} 3, & k=1, k=5 \\ 0, & \text{其他 } k \end{cases}, 0 \leqslant k \leqslant 5
\end{aligned}
$$

即只在 $k=1,k=5$ 处频谱有值(其他 k 处为 0),其相应频率为

$$f_1=\frac{f_s}{N}=1\text{kHz}$$

$$f_5=\frac{5f_s}{N}=5\text{kHz}$$

原信号正好是

$$f_1=1\text{kHz},f_5=5\text{kHz}$$

是镜像频率,对 $f_s/2$(即对 $k=\frac{N}{2}=3$)而言,信号频率 f_1 的镜像频率是 f_5,它是由于用复指数

表示时,在 $-f_1=-1\text{kHz}$ 处有信号频谱分量,即 $\cos\Omega_1 t=\dfrac{\mathrm{e}^{\mathrm{j}\Omega_1 t}+\mathrm{e}^{-\mathrm{j}\Omega_1 t}}{2}$,当时域抽样,频域周期

延拓后,$-f_1$ 频率成为

$$f_5=(f_s-f_1)=5\text{kHz}$$

在离散频域处为 $k=N-1$。如图 4-9(a)所示,这时没有频谱的泄漏。

2)如果截取长度不是正弦序列的整周期的倍数,即不满足 $N=6r(r$ 为正整数),则时域周期延拓(由于频域抽样造成的)后,一定不是周期序列,频谱会产生泄漏。

取

$$T_0=1.5\times10^{-3}\text{s},f_s=6\text{kHz}$$

不变,则抽样点数

$$N=\frac{T_0}{T}=T_0 f_s=9$$

易计算出 $X(k)$ 并直接可得到 $|X(k)|$ 的图形,如图 4-10(b)所示,从图中看出在 $k=1,k=2$ 处有两个频谱峰值,但 $k=2$ 处频谱峰值较大,为

$$|X(2)|=3.179$$

与图 4-10(a)图相比,频谱不再是一条谱线($k=0$ 到 $\dfrac{N}{2}$ 之内),即产生了截断效应的频谱泄漏,而且 $k=1$ 对应于

$$f_1=\frac{f_s}{N}=0.667\text{kHz}$$

$k=2$ 对应于

$$f_2=1.333\text{kHz}$$

与原频率 1kHz 有较大偏离。

3)一般若预先不知周期信号的周期,则只能是试探法,先选观察时间长一点,可以减小截断效应的影响,如不行再取较大跨度。例如采用长度加倍来截取信号,使分析出的频谱峰处的频率更接近真实频率,且泄漏可更小。

(7)以下是形象化的两个表格,第一个表格说明,用 f_s,Ω_s,N,π 表示的 f,Ω,ω,k 的关系;第二个表格说明在主值区间($0\leqslant k\leqslant N-1$)频域中 k,f_k,Ω_k,ω_k 与 f_s,F_0,N,π 的关系。

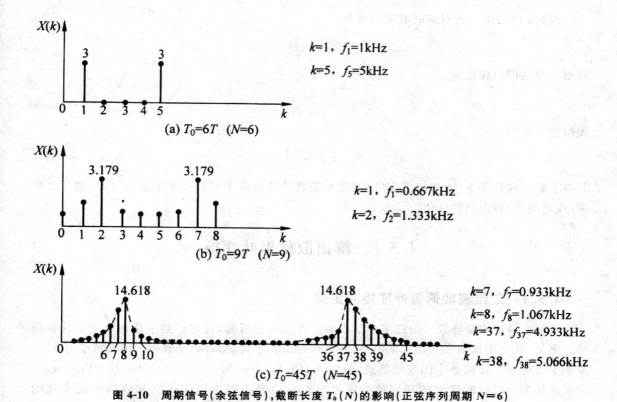

$k=1$，$f_1=1\mathrm{kHz}$

$k=5$，$f_5=5\mathrm{kHz}$

(a) $T_0=6T$ ($N=6$)

$k=1$，$f_1=0.667\mathrm{kHz}$

$k=2$，$f_2=1.333\mathrm{kHz}$

(b) $T_0=9T$ ($N=9$)

$k=7$，$f_7=0.933\mathrm{kHz}$

$k=8$，$f_8=1.067\mathrm{kHz}$

$k=37$，$f_{37}=4.933\mathrm{kHz}$

$k=38$，$f_{38}=5.066\mathrm{kHz}$

(c) $T_0=45T$ ($N=45$)

图 4-10 周期信号(余弦信号)，截断长度 $T_0(N)$ 的影响(正弦序列周期 $N=6$)

表 4-2 用 f_s,Ω_s,N,π 表示的 f,Ω,ω,k 的关系

f	$-f_s$	$-\dfrac{f_s}{2}$	$-f_h$	0	f_h	$\dfrac{f_s}{2}$	f_s	
Ω	$-\Omega_s$	$\dfrac{-\Omega_s}{2}$	$-\Omega_h$	0	Ω_h	$\dfrac{\Omega_s}{2}$	Ω_s	$\Omega=2\pi f$
ω	-2π	$-\pi$	$-\omega_h$	0	ω_h	π	2π	$\omega=\Omega T=\dfrac{\Omega}{f_s}=\dfrac{2\pi f}{f_s}$
k	$-N$	$-\dfrac{N}{2}$		0		$\dfrac{N}{2}$	N	

而主值区间内，即 $0\leqslant k\leqslant N-1$ 范围内可表示为 $\left(F_0=\dfrac{f_s}{N},\Omega_0=2\pi F_0=\dfrac{2\pi f_s}{N}\right)$。

表 4-3 主值区间($0\leqslant k\leqslant N-1$)频域中 k,f_k,Ω_k,ω_k 与 f_s,F_0,N,π 的关系

k	0	1	2	$\cdots$	k	$\cdots$	$\dfrac{N}{2}$	$\cdots$	$N-2$	$N-1$	
f_k	0	F_0	$2F_0$	$\cdots$	kF_0	$\cdots$	$\dfrac{NF_0}{2}=\dfrac{f_s}{2}$	$\cdots$	$(N-2)F_0$	$(N-1)F_0$	$f_k=\dfrac{kf_s}{N}=kF_0$
Ω_k	0	Ω_0	$2\Omega_0$	$\cdots$	$k\Omega_0$	$\cdots$	$\dfrac{N\Omega_0}{2}=\dfrac{\Omega_s}{2}$	$\cdots$	$(N-2)\Omega_0$	$(N-1)\Omega_0$	$\Omega_k=\dfrac{2\pi kf_s}{N}=k\Omega_0$
ω_k	0	$\dfrac{2\pi}{N}$	$\dfrac{2\pi}{N}\times2$	$\cdots$	$\dfrac{2\pi k}{N}$	$\cdots$		$\cdots$	$\dfrac{2\pi}{N}(N-2)$	$\dfrac{2\pi}{N}(N-1)$	$\omega_k=\dfrac{2\pi}{N}k$

因而，$X(k)$ 中 k 所对应的数字频率为

$$\omega_k = \frac{2\pi}{N}k$$

其所对应的模拟频率为

$$f_k = \frac{kf_s}{N}$$

模拟角频率为

$$\Omega_k = \frac{2\pi kf_s}{N}$$

只有了解了这些关系，才能知道 $X(k)$ 的第 k 条谱线是对应于模拟频率响应 $X_a(j\Omega)$ 的什么频率（或角频率）点上的抽样值。

4.5 二维离散傅里叶变换

4.5.1 二维离散傅里叶变换的定义

在很多应用中会涉及二维或多维信号的处理。在分析前，首先要数字化地表示出这种信号。例如，数字图像信号就是二维信号，可以采用二维序列 $x(m,n)$ 来表示一幅分辨率为 M 行 N 列的 256 级灰度的数字图像的信息，其中 $m=0,1,2,\cdots,M-1,n=0,1,\cdots,N-1;x(m,n)$ 表示坐标为 (m,n) 的像素的灰度值。这时，$x(m,n)$ 表达的是图像在空间域的灰度变化的情况。

其实，一维信号的许多变换特性可以推广到多维信号。二维离散傅里叶变换也随着数字信号处理技术的发展而得到推广。二维序列的离散傅里叶变换在二维信号的分析中起着非常重要的作用。例如，通过二维傅里叶变换，可以将数字图像信息从空间域变化到频率域，进而获得图像的频域特征，为数字图像处理提供了有效的分析工具。

下面，对二维离散傅里叶变换做简要的介绍。

我们用 $X(k,l)$ 表示 $x(m,n)$ 的二维离散傅里叶变换（简称 2 DFT），即

$$X(k,l) = \Big[\sum_{m=0}^{M-1}\sum_{n=0}^{N-1} x(m,n)W_M^{kn}W_N^{ln}\Big]R_{M,N}(k,l) \tag{4-82}$$

$$x(m,n) = \frac{1}{MN}\Big[\sum_{m=0}^{M-1}\sum_{n=0}^{N-1} X(k,l)W_M^{-kn}W_N^{-ln}\Big]R_{M,N}(m,n) \tag{4-83}$$

其中

$$W_M = e^{-j(2\pi/M)}$$

$$W_N = e^{-j(2\pi/N)}$$

$$R_{M,N}(m,n) = \begin{cases} 1, 0\leqslant m\leqslant M-1,0\leqslant n\leqslant N-1 \\ 0,\text{其他} \end{cases}$$

考虑到矩形函数 $R_{M,N}(k,l)$ 是可分的，可以写成

$$R_{M,N}(k,l) = R_M(k)R_M(l) \tag{4-84}$$

因此，二维离散傅里叶变换可用一维离散傅里叶变换来解释，因此式（4-81）可以表示为

$$X(k,l) = \left[\sum_{n=0}^{N-1} G(k,n) W_N^{ln} \right] R_N(l) \tag{4-85}$$

式中

$$G(k,n) = \left[\sum_{m=0}^{M-1} x(m,n) W_M^{km} \right] R_M(k) \tag{4-86}$$

函数 $G(k,n)$ 相当于对 n 的每一个具体值作一次 M 点一维离散傅里叶变换,就是说它由 N 个一维变换组成,对 $x(m,n)$ 每一列都有一个一维变换。

然后,根据式(4-84)再实现 M 个一维变换,即对序列 $G(k,n)$ 的每一行都有一个变换,就得到了二维离散傅里叶变换 $X(k,l)$。

式(4-78)也可以表示为

$$X(k,l) = \left[\sum_{m=0}^{M-1} P(m,l) W_M^{kn} \right] R_M(k) \tag{4-87}$$

式中

$$P(m,l) = \left[\sum_{n=0}^{N-1} x(m,n) W_M^{ln} \right] R_N(l) \tag{4-88}$$

因此函数 $P(m,l)$ 相当于对 $x(m,n)$ 各行的 N 点变换,然后按照式(4-86)对 $P(m,l)$ 的各列作变换就会得到 $X(k,l)$。

可见,二维离散傅里叶变换可以先对列后对行(或先对行后对列)作一维变换来实现。

对于式(4-82)的离散傅里叶反变换也可以作类似的解释。

在 MATLAB 平台中函数 fft2(x) 可以计算二维序列 $x(m,n)$ 的二维离散傅里叶变换 $X(k,l)$。函数 ifft(X) 用于计算 $X(k,l)$ 的二维傅里叶反变换 $x(m,n)$。

例 4.7 已知一个二维序列

$x(5,5)=\{10,20,30,20,10;0,0,0,0,0;0,0,0,0,0;10,20,30,20,10;10,20,30,20,10\}$

利用 MATALAB 函数求 $x(5,5)$ 的二维傅里叶变换。

解:

x=\{10,20,30,20,10;0,0,0,0,0;0,0,0,0,0;10,20,30,20,10;10,20,30,20,10\}

x=fft2(x);%计算 x 的二维离散傅里叶变换

4.5.2 二维离散傅里叶变换的性质

二维离散傅里叶变换有一些重要的性质,这些性质为使用提供了极大的方便。

下面简介二维离散傅里叶变换的性质。

1. 线性性质

如果

$$x_3(m,n)=ax_1(m,n)+bx_2(m,n)$$

则

$$X_3(k,l)=aX_1(k,l)+bX_2(k,l) \tag{4-89}$$

这里要求 $x_1(m,n)$ 和 $x_2(m,n)$ 具有相等的维数。

2. 位移性质

二维傅里叶变换和逆变换对的位移性质是指

若

$$F(k,l) = 2\text{-DDFT}[f(m,n)]$$

$$2\text{-DDFT}[f(m-m_0, n-n_0)] = F(k,l)\mathrm{e}^{-\mathrm{j}2\pi\left(\frac{k_0 m + l n_0}{N}\right)}$$

相应地，

$$2\text{-DIDFT}[F(k-k_0, l-l_0)] = f(m,n)\mathrm{e}^{\mathrm{j}2\pi\left(\frac{k_0 m + l_0 m}{N}\right)}$$

另外，二维离散傅里叶变换也具有周期性、共轭对称性、线性、旋转性、相关定理、卷积定理、比例性等性质。这些性质在分析和处理图像时也具有非常重要的意义。

第 5 章　快速傅里叶变换(FFT)

5.1　直接计算离散傅里叶变换的计算复杂度

5.1.1　直接计算 DFT 的计算复杂度

设 $x(n)$ 为 N 点有限长序列，其 DFT 和反变换(IDFT)分别为

$$X(k) = \sum_{n=0}^{N-1} x(n) W_N^{nk}, k = 0,1,\cdots,N-1 \tag{5-1}$$

$$x(n) = \frac{1}{N} \sum_{k=0}^{N-1} X(k) W_N^{-nk}, n = 0,1,\cdots,N-1 \tag{5-2}$$

二者的差别只在于 W_N 的指数符号不同，以及差一个常数乘因子 $\frac{1}{N}$，所以 IDFT 与 DFT 具有相同的运算工作量。下面只讨论 DFT 的运算量。

一般来说，$x(n)$ 和 W_N^{nk} 都是复数，$X(k)$ 也是复数，因此每计算一个 $X(k)$ 值，需要 N 次复数乘法和 $N-1$ 次复数加法。而 $X(k)$ 一共有 N 个点(k 从 0 取到 $N-1$)，所以完成整个 DFT 运算总共需要 N^2 次复数乘法及 $N(N-1)$ 次复数加法。在这些运算中乘法运算要比加法运算复杂，需要的运算时间也多一些。因为复数运算实际上是由实数运算来完成的，这时 DFT 运算式可写成

$$\begin{aligned}
X(k) &= \sum_{n=0}^{N-1} X(k) W_N^{nk} = \sum_{n=0}^{N-1} \{\mathrm{Re}[x(n)] + \mathrm{jIm}[x(n)]\}\{\mathrm{Re}[W_N^{nk}] + \mathrm{jIm}[W_N^{nk}]\} \\
&= \sum_{n=0}^{N-1} \{\mathrm{Re}[x(n)]\mathrm{Re}[W_N^{nk}] - \mathrm{Im}[x(n)]\mathrm{Im}[W_N^{nk}] \\
&\quad + j(\mathrm{Re}[x(n)]\mathrm{Im}[W_N^{nk}] + \mathrm{Im}[x(n)]\mathrm{Re}[W_N^{nk}])\}
\end{aligned} \tag{5-3}$$

由此可见，一次复数乘法需用四次实数乘法和二次实数加法；一次复数加法需二次实数加法。因而每运算一个 $X(k)$ 需 $4N$ 次实数乘法和 $2N+2(N-1)=2(2N-1)$ 次实数加法。所以，整个 DFT 运算总共需要 $4N^2$ 次实数乘法和 $2N(2N-1)$ 次实数加法。

从上面的统计可以看到，直接计算离散傅里叶变换，由于计算量近似正比于 N^2，显然对于很大的 N 值，直接计算离散傅里叶变换要求的算术运算量非常大。

例 5.1　根据式(5-1)，对一幅 $N \times N$ 点的二维图像进行 DFT 变换，如用每秒可做 10 万次复数乘法的计算机，当 $N=1024$ 时，问需要多少时间(不考虑加法运算时间)？

解：直接计算 DFT 所需复乘次数为 $(N^2)^2 \approx 10^{12}$ 次，因此用每秒可做 10 万次复数乘法的计算机，则需要近 3000 小时。

这对实时性很强的信号处理来说，就得提高计算速度，而这样，对计算速度的要求太高了。所以，只能通过改进对 DFT 的计算方法，以大大减少运算次数。

5.1.2　改善途径

如何减少运算量,从而缩短计算时间呢? 仔细观察 DFT 的运算就可看出,我们可以利用系数 W_N^{nk} 的特性来改善离散傅里叶变换的计算效率。

(1) W_N^{nk} 的对称性

$$(W_N^{nk})^* = W_N^{-nk}, W_N^{(nk+N/2)} = -W_N^{nk}$$

(2) W_N^{nk} 的周期性

$$W_N^{nk} = W_N^{(n+N)k} = W_N^{n(k+N)}$$

利用 W_N^{nk} 的对称性和周期性,可以将大点数的 DFT 分解成若干个小点数的 DFT,快速傅里叶变换正是基于这个基本思路发展起来的。FFT 算法基本上可分为两大类,即按时间抽取(Decimation in Time,DIT)算法和按频率抽取(Decimation in Frequency,DIF)算法。

5.2　按时间抽选的基-2 FFT 算法(库利-图基算法)

基-2 FFT 算法的基本思想是:将序列 $x(n)$ 根据序号 n 的奇偶逐次分解成较短的子序列,适用于 DFT 点数 N 为 2 的整数次幂,即 $N=2^M$ 的情况。如果不满足这一条件,可以采用对序列补零的方式使 N 满足要求。

5.2.1　算法原理

有限长序列 $x(n)(0 \leqslant n \leqslant N-1)$,$N=2^M$,首先将 $x(n)$ 按照 n 的奇偶分解成两个子序列,即

$$x_1(n) = \{x(0),x(2),x(4),\cdots,x(N-2)\} = x(2n),0 \leqslant n \leqslant \frac{N}{2}-1 \tag{5-4}$$

$$x_2(n) = \{x(1),x(3),x(5),\cdots,x(N-1)\} = x(2n+1),0 \leqslant n \leqslant \frac{N}{2}-1 \tag{5-5}$$

它们的离散傅里叶变换分别为

$$X_1(k) = \text{DFT}[x_1(n)] = \sum_{n=0}^{N/2-1} x_1(n)W_{N/2}^{kn},0 \leqslant k \leqslant N/2-1 \tag{5-6}$$

$$X_2(k) = \text{DFT}[x_2(n)] = \sum_{n=0}^{N/2-1} x_2(n)W_{N/2}^{kn},0 \leqslant k \leqslant N/2-1 \tag{5-7}$$

相应地 DFT 运算也分为两组

$$
\begin{aligned}
X(k) &= \text{DFT}[x(n)] \\
&= \sum_{n=0}^{N-1} x(n)W_N^{kn}R_N(k) \\
&= \Big[\sum_{n\text{为奇数}}^{N-1} x(n)W_N^{kn} + \sum_{n\text{为偶数}}^{N-1} x(n)W_N^{kn} \Big]R_N(k) \\
&= \Big[\sum_{n=0}^{N/2-1} x(2n)W_N^{2kn} + \sum_{n=0}^{N/2-1} x(2n+1)W_N^{k(2n+1)} \Big]R_N(k)
\end{aligned}
$$

$$= \Big[\sum_{n=0}^{N/2-1} x_1(n) W_{N/2}^{kn} + W_N^k \sum_{n=0}^{N/2-1} x_2(n) W_{N/2}^{kn} \Big] R_N(k)$$

$$= [X_1((k))_{N/2} + W_N^k X_2((k))_{N/2}] R_N(k) \tag{5-8}$$

按照上式,欲求 N 点序列 $x(n)$ 的 DFT,可以先将 $x(n)$ 分解成两个 $N/2$ 点的子序列 $x_1(n)$ 和 $x_2(n)$,再分别求出 $X_1(k)$ 和 $X_2(k)$,合并得到 $X(k)$。

将 $X(k)$ 按前后分成两段:

第一段: $0 \leqslant k \leqslant N/2-1$;

第二段: $X(k+N/2)$, $0 \leqslant k \leqslant N/2-1$。

对第一段,当 $0 \leqslant k \leqslant N/2-1$ 时,

$$X_1((k))_{N/2} = X_1(k)$$
$$X_2((k))_{N/2} = X_2(k)$$

从而

$$X(k) = X_1(k) + W_N^k X_2(k), \quad 0 \leqslant k \leqslant N/2-1$$

对第二段,当 $0 \leqslant k \leqslant N/2-1$ 时,

$$X_1((k+N/2))_{N/2} = X_1(k)$$
$$X_2((k+N/2))_{N/2} = X_2(k)$$

从而

$$X(k+N/2) = X_1((k+N/2))_{N/2} + W_N^{k+N/2} X_1((k+N))_{N/2}$$
$$= X_1(k) - W_N^k X_2(k)$$

所以

$$\begin{cases} X(k) = X_1(k) + W_N^k X_2(k) \\ X\Big(k+\dfrac{N}{2}\Big) = X_1(k) - W_N^k X_2(k) \end{cases}, \quad 0 \leqslant k \leqslant \dfrac{N}{2} - 1 \tag{5-9}$$

式(5-9)的上式表示了前半部 $N/2(0 \leqslant k \leqslant N/2-1)$ 点 $X(k)$ 的组合方式,下式则表示后半部 $N/2(N/2 \leqslant k \leqslant N-1)$ 点 $X(k)$ 的组合方式。信号流图如图 5-1 所示。图 5-1 (b)是图 5-1 (a)的简化形式,图中左面两支路为输入,中间以一个小圆圈表示加减运算,右上支路为相加后的输出,右下支路为相减后的输出,箭头旁边的系数表示相乘的系数。因运算流图形如蝴蝶,故称蝶形图。

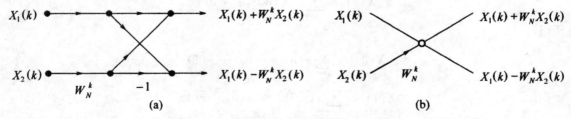

图 5-1　蝶形运算流图

通过分解后,每一个 $\dfrac{N}{2}$ 点 DFT 需要 $\Big(\dfrac{N}{2}\Big)^2$ 次复数乘法,两个 $\dfrac{N}{2}$ 点 DFT 共需要 $\dfrac{N^2}{2}$ 次复乘。

组合运算共需要 $\dfrac{N}{2}$ 个蝶形运算,需 $\dfrac{N}{2}$ 次复数乘法,因而一共需要

$$\frac{N^2}{2}+\frac{N}{2}=\frac{N}{2}(N+1)\approx\frac{N^2}{2}$$

次复数乘法。直接计算要 N^2 次复数乘法,故一次分解后,运算量可以减少一半,并且一次分解以后,$x_1(n)$ 和 $x_2(n)$ 均为 $\frac{N}{2}=2^{M-1}$ 点序列。

$$x_1(n)=x(2n)=\{x(0),x(2),x(4),\cdots,x(N-2)\},0\leqslant n\leqslant N/2-1$$
$$x_2(n)=x(2n+1)=\{x(1),x(3),x(5),\cdots,x(N-1)\},0\leqslant n\leqslant N/2-1$$

$x_1(n)$ 分解为

$$x_{11}(n)=x_1(2n)=x(4n)=\{x(0),x(2),x(4),\cdots,x(N-4)\} \tag{5-10}$$
$$x_{12}(n)=x_1(2n+1)=x(4n+2)=\{x(2),x(6),x(10),\cdots,x(N-2)\} \tag{5-11}$$

$x_2(n)$ 分解为

$$x_{21}(n)=x_2(2n)=x(4n+1)=\{x(1),x(5),x(9),\cdots,x(N-3)\} \tag{5-12}$$
$$x_{22}(n)=x_2(2n+1)=x(4n+3)=\{x(3),x(7),x(11),\cdots,x(N-1)\} \tag{5-13}$$

其中 $0\leqslant n\leqslant N/4-1$。

如果

$$X_{11}(k)=\mathrm{DFT}[x_{11}(n)],X_{12}(k)=\mathrm{DFT}[x_{12}(n)]$$
$$X_{21}(k)=\mathrm{DFT}[x_{21}(n)],X_{22}(k)=\mathrm{DFT}[x_{22}(n)]$$

其中 $0\leqslant n\leqslant N/4-1$,根据上述原理,则有

$$X_1(k)=X_{11}(k)+W_{N/2}^k X_{12}(k) \tag{5-14}$$

$$X_1\left(k+\frac{N}{4}\right)=X_{11}(k)-W_{N/2}^k X_{12}(k) \tag{5-15}$$

$$X_2(k)=X_{21}(k)+W_{N/2}^k X_{22}(k) \tag{5-16}$$

$$X_2\left(k+\frac{N}{4}\right)=X_{21}(k)-W_{N/2}^k X_{22}(k) \tag{5-17}$$

因此可以分别计算出 $X_{11}(k),X_{12}(k),X_{21}(k),X_{22}(k)$,并将 $X_{11}(k)$ 和 $X_{12}(k)$ 合并成 $X_1(k)$,$X_{21}(k)$ 和 $X_{22}(k)$ 合并成 $X_2(k)$。

如果 $\frac{N}{4}$ 是大于 2 的偶数,则可以继续分解,直到分解成 2 点 DFT 为止。根据 DFT 的计算公式,2 点 DFT 为

$$X(k)=\sum_{n=0}^{1}x(n)W_2^{nk},k=0,1$$

所以

$$X(0)=\sum_{n=0}^{1}x(n)=x(0)+x(1)$$

$$X(1)=\sum_{n=0}^{1}x(n)W_2^n=x(0)-x(1)$$

即两点时域信号做蝶形运算得到两点 DFT,因此完全分解只需要分解到 2 点 DFT 为止。

5.2.2 运算量

对于 $N=2^M$,最多可以分解 $M=\log_2 N$ 次,即流图有 $\log_2 N$ 级。每级有 $\frac{N}{2}$ 个蝶形运算,每

个蝶形运算需要 1 次复数乘法和 2 次复数加法,所以 N 点 FFT 总共需要复数乘法次数为 $\frac{N}{2}$ $\log_2 N$,复数加法次数为 $N\log_2 N$。随着 N 的增大,FFT 的优越性越来越明显。例如: $N=1024$ 时,直接计算所需复数乘法次数与 FFT 算法所需复数乘法次数的比值为

$$N^2 / \left(\frac{N}{2}\log_2 N \right) = 1024^2 / \left(\frac{1024}{2}\log_2 1024 \right) = 204.8$$

可见利用 FFT 算法求解 DFT,显著提高了运算速度。表 5-1 列出了 FFT 算法与直接算法乘法运算量的比较。

表 5-1 FFT 算法与直接算法的运算量比较

N	N^2	$\frac{N}{2}\log_2 N$	$N^2 / \left(\frac{N}{2}\log_2 N \right)$
2	4	1	4
4	16	4	4
8	64	12	504
16	256	32	8
32	1024	80	12.8
64	4096	192	21.3
128	16384	448	36.6
256	65536	1024	64
512	262144	2304	113.8
1024	1048576	5120	204.8
2048	4194304	11264	372.4

例 5.2 推导并画出有限长序列 $x(n)(0 \leqslant n \leqslant 7)$ 的时间抽取基-2 FFT 算法流图。

解: 第 1 次分解:

首先将 $x(n)$ 按照 n 的奇偶分解成两个子序列,即

$$x_1(n) = x(2n) = \{x(0), x(2), x(4), x(6)\}, 0 \leqslant n \leqslant 3$$
$$x_2(n) = x(2n+1) = \{x(1), x(3), x(5), x(7)\}, 0 \leqslant n \leqslant 3$$

它们的离散傅里叶变换分别记为 $X_1(k)$ 和 $X_2(k)$,$0 \leqslant k \leqslant 3$,根据式(5-9),可得

$$X(k) = X_1(k) + W_8^k X_2(k), 0 \leqslant k \leqslant 3$$
$$X(k+4) = X_1(k) - W_8^k X_2(k), 0 \leqslant k \leqslant 3$$

即

$$X(0) = X_1(0) + W_8^0 X_2(0), X(4) = X_1(0) - W_8^0 X_2(0)$$
$$X(1) = X_1(1) + W_8^1 X_2(1), X(5) = X_1(1) - W_8^1 X_2(1)$$
$$X(2) = X_1(2) + W_8^2 X_2(2), X(6) = X_1(2) - W_8^2 X_2(2)$$

$$X(3)=X_1(3)+W_8^3 X_2(3), X(7)=X_1(3)-W_8^3 X_2(3)$$

可见，$X(0)$ 与 $X(4)$，$X(1)$ 与 $X(5)$，$X(2)$ 与 $X(6)$，$X(3)$ 与 $X(7)$ 分别构成蝶形运算。第 1 次分解的算法流图如图 5-2 所示。

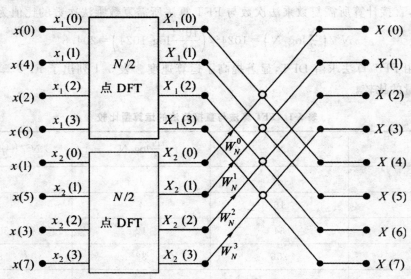

图 5-2 $N=8$ 时间抽取将 N 点 DFT 分解为两个 $N/2$ 点 DFT

第 2 次分解：

对于 $x_1(n)(0 \leqslant n \leqslant 3)$，可以进一步分解为 $x_{11}(n)$ 与 $x_{12}(n)$，且

$$x_{11}(n)=x_1(2n)=x(4n)=\{x(0), x(4)\}, n=0,1$$
$$x_{12}(n)=x_1(2n+1)=x(4n+2)=\{x(2), x(6)\}, n=0,1$$

它们的离散傅里叶变换记为

$$X_{11}(k)=\mathrm{DFT}[x_{11}(n)], X_{12}(k)=\mathrm{DFT}[x_{12}(n)], 0 \leqslant k \leqslant 1$$

根据式（5-9），可得

$$X_1(k)=X_{11}(k)+W_{N/2}^k X_{12}(k)=X_{11}(k)+W_N^{2k} X_{12}(k), 0 \leqslant k \leqslant 1$$
$$X_1(k+2)=X_1(k)-W_{N/2}^k X_{12}(k)=X_{11}(k)-W_N^{2k} X_{12}(k), 0 \leqslant k \leqslant 1$$

即

$$X_1(0)=X_{11}(0)+W_N^0 X_{12}(0)$$
$$X_1(2)=X_{11}(0)-W_N^0 X_{12}(0)$$
$$X_1(1)=X_{11}(1)+W_N^2 X_{12}(1)$$
$$X_1(3)=X_{11}(1)-W_N^2 X_{12}(0)$$

即 $X_1(0)$ 与 $X_1(2)$，$X_1(1)$ 与 $X_1(3)$ 分别构成蝶形运算。

对于序列 $x_2(n)$，分析的过程类似，不再赘述。第 2 次分解的算法流图如图 5-3 所示。

对于 $N=8$，最后的两点 DFT 正好构成一个蝶形，即

$$X_{11}(0)=x(0)+x(4)$$
$$X_{11}(1)=x(0)-x(4)$$
$$X_{12}(0)=x(2)+x(6)$$

$$X_{12}(1) = x(2) - x(6)$$
$$X_{21}(0) = x(1) + x(5)$$
$$X_{21}(0) = x(1) - x(5)$$
$$X_{22}(0) = x(3) + x(7)$$
$$X_{22}(0) = x(3) - x(7)$$

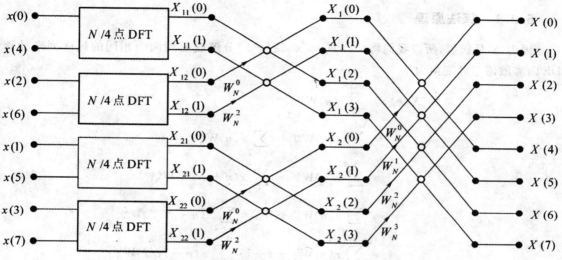

图 5-3　$N=8$ 时间抽取 N 点 DFT 分解为四个 $N/2$ 点 DFT

$N=8$ 时按时间抽取基-2 FFT 算法流图如图 5-4 所示。

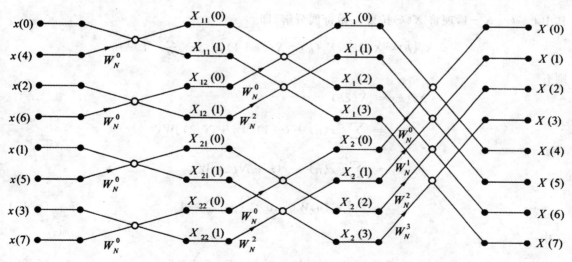

图 5-4　$N=8$ 时间抽取基-2 FFT 算法流图

由于每次分解都是将一个 N 点序列按照时域的奇偶性分成两个 $\dfrac{N}{2}$ 点序列,所以将这种计算 DFT 的方法称为按时间抽取的基-2 FFT 算法。

5.3 按频率抽选的基-2 FFT 算法(桑德-图基算法)

频率抽取基-2 FFT 算法的基本思想是:将输出序列 $X(k)$ 根据序号的奇偶逐次分解成较短的子序列,同样要求有限长序列的长度 N 为 2 的整数次幂。

5.3.1 算法原理

因为 N 是偶数,所以我们将 $x(n)(0 \leqslant n \leqslant N-1)$ 分解成前后两个相同的短序列来计算 DFT,离散傅里叶变换为

$$
\begin{aligned}
X(k) &= \sum_{n=0}^{N-1} x(n) W_N^{kn} \\
&= \sum_{n=0}^{N/2-1} x(n) W_N^{kn} + \sum_{n=N/2}^{N-1} x(n) W_N^{kn} \\
&= \sum_{n=0}^{N/2-1} x(n) W_N^{kn} + \sum_{n=N/2}^{N/2-1} x(n+N/2) W_N^{k(n+N/2)} \\
&= \sum_{n=0}^{N/2-1} x(n) W_N^{kn} + W_N^{kN/2} \sum_{n=N/2}^{N/2-1} x(n+N/2) W_N^{kn} \\
&= \sum_{n=0}^{N/2-1} x(n) W_N^{kn} + (-1)^k \sum_{n=0}^{N/2-1} x(n+N/2) W_N^{kn} \\
&= \sum_{n=0}^{N/2-1} [x(n) + (-1)^k x(n+N/2)] W_N^{kn}
\end{aligned}
\tag{5-18}
$$

其中 $0 \leqslant k \leqslant N-1$,现将 $X(k)$ 按照 k 做奇偶分解,即

$$
X_1(k) = X(2k), X_2(k) = X(2k+1), 0 \leqslant k \leqslant \frac{N}{2}-1
$$

则有

$$
\begin{aligned}
X_1(k) &= X(2k) \\
&= \sum_{n=0}^{N/2-1} [x(n) + (-1)^{2k}(n+N/2)] W_N^{2kn} \\
&= \sum_{n=0}^{N/2-1} [x(n) + x(n+N/2)] W_{N/2}^{kn} \\
&= \sum_{n=0}^{N/2-1} x_1(n) W_{N/2}^{kn}, 0 \leqslant k \leqslant \frac{N}{2}-1
\end{aligned}
\tag{5-19}
$$

其中

$$
x_1(n) = x(n) + x\left(n+\frac{N}{2}\right), 0 \leqslant n \leqslant \frac{N}{2}-1
\tag{5-20}
$$

同理

$$
\begin{aligned}
X_2(k) &= X(2k+1) \\
&= \sum_{n=0}^{N/2-1} [x(n) + (-1)^{2k+1}(n+N/2)] W_N^{(2k+1)n}
\end{aligned}
$$

$$= \sum_{n=0}^{N/2-1} \left[x(n) - x(n+N/2) \right] W_{N/2}^{kn} W_N^n$$

$$= \sum_{n=0}^{N/2-1} x_2(n) W_{N/2}^{kn}, 0 \leqslant k \leqslant \frac{N}{2} - 1 \tag{5-21}$$

其中

$$x_2(n) = \left[x(n) - x\left(n+\frac{N}{2}\right) \right] W_N^n, 0 \leqslant n \leqslant \frac{N}{2} - 1 \tag{5-22}$$

即将 $x(n)$ 按照上式组成两个 $\frac{N}{2}$ 点序列 $x_1(n)$ 和 $x_2(n)$，再分别求

$$\mathrm{DFT}[x_1(n)] = X_1(k)$$
$$\mathrm{DFT}[x_2(n)] = X_2(k)$$

因为

$$X_1(k) = X(2k)$$
$$X_2(k) = X(2k+1)$$

其中 $0 \leqslant k \leqslant \frac{N}{2} - 1$，所以

$$X(k) = \begin{cases} X_1\left(\dfrac{k}{2}\right), k \text{ 为偶数} \\ X_1\left(\dfrac{k-1}{2}\right), k \text{ 为奇数} \end{cases}, 0 \leqslant k \leqslant N-1 \tag{5-23}$$

将式

$$\begin{cases} x_1(n) = x(n) + x\left(n+\dfrac{N}{2}\right) \\ x_2(n) = \left[x(n) - x\left(n+\dfrac{N}{2}\right) \right] W_N^n \end{cases}, 0 \leqslant n \leqslant \frac{N}{2} - 1 \tag{5-24}$$

用信号流图的形式表示如图 5-5 所示。

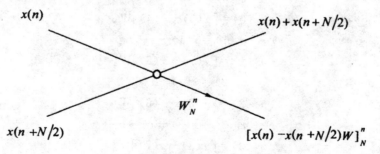

图 5-5　频率抽取的蝶形运算流图

从上述求解过程可以看到，求 $\frac{N}{2}$ 点 $\mathrm{DFT}[x_1(n)]$ 和 $\mathrm{DFT}[x_2(n)]$ 复数乘法次数为

$$\left(\frac{N}{2}\right)^2 + \left(\frac{N}{2}\right)^2 \text{ 次}$$

加上合成所需的 $\frac{N}{2}$ 次复数乘法，一共有

$$\left(\frac{N}{2}\right)^2 + \left(\frac{N}{2}\right)^2 + \frac{N}{2} \approx \frac{N^2}{2} \text{次}$$

复数乘法。而直接求 N 点

$$\mathrm{DFT}[x(n)] = X(k)$$

复数乘法次数为 N^2 次,运算量经过一级分解后,约减少一半。

依照频率抽取基-2 FFT 算法,如果 $\frac{N}{2}$ 仍旧是大于 2 的偶数,则继续按式(5-23)和式(5-24)分解为四个 $\frac{N}{4}$ 点的 DFT,直到最后分解到 2 点为止。

5.3.2　运算量

对于 $N = 2^M$,最多可以分解 $M = \log_2 N$ 次,即流图有 $\log_2 N$ 级。每级有 $\frac{N}{2}$ 个蝶形运算,每个蝶形运算需要 1 次复数乘法和 2 次复数加法。所以 N 点 FFT 总共需要复数乘法次数为

$$\left(\frac{N}{2}\right)\log_2 N$$

复数加法次数为 $N\log_2 N$。

例 5.3　推导有限长序列 $x(n)(0 \leqslant n \leqslant 7)$ 的按频率抽取基 2-FFT 算法,并画出算法的蝶形流图。

解:先将有限长序列 $x(n)$ 分为两个时域信号

$$\begin{cases} x_1(n) = x(n) + x\left(n + \frac{N}{2}\right) \\ x_2(n) = \left[x(n) - x\left(n + \frac{N}{2}\right)\right]W_N^n \end{cases}, 0 \leqslant n \leqslant 3$$

所以

$$x_1(0) = x(0) + x(4)$$
$$x_2(0) = [x(0) - x(4)]W_N^0$$
$$x_1(1) = x(1) + x(5)$$
$$x_2(1) = [x(1) - x(5)]W_N^1$$
$$x_1(2) = x(2) + x(6)$$
$$x_2(2) = [x(2) - x(6)]W_N^2$$
$$x_1(3) = x(3) + x(7)$$
$$x_2(3) = [x(3) - x(7)]W_N^3$$

则第 1 次分解的蝶形运算流图如图 5-6 所示。

依此类推,再将 $\frac{N}{2}$ 序列 $x_1(n)$ 和 $x_2(n)$ 分解为 $x_{11}(n)$,$x_{12}(n)$ 和 $x_{21}(n)$,$x_{22}(n)$

$$x_{11}(n) = x_1(n) + x_1\left(n + \frac{N}{4}\right)$$

$$x_{12}(n) = \left[x_1(n) - x_1\left(n + \frac{N}{4}\right)\right]W_{N/2}^n$$

$$x_{21}(n) = x_2(n) + x_2\left(n+\frac{N}{4}\right)$$

$$x_{22}(n) = \left[x_2(n) - x_2\left(n+\frac{N}{4}\right)\right]W_{N/2}^n$$

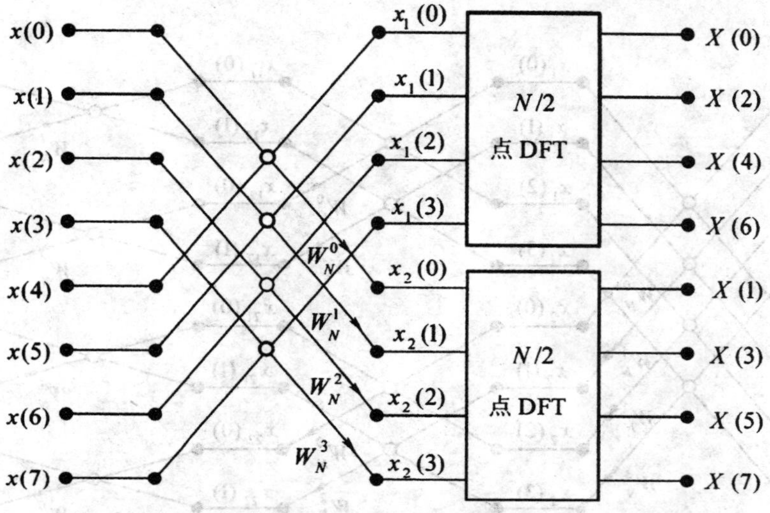

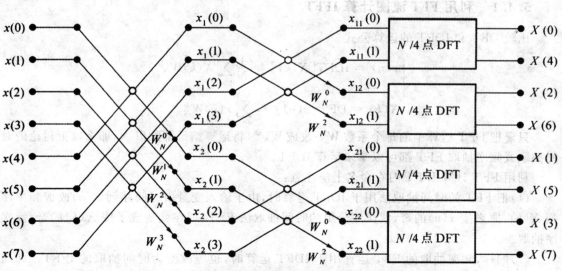

图 5-6　$N=8$ 频率抽取将 N 点 DFT 分解为两个 $N/2$ 点 DFT

对四个序列分别做离散傅里叶变换,得

$$X_{11}(k) = \mathrm{DFT}[x_{11}(n)] = X_1(2k) = X(4k)$$

$$X_{12}(k) = \mathrm{DFT}[x_{12}(n)] = X_1(2k+1) = X(4k+2)$$

$$X_{21}(k) = \mathrm{DFT}[x_{21}(n)] = X_2(2k) = X(4k+1)$$

$$X_{22}(k) = \mathrm{DFT}[x_{22}(n)] = X_2(2k+1) = X(4k+3)$$

其中 $0 \leqslant k \leqslant \dfrac{N}{4}-1$,蝶形运算流图如图 5-7 所示。

图 5-7　$N=8$ 频率抽取将 N 点 DFT 分解为四个 $N/4$ 点 DFT

对于 $N=8$,两次分解就到了 2 点 DFT,所以分解结束。最终的信号流图如图 5-8 所示。

观察图 5-8,这种算法是将输入序列逐次分解,每次分解都是将一个 N 点序列在频域上按偶数和奇数分为两个 $\dfrac{N}{2}$ 点序列,所以把这种计算 DFT 的方法称为按频率抽取的基-2 FFT 算法。

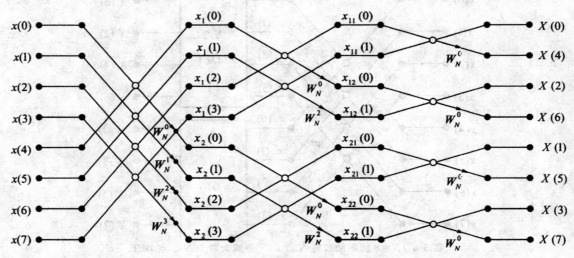

图 5-8 $N=8$ 频率抽取法基-2 FFT 算法流图

5.4 离散傅里叶反变换(IDFT)的高效算法

以上所讨论的 FFT 的运算方法同样可用于 IDFT 的运算,简称为 IFFT,即快速傅里叶反变换。从 IDFT 的定义出发,可以导出下列两种利用 FFT 来计算 IFFT 的方法。

5.4.1 利用 FFT 流图计算 IFFT

比较 DFT 和 IDFT 的运算公式

$$\begin{cases} x(n) = \text{IDFT}[X(k)] = \dfrac{1}{N}\sum_{k=0}^{N-1} X(k)W_N^{-nk} \\ X(k) = \text{DFT}[x(n)] = \sum_{n=0}^{N-1} x(n)W_N^{nk} \end{cases}$$

只要把 DFT 运算中的每个系数 W_N^{nk} 改成 W_N^{-nk},将运算结果都除以 N,那么以上讨论的时间抽取或频率抽取 FFT 都可以拿来运算 IDFT。

利用 FFT 计算 IFFT 时在命名上应注意:

(1)把 FFT 的时间抽取法用于 IDFT 运算时,由于输入变量由时间序列 $x(n)$ 改成频率序列 $X(k)$,原来按 $x(n)$ 的奇、偶次序分组的时间抽取法 FFT,现在就变成了按 $X(k)$ 的奇、偶次序抽取。

(2)同样,频率抽取的 FFT 运算用于 IDFT 运算时,也应改变为时间抽取的 IFFT。即当把 DIF-FFT 流图用于 IDFT 时,应改称为 DIT-IFFT 流图,这种流图如图 5-9 所示。

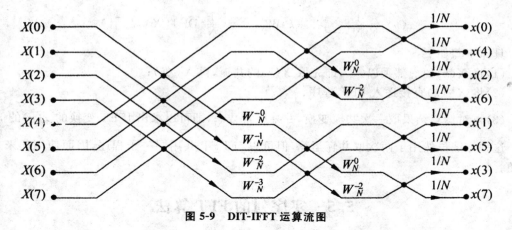

图 5-9　DIT-IFFT 运算流图

实际中,有时为防止运算过程发生溢出,常常把$\frac{1}{N}$分解为$(1/2)^M$,则在 M 级运算中每一级运算都分别乘以 1/2 因子,这种运算结构的蝶形流图如图 5-10 所示。

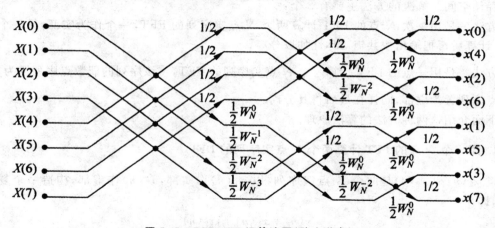

图 5-10　DIT-IFFT 运算流图(防止溢出)

5.4.2　直接调用 FFT 子程序的方法

前面的 IFFT 算法,排列程序很方便,但要改变 FFT 的程序和参数才能实现。现介绍第二种 IFFT 算法,则可以完全不必改动 FFT 程序。

因为

$$x(n) = \frac{1}{N}\sum_{k=0}^{N-1} X(k)W_N^{-nk}$$

所以

$$x^*(n) = \frac{1}{N}\sum_{k=0}^{N-1} X^*(k)W_N^{nk}$$

对上式两边同时取共轭,得

$$x(n) = \frac{1}{N}\Big[\sum_{k=0}^{N-1}X^*(k)W_N^{nk}\Big]^* = \frac{1}{N}\{\mathrm{DFT}[X^*(k)]\}^*$$

具体步骤如下：

(1)将 $X(k)$ 的虚部乘以 -1，即先取 $X(k)$ 的共轭，得 $X^*(k)$；

(2)将 $X^*(k)$ 直接送入 FFT 程序；

(3)再对运算结果取一次共轭变换，并乘以常数 $\frac{1}{N}$，即可以求出 IFFT 变换的 $x(n)$ 的值。

这种方法虽然用了两次取共轭运算，但可以与 FFT 共用同一子程序，因而使用起来非常方便。

5.5 实序列的 FFT 算法

在实际中遇到的数据大多数情况下是实序列，而在前面介绍的 FFT 流图主要针对的是复序列，若直接按该流图处理实序列，则是将序列看成虚部为零的复序列，这就浪费许多运算时间和存储空间。解决的方法主要有 2 个：

方法一是用一次 N 点的 FFT 计算两个 N 点实序列的 FFT，一个作为实部，另一个作为虚部，计算后再把输出按共轭对称性加以分离；

方法二是用 $\frac{N}{2}$ 点的 FFT 计算一个 N 点实序列的 FFT，将该序列的偶数点序列置为实部，奇数点序列置为虚部，同样在最后将其分离。

下面介绍这两种方法的算法原理。

1. 用一个 N 点的 FFT 计算两个 N 点实序列的 DFT

设 $x_1(n)$ 和 $x_2(n)$ 是两个 N 点实序列，以 $x_1(n)$ 作实部，$x_2(n)$ 作虚部，构造一个复序列 $y(n)$，即

$$y(n) = x_1(n) + jx_2(n)$$

求出 $y(n)$ 的 N 点 FFT，即

$$Y(k) = \mathrm{DFT}[y(n)] = Y_{\mathrm{ep}}(k) + Y_{\mathrm{op}}(k)$$

由对称性可求得

$$X_1(k) = \mathrm{DFT}[x_1(n)] = Y_{\mathrm{ep}}(k) = \frac{1}{2}[Y(k) + Y^*(N-k)]$$

$$X_2(k) = \mathrm{DFT}[x_2(n)] = -jY_{\mathrm{op}}(k) = \frac{1}{2j}[Y(k) - Y^*(N-k)]$$

可见，该方法仅仅做了一次 N 点 FFT 求出 $Y(k)$，再分别提取 $Y(k)$ 中的圆周共轭对称分量和圆周共轭反对称分量，则得到了两个 N 点实序列的 FFT 结果即 $X_1(k)$ 和 $X_2(k)$，提高了运算效率。

2. 用一个 $\frac{N}{2}$ 点的 FFT 计算一个 N 点实序列的 FFT

设 $x(n)$ 为 N 点实序列，将 $x(n)$ 分解为两个 $\frac{N}{2}$ 点的实序列 $x_1(n)$ 和 $x_2(n)$，其中 $x_1(n)$ 为

$x(n)$ 的偶数点序列,$x_2(n)$ 为 $x(n)$ 的奇数点序列。它们分别作为新构造序列 $y(n)$ 的实部和虚部,即根据 DIT-FFT 的思想及蝶形公式,可得

$$x_1(n)=x(2n),x_2(n)=x(2n+1),n=0,1,\cdots,N/2-1$$

$$y(n)=x_1(n)+jx_2(n),n=0,1,\cdots,N/2-1$$

对 $y(n)$ 进行 $\dfrac{N}{2}$ 点 FFT,即

$$Y(k)=\mathrm{DFT}[y(n)]$$

则

$$\begin{cases} X_1(k)=\mathrm{DFT}[x_1(n)]=Y_{ep}(k)=\dfrac{1}{2}[Y(k)+Y^*(N/2-k)] \\ X_2(k)=\mathrm{DFT}[x_2(n)]=-jY_{op}(k)=\dfrac{1}{2j}[Y(k)-Y^*(N/2-k)] \end{cases},k=0,1,\cdots,N/2-1$$

根据 DIF-FFT 的思想及蝶形公式,可得

$$X(k)=X_1(k)+W_N^k X_2(k),k=0,1,\cdots,N/2-1$$

由于 $x(n)$ 为实序列,所以 $X(k)$ 的另外 $\dfrac{N}{2}$ 点的值可由共轭对称性求得

$$X(N-k)=X^*(k),k=0,1,\cdots,N/2-1$$

方法的示意图如图 5-11 所示。可看出,仅仅做了一次 $\dfrac{N}{2}$ 点 FFT,却得到了一个 N 点实序列的 FFT 结果,相对一般的 FFT 算法,运算速度提高近一倍。

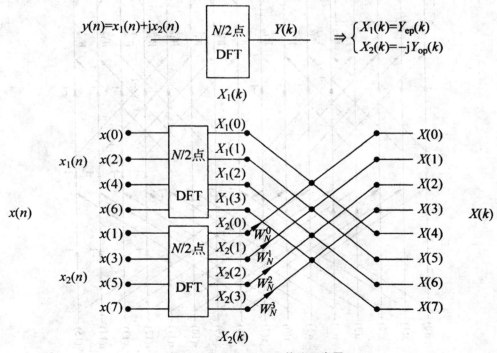

图 5-11　实序列的 FFT 算法示意图

5.6 分裂基 FFT 算法

5.6.1 分裂基算法

仔细观察图 5-12 的基 2 频率抽取算法可发现,在每一级中每一组的上半部的输出都没有乘以旋转因子,它们对应偶序号的输出,旋转因子都出现在奇序号的输出中。由于分裂基算法在目前已知的所有针对 $N = 2^M$ 的算法中具有最少的乘法次数和加法次数,并且具有和 Cooley-Tukey 算法同样好的结构,因此被认为是最好的快速傅里叶变换算法。

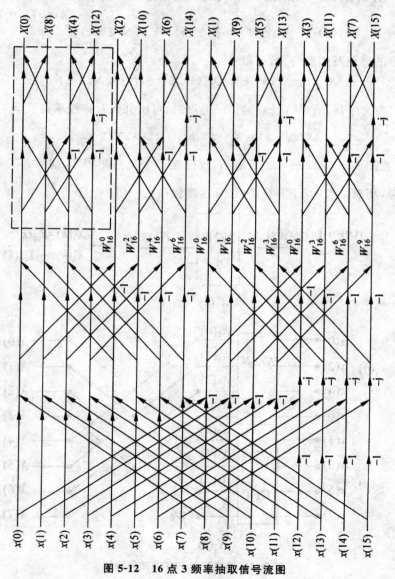

图 5-12 16 点 3 频率抽取信号流图

1. 算法推导

对 $N=2^M$ 点 DFT,重写式(5-19)的 DIF 的偶序号输出项,即

$$X(2k) = \sum_{n=0}^{N/2-1} [x(n) + x(n + N/2)] W_N^{kn}, r = 0,1,\cdots,N/2-1 \qquad (5-25)$$

对 k 的奇序号项用基 4 算法(频率抽取基 4FFT 算法),即有

$$X(4k+1) = \sum_{n=0}^{N/4-1} \left[\left(x(n) - x\left(n+\frac{N}{2}\right) \right) - \mathrm{j}\left(x\left(n+\frac{N}{4}\right) - x\left(n+3\frac{N}{4}\right) \right) \right] W_{N/4}^{kn} W_N^n$$

$$\qquad (5-26)$$

$$X(4k+3) = \sum_{n=0}^{N/4-1} \left[\left(x(n) - x\left(n+\frac{N}{2}\right) \right) - \mathrm{j}\left(x\left(n+\frac{N}{4}\right) - x\left(n+3\frac{N}{4}\right) \right) \right] W_N^{3n} W_{N/4}^{nk}$$

$$\qquad (5-27)$$

式中 $k=0,1,\cdots,N/4-1$。上面三式构成了分裂基算法的 L 型算法结构如图 5-13 所示。$N=16$ 时,两级分裂基算法的结构如图 5-13 所示。

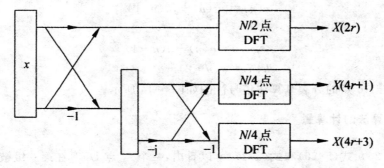

图 5-13　分裂基算法的示意图

为了帮助读者对分裂基算法有一个更深入的了解,现以 $N=16$ 为例,推导其算法,并给出信号流图。令

$$a(n)=x(n)+x(n+8), n=0,1,\cdots,7$$
$$b(n)=x(n)-x(n+8), n=0,1,2,3$$
$$c(n)=x(n+4)-x(n+12), n=0,1,2,3$$
$$d(n)=[b(n)-\mathrm{j}c(n)]W_{16}^n, n=0,1,2,3$$
$$e(n)=[b(n)+\mathrm{j}c(n)]W_{16}^{3n}, n=0,1,2,3$$

由式(5-25)、式(5-26)和式(5-27)可得

$$X(2k) = \sum_{n=0}^{7} a(n)W_8^{kn}, k = 0,1,\cdots,7 \qquad (5-28)$$

$$X(4k+1) = \sum_{n=0}^{3} d(n)W_4^{kn}, k = 0,1,2,3 \qquad (5-29)$$

$$X(4k+3) = \sum_{n=0}^{3} e(n)W_4^{kn}, k = 0,1,2,3 \qquad (5-30)$$

式(5-29)和式(5-30)已各是 4 点 DFT,不需要再分,对式(5-28)可继续做分裂基算法。因为

$$X(2k) = \sum_{n=0}^{3} [a(n) + (-1)^k a(n+4)] W_8^{nk}$$

所以,分别设

$$k = 2l, k = 4k+1, k = 4l+3$$

可得

$$X(4k) = \sum_{n=0}^{3} f(n) W_4^{kn}, l = 0, 1, 2, 3$$

$$X(8k+2) = \sum_{n=0}^{1} u(n) W_4^{nl}, l = 0, 1$$

$$X(8l+6) = \sum_{n=0}^{1} v(n) W_4^{nl}, l = 0, 1$$

以上三式中

$$f(n) = a(n) + a(n+4)$$

$$u(n) = [g(n) - jh(n)] W_{16}^{2n}$$

$$v(n) = [g(n) + jh(n)] W_{16}^{6n}$$

其中

$$g(n) = a(n) - a(n+4)$$

$$h(n) = a(n+2) - a(n-6)$$

由此可得出 16 点的分裂基算法信号流图如图 5-14 所示。

2. 分裂基算法的计算量

分析式(5-25)、式(5-26)和式(5-27)可以看出,一个 N 点 DFT 在第一级被分成了一个 $\frac{N}{2}$ 点 DFT 和两个 $\frac{N}{4}$ 点的 DFT。$\frac{N}{2}$ 点 DFT 对应偶序号输出,不包含 W 因子。两个 $\frac{N}{4}$ 点 DFT 对应奇序号输出,共有 $\frac{N}{2}$ 个旋转因子,其中包含两个 W^0 因子,两个 W_8^1 因子,它们都可以特殊处理,因此,这一级应需要 $\left(\frac{N}{2} - 4\right)$ 个一般复数乘和两个乘以 W_8^1 的特殊复数乘。若实现一次复数乘需四次实数乘、两次实数加,那么实现这一级运算共需要 $\left[4\left(\frac{N}{2} - 4\right) + 2 \times 2 = 2N - 12\right]$ 次实数乘法。由此可得到递推公式

$$Q_n = Q_{n-1} + 2Q_{n-2} + 2 \times 2^n - 12 \tag{5-31}$$

式中 $n = 3, 4, \cdots, M$,而 $M = \log_2 N$,Q_n 代表 $N = 2^n$ 时所需要的乘法量,初始条件是 $Q_1 = 0$,$Q_2 = 0$。现在来求解这一差分方程。不妨将式(5-31)写成

$$x(n) = x(n-1) + 2x(n-2) + 2^{n+1} - 12 \tag{5-32}$$

假定 N 为 ∞,则 M 也为无穷,此时对上式两边取 Z 变换(注意 n 的值从 3 开始)。得

$$X(z) = [1 - z^{-1} - 2z^{-2}]$$

$$= 2\left[\frac{1}{1 - 2z^{-1}} - (1 - 2z^{-1} + 4z^{-2})\right] - 12\left[\frac{1}{1 - z^{-1}} - (1 + z^{-1} + z^{-2})\right]$$

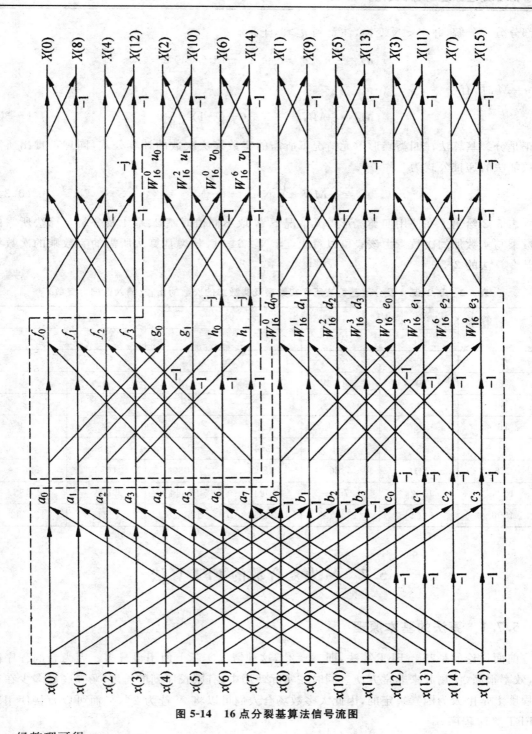

图 5-14　16 点分裂基算法信号流图

经整理可得

$$X(z) = \frac{4z+8}{(z-1)(z+1)(z-2)^2}$$

做部分分式分解,并求 z 反变换,注意到 $n \geqslant 3$,于是有

$$x(n) = \frac{4}{3} n \times 2^n - \frac{38}{9} \times 2^n + 6 + (-1)^n \frac{2}{9}$$

当 $n = M$ 时,有

$$M_R = \frac{4}{3} MN - \frac{38}{9} N + 6 + (-1)^M \frac{2}{9} \qquad (5\text{-}33)$$

这正是分裂基算法在四类蝶形单元情况下所需的实数乘法次数的计算公式,同理可推出所需实数加法的递推公式为

$$A_R = \frac{8}{3} MN - \frac{16}{9} N + 2 - (-1)^M \frac{2}{9} \qquad (5\text{-}34)$$

表 5-2 给出了在使用四类蝶形单元情况下 N 取不同值时基 2、基 4 及分裂基算法所需的实数乘与实数加的次数。由该表可以看出,当 $N \geqslant 64$ 时,分裂基算法所需的实数乘的次数约是基 2 算法的 2/3。

表 5-2 基 2、基 4 及分裂基算法所需实数乘及实数加的次数的比较(输入数据为复数)

算法 N	基 2		基 4		基 2/4	
	M_R	A_R	M_R	A_R	M_R	A_R
2	0	4			0	4
4	0	16	0	16	0	16
8	4	52			4	52
16	28	148	24	144	24	144
64	332	964	264	920	248	912
256	2316	5380	1800	5080	1656	5008
1024	13324	27652	10248	25944	9336	25488
4096	69644	135172	53256	126926	48248	123792

5.7 N 为复合数的 FFT 算法

5.7.1 算法的基本原理

前面讨论的是基 2-FFT 算法,即 $N = 2^M$,这种情况实际上使用得最多。因为它的程序简单,效率很高,使用起来非常方便。同时在实际使用中,有限长序列的长度 N 到底是多少在很大程度上是由人为因素决定的,因此大多数场合人们可以将 N 选为 2^M,从而可以直接使用基 2-FFT 算法程序。

如果长度 N 不能人为确定,而 N 的数值又不满足 $N = 2^M$,则有以下几种方法:

(1)将 $x(n)$ 用补零的方法延长,使 N 增长到最邻近的一个 2^M 数值。例如 $N = 30$,则在 $x(n)$ 序列中补进 $x(30) = x(31) = 0$ 两个零值点,使 N 达到 $N = 2^5 = 32$,这样就可以直接采用

基 2-FFT 算法程序了。由 DFT 的性质知道,有限长序列补零后并不影响其频谱 $X(e^{j\omega})$,只是频谱的采样点数增加了,造成的结果是增加了计算量。但是,有时计算量增加太多,造成很大浪费。例如 $x(n)$ 的点数 $N=300$,则须补到 $N=2^8=512$,要补 212 个零点值,因而人们才研究 $N\neq 2^M$ 时的 FFT 算法。

(2)如果要求准确的 N 点 DFT,而 N 又是素数,则只能采用直接 DFT 方法,或者采用 Chirp-Z 变换方法。

(3)若 N 是一个复合数,即它可以分解成一些因子的乘积,则可以采用 FFT 的一般算法,即混合基 FFT 算法,基 2 算法是这种算法的特例。下面就来讨论这种算法的基本原理。

如果 N 可以分解为两个整数 p,q 的乘积,像在前面以 2 为基数时一样,快速傅里叶变换的基本思想就是要将 DFT 的运算量尽量分小。因此在 $N=p \cdot q$ 的情况下,也希望将 N 点的 DFT 分解为 p 个 q 点 DFT 或者 q 个 p 点 DFT,这样就可以减小运算量。为此,可以将 $x(n)$ 首先分成 p 组:

$$p\text{组}\begin{cases} x(pr) \\ x(pr+1) \\ \vdots \\ x(pr+p+1) \end{cases},r=0,1,\cdots,q-1$$

这 p 组序列每组都是一个长度为 q 的有限长序列,例如 $N=15,p=3,q=5$,则可以分为 3 组序列,每组各有 5 个序列值,其分组情况为

$$3\text{组} p\begin{cases} x(0) & x(3) & x(6) & x(9) & x(12) \\ x(1) & x(4) & x(7) & x(10) & x(13) \\ x(2) & x(5) & x(8) & x(11) & x(14) \end{cases}$$

$$\underbrace{\qquad\qquad\qquad\qquad\qquad}_{\text{各长为}5(q)}$$

然后将 N 点 DFT 运算也相应分解为 p 组:

$$
\begin{aligned}
X(k) &= \sum_{n=0}^{N-1} x(n)W_N^{nk} \\
&= \sum_{r=0}^{q-1} x(pr)W_N^{prk} + \sum_{r=0}^{q-1} x(pr+1)W_N^{(pr+1)k} + \cdots + \sum_{r=0}^{q-1} x(pr+p-1)W_N^{(pr+p-1)k} \\
&= \sum_{r=0}^{q-1} x(pr)W_N^{prk} + W_N^k \sum_{r=0}^{q-1} x(pr+1)W_N^{prk} + \cdots + W_N^{(p-1)k} \sum_{r=0}^{q-1} x(pr+p-1)W_N^{prk} \\
&= \sum_{l=0}^{p-1} W_N^{lk} \sum_{r=0}^{q-1} x(pr+l)W_N^{prk}
\end{aligned}
\tag{5-35}
$$

由于

$$W_N^{prk}=W_{N/p}^{rk}=W_q^{rk}$$

这样,一个 N 点的 DFT 就可以用 p 组的 q 点 DFT 来组成,即

$$\sum_{r=0}^{q-1} x(pr+l)W_N^{prk} = \sum_{r=0}^{q-1} x(pr+l)W_q^{prk} = \mathrm{DFT}[x(pr+l)] = Q_l(k), k=0,1,\cdots,q-1 \tag{5-36}$$

这样,一个 N 点的 DFT 就可以

$$X(k) = \sum_{l=0}^{p-1} W_N^{lk}Q_l(k), k=0,1,\cdots,N-1 \tag{5-37}$$

在求 q 点 DFT 的式(5-36)中，k 的取值为 $0,1,\cdots,q-1$，只有 q 个，而式(5-37)是求 N 点的 DFT，需要有 N 个 $X(k)$。怎样得到 $k=q,q+1,\cdots,N-1$ 的 $Q_l(k)$ 呢？观察式(5-36)，因为系数 W_q^{nk} 具有周期性，所以 $Q_l(k)$ 也具有周期性，即

$$Q_l(k+q)=Q_l(k)$$

故通过式(5-37)可求出全部 N 点的 $X(k)$，其关系可用图 5-15 来表示。

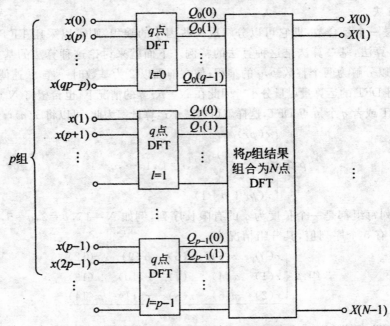

图 5-15　任意因子 p,q 的分组示意图

下面举一个简单的例子。设 $N=6$，则有两种分解方法，若按 $N=3\times2$ 分解的话，就是把 6 点的 DFT 分解为 3 组 2 点的 DFT，即先由式(5-35)求 2 点的 DFT，再由式(5-36)将 3 组 $(l=0,1,2)$ 2 点的 DFT $Q_l(k)$ 组合成 6 点的 $X(k)$。其分解运算的流图如图 5-16 所示。

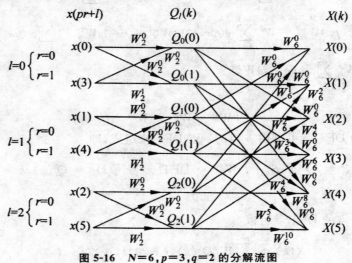

图 5-16　$N=6,p=3,q=2$ 的分解流图

同样,若按 $N=2\times3$ 分解的话,就是把 6 点的 DFT 分解为 2 组 3 点的 DFT,由 2 组 $(l=0,1)$3 点的 $DFTQ_l(k)$ 组合成 6 点的 $X(k)$。其分解运算的流图如图 5-17 所示。

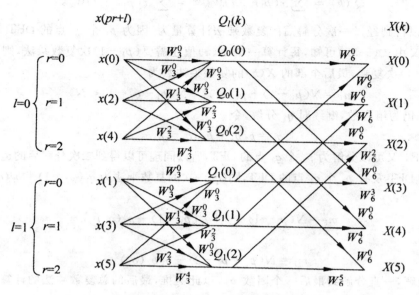

图 5-17 $N=6,p=2,q=3$ 的分解流图

实际应用中,N 可能很复杂,但是这种分解原则对于任意基数的更加复杂的情况都是适应的。例如当 N 可以分解为 m 个质数因子 $p_1,p_2,\cdots,p_m$ 即 $N=p_1p_2\cdots p_m$ 时,则第一步可以把 N 先分解为两个因子 $N=p_1q_1$,其中,并用上述讨论的方法将 N 点 DFT 分解为 p_1 个 q_1 点 DFT,然后第二步再将 q_1 分解为 $p_1=p_2q_1$,其中 $q_2=p_3p_4\cdots p_m$,将每一个 q_1 点 DFT 分解为 p_2 个 q_2 点 DFT,这样可以通过 m 次分解一直分到最少点数的 DFT 运算,从而使运算获得最高的效率。

$N=2^M$ 的 FFT,称为基 2-FFT。更一般的情况是,N 是一个复合数,可以分解为一些因子的乘积,即

$$N=p_1p_2\cdots p_m$$

但是分解方法不是唯一的,例如:

$$30=2\times3\times5=5\times3\times2=5\times6=3\times10$$

当 $p_1=p_2=\cdots=p_m$ 时,$N=p^m$,则可通过 m 级 p 点的 DFT 来实现 N 点 DFT,称之为基 p 算法,$p=2$ 时,称基 2-FFT 算法,$p=4$ 时,称基 4-FFT 算法。当 $N=p_1p_2\cdots p_m$,而各 p_i 不相同时,则称为混合基 FFT 算法,或称基 $p_1\times p_2\times\cdots\times p_m$ 算法。

5.7.2　N 为复合数时算法的运算量估计

考虑 $N=p_1p_2\cdots p_m$ 的一般情况,p_i 为 m 个质数。按照上述的算法原理,第一步可以将 N 点 DFT 分解为 p_1 个 q_1(其中 $q_1=p_2p_3\cdots p_m$)点 DFT,得到 $x(n)$ 一次分解后的 DFT 为

$$X(k)=\sum_{l=0}^{p_1-1}W_N^{lk}Q_l(k),k=0,1,\cdots,N-1 \tag{5-38}$$

式中,$Q_l(k)$ 是第 l 组序列的 q_1 点的 DFT,即

$$Q_l(k) = \sum_{r=0}^{q_1-1} x(p_1r+l)W_N^{p_1rk} = \sum_{r=0}^{q_1-1} x(p_1r+l)W_{q_1}^{rk}$$

由此可以得到经过一次分解后的复数乘法计算量为:因为 p_1 个 q_1 点的 DFT 复数乘法有 $p_1(q_1)^2$ 次,又由式(5-37)可知,每计算一个 $X(k)$ 值还需要 (p_1-1) 次复数乘法,则 N 个 $X(k)$ 值有 $N(p_1-1)$ 次复乘,最后全部的 $X(k)$ 的复数乘法数为

$$m_F = N(p_1-1) + p_1(q_1)^2 = N(p_1+q_1-1) < N^2$$

因为 q_1 仍为组合数,继续对 q_1 分解,令

$$q_2 = p_3p_4\cdots p_m, q_1 = p_2q_2$$

每个 q_1 点 DFT 又可以分解为 p_2 个 q_2 点的 DFT,所以同理可以得到二次分解后的运算量。因为合成 q_1 点的 DFT 及有 p_2 个 q_2 点的 DFT,则 $(q_1)^2$ 次的复数乘法为 $q_1(p_2-1) + p_2(q_2)^2$,代入上式,得

$$m_F = N(p_1-1) + p_1[q_1(p_2-1) + p_2(q_1)^2]$$

整理,得

$$m_F = N(p_1+p_2-2) + p_1p_2(q_2)^2$$

经过 m 次分解,一直分解到最后一个因数 p_m,以此类推,最后的总复数乘法的计算量为

$$\begin{aligned} m_F &= N(p_1+p_2+\cdots+p_m-m) + p_1p_2\cdots p_m(q_m)^2 \\ &= N(p_1+p_2+\cdots+p_m-m) + N \\ &= N[p_1+p_2+\cdots+p_m-m+1], \end{aligned}$$

与直接 DFT 计算相比,运算量之比是

$$\begin{aligned} \frac{N^2}{N[p_1+p_2+\cdots+p_m-m+1]} &= \frac{N}{p_1+p_2+\cdots+p_m-m+1} \\ &= \frac{p_1p_2\cdots p_m}{p_1+p_2+\cdots+p_m-m+1} \end{aligned} \tag{5-39}$$

由式(5-38)可以看出,分子是各因数的乘积,而分母近似为各因数之和,则运算量之比肯定是大于 1 的数,所以当 N 是组合数时采用 FFT 算法可以提高运输效率。

5.8 线性调频 Z 变换(Chirp-Z 变换或 CZT)算法

DFT 实质上是对有限长序列的 Z 变换沿单位圆做等距离采样,DFT 可以对信号进行频谱离散化分析。但在实际应用中,这种等间隔均匀采样频谱分析有很大的局限性。例如,实际问题中只对信号的某一频段感兴趣,也就是只需计算单位圆上某一频段上的频谱值,比如窄带信号的分析就是这样,希望在窄带频段内频率采样尽可能密集,以提高分辨率,而带外一般不予考虑。如果用 DFT 算法,则需增加频率采样点数,增加了窄带之外不需要的运算量。此外,有时希望采样不局限于单位圆上,例如在语音信号处理中,就常常需要知道极点处的频率,若极点离单位圆比较远,则沿单位圆采样时,得到的频谱比较平滑而无法识别出所需要的极点处的频率,如图 5-18(a)所示,若使采样点沿一条接近极点的弧线或圆周进行,则采样结果就会在极点所对应的频率上出现明显的峰值,如图 5-18(b)所示,这样就可准确地得到极点处所对

应的频率。所以,为增加计算 DFT 和频谱分析的灵活性,希望找到一种沿不完全的单位圆,或者更一般的路径对 Z 变换采样的方法,线性调频 Z 变换算法就能满足这些要求,它可以沿螺线轨迹来采样,同时可以利用 FFT 算法实现快速计算。

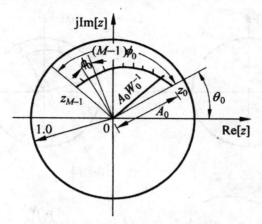

图 5-18　单位圆与非单位圆采样

5.8.1　算法基本原理

已知有限长序列 $x(n)(0 \leqslant n \leqslant N-1)$ 的 Z 变换为

$$X(z) = \sum_{n=0}^{N-1} x(n) z^{-n} \tag{5-40}$$

为适应 Z 变换可以沿 Z 平面更一般的路径取值,现在沿 Z 平面的一段螺线作等分角的采样,采样点为 z_k,可表示

$$z_k = AW^{-k}, k = 0, 1, \cdots, M-1 \tag{5-41}$$

其中 $A = A_0 e^{j\theta_0}$,$W = W_0 e^{-j\varphi_0}$,代入式(5-41)可以得到

$$z_k = A_0 e^{j\theta_0} W_0^{-k} e^{jk\varphi_0} = A_0 W_0^{-k} e^{j(\theta_0 + k\varphi_0)}, k = 0, 1, \cdots M-1 \tag{5-42}$$

M 为采样点的总数,不一定与 $x(n)$ 的长度 N 相等。A 为采样轨迹的起始点位置,由它的半径 A_0 及相角 θ_0 确定。通常 $A_0 \leqslant 1$,否则 z_0 将处于单位圆 $|z| = 1$ 的外部。W 为螺线参数,W_0 表示螺线的伸展率,$W_0 > 1$ 时,随着 k 的增加螺线内缩,$W_0 < 1$ 则随 k 的增加螺线外伸。φ_0 是采样点间的角度间隔。由于 φ_0 是任意的,减小 φ_0 就可提高频率分辨率,这对分析具有任意起始频率的高分辨率窄带频谱是很有用的。

采样点在 Z 平面上所沿的周线如图 5-19 所示。

由以上讨论和图 5-19 可以看出:

(1)A_0 表示起始采样点 z_0 的矢量半径长度,通常 $A_0 \leqslant 1$;否则 z_0 将处于单位圆 $|z| = 1$ 的外部。

(2)θ_0 表示起始采样点 z_0 的相角,它可以是正值或负值。

(3)φ_0 表示两相邻采样点之间的角度差。φ_0 为正时,表示 z 是的路径是逆时针旋转的;φ_0 为负时,表示 z_k 的路径是顺时针旋转的。

（4）W_0 的大小表示螺线的伸展率。$W_0 > 1$ 时，随着 k 增加螺线内缩；$W_0 < 1$ 时，则随 k 增加螺线外伸；$W_0 = 1$ 时，表示是半径为 A_0 的一段圆弧。若又有 $A_0 = 1$，则这段圆弧是单位圆的一部分。

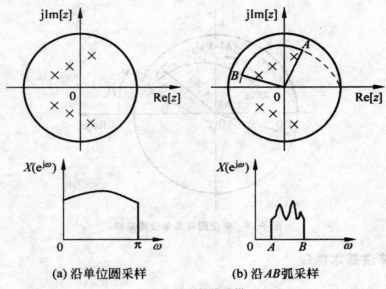

(a) 沿单位圆采样　　　　**(b) 沿 AB 弧采样**

图 5-19　螺线采样

当 $M = N, A = A_0 e^{j\theta_0}, W = W_0 \cdot e^{-j\varphi_0} = e^{-j\frac{2\pi}{N}}(W_0 = 1, \varphi_0 = 2\pi/N)$ 这一特殊情况时，各 z_k 就均匀等间隔地分布在单位圆上，这就是求序列的 DFT。

Z 变换在这些采样点的值为

$$X(z_k) = \sum_{n=0}^{N-1} x(n) z_k^{-n}, k = 0, 1, \cdots, M-1$$

将 $z_k = A W^{-k}$ 代入，则得

$$X(z_k) = \sum_{n=0}^{N-1} x(n) A^{-n} W^{nk}, k = 0, 1, \cdots, M-1 \tag{5-43}$$

直接计算这一公式，与直接计算 DFT 相似，当 N 和 M 数值很大时，运算量会很大。为了提高运算速度，可对上式做进一步分析处理，首先把 nk 变成求和项，即

$$nk = \frac{1}{2}[n^2 + k^2 - (k-n)^2] \tag{5-44}$$

将式（5-44）代入式（5-43），可得

$$X(z_k) = \sum_{n=0}^{N-1} x(n) A^{-n} W^{\frac{n^2}{2}} W^{-\frac{(k-n)^2}{2}} W^{\frac{k^2}{2}}$$

$$= W^{\frac{k^2}{2}} \sum_{n=0}^{N-1} [x(n) A^{-n} W^{\frac{n^2}{2}}] W^{-\frac{(k-n)^2}{2}} \tag{5-45}$$

设

$$g(n) = x(n) A^{-n} W^{\frac{n^2}{2}}, n = 0, 1, \cdots, N-1$$

$$h(n) = W^{-\frac{n^2}{2}}$$

则

$$X(z_k) = W^{\frac{k^2}{2}} \sum_{n=0}^{N-1} g(n)h(k-n) = W^{\frac{k^2}{2}}[g(k) * h(k)], k = 0,1,\cdots,M-1 \quad (5-46)$$

上式表明,如果对信号先进行一次加权处理,加权系数为 $A^{-n}W^{\frac{n^2}{2}}$;然后,通过一个单位脉冲响应为 $h(n)$ 的线性系统即求 $g(n)$ 与 $h(n)$ 的线性卷积;最后,对该系统的前 M 点输出再做一次加权,这样就得到了全部 M 点螺线采样值 $X(z_n)$ ($n=0,1,\cdots,M-1$)。这个过程可以用图 5-20 表示。

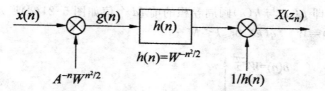

图 5-20 Chirp-z 变换的线性系统表示

从图中可以看到,运算的主要部分是由线性系统来完成的。由于系统的单位脉冲响应 $h(n)=W^{-\frac{k^2}{2}}$ 可以想象为频率随时间(n)呈线性增长的复指数序列,在雷达系统中,这种信号称为线性调频信号(chirp signal),因此,这里的变换称为线性调频 Z 变换。

5.8.2 CZT 的实现

由于序列 $x(n)$ 是有限长的,因此 $g(n)$ 也是有限长序列。但 $h(n)$ 是一个无限长序列,因此卷积结果的长度是不确定的。由于我们只对 $k=0,1,\cdots,M-1$ 共 M 点的卷积结果感兴趣,也即所需的 $h(n)$ 仅是从 $-N+1$ 到 $M-1$ 的那一部分,因而卷积可以通过圆周卷积来实现,这样可借用 FFT 快速算法,Chirp-Z 变换的圆周卷积示意图如图 5-21 所示,计算步骤如下:

(1)选择 FFT 的点数 L,满足 $L \geqslant N+M-1$,且 $L=2^m$,m 为整数,以便采用基 2-FFT 算法。

(2)构成一个 L 点序列 $g(n)$,即

$$g(n) = \begin{cases} A^{-n}W^{\frac{n^2}{2}}x(n), & 0 \leqslant n \leqslant N-1 \\ 0, & N \leqslant n \leqslant L-1 \end{cases}$$

(3)利用 FFT 法求 $g(n)$ 的 L 点离散傅里叶变换 $G(r)$,即

$$G(r) = \sum_{n=0}^{N-1} g(n)e^{-j\frac{2\pi}{L}rn}, 0 \leqslant r \leqslant L-1$$

(4)构成一个 L 点序列 $h_L(n)$,即

$$h_L(n) = \begin{cases} W^{-\frac{n^2}{2}}, & 0 \leqslant n \leqslant M-1 \\ W^{-\frac{(n-L)^2}{2}}, & L-N+1 \leqslant n \leqslant L-1 \\ \text{任意值}, & \text{其他} \end{cases}$$

(5)利用 FFT 法求 $h_L(n)$ 的 L 点离散傅里叶变换 $H(r)$,即

$$H(r) = \sum_{n=0}^{L-1} h_L(n) \mathrm{e}^{-\mathrm{j}\frac{2\pi}{L}rn}, 0 \leqslant r \leqslant L-1$$

(6)计算 $Y(r) = H(r)G(r)$。

(7)用 FFT 法求 $Y(r)$ 的 L 点离散傅里叶反变换,得 $h(n)$ 和 $g(n)$ 的圆周卷积,即

$$q(n) = \mathrm{IDFT}[H(r)G(r)] = \frac{1}{L} \sum_{r=0}^{L-1} H(r)G(r)\mathrm{e}^{\mathrm{j}\frac{2\pi}{L}rn}$$

式中,前 M 个值等于 $h(n)$ 和 $g(n)$ 的线性卷积结果 $[g(n) * h(n)]$;$n \geqslant M$ 的值没有意义,不必去求。$g(n) * h(n)$ 即 $g(n)$ 与 $h(n)$ 圆周卷积的前 M 个值如图 5-21(d)所示。

(8)计算 $X(z_k) = W^{k^2/2} q(k), 0 \leqslant k \leqslant M-1$。

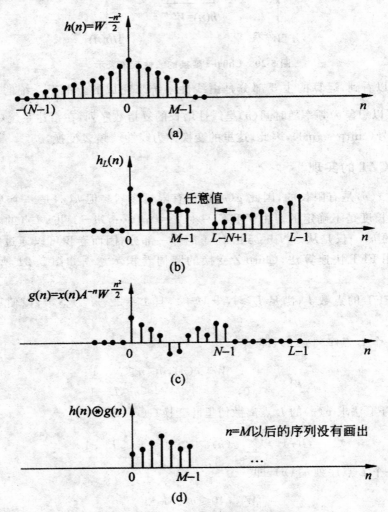

图 5-21　**Chirp-Z 变换的圆周卷积示意图**

注:$M \leqslant n \leqslant L-1$ 时,$g(n)$ 与 $h(n)$ 的圆周卷积不代表线性卷积。

5.9　FFT 的应用

例 5.4　已知有限长序列

$$x_1(n) = \{2,3,1,4\}, x_2(n) = \{3,4,3,1\}$$

其中 $0 \leqslant n \leqslant 3$，直接计算两个序列的线性卷积 $y_1(n)$，并利用 FFT 算法求解线性卷积 $y_2(n)$，并进行比较。

MATLAB 仿真程序如下：

```
% 序列线性卷积的计算
x1=[2,3,1,4];x2=[3,4,3,1];      %建立序列 x1(n)和 x2(n)
N1=length(x1);N2=length(x2);
N=N1+N2-1;       %确定补足后序列的长度
x1=[x1 zeros(1,(N2-1));      %补足序列 x1(n)
x2=[x2 zeros(1,(N1-1));      %补足序列 x2(n)
y1=[];
for i=1:N      %直接计算 x1(n)和 x2(n)的线性卷积
    y1(i)=0;
    for j=1:i
        y1(i)=y1(i)+x1*x2(i+1-j);
    end
end
n=1:N;k=n;
X1k=fft(x1);
X2k=fft(x2);
Y2k=X1k.*X2k;
Y2=ifft(Y2k);       %利用 FFT 算法计算 x1(n)和 x2(n)的线性卷积
err=max(abs(y1-y2));      %计算两种计算方法的误差
```

执行程序之后，在工作空间 Workspace0 中可看到 y1 和 y2 的值：

y1=[6,17,2 1,27,22,1 3,4]

y2=[6.0000,17.0000,21.0000,27.0000,22.0000,13.0000,4.0000]

两者的误差为 4.4409 e−015。

第 6 章　数字滤波器的结构与有限字长效应

6.1　数字滤波器的基本概念与技术指标

6.1.1　数字滤波器的基本概念

1. 数字滤波器的基本功能

用数字信号处理器对信号滤波的方法是：用数字计算机对数字信号进行处理，处理就是按照预先编制的程序进行计算。处理数字信号频谱的系统俗称数字滤波器。

数字滤波器的原理框图如图 6-1 所示，它的核心是数字信号处理器。如果采用通用的计算机，随时编写程序就能进行信号处理的工作，但处理的速度较慢。如果采用专用的集成电路，它是按预先设定的运算方法设计的，输入信号后就能进行处理工作，处理的速度快，但功能不易更改。如果采用可编程的集成电路，那么，根据加载程序处理器就可以实现不同功能。如果是对模拟信号进行处理，则输入端和输出端需要添加模－数转换器和数－模转换器。

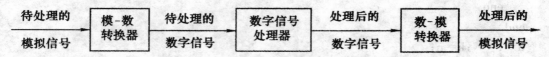

待处理的模拟信号 → 模－数转换器 → 待处理的数字信号 → 数字信号处理器 → 处理后的数字信号 → 数－模转换器 → 处理后的模拟信号

图 6-1　数字滤波器的原理框图

数字滤波器是按照程序计算信号，达到滤波的目的。通过对数字滤波器的存储器编写程序，就可以实现各种滤波功能。对数字滤波器来说，增加功能就是增加程序，不用增加元件，不受元件误差的影响，对低频信号的处理也不用增加芯片的体积。用数字滤波方法可以摆脱模拟滤波器被元件限制的困扰。

2. 数字滤波器的类型

（1）按照允许通过的频率成分范围分类

模拟滤波器频率特性 $H(\Omega)$ 的角频率 Ω 或自然频率 f 的范围是从 $0 \sim \infty$。实际上，工程师设计产品时，着重考虑的是有用的频率范围。典型的模拟滤波器是按照允许通过的频率成分范围来划分的。比如，低通滤波器、高通滤波器、带通滤波器、带阻滤波器等，它们的理想幅频特性 $|H(\Omega)|$ 如图 6-2 所示，阴影部分表示这个范围的频率成分能够顺利通过滤波器，不被衰减，其他频率成分则不能通过。角频率 Ω 是划分频率成分能否通过的界限，叫作截止频率。例如，低通滤波器允许 $[0, \Omega_c]$ 的低频正弦成分顺利通过，禁止其他频率成分通过；带通滤波器让 $[\Omega_L, \Omega_H]$ 的频率成分通过，其他成分禁止通行。频率成分能顺利通过的频率范围叫作通带，频率成分不能顺利通过的频率范围叫作阻带。

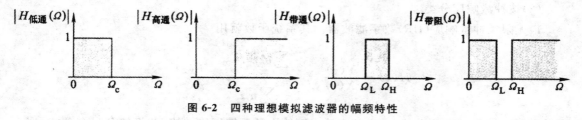

图 6-2 四种理想模拟滤波器的幅频特性

模拟滤波器的自变量是角频率 Ω 或自然频率 f，角频率 Ω 的单位是 rad/s，自然频率 f 的单位是 Hz。

数字滤波器是离散时间系统 $h(n)$，是实数序列，它处理的是离散时间信号。数字滤波器的频率特性 $|H(\omega)|$ 具有周期性，一般以数字角频率 ω 的主值区间 $[0,2\pi)$ 的特性为基准，其他频率范围的特性都是主值特性的周期重复。典型的数字滤波器有低通滤波器、高通滤波器、带通滤波器和带阻滤波器，它们的理想幅频特性如图 6-3 所示，阴影部分代表通带，其他频带是阻带。频带是频率范围的简称。例如，低通滤波器允许 $\omega=0\sim\omega_c$ 的低频成分顺利通过，而 $\omega=\omega_c\sim\pi$ 的高频成分则被衰减到 0。$\omega=\pi\sim2\pi$ 的频谱对应 $\omega=-\pi\sim0$ 的频谱，它们和 $\omega=\pi\sim0$ 的频谱对称。

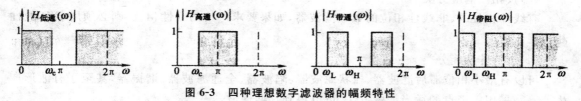

图 6-3 四种理想数字滤波器的幅频特性

为了提高效率，就要利用频谱的周期性和对称性。根据频谱 $H(\omega)$ 的周期性，$\omega=0$ 或 $\omega=2\pi$ 附近的频谱对应低频成分。根据实数序列的偶对称公式

$$|X(\omega)|=|X(2\pi-\omega)|$$

在 $[0,2\pi]$ 范围，$|H(\omega)|$ 对于 $\omega=\pi$ 呈现偶对称。所以，人们经常只考虑 ω 在 $[0,\pi]$ 范围的幅频特性。例如，带阻滤波器禁止 $\omega_L\sim\omega_H$ 频带的成分通过，它对称于 $\omega=2\pi-\omega_L\sim2\pi-\omega_H$ 频带的幅频特性。

数字滤波器的自变量是数字角频率 ω，它的单位是 rad。如果希望使用模拟角频率 Ω 和自然频率 f，可以依据数字角频率和模拟频率的关系

$$\omega=\Omega T_s=2\pi f T_s=\frac{2\pi f}{f_s}（T_s \text{ 是采样周期}，f_s \text{ 是采样频率}）$$

进行转换。例如数字角频率 ω 的 $[0,\pi]$ 频带，它对应模拟角频率 Ω 的 $[O,\Omega_s/2]$ 频带，或者自然频率 f 的 $[0,f_s/2]$ 频带。

以上介绍的典型滤波器是理想模型，既简单又直观。对于实际的电路和系统，这种理想滤波器是做不出来的。设计滤波器时，只是以理想滤波器为模型，尽量地逼近理想滤波器。但是，这么做需要付出代价——性能越接近理想滤波器的系统，其复杂程度和成本就越高。

（2）按冲激响应分类

1）无限长冲激响应（IIR）数字滤波器。其系统函数就用

$$H(z) = \frac{Y(z)}{X(z)} = \frac{\sum_{m=0}^{M} b_m z^{-m}}{1 + \sum_{r=1}^{N} a_r z^{-r}} = \frac{B(z)}{A(z)}$$

表示，它是一个 z^{-1} 有理分式，它包括有输出到输入的反馈网络结构，此系统分母多项式 $A(z)$ 决定了反馈网络，同时确定了有限 z 平面的极点，而分子多项式 $B(z)$ 决定了正馈网络，同时确定了有限 z 平面的零点。

2）有限长冲激响应（FIR）数字滤波器。其系统函数可表示为 z^{-1} 的多项式，可写成

$$H(z) = \sum_{n=0}^{N-1} h(n) z^{-n}$$

其中 $h(n)$ 是系统的单位冲激响应，显然 $h(i) = b_i$（当 $a_i = 0$ 时），$H(z)$ 在有限 z 平面只有零点，如果是因果系统则全部极点在 $z = 0$ 处。系统不存在反馈网络。

两种滤波器的运算结构是不同的，其设计方法也是不同的。

（3）按相位响应分类

有线性相位的、非线性相位的数字滤波器，如果要求严格的线性相位，则必须用 FIR 线性相位滤波器。

（4）按特殊功能分类

可以有最小相位滞后滤波器、梳状滤波器、陷波器、全通滤波器、谐振器，甚至于有波形产生器等。采用零极点的适当配置方法，可以得到这些滤波器。

3. 数字滤波器的实现步骤

所谓实现是指从给定滤波器技术要求、设计一个线性时（移）不变系统、利用有限精度算法的实际技术实现的全部过程，大体上滤波器的实现有以下 4 个步骤。

1）按任务的需要，确定滤波器的性能指标。

2）用一个因果，稳定的 LSI 系统函数去逼近这一性能要求，逼近所用的系统函数有无限长单位冲激响应（IIR）系统函数及有限长单位冲激响应（FIR）系统两种。

3）用有限精度算法来实现这个系统函数，包括选择运算结构，选择合适的字长（包括系数量化以及输入变量、中间变量、输出变量的字长）以及有效数字的处理方法（舍入、截尾）等。

4）实际的技术实现，包括采用通用计算机软件或专用数字滤波器硬件或采用专用或通用的数字信号器来实现。

如何全面地考虑滤波器的性能和指标呢？起码应该建立一些这方面的基本概念和标准，才能深入研讨设计滤波器的技巧。

6.1.2 数字滤波器的技术指标

实际滤波器的通带和阻带都允许有误差，不必像理想滤波器那样，在通带和阻带内完全是

水平的。实际滤波器的通带和阻带之间可以有一定的过渡,不必非常陡峭。

数字滤波器可以比模拟滤波器做得更好,相应地,对数字滤波器的技术指标也比较高。模拟滤波器常用的技术指标是半功率点截止频率 Ω_c。半功率点是指角频率 $\Omega = \Omega_c$ 时,滤波器的幅度平方等于其最大值的 $1/\sqrt{2}$。数字滤波器常用的技术指标有四个:通带截止频率、通带最大衰减、阻带截止频率和阻带最小衰减。下面以低通滤波器为例,介绍这四个指标。

图 6-4 是数字低通滤波器的幅频特性指标,ω_p 是通带截止频率或通带边界频率,δ_p 是通带允许的偏差(或波动),简称通带波动,$\omega = 0 \sim \omega_p$ 是通带的范围;ω_s 是阻带截止频率或阻带边界频率,δ_s 是阻带允许的波动,简称阻带波动,$\omega = \omega_s \sim \pi$ 是阻带的范围;$\omega = \omega_p \sim \omega_s$ 的区间称过渡带。

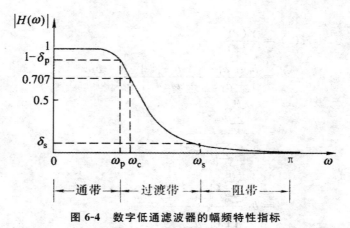

图 6-4　数字低通滤波器的幅频特性指标

如果通带和阻带的波动用分贝的衰减函数表示的话,则叫做通带衰减和阻带衰减,用符号 A_p 和 A_s 表示。通带衰减和阻带衰减的定义是

$$\begin{cases} A_p = 20 \lg \dfrac{|H(\omega)|_{\max}}{|H(\omega_p)|} \mathrm{dB} \\ A_s = 20 \lg \dfrac{|H(\omega)|_{\max}}{|H(\omega_s)|} \mathrm{dB} \end{cases}$$

假若幅频特性的最大值 $|H(\omega)|_{\max} = 1$ 的话,则通带衰减和阻带衰减可以简化为

$$\begin{cases} A_p = -20 \lg |H(\omega_p)| = -20 \lg (1 - \delta_p) \mathrm{dB} \\ A_s = -20 \lg |H(\omega_s)| = -20 \lg (\delta_s) \mathrm{dB} \end{cases}$$

当频率响应 $|H(\omega)|$ 的幅度降到其最大值的 $1/\sqrt{2}$ 时,对应的角频率 ω_c 叫做 3dB 截止频率或半功率点截止频率。准确地说,通带衰减叫作通带最大衰减,因为通带的衰减越小越好;阻带衰减叫作阻带最小衰减,因为阻带的衰减越大越好。

数字滤波器的四大指标,通带截止频率、通带最大衰减、阻带截止频率和阻带最小衰减,它们是逼近理想滤波器的重要指标。

6.2　数字滤波器的研究与表示方法

数字滤波器的研究方法很多,它们具有从不同的方面反映滤波器的滤波原理和设计技巧,各有自己的特长。如果能够巧妙地利用这些方法,你就能设计出优秀的滤波器。

6.2.1　数字滤波器的表示

表示数字滤波器的方法包括:系统函数、频率响应、差分方程、单位脉冲响应、卷积、零极点图、框图、信号流图等,它们各有自己擅长之处,能从不同的角度描述和刻画滤波器的特性和处理方法。下面逐一归纳它们在描述滤波器以及对研究和设计滤波器的作用。

1. 系统函数

系统函数也叫传递函数,它的表达式有多种写法,它从数学上简洁地表示系统的输出和输入的 z 变换关系。

$$
\begin{aligned}
H(z) &= \frac{Y(z)}{X(z)} \\
&= \frac{b_0 + b_1 z^{-1} + b_2 z^{-2} + \cdots + b_M z^{-M}}{1 + a_1 z^{-1} + a_2 z^{-2} + \cdots + a_N z^{-N}} \\
&= \frac{\displaystyle\sum_{m=0}^{M} b_m z^{-m}}{1 + \displaystyle\sum_{r=1}^{N} a_r z^{-r}} \\
&= b_0 \frac{\displaystyle\prod_{m=1}^{M} (1 - c_m z^{-1})}{\displaystyle\prod_{r=1}^{N} (1 - d_r z^{-1})}
\end{aligned}
\tag{6-1}
$$

从处理器的角度考虑,系统函数表示滤波器的计算方法。根据延时性质,多项式或因式中的复变量 z^{-1} 表示信号延时一个单位时序,或者延时一个采样周期。因式 $(1 - c_m z^{-1})$ 或者 $1/(1 - d_r z^{-1})$ 可以看做是一个独立的系统单元或子系统,可以灵活地应用它们进行级联或者并联,组成复杂的系统。

例如,有一个系统函数

$$
H(z) = \frac{1 - z^{-1}}{1 - 0.5 z^{-1}} \quad (|z| > 0.5)
\tag{6-2}
$$

如果设它的子系统 $H_1(z) = 1 - z^{-1}$ 和 $H_2(z) = 1/(1 - 0.5 z^{-1})$,则 $H(z)$ 可以写成

$$
H(z) = H_1(z) H_2(z) = H_2(z) H_1(z) \quad (H_1(z) \text{和} H_2(z) \text{可以互换位置})
$$

这种相乘结构叫作级联或串联。理论上,子系统级联的先后位置是任意的,对系统的性能没有影响。实际上,因为计算机的数字位数有限,还有计算存在误差,所以子系统级联的先后位置将对计算结果产生影响。

如果设式(6-2)的子系统 $H_1(z) = 2$ 和 $H_2(z) = -1/(1 - 0.5 z^{-1})$,则 $H(z)$ 可以写成

$$
H(z) = H_1(z) + H_2(z) = H_2(z) + H_1(z) \quad (H_1(z) \text{和} H_2(z) \text{可以互换位置})
$$

这种相加结构叫作并联,它的子系统位置不影响计算结果。

系统函数具有符号简洁、概括性强的优点,可以方便地表示一个数字系统。

2. 频率响应

系统的频率响应表达式是

$$H(\omega) = \frac{Y(\omega)}{X(\omega)} = \sum_{n=0}^{\infty} h(n) e^{-j\omega n} = H(z)\big|_{z=e^{j\omega}}$$

它表示系统的输出频谱 $Y(\omega)$ 和输入频谱 $X(\omega)$ 之比,体现了系统具有调节信号频谱的能力,这也是人们把系统叫做滤波器的原因。$H(\omega)$ 的优点是可以用来直接计算滤波器的频谱。对于系统函数收敛域包含单位圆的系统,系统函数 $H(z)$ 的自变量 z 用 $e^{j\omega}$ 代替就可以得到系统的频率响应。

例如,系统函数

$$H(z) = \frac{5 + 2z^{-1}}{1 - 0.4z^{-1}} \quad (|z| > 0.4) \tag{6-3}$$

将 $z = e^{j\omega}$ 代入式(6-3),就可以得到

$$H(\omega) = H(z)\big|_{z=e^{j\omega}} = \frac{5 + 2e^{-j\omega}}{1 - 0.4e^{-j\omega}} = \frac{5(1 + 0.4e^{-j\omega})}{1 - 0.4e^{-j\omega}}$$

它就是该系统的频率响应。应用恒等式

$$|1 + ae^{-j\omega}| = \sqrt{1 + 2a\cos\omega + a^2} \quad (a \text{ 是实数})$$

可以得到系统式(6-3)的幅度响应

$$|H(\omega)| = \frac{5\sqrt{1 + 0.8\cos\omega + 0.16}}{\sqrt{1 - 0.8\cos\omega + 0.16}} \tag{6-4}$$

按照式(6-4)计算,就可以画出系统函数式(6-3)的幅频特性曲线如图 6-5 所示。

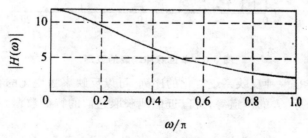

图 6-5　系统的幅频特性曲线

频率响应直观地表现出系统加工信号的频谱变化情况,也就是滤波器提升和降低信号成分的规律。这对设计滤波器有指导意义。

3. 差分方程

差分方程的表达式是

$$y(n) = \sum_{m=0}^{M} b_m x(n-m) - \sum_{r=1}^{N} a_r y(n-r) \tag{6-5}$$

它直接表示系统输出和输入的时域关系,其中包括它们各自的延时分量。

从系统函数很容易得到差分方程。只要展开系统函数式(6-1)的多项式,即

$$(1+a_1z^{-1}+\cdots+a_Nz^{-N})Y(z)=(b_0+b_1z^{-1}+\cdots+b_Mz^{-M})X(z)$$

并对它进行 z 反变换就可以得到差分方程式(6-5)。

差分方程的时间特点是编写滤波器程序的好帮手。例如系统函数式(6-3)的差分方程是

$$y(n)=5x(n)+2x(n-1)+0.4y(n-1)$$

它直接反映了时域计算滤波输出信号的流程,可以通过软件编程在计算机上实现。

4. 单位脉冲响应

单位脉冲响应的定义是

$$h(n)=T[\delta(n)]=\mathrm{IZT}[H(z)]$$

它能反映系统在零状态下输入单位脉冲序列时的输出。例如,系统函数式(6-3)的脉冲响应是

$$h(n)=\mathrm{IZT}\left[\frac{5+2z^{-1}}{1-0.4z^{-1}}\right]\text{(应用部分分式展开)}$$

$$=\mathrm{IZT}\left[-5+\frac{10}{1-0.4z^{-1}}\right]$$

$$=-5\delta(n)+10\times0.4^n u(n)$$

它的变化规律如图 6-6 所示,当 $n>5$ 时,$h(n)$ 近乎为零。换句话说,$h(n)$ 可以近似看做是有限长的,这种观点对实际应用来说是很重要的。

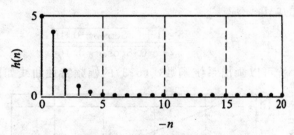

图 6-6　单位脉冲响应的波形

实际上,脉冲响应是一种反映系统变化的序列,可以反映事物变化的特征。通过对实际事物进行测量,比如音乐厅、人的声道等,可以近似地获取它们的特征数据,并且用计算机设计出具有这种性能的系统。

5. 卷积

卷积的表达式是

$$y(n)=x(n)*h(n)=\sum_{i=-\infty}^{\infty}x(i)h(n-i)=h(n)*x(n)=\sum_{i=-\infty}^{\infty}h(i)x(n-i)\quad(6-6)$$

$x(n)$ 和 $h(n)$ 的位置可以互换。这个数学公式说明一个道理,只要设计出系统的单位脉冲响应 $h(n)$,就可以按照式(6-6),计算系统处理激励信号 $x(n)$ 的结果 $y(n)$。

6. 零极点图

零极点图是一种简单快捷的描述系统特性的方法,它利用系统函数在 z 平面上的零极点的几何位置,同时还利用矢量的特点,勾画系统的频率特性。如果想要快速了解滤波器的频率

特性,只要把系统函数变成零点矢量除以极点矢量的形式,即

$$H(z) = b_0 \frac{\prod\limits_{m=1}^{M}(1-c_m z^{-1})}{\prod\limits_{r=1}^{N}(1-d_r z^{-1})} = b_0 z^{(N-M)} \frac{\prod\limits_{m=1}^{M}(z-c_m)}{\prod\limits_{r=1}^{N}(z-d_r)}(让~z~在单位圆上)$$

就可看到幅频特性等于零点矢量的长度积除以极点矢量的长度积,相频特性等于零点矢量的相角和减去极点矢量的相角和。

例如系统函数式(6-3),它的零极点表达式

$$H(z) = 5 \times \frac{1+0.4z^{-1}}{1-0.4z^{-1}} = 5 \times \frac{z+0.4}{z-0.4}(让~z=e^{j\omega})$$

它的零极点几何位置如图 6-7 所示,○表示零点,×表示极点。如果想快速了解该系统的滤波幅频特性,就依据它的相位公式

$$\arg[H(\omega)] = \arg(z+0.4) - \arg(z-0.4)(让~z=e^{j\omega})$$

画出几个容易计算的点,然后用光滑的曲线连接它们如图 6-8 的右图所示。

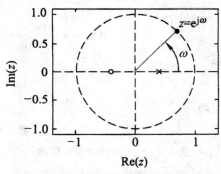

图 6-7　系统函数的零极点几何位置

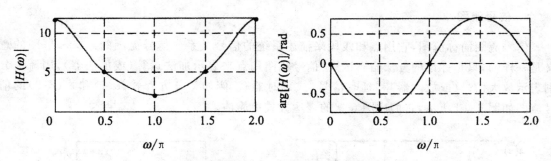

图 6-8　幅频特性和相频特性的草图

反过来说,只要按照技术指标,根据零点产生波谷和极点产生波峰的特点,设置零极点的几何位置,就可以获得符合要求的滤波器。

7. 框图

框图也叫方框图,它用基本构件描述系统的输入输出运算关系。数字信号处理的基本构件有加法器(图 6-9)、乘法器和延时器,它们用简单的几何形状表示。

一个滤波器可以有多种框图,这些框图取决于系统函数或输入输出方程的结构,每一种结构对应一种样本处理算法。例如系统函数

$$H(z)=\frac{5+2z^{-1}}{1-0.4z^{-1}}=-5+\frac{10}{1-0.4z^{-1}}$$

它的第一种系统函数结构对应的输入输出差分方程是

$$y(n)=5x(n)+2x(n-1)+0.4y(n-1) \tag{6-7}$$

对应第二种系统函数结构的差分方程是

$$\begin{cases} y_1(n)=-5x(n) \\ y_2(n)=10x(n)+0.4y(n-1) \\ y(n)=y_1(n)+y_2(n) \end{cases} \tag{6-8}$$

实现这两种结构的框图如图 6-9 所示。两种框图在数学上是等价的,但是,它们的实际运算结果却是有差别的。

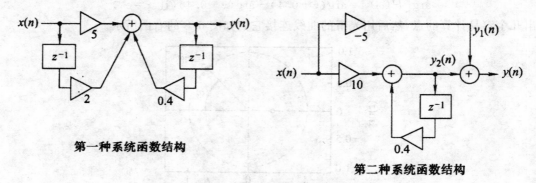

图 6-9 一个系统的两种框图

框图的优点是,能够直观地表现滤波器处理信号的计算过程。

8. 信号流图

信号流图简称流图,它用点和线段来描述系统的信号关系。信号流图的意义和框图的意义是一样的,只是标记的方法略有区别:信号流图用点来表示加法运算(或加法器),用箭头分别表示放大信号(或放大器)和延时信号(或延时器)。例如差分方程式(6-7)和式(6-8)的信号流图如图 6-10 所示,它们比图 6-9 的表达方式更简洁。

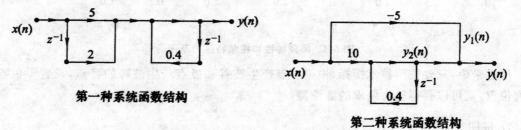

图 6-10 实现两种差分方程的信号流图

信号流图是编写滤波器程序的依据。简化信号流图的结构,就能减少滤波器(或计算机)

的计算量。信号流图的简化方法读者可参考有关文献。

6.2.2　信号流图与系统函数

信号流图的点叫作节点,节点既表示系统的状态变量,又表示对进入节点的信号进行相加;而有方向的线段叫作支路,支路的箭头表示信号的流向和加权。加权就是乘上一个数,加权值写在箭头旁边,加权值是 1 的时候可以不写。

完整的信号流图有两个特殊的节点——源点和终点。源点是没有输入支路的节点,代表系统的输入端;终点是没有输出支路的节点,代表系统的输出端。图 6-11 是一个完整的信号流图,它有四个节点。在计算机中,每一个节点代表一个存储器或者加法运算,每条支路则代表一次乘法或延时运算。信号流图不但可以显示系统的运算顺序,还可以显示乘法和加法的次数、信号的延时、存储器的数量等内容,是简化系统结构的有力工具。

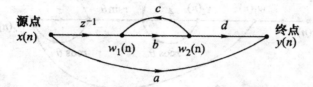

图 6-11　完整的信号流图

对于简单的信号流图,通过观察就能写出它的系统差分方程或系统函数。例如图 6-12,它的差分方程比较容易写出来,通过观察直接得到

$$\begin{cases} w_1(n)=x(n-1)+cw_2(n)（节点变量等于进入节点的信号之和）\\ w_2(n)=bw_1(n)\\ y(n)=ax(n)+dw_2(n) \end{cases}$$

而直接写出它的系统函数就不那么容易,在此,读者可以试一下,看看是否容易得到它的系统函数

$$H(z)=a+\frac{bd}{1-bc}z^{-1}$$

对于复杂的信号流图,通过观察写出它的方程是不容易的,这样做的工作量很大。利用梅森公式能够解决这个问题。梅森公式是这样定义的,信号流图的系统函数

$$H(z)=\frac{\sum T_k \Delta_k}{\Delta}（符号 \sum 表示所有符合条件的项目之和）\qquad (6-9)$$

梅森公式中的 T_k 是第 k 条前向通路的增益,也就是从源点到终点的每段支路的加权值的乘积;Δ 是流图的特征式

$$\Delta=1-\sum L_a+\sum L_b L_c-\sum L_b L_e L_f+\cdots \qquad (6-10)$$

式中,$\sum L_a$ 等于所有回路增益 L_a 之和,回路是沿着箭头的方向能够回到出发点的闭合通路,$\sum L_b L_c$ 等于所有两个无接触(没有共用节点和支路)的回路增益乘积之和,$\sum L_b L_e L_f$ 等于所有三个无接触的回路增益乘积之和;Δ_k 是第 k 条前向通路的特征式的余因子,也就是消除与第 k 条前向通路接触的回路后剩下的特征式。

例 6.1 正弦波发生器的信号流图如图 6-12 所示,源点和终点是 $x(n)$ 和 $y(n)$。请分别采用直接观察法和梅森公式法写出该系统的输入输出差分方程和系统函数。

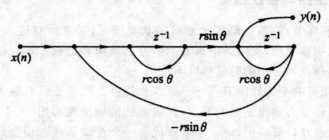

图 6-12 正弦波发生器的信号流图

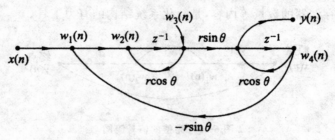

图 6-13 添加节点变量的信号流图

解:(1)直接观察法

为了方便得到输入和输出的关系,给信号流图添加节点变量符号 $w_1(n) \sim w_4(n)$,如图 6-13所示。推导信号流图的方程,可以从时域 n 入手,也可以从复数域 z 入手,本题从变量 z 入手。首先按照源点到终点的顺序,列出该信号流图的方程组

$$\begin{cases} W_1 = X - r\sin\theta W_4 \text{(流入节点的信号相加)} & ① \\ W_2 = W_1 + r\cos\theta W_3 & ② \\ W_3 = z^{-1}W_2 & ③\text{(省略自变量)} \\ Y = r\sin\theta W_3 + r\cos\theta W_4 & ④ \\ W_4 = z^{-1}Y & ⑤ \end{cases}$$

然后解这组方程,其顺序是:⑤→④得⑥,⑤→①得⑦,⑦→②得⑧,⑧→③得⑨,⑨→⑥得

$$H(z) = \frac{Y(z)}{X(z)} = \frac{r\sin\theta z^{-1}}{1 - 2r\cos\theta z^{-1} + r^2 z^{-2}} \tag{6-11}$$

根据符号 z^{-1} 表示延时一个单位,对式(6-11)求反 z 变换,就能得到该系统的输入输出差分方程

$$y(n) - 2r\cos\theta y(n-1) + r^2 y(n-2) = r\sin\theta x(n-1)$$

式(6-11)的 z 反变换 $h(n) = r^n \sin(\theta n) u(n)$。

(2)梅森公式法

图 6-13 的闭合回路有三个,其中两个是不接触的。按照式(6-10),该信号流图的特征式

$$\Delta = 1 - (r\cos\theta z^{-1} + r\cos\theta z^{-1} - r^2\sin^2\theta z^{-2}) + (r^2\cos^2\theta z^{-2})$$
$$= 1 - 2r\cos\theta z^{-1} + r^2 z^{-2}$$

从源点到终点的前向通路只有一条,它的通路增益 $T_1 = r\sin\theta z^{-1}$。由于三个回路都跟这条前向通路接触,所以这条前向通路的特征式余因子 $\Delta_1 = 1$。按照梅森公式(6-9)计算,该信号流图的系统函数

$$H(z) = \frac{\sum T_k \Delta_k}{\Delta} = \frac{r\sin\theta z^{-1}}{1 - 2r\cos\theta z^{-1} + r^2 z^{-2}}$$

它和直接观察法的结果相同。(解题完毕)

用信号流图表示滤波器的优点是:分析信号流图容易确定输出和输入的关系,修改信号流图容易获得其他计算方法,观察信号流图容易写出计算方法。

6.2.3　信号流图的转置

信号流图可以直接表示滤波器的算法。合理地改变信号流图的形状,可以获得其他等价的滤波算法和滤波器。

改变信号流图的最简单方法是转置,也就是将信号流图逆转。信号流图转置的具体方法如下。

①颠倒所有支路的方向,支路旁的参数和符号不变。

②调换源点和终点的位置。

在数学意义上,转置的信号流图和原来的信号流图是等价的。从梅森公式看,这个道理很简单:因为转置只是改变支路的方向,并没有改变前向通路和回路的结构,所以,转置没有改变原来信号流图的系统函数。

转置的方法为设计系统的程序提供了多一种选择。

例 6.2　有一个信号流图如图 6-14 所示,$x(n)$ 和 $y(n)$ 是源点和终点。请对这个信号流图进行转置,并用梅森公式证明,该系统转置前后的系统函数不变。

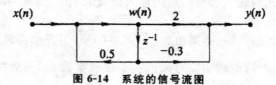

图 6-14　系统的信号流图

解:根据梅森公式(6-9),图 6-14 的系统函数

$$H_{原来}(z) = \frac{T_1 \Delta_1 + T_2 \Delta_2}{\Delta} = \frac{2 - 0.3z^{-1}}{1 - 0.5z^{-1}} \tag{6-12}$$

按照转置的方法,颠倒图 6-14 的所有支路的方向,并互换源点 $x(n)$ 和终点 $y(n)$ 的位置,这样获得的转置结构如图 6-15 所示。根据梅森公式式(6-9),该转置的信号流图的系统函数

$$H_{转置}(z) = \frac{T_1 \Delta_1 + T_2 \Delta_2}{\Delta} = \frac{2 - 0.3z^{-1}}{1 - 0.5z^{-1}} \tag{6-13}$$

式(6-13)等价于式(6-12),因为图 6-15 的前向通路和回路的结构没有改变。(解题完毕)

另外,信号流图转置前和转置后的算法是不同的。例如,图 6-14 所示的状态变量 $w(n) = x(n) + 0.5w(n-1)$,而图 6-15 所示的状态变量 $w(n) = -0.3x(n) + 0.5y(n)$。

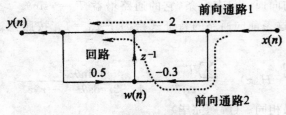

图 6-15　转置的系统信号流图

6.3　无限长单位冲激响应(IIR)滤波器的基本结构

一个无限长单位冲激响应(IIR)滤波器,由于其系统函数 $H(z)$ 的不同结构,它有多种网络结构,包括直接Ⅰ型、直接Ⅱ型、级联型和并联型。

6.3.1　直接Ⅰ型

IIR 滤波器系统函数 $H(z)$ 可以表示为

$$H(z) = \frac{\sum\limits_{k=0}^{M} b_k z^{-k}}{1 - \sum\limits_{k=1}^{N} a_k z^{-k}}$$

的形式。表示其输入输出关系的 N 阶差分方程为

$$y(n) = \sum_{k=1}^{N} a_k y(n-k) + \sum_{k=0}^{M} b_k x(n-k)$$

其中,$\sum\limits_{k=0}^{M} b_k x(n-k)$ 表示将输入和延时后的输入组成 M 节的延时网络,即把每一个延时的输入信号乘以一个加权系数,然后把结果相加;$\sum\limits_{k=1}^{N} a_k y(n-k)$ 表示将延时后的输出,组成 N 节的延时网络,即把每个延时后的输出信号乘以一个加权系数 a_k,然后把结果相加。最后输出的 $y(n)$ 是把这两个和式相加而成。$\sum\limits_{k=1}^{N} a_k y(n-k)$ 是一个包含了输出的延时部分,因此这是一个有反馈的网络。这种结构叫作直接Ⅰ型结构,其第一个网络实现了零点,第二个网络实现了极点,它需要 $M+N$ 个延时单元。

IIR 系统的直接Ⅰ型结构如图 6-16 和图 6-17 所示。

6.3.2　直接Ⅱ型

把具有相同输入的延时支路进行合并,可以得到新的结构,称为直接Ⅱ型。直接Ⅱ型结构利用两行延时共用一个延时单元的特点,所需要的延迟单元最少。利用软件实现时,可以节省存储单元,利用硬件实现时,可以节省寄存器。直接Ⅱ型和直接Ⅰ型都是直接型的实现方法,系数 a_k、b_k 对滤波器的性能控制作用不明显。

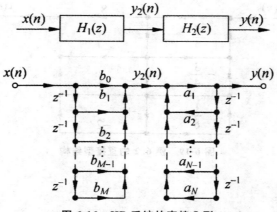

图 6-16　IIR 系统的直接 I 型

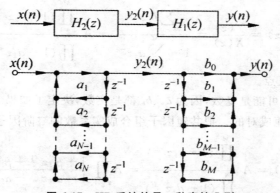

图 6-17　IIR 系统的另一种直接 I 型

IIR 系统的直接 II 型结构如图 6-18 所示。

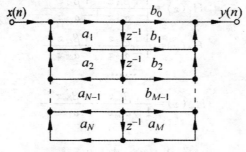

图 6-18　IIR 系统的直接 II 型

例 6.3　已知数字滤波器的系统函数 $H(z)$ 为

$$H(z) = \frac{8 - 4z^{-1} + 11z^{-2} - 2z^{-3}}{1 - (5/4)z^{-1} + (3/4)z^{-2} - (1/8)z^{-3}}$$

画出该滤波器的直接型结构。

解：该滤波器的直接型结构如图 6-19 所示。

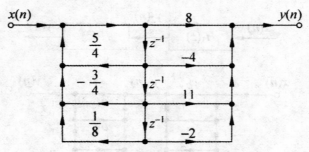

图 6-19　例 6.2 的直接型结构

6.3.3　级联型

把 $H(z)$ 分解为零点、极点形式，表示为

$$H(z) = \frac{Y(z)}{X(z)} = \frac{\sum\limits_{k=0}^{M} b_k z^{-k}}{1 - \sum\limits_{k=1}^{N} a_k z^{-k}} = A \frac{\prod\limits_{k=1}^{M}(1 - c_k z^{-1})}{\prod\limits_{k=1}^{N}(1 - d_k z^{-1})}$$

其中，c_k 是零点，d_k 是极点。

系统的零点和极点可能是复数，因为 a_k、b_k 都是实数，决定了如果 $H(z)$ 存在复数的零、极点，那么它们一定是共轭成对的。把共轭因子组合成实系数的二阶因子，得到

$$H(z) = A \frac{\prod\limits_{k=1}^{M}(1 - c_k z^{-1})}{\prod\limits_{k=1}^{N}(1 - d_k z^{-1})} = A \prod\limits_{k=1}^{m} \frac{1 + \beta_{1k} z^{-1} + \beta_{2k} z^{-2}}{1 - \alpha_{1k} z^{-1} - \alpha_{2k} z^{-2}}$$

令

$$H_1(z) = \frac{1 + \beta_{11} z^{-1} + \beta_{21} z^{-2}}{1 - \alpha_{11} z^{-1} - \alpha_{21} z^{-2}}$$

$$H_2(z) = \frac{1 + \beta_{12} z^{-1} + \beta_{22} z^{-2}}{1 - \alpha_{12} z^{-1} - \alpha_{22} z^{-2}}$$

$$\cdots\cdots$$

$$H_m(z) = \frac{1 + \beta_{1m} z^{-1} + \beta_{2m} z^{-2}}{1 - \alpha_{1m} z^{-1} - \alpha_{2m} z^{-2}}$$

得到

$$H(z) = A \prod\limits_{k=1}^{m} \frac{1 + \beta_{1m} z^{-1} + \beta_{2k} z^{-2}}{1 - \alpha_{1k} z^{-1} - \alpha_{2k} z^{-2}} = AH_k(z)$$

其中，每个一阶、二阶子系统 $H_k(z)$ 都称为一阶、二阶基本节。当 $M = N$ 时，共有 $[(N+1)/2]$ 个基本节，$[(N+1)/2]$ 表示 $(N+1)/2$ 的整数，如 $N = 9$，$[(N+1)/2] = (9+1)/2 = 5$，当 $N = 10$，$[(N+1)/2] = (10+1)/2 = 5$。

例 6.4　已知系统传递函数

$$H(z) = \frac{3(1 - 0.8z^{-1})(1 - 1.4z^{-1} + z^{-2})}{(1 - 0.5z^{-1}) + 0.9z^{-2}(1 - 1.2z^{-1} + 0.8z^{-2})}$$

画出系统的级联结构。

解：

$$H(z)=\frac{3(1\text{-}0.8z^{-1})(1\text{-}1.4z^{-1}+z^{-2})}{(1\text{-}0.5z^{-1}+0.9z^{-2})(1\text{-}1.2z^{-1}+0.8z^{-2})}$$

系统的级联结构如图 6-20 所示。

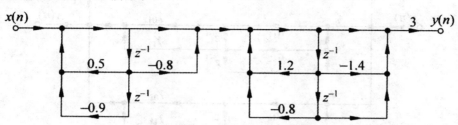

图 6-20　例 6.4 离散系统的级联结构

或

$$H(z)=\frac{(1\text{-}1.4z^{-1}+z^{-2})}{(1\text{-}1.2z^{-1}+0.8z^{-2})}\frac{3(1\text{-}0.8z^{-1})}{(1\text{-}0.5z^{-1}+0.9z^{-2})}$$

系统的另一种级联结构如图 6-21 所示。

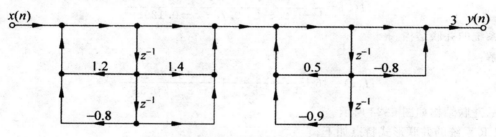

图 6-21　例 6.4 离散系统的另一种级联结构

这种级联结构的特点是调整系数 β_{1k}、β_{2k} 就能单独调整滤波器的第 k 对零点，调整系数 α_{1k}、α_{2k} 就能单独调整滤波器的第 k 对极点，可以方便地进行系统的调整。分子分母中的二阶基本节可以组合成 $[(N+1)/2]!$ 种，改变基本节的顺序，可以得到最优化的结构。

6.3.4　并联型

把 $H_k(z)$ 分解成部分分式，得到

$$H(z)=\frac{\sum\limits_{k=0}^{M}b_k z^{-k}}{1-\sum\limits_{k=1}^{N}a_k z^{-k}}=\sum\limits_{k=1}^{N}\frac{A_k}{1-P_k z^{-1}}+\sum\limits_{k=0}^{M-N}c_k z^{-k}$$

与级联型情况相同，把共轭因子组合成实系数的二阶因子，得到

$$H(z)=\frac{\sum\limits_{k=0}^{M}b_k z^{-k}}{1-\sum\limits_{k=1}^{N}a_k z^{-k}}=\sum\limits_{k=1}^{m}\frac{\gamma_{0k}+\gamma_{1k}z^{-1}}{1-\alpha_{1k}z^{-1}-\alpha_{2k}z^{-2}}+\sum\limits_{k=0}^{M-N}c_k z^{-k}$$

一般 IIR 滤波器都满足 $M \leqslant N$ 的条件，上式中当 $M = N$ 时，$m = [(N+1)/2]$，当 $M < N$ 时，式中不包含 $\sum\limits_{k=0}^{M-N} c_k z^{-k}$ 项。$M = N$ 的并联结构如图 6-22 所示。

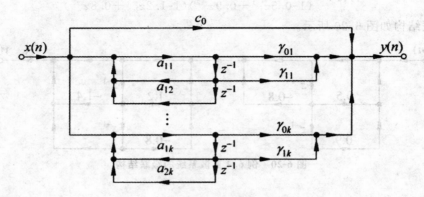

图 6-22　$M = N$ 时系统的并联结构

例 6.5　已知系统的传递函数

$$H(z) = \frac{8 - 4z^{-1} + 11z^{-2} - 2z^{-3}}{1 - 1.25z^{-1} + 0.75z^{-2} - 0.125z^{-3}}$$

画出系统的并联结构。

解：

$$H(z) = 16 + \frac{8}{1 - 0.25z^{-1}} + \frac{-16 + 20z^{-1}}{1 - z^{-1} + 0.5z^{-2}}$$

系统的并联结构如图 6-23 所示。

IIR 系统的并联形式特点如下。

①调整比较方便，可以单独调整第 k 节极点。

②每节的有限字长效应不会互相影响，有限字长影响小。

并联型的特点是可以用调整 α_{1k}、α_{2k} 的办法来单独调整一对极点的位置，但是不能像级联型一样单独调整零点的位置。它比级联型的误差一般要略小一些。

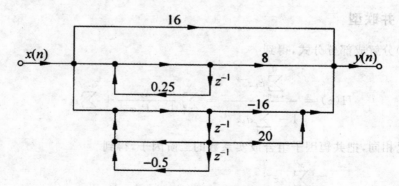

图 6-23　例 6.5 系统的并联结构

6.4　有限长单位冲激响应(FIR)滤波器的基本结构

有限长单位冲激响应是时宽为 N 的有限长序列,其系统函数表示为

$$H(z) = \sum_{n=0}^{N-1} h(n) z^{-n} \tag{6-14}$$

FIR 滤波器的特点是系统函数 $H(z)$ 无极点,在结构上一般没有反馈支路。FIR 系统有不同的结构形式,它们表示了不同的实现方法。下面分别介绍直接形式(横截型)、级联型、频率采样型。

6.4.1　直接形式(横截型)

由式(6-14)得到系统的差分方程表达式

$$\begin{aligned}
y(n) &= \sum_{n=0}^{N-1} x(m) h(n-m) = \sum_{n=0}^{N-1} h(m) x(n-m) \\
&= h(0) x(n) + h(1) x(n-1) + \cdots + h(N-1) x(n-N+1)
\end{aligned} \tag{6-15}$$

由式(6-15)直接画出 FIR 滤波器的直接结构,由于该结构利用输入信号 $x(n)$ 和滤波器单位脉冲响应 $h(n)$ 的线性卷积来描述输出信号 $y(n)$,所以这种称为卷积型结构或横截型结构。

由图 6-24 的转置网络,可以得到另一种 FIR 系统的直接结构如图 6-25 所示。

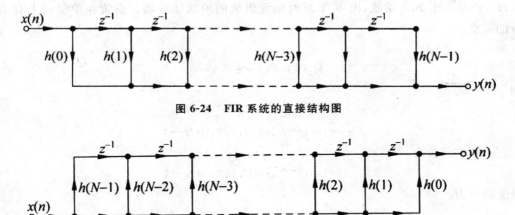

图 6-24　FIR 系统的直接结构图

图 6-25　另一种 FIR 系统的直接结构图

6.4.2　级联型

当需要控制系统传输零点时,将系统函数 $H(z)$ 分解为二阶实系数因子的形式:

$$H(z) = \sum_{n=0}^{N-1} h(n) z^{-n} = \prod_{k=1}^{[N/2]} (\beta_{0k} + \beta_{1k} z^{-1} + \beta_{2k} z^{-2}) \tag{6-16}$$

$[N/2]$ 表示 $N/2$ 的整数部分,由式(6-16)可以得到 FIR 系统的级联结构如图 6-26 所示。

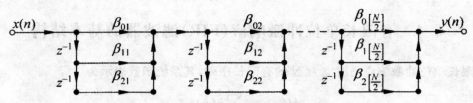

图 6-26 FIR 滤波器的级联型结构（N 为奇数）

这种结构中每一基本节控制一对零点，所用的乘法次数比直接型多，运算时间较直接型长。

6.4.3 频率采样型

一个有限长的序列，其 z 变换可以用单位圆上的 N 个等间隔取样表示。因此，一个有限冲击响应 FIR 滤波器的传递函数可以表示为

$$H(z) = (1 - z^{-N}) \frac{1}{N} \sum_{k=0}^{N-1} \frac{H(k)}{1 - W_N^{-k} z^{-1}}$$

式中，$W^{-k} = e^{j2\pi k/N}$，$H(k)$ 是单位圆上的频率取样值。

这个公式为 FIR 滤波器提供了另外一种结构，这种结构由两部分级联组成。

$$H(z) = \frac{1}{N} H_1(z) \sum_{k=0}^{N-1} H'_k(z)$$

其中 $H'_k(z) = H(k) / (1 - W_N^{-k} z^{-1})$，$H_1(z) = 1 - z^{-N}$。

$H_1(z)$ 是一个 FIR 系统，由 N 节延时单元组成的梳状滤波器。系统在单位圆上有 N 个等分的零点。

令

$$H_1(z) = (1 - z^{-N}) = 0$$

得到

$$z_i^N = 1 = e^{j2\pi i}$$
$$z_i = 1 = e^{j2\pi/Ni}, i = 0, 1, 2, \cdots N-1$$

它的频响函数为

$$z_i = 1 = e^{j2\pi/Ni}, i = 0, 1, 2, \cdots N-1$$

其幅度响应为

$$\left| H_1(e^{j\omega}) \right| = \left| 1 - e^{-j\omega N} \right| = 2 \left| \sin \frac{N}{2} \omega \right|$$

级联的第二部分是 N 个一阶 IIR 系统并列组成的，其系统函数为

$$\sum_{k=0}^{N-1} H'_k(z) = \sum_{k=0}^{N-1} \frac{H(k)}{1 - W_N^{-k} z^{-1}}$$

令 $1 - W_N^{-k} z^{-1} = 0$，可以得到这个一阶网络在单位圆上的 N 个极点

$$z_k = e^{j2\pi/Nk}, k = 0, 1, 2, \cdots N-1$$

IIR 系统与 FIR 系统级联之后，N 个 IIR 系统在单位圆上的极点正好与梳状滤波器在单位圆上的 N 个零点互相抵消，整个系统无极点。

频率抽样结构的特点是系统在频率采样点 $\omega = 2\pi/Nk$ 上的频率响应等于 $H(k)$，因此只要改变 $H(k)$ 就可以改变系统的频率响应，调整十分方便。但虽然理论上滤波器单位圆上的零、极点会全部抵消，但实际应用时，由于参数量化效应及运算误差，导致零、极点不能全部抵消，从而系统不够稳定。同时，结构中所乘的系数 $H(k)$ 及 W_N^{-k} 都是复数，运算量很大（图 6-27）。

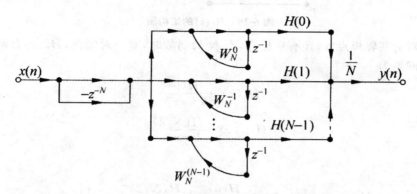

图 6-27 频率取样结构图

对于系数量化后可能导致系统不稳定，可以将零、极点都移到单位圆内某一靠近单位圆，半径为 r（如 $r = 0.99$）。此时，系统函数 $H(z)$ 为

$$H(z) = \frac{1 - r_N z^{-N}}{N} \sum_{k=0}^{N-1} \frac{H_r(k)}{1 - rW_N^{-k}z^{-1}} \tag{6-17}$$

式(6-17)中，$H_r(k)$ 是在半径 r 的圆上对 $H(z)$ 的 N 点等间隔采样值。因为 $r \approx 1$，因此有 $H_r(k) \approx H(k)$。

所以

$$H(z) = \frac{1 - r_N z^{-N}}{N} \sum_{k=0}^{N-1} \frac{H(k)}{1 - rW_N^{-k}z^{-1}}$$

对于系数 $H(k)$ 及 W_N^{-k} 都是复数，运算量很大这一问题，可以利用 $H(k)$ 的对称性，由于 $h(n)$ 是实数，因此 $H(k) = \mathrm{DFT}[h(n)]$ 也是共轭对称的，有 $H(k) = H^*(N-k)$，$H(z)$ $\frac{1 - r_N z^{-N}}{N} \sum_{k=0}^{N-1} \frac{H}{1-rz^{-1}} W_N^{-(N-k)} = (W_N^{-k})^*$，也满足圆周共轭对称性，因此可以将第 k 项和第 $N-k$ 项两两合并成为一个实系数的二阶网络，表示为

$$\begin{aligned}
H_k(z) &= \frac{H(k)}{1 - rW_N^{-k}z^{-1}} + \frac{H(N-k)}{1 - rW_N^{-(N-k)}z^{-1}} \\
&= \frac{H(k)}{1 - rW_N^{-k}z^{-1}} + \frac{H^*(k)}{1 - rW_N^{k}z^{-1}} \\
&= \frac{\alpha_{0k} + \alpha_{1k}z^{-1}}{1 - 2r\cos(2\pi k/N)z^{-1} + r^2 z^{-2}}
\end{aligned}$$

其中 $\alpha_{0k} = 2\mathrm{Re}[H(k)] = H(k) + H^*(k)$。$\alpha_{1k} = -2r\mathrm{Re}[H(k)W_N^{k}] = -r[H(k)W_N^{k} + H^*(k)W_N^{-k}]$，得到 $H_k(z)$ 的系数均为实数，$H_k(z)$ 的结构图如图 6-28 所示。

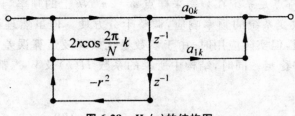

图 6-28 $H_k(z)$ 的结构图

除了成对的共轭极点外,还有单极点,当 N 为偶数时,有一对实根,$H_k(z)$ 有两个单极点。对应的一阶网络为

$$H_0(z) = \frac{H(0)}{1 - rz^{-1}}$$

$$H_{N/2}(z) = \frac{H(N/2)}{1 + rz^{-1}}$$

这时

$$H(z) = \frac{1 - r^N z^{-N}}{N} \left[\frac{H(0)}{1 - rz^{-1}} + \frac{H(N/2)}{1 - rz^{-1}} \right] + \sum_{k=1}^{\frac{N}{2}-1} H_k(z)$$

$$= \frac{1 - r^N z^{-N}}{N} [H_0(z) + H_{N/2}(z)] + \sum_{k=1}^{\frac{N}{2}-1} H_k(z)$$

其结构图如图 6-29 所示。

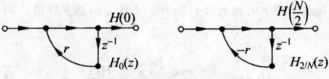

图 6-29 两个一阶的 $H_k(z)$ 图

当 N 为奇数时,只有一个实根,$H_k(z)$ 对应有一个单极点。对应一阶网络为

$$H_0(z) = \frac{H(0)}{1 - rz^{-1}}$$

此时

$$H(z) = \frac{1 - r^N - z^{-N}}{N} \left[\frac{H(0)}{1 - rz^{-1}} + \sum_{k=1}^{\frac{N}{2}-1} H_k(z) \right]$$

修正后的频率抽样结构如图 6-30 所示。

6.4.4 线性相位 FIR 滤波器

如果 FIR 滤波器单位冲激响应 $h(n)$ 是实序列,并且对 $(N-1)/2$ 有对称条件,即

$$h(n) = h(N-1-n) \quad \text{偶对称}$$

或

$$h(n) = -h(N-1-n) \quad \text{奇对称}$$

当 N 为奇数时,

$$H(z) = \sum_{n=0}^{N-1} h(n) z^{-n} = \sum_{n=0}^{\frac{N-1}{2}-1} h(n) z^{-n} + \sum_{n=\frac{N+1}{2}}^{N-1} h(n) z^{-n} + h\left(\frac{N-1}{2}\right) z^{-\frac{N-1}{2}} \tag{6-18}$$

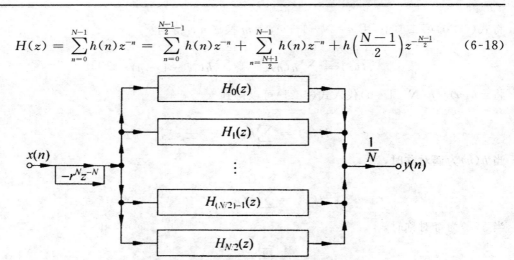

图 6-30　N 为偶数时修正的频率取样结构图

式(6-18)第二项中,令 $n = N-1-m$,将 m 换成 n。得到

$$H(z) = \sum_{n=0}^{\frac{N-1}{2}-1} h(n) z^{-n} + \sum_{n=0}^{\frac{N-1}{2}-1} h(N-1-n) z^{-(N-1-n)} + h\left(\frac{N-1}{2}\right) z^{-\frac{N-1}{2}} \tag{6-19}$$

把 $\pm h(n) = h(N-1-n)$ 代入式(6-19)可以得到

$$H(z) = \sum_{n=0}^{\frac{N-1}{2}-1} h(n) (z^{-n} \pm z^{-(N-1-n)}) + h\left(\frac{N-1}{2}\right) z^{-\frac{N-1}{2}}$$

当 $h(n)$ 为偶对称时,

$$H(z) = \sum_{n=0}^{\frac{N-1}{2}-1} h(n) (z^{-n} + z^{-(N-1-n)}) + h\left(\frac{N-1}{2}\right) z^{-\frac{N-1}{2}}$$

当 $h(n)$ 为奇对称时,

$$H(z) = \sum_{n=0}^{\frac{N-1}{2}-1} h(n) (z^{-n} - z^{-(N-1-n)}) + h\left(\frac{N-1}{2}\right) z^{-\frac{N-1}{2}}$$

当 N 为奇数时,线性相位 FIR 滤波器的直接结构的流图如图 6-31 所示。

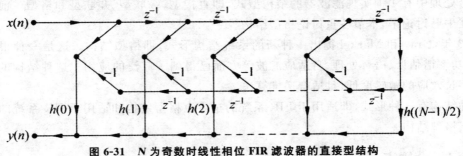

图 6-31　N 为奇数时线性相位 FIR 滤波器的直接型结构

当 N 为偶数时,

$$H(z) = \sum_{n=0}^{N-1} h(n) z^{-n} = \sum_{n=0}^{\frac{N}{2}-1} h(n) z^{-n} + \sum_{n=\frac{N}{2}}^{N-1} h(n) z^{-n} \tag{6-20}$$

将式(6-20)第二项中,用 $n=N-1-m$,将 m 换成 n。得到

$$H(z) = \sum_{n=0}^{\frac{N}{2}-1} h(n) z^{-n} + \sum_{n=0}^{\frac{N}{2}-1} h(N-1-n) z^{-(N-1-n)} \tag{6-21}$$

将 $\pm h(n) = h(N-1-n)$ 代入式(6-21)可以得到

$$H(z) = \sum_{n=0}^{\frac{N}{2}-1} h(n) (z^{-n} \pm z^{-(N-1-n)})$$

当 $h(n)$ 为偶对称时,

$$H(z) = \sum_{n=0}^{\frac{N}{2}-1} h(n) (z^{-n} + z^{-(N-1-n)})$$

当 $h(n)$ 为奇对称时,

$$H(z) = \sum_{n=0}^{\frac{N}{2}-1} h(n) (z^{-n} - z^{-(N-1-n)})$$

当 N 为偶数时的线性相位 FIR 滤波器的直接结构的流图如图 6-32 所示。

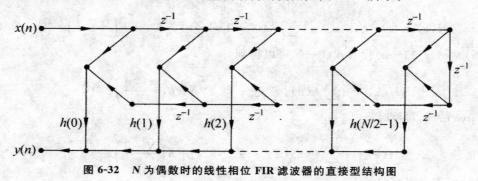

图 6-32　N 为偶数时的线性相位 FIR 滤波器的直接型结构图

6.5　数字滤波器的格型结构

信号处理中有 4 种实现滤波器的结构型式,即直接型、级联型、并联型和格型。前 3 种型式在前文中已讨论了,本节注重讨论格型结构。

1973 年,Gray 和 Markel 提出一种新的系统结构形式,即格型结构。这是一种很有用的结构,在功率谱估计、语音处理、自适应滤波等方面已得到了广泛的应用。这种结构的优点是对有限字长效应的敏感度低,且适合递推算法。

这种结构有 3 种形式,即适用于 FIR 系统的全零点格型结构和适用于 IIR 系统的全极点和零极点格型结构。

6.5.1　全零点格型结构

一个 M 阶的 FIR 系统的转移函数为

$$H(z) = B(z) = \sum_{i=0}^{M} b(i) z^{-i} = 1 + \sum_{i=1}^{M} b_M^{(i)} z^{-i}$$

$$y(n) = x(n) + \sum_{i=1}^{M} b_M^{(k)} x(n-k)$$

式中,假定系统的首项系数为 1,$b_M^{(i)}$ 表示 M 阶 FIR 系统的第 i 个系数,因此 $b_M^{(i)} = b(i)$。

　　FIR 格型结构是由多个基本单元级联起来的一种极为规范化的结构,称为全零点格型结构如图 6-33 所示,图 6-34 为其中的第 m 极格型。

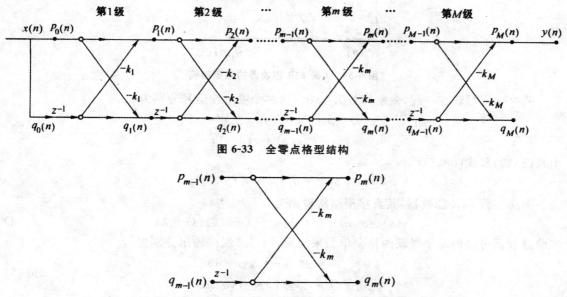

图 6-33　全零点格型结构

图 6-34　全零点格型结构的基本单元第 m 级格型

　　图 6-33 中以 $x(n)$ 为输入序列,后接 M 个格型级,形成 M 个滤波器,以 $y(n)$ 为输出序列。

　　第 m 个滤波器有两个输出,即上输出 $p_m(n)$ 和下输出 $q_m(n)$。以 $p_m(n)$ 为输出的滤波器称为前向滤波器,以 $q_m(n)$ 为输出的滤波器称为后向滤波器。图 6-34 所示的第 m 级格型中有如下关系:

$$p_m(n) = p_{m-1}(n) - k_m q_{m-1}(n-1)$$
$$q_m(n) = -k_m p_{m-1}(n) + q_{m-1}(n-1)$$

　　由图 6-33 可知,$p_0(n) = q_0(n) = x(n)$,$y(n) = p_M(n)$。图 6-33 中有 M 个前向 FIR 滤波器,定义为

$$B_m(z) = \frac{P_m(z)}{P_0(z)} = 1 + \sum_{i=1}^{m} b_m^{(i)} z^{-i}, m = 1, 2, \cdots, M$$

$$\widetilde{B}_m(z) = \frac{Q_m(z)}{Q_0(z)}, m = 1, 2, \cdots, M$$

　　为了数学推导的方便,下角标 m 代表滤波器序号,也代表滤波器的阶数。例如,第 4 个滤波器的系统函数为 $B_4(z) = 1 + b_4^{(1)} z^{-1} + b_4^{(2)} z^{-2} + b_4^{(3)} z^{-3} + b_4^{(4)} z^{-4}$,当 $m = M$ 时,$B_m(z) = B(z) = H(z)$。

　　设 $M = 1$ 即为 1 阶 FIR 滤波器,其格型结构如图 6-35 所示,其输出可以表示为

$$y(n) = x(n) + b(1) x(n-1)$$
$$= x(n) + b_1^{(1)} x(n-1) \tag{6-22}$$

第1级

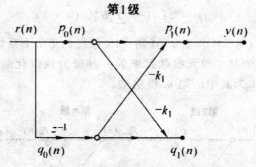

图 6-35　1 阶 FIR 滤波器的格型结构

两个输入端联在一起，激励信号为 $x(n)$，则两个输出端信号分别为

$$\begin{cases} y(n)=p_1(n)=x(n)-k_1x(n-1) \\ q_1(n)=-k_1x(n)+x(n-1) \end{cases} \tag{6-23}$$

由式(6-22)和式(6-23)可得

$$k_1=-b_1^{(1)}=-b(1)$$

考虑二阶 FIR 滤波器，其直接型结构输出为

$$y(n)=x(n)+b(1)x(n-1)+b(2)x(n-2) \tag{6-24}$$

二阶滤波器可以用两个级联的格型单元来实现，第 1、2 级的输出分别为

$$\begin{cases} p_1(n)=x(n)-k_1x(n-1) \\ q_1(n)=-k_1x(n)+x(n-1) \end{cases} \tag{6-25}$$

$$\begin{cases} y(n)=p_2(n)=p_1(n)-k_2q_1(n-1) \\ q_2(n)=-k_2p_1(n)+q_1(n-1) \end{cases} \tag{6-26}$$

整理式(6-25)和式(6-26)得

$$y(n)=x(n)-k_1(1-k_2)x(n-1)-k_2x(n-2) \tag{6-27}$$

式(6-24)和式(6-27)的系数相等，则

$$b_2^{(1)}=-k_1(1-k_2)$$

$$b_2^{(2)}=-k_2$$

于是，得二阶格型结构的参数为

$$k_2=-b_2^{(2)}$$

$$k_1=-\frac{b_2^{(1)}}{1+b_2^{(2)}}$$

若有 M 个格型级，则其最右边的支路 k_M 与直接型结构的参数 $-b_M^{(M)}$ 相等，即

$$k_M=-b_M^{(M)}$$

为了得到其他支路传输值 $k_{M-1},k_{M-2},\cdots,k_1$ 与直接型结构参数之间的关系，需要 M 阶格型结构的最右边做起。根据 M 阶滤波器的直接型参数，依次求 $M-1,M-2,M-3,\cdots,1$ 阶滤波器的直接型参数，这是降阶递推。只要求出 m 阶滤波器的系数组 $\{b_m^{(k)},k=1,2,\cdots,m\}$，则格型结构的支路传输 $k_m=-b_m^{(m)}$。

格型滤波器的系数 k_m 和滤波器参数之间可用递归关系求解如下：

$$\begin{cases} b_m^{(m)} = -k_m \\ b_m^{(i)} = b_{m-1}^{(i)} - k_m b_{m-1}^{(m-i)} \end{cases}$$

$$\begin{cases} k_m = -b_m^{(m)} \\ b_{m-1}^{(i)} = (b_{m-1}^{(i)} + k_m b_{m-1}^{(m-i)})/(1-k_m^2) \end{cases} \qquad (6\text{-}28)$$

式中，$m=1,2,\cdots,M; i=1,2,\cdots,m-1$。

在实际工作中，一般先给出 $H(z) = B(z) = \sum_{i=0}^{M} b(i)z^{-i} = 1 + \sum_{i=1}^{M} b_M^{(i)} z^{-i}$，可以按如下步骤求 $k_m, m=1,2,\cdots,M$。

① $k_M = -b_M^{(M)}$。

② 由式(6-28)的系数 k_M 和系数 $b_M^{(i)}$ 求出 $B_{M-1}(z) = 1 + \sum_{i=1}^{M-1} b_{M-1}^{(i)} z^{-i}$ 中的系数 $b_{M-1}^{(i)}$，由此，$k_{M-1} = -b_{M-1}^{(M-1)}$。

③ 重复步骤②，求 $k_{M-2}, k_{M-3}, \cdots, k_1$ 和 $B_{M-2}(z), B_{M-3}(z), \cdots, B_1(z)$。

例 6.6　一个 FIR 系统的零点分别在 $0.9e^{\pm j\frac{\pi}{3}}$ 及 0.8 处，求其格型结构。

解：

$$\begin{aligned} H(z) = B(z) &= (1 - z^{-1}0.9e^{j\frac{\pi}{3}})(1 - z^{-1}0.9e^{-j\frac{\pi}{3}})(1 - 0.8z^{-1}) \\ &= 1 - 1.7z^{-1} + 1.53z^{-2} - 0.648z^{-3} \end{aligned}$$

因此 $b_3^{(1)} = -1.7, b_3^{(2)} = 1.53, b_3^{(3)} = -0.648, k_3 = 0.648$

由式(6-28)，计算

$$b_2^{(1)} = (b_3^{(1)} + k_3 b_3^{(3-1)})/(1-k_3^2) = -1.221453$$

$$b_2^{(2)} = (b_3^{(2)} + k_3 b_3^{(3-2)})/(1-k_3^2) = 0.738498$$

得

$$k_2 = -0.738498$$

再由式(6-28)，计算

$$b_1^{(1)} = (b_2^{(1)} + k_2 b_2^{(2-1)})/(1-k_2^2) = -0.70259$$

得

$$k_1 = 0.70259$$

该系统的格型结构如图 6-36 所示。

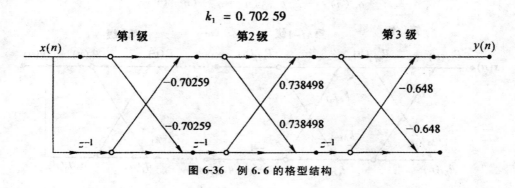

图 6-36　例 6.6 的格型结构

MATLAB 程序：

b＝[1 —1.7 1.53 —0.648];

k＝tf2latc(b)

运行结果如下：k＝[—0.7026 0.7385 —0.6480]。

6.5.2 全极点格型结构

IIR 滤波器的全极点系统函数 $H(z)$ 为

$$H(z) = \frac{1}{1 + \sum_{i=1}^{M} a_i z^{-i}} \tag{6-29}$$

与 M 阶 FIR 系统相比较，这两种系统互为逆系统。最简单的途径就是研究逆系统的信号流图，从中找出规律。

给定一阶 FIR 系统函数为 $H(z) = \dfrac{Y(z)}{X(z)} = a_0 + a_1 z^{-1}$，则差分方程为 $y(n) = a_0 x(n) + a_1 x$

$(n-1)$，如图 6-37(a) 所示，其逆系统为 $H'(z) = \dfrac{Y(z)}{X(z)} = \dfrac{1}{a_0 + a_1 z^{-1}}$，其差分方程为 $y(n) = \dfrac{1}{a_0}$

$[x(n) - a_1 y(n-1)]$，如图 6-37(e) 所示，可以按照图 6-37 所示的步骤从原系统得到逆系统，即将原系统流图（图 6-37(a)）的直通通路全部反向（图 6-37(b)），原系统流图的直通通路传输值取倒数（图 6-37(c)），指向直通通路的支路传输值改变符号（图 6-37(d)），改变输入、输出位置（图 6-37(e)），即可得到如图 6-37(e) 所示的逆系统。

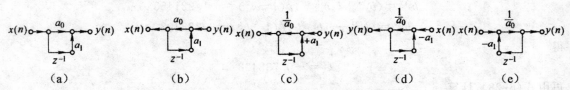

图 6-37 从一阶 FIR 系统得到其逆系统的步骤

上述方法可以应用于将图 6-33 所示的全零点格型结构变换为 IIR 全极点格型结构，如图 6-38 所示，其第 m 级基本单元如图 6-39 所示，并存在关系如下：

$$p_{m-1}(n) = p_m(n) + k_m q_{m-1}(n-1)$$
$$q_m(n) = -k_m p_{m-1}(n) + q_{m-1}(n-1)$$

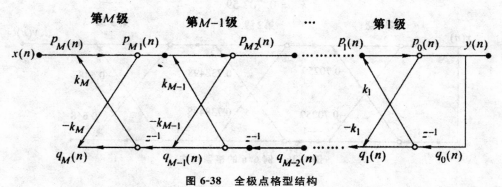

图 6-38 全极点格型结构

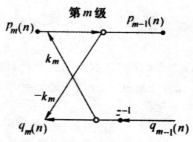

图 6-39　第 m 级基本单元形式

令 $M=1$，即对应一阶 IIR 滤波器

$$H(z)=\frac{1}{1+a_1z^{-1}} \tag{6-30}$$

其格型结构如图 6-40 所示并存在如下关系：

$$p_0(n)=p_1(n)+k_1q_0(n-1)=x(n)+k_1y(n-1)=y(n) \tag{6-31}$$
$$q_1(n)=-k_1p_0(n)+q_0(n-1)=-k_1y(n)+y(n-1)$$

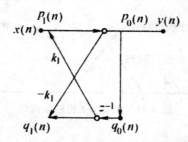

图 6-40　一阶 IIR 滤波器的格型结构

由式(6-30)，得 $H(z)=\dfrac{1}{1-k_1z^{-1}}$，比较式(6-29)，得 $k_1=-a_1$。

同理可以证明，格型滤波器的系数 k_m 和滤波器参数之间可用递归关系求解如下：

$$\begin{cases} a_m^{(m)}=-k_m \\ a_m^{(i)}=a_{m-1}^{(i)}-k_ma_{m-1}^{(m-i)} \end{cases},$$

$$\begin{cases} k_m=-a_m^{(m)} \\ a_{m-1}^{(i)}=(a_m^{(i)}+k_ma_m^{(m-i)})/(1-k_m^2) \end{cases} \tag{6-32}$$

式中，$m=1,2,\cdots,M;i=1,2,\cdots m-1$。

对于式(6-29)给出的系统，与 FIR 求解一样，按如下步骤求 $k_m,m=1,2,\cdots,M$。

① $k_M=-a_M^{(M)}$。

② 由式(6-32)的系数 k_M 和系数 $a_M^{(i)}$ 求出 $A_{M-1}(z)=1+\displaystyle\sum_{i=1}^{M-1}a_{M-1}^{(i)}z^{-i}$ 中的系数 $a_{M-1}^{(i)}$，由此，$k_{M-1}=-a_{M-1}^{(M-1)}$。

③ 重复步骤②，求 $k_{M-2},k_{M-3},\cdots,k_1,A_{M-2}(z),A_{M-3}(z),\cdots,A_1(z)$。

例 6.7　一个全极点系统函数为

$$H(z)=\frac{1}{A(z)}=\frac{1}{1-1.7z^{-1}+1.53z^{-2}-0.648z^{-3}} \tag{6-33}$$

求其格型结构。

解：由式(6-33)得：$a_3^{(1)} = -1.7, a_3^{(2)} = 1.53, a_3^{(3)} = -0.648, k_3 = 0.648$。

由

$$a_2^{(1)} = (a_3^{(1)} + k_3 a_3^{(3-1)})/(1-k_3^2) = -1.221453$$

$$a_2^{(2)} = (a_3^{(2)} + k_3 a_3^{(3-2)})/(1-k_3^2) = 0.738498$$

得

$$k_2 = -0.738498$$

再由

$$a_1^{(1)} = (a_2^{(1)} + k_2 a_2^{(2-1)})/(1-k_2^2) = -0.70259$$

得

$$k_1 = 0.70259$$

其格型结构如图 6-41 所示。

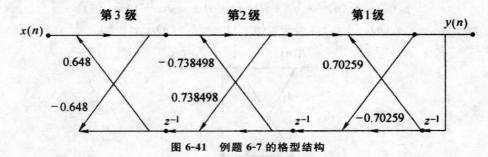

图 6-41　例题 6-7 的格型结构

MATLAB 程序：

```
a=[1  -1.7  1.53  -0.648];
k=tf2latc(1,a)
```

运行结果如下：k=[0.7026 0.7385 -0.6480]。

6.5.3　零极点格型结构

既有极点又有零点的 IIR 系统函数为

$$H(z) = \frac{B(z)}{A(z)} = \frac{\sum_{k=0}^{N} b_k z^{-k}}{1 + \sum_{k=1}^{N} a_k z^{-k}}$$

它的格型结构如图 6-42 所示。由图 6-42 可以看出：如果 $c_1 = c_2 = \cdots = c_N = 0, c_0 = 1$，则图 6-42 和图 6-38 的全极点系统的格型结构完全一样；如果 $k_1 = k_2 = \cdots = k_N = 0$，则图 6-42 变成一个 N 阶 FIR 系统的直接实现形式。因此，图 6-42 的上半部对应全极点系统 $\frac{1}{A(z)}$，下半部对上半部无任何反馈，参数 $k_1, k_2, \cdots, k_N$ 仍可按全极点系统的方法求出，现在的任务是求出 $c_i, i = 0, 1, \cdots, N$。

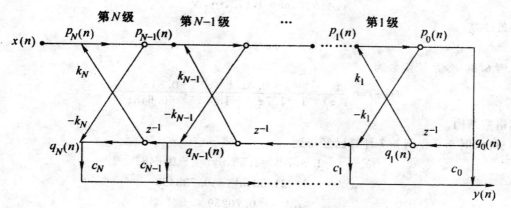

图 6-42　零极点系统的格型结构

设 $\widetilde{H}_m(z), m=0,1,2,\cdots,N$ 为由 $x(n)$ 至 $q_m(n)$ 之间的转移函数,即

$$\widetilde{H}_m(z)=\frac{Q_m(z)}{X(z)}=\frac{\widetilde{A}_m(z)}{A(z)}$$

式中,$\widetilde{A}_m(z)=\dfrac{Q_m(z)}{Q_0(z)}=z^{-m}A_m(z^{-1})$。

由图 6-41 可知,整个系统的转移函数是 $\widetilde{H}_m(z)$ 加权后的并联,即

$$H(z)=\sum_{m=0}^{N}c_m\widetilde{H}_m(z)=\sum_{m=0}^{N}\frac{c_m\widetilde{A}_m(z)}{A(z)}=\sum_{m=0}^{N}\frac{c_m z^{-m}A_m(z^{-1})}{A(z)} \tag{6-34}$$

上式提供了两个求解参数 $c_i, i=0,1,2,\cdots,N$ 的方法。

方法一:以 $N=3$ 为例,$B(z)=b_0+b_1z^{-1}+b_2z^{-2}+b_3z^{-3}$,则

$$B(z)=c_0A_0(z^{-1})+c_1z^{-1}A_1(z^{-1})+c_2z^{-2}A_2(z^{-1})+c_3z^{-3}A_3(z^{-1})$$

令等式两边同次幂的系数相等,则

$$\begin{cases} c_0+c_1a_1^{(1)}+c_2a_2^{(1)}+c_3a_3^{(2)}=b_0 \\ c_1+c_2a_2^{(1)}+c_3a_3^{(2)}=b_1 \\ c_2+c_3a_3^{(1)}=b_2 \\ c_3=b_3 \end{cases}$$

因此,由下向上可依次得到 c_3,c_2,c_1 和 c_0,即

$$c_k=b_k-\sum_{m=k+1}^{N}c_m a_m^{(m-k)},k=0,1,2,\cdots,N \tag{6-35}$$

方法二:由式(6-34)得

$$B(z)=\sum_{m=0}^{N}c_m\widetilde{A}_m(z)=B_N(z)$$

定义 $B_{N-1}(z)=\sum_{m=0}^{N-1}c_m\widetilde{A}_m(z)$,则

$$B_{N-1}(z)=B_N(z)-c_N\widetilde{A}_N(z)$$

依此类推,有

$$B_{m-1}(z)=B_m(z)-c_m\widetilde{A}_m(z)=B_m(z)-c_m z^{-m}\widetilde{A}_m(z^{-1})$$

则

$$c_m = b_m^{(m)}, m = 0, 1, 2, \cdots, N-1$$

初始条件是

$$c_N = b_N$$

例 6.8 令系统函数为

$$H(z) = \frac{1}{A(z)} = \frac{1 + 0.8z^{-1} - z^{-2} - 0.84z^{-3}}{1 - 1.7z^{-1} + 1.53z^{-2} - 0.648z^{-3}}$$

求其格型结构。

解：由例 6.6 和例 6.7 计算已经得到

$$a_3^{(1)} = -1.7, a_3^{(2)} = 1.53, a_3^{(3)} = -0.648$$
$$a_2^{(1)} = -1.221453, a_2^{(2)} = 0.738498$$
$$a_1^{(1)} = -0.70259$$
$$k_1 = 0.70259, k_2 = -0.738498, k_3 = 0.648$$

由式(6-35)可得

$$c_3 = b_3 = -0.8$$
$$c_2 = b_2 - c_3 a_3^{(3-2)} = -1 - 0.8 \times 1.7 = -2.36$$
$$c_1 = b_1 - c_2 a_2^{(2-1)} - c_3 a_3^{(3-1)} = -0.85862908$$
$$c_0 = b_0 - c_1 a_1^{(1)} - c_2 a_2^{(2)} - c_3 a_3^{(3)} = 1.6211906$$

其格型结构如图 6-43 所示。

MATLAB 程序：

```
a=[1   -1.7 1.53   -0.648];
b=[1   0.8   -1   -0.8];
[k,c]=tf2latc(b,a)
```

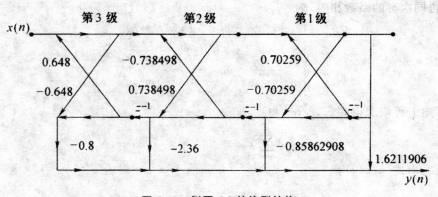

图 6-43　例题 6-8 的格型结构

运行结果如下：

```
k=[-0.7026   0.7385   -0.6480];
c=[1.6212   -0.8586   -2.3600   -0.8000]。
```

由几种结构的分析可以看出，格型结构需要较大的运算量。N 阶格型结构需要 $2N$ 次乘法，而直接型和级联型仅需要 N 次乘法。但用格型结构实现的系统对有限字长效应的敏感度低。

6.6　数字滤波器实现中的有限字长效应

数字信号处理技术实现时,信号序列值及参加运算的各个参数都必须用二进制的形式存储在有限长的寄存器中;运算中二进制的乘法会使位数增多,这样运算的中间结果和最后结果还必须再按一定长度进行尾数处理。例如序列值 0.8012 用二进制表示为:$(0.110011010\cdots)_2$,如果用 7 位二进制表示,那么序列值为 $(0.110011)_2$,其十进制为 0.796875,与原序列值的差值为 $0.8102 - 0.796875 = 0.004325$,该差值是因为用有限位二进制数表示序列值形成的误差,称为量化误差。这种量化误差产生的原因是用有限长的寄存器存储数字引起的,因此也称为有限寄存器长度效应。这种量化效应在数字信号处理技术实现中,一般表现在以下几方面:A/D 量化效应,数字网络中参数量化效应,数字网络中运算量化效应,FFT 中量化效应等。随着数字计算机的发展,计算机字长由 8 位、16 位、32 位提高到 64 位;数字信号处理专用芯片近几年发展也尤其迅速,不仅处理快速,位数也多达 32bit;另外,高精度的 A/D 变换器也已商品化。随着计算位数增加,量化误差大大减少,对于一般数字信号处理技术的实现,可以不考虑这些量化效应。但是对于要求成本低,用硬件实现时,或者要求高精度的硬件实现时,这些量化效应问题亦然是重要问题。因此,对于有限字长效应,仅介绍一般基本概念和基本处理方法。

6.6.1　输入信号的量化效应

模数(A/D)转换器就是将输入模拟信号 $x_a(t)$ 转换为 b 位数字信号输出的器件。典型的 b 值为 12,但也有低至 8 或高至 20。A/D 转换器在概念上可把转换视为两级过程:第一级产生序列 $x(n) = x_a t\vert_{t=nT} = x(nT)$,这里 $x(n)$ 以无限精度表示;第二级对每个取样序列 $x(n)$ 进行截尾或舍入的量化处理,从而给出序列 $\hat{x}(n)$。

如果信号 $x(n)$ 值量化后,用 $\hat{x}(n)$ 表示,量化误差用 $e(n)$ 表示,则

$$e(n) = \hat{x}(n) - x(n)$$

一般地,$x(n)$ 是随机信号,那么 $e(n)$ 也是随机的,经常将 $e(n)$ 称为量化噪声。为了便于分析,一般假设 $e(n)$ 是与 $x(n)$ 不相干的平稳随机序列,且是具有均匀分布特性的白噪声。设采用定点补码制,截尾法的统计平均值为 $-q/2$,方差为 $q^2/12$;舍入法的统计平均值为 0,方差也为 $q^2/12$,这里 $q=2^{-b}$。很明显字长愈长,量化噪声方差愈小。

在对模拟采样信号进行数字处理时,往往把量化误差看作加性噪声序列,此时利用功率信噪比作为信号对噪声的相对强度的量度是适宜的。对于舍入情况,功率信噪比为

$$\frac{\sigma_x^2}{\sigma_e^2} = \frac{\sigma_x^2}{q^2/12} = 12q^{-2}\sigma_x^2 = (12 \times 2^{2b})\sigma_x^2$$

用分贝(dB)表示为

$$\mathrm{SNR} = 10\lg\left(\frac{\sigma_x^2}{\sigma_e^2}\right) = 6.02b + 10.79 + 10\lg(\sigma_x^2) \qquad (6\text{-}36)$$

可见,字长每增加 1 位,SNR 约增加 6dB。

当输入信号超过 A/D 转换器的量化动态范围时,必须压缩输入信号幅度,因而待量化的信号是 $Ax(n)(0 < A < 1)$,而不是 $x(n)$,而 $Ax(n)$ 的方差是 $A^2\sigma_x^2$,故有

$$SNR = 10\lg\left(\frac{A^2\sigma_x^2}{\sigma_e^2}\right) = 6.02b + 10.79 + 10\lg(\sigma_x^2) + 20\lg(A) \tag{6-37}$$

将式(6-37)与式(6-36)比较可见,压缩信号幅度,将使信噪比受到损失。

由上述讨论可以看出,量化噪声的方差与 A/D 转换的字长有关,字长越长,q 越小,量化噪声越小。但输入信号 $x_a(t)$ 本身有一定的信噪比,如果 A/D 转换器的量化单位增量比 $x_a(t)$ 的噪声电平小,此时增加 A/D 的字长并不能改善量化信噪比,反而提高了噪声的量化精度,是没有必要的。

当已量化的信号通过一线性系统时,输入的误差或量化噪声也会以误差或噪声的形式在最后的输出中表现出来。在一个线性系统 $H(z)$ 的输入端,加上一个量化序列 $\hat{x}(n) = x(n) + e(n)$ 如图 6-44 所示,则系统的输出为

$$\hat{y}(n) = \hat{x}(n) * h(n) = [x(n) + e(n)] * h(n) = x(n) * h(n) + e(n) * h(n)$$

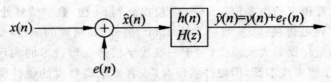

图 6-44　量化噪声通过线性系统

因此,输出噪声可以表示为

$$e_f(n) = e(n) * h(n)$$

如果 $e(n)$ 是舍入噪声,那么输出噪声的方差为

$$\sigma_f^2 = E[\sigma_f^2(n)] = E\left[\sum_{m=0}^{\infty} h(m)e(n-m) \sum_{t=0}^{\infty} h(l)e(n-l)\right]$$

$$= \sum_{m=0}^{\infty}\sum_{t=0}^{\infty} h(m)h(l)E[e(n-m)e(n-l)]$$

输入噪声 $e(n)$ 为白色的,$e(n)$ 序列的各变量之间互不相关,则

$$E[e(n-m)e(n-l)] = \delta(m-l)\sigma_e^2$$

得到输出噪声的方差为

$$\sigma_f^2 = \sum_{m=0}^{\infty}\sum_{t=0}^{\infty} h(m)h(l)\delta(m-l)\sigma_e^2 = \sigma_e^2 \sum_{m=0}^{\infty} h^2(m)$$

根据 Parseval 定理

$$\sum_{m=0}^{\infty} h^2(m) = \frac{1}{2\pi j}\oint_C H(z)H(z^{-1})\frac{dz}{z} \tag{6-38}$$

$H(z)$ 的全部极点在单位圆内,$\oint_C$ 是沿单位圆逆时针方向的积分,将它代入式(6-38)得

$$\sigma_f^2 = \sigma_e^2 \cdot \frac{1}{2\pi j}\oint_C H(z)H(z^{-1})\frac{dz}{z} \tag{6-39}$$

或

$$\sigma_f^2 = \frac{\sigma_e^2}{2\pi} \cdot \int_{-\pi}^{\pi} |H(e^{j\omega})|^2 d\omega \tag{6-40}$$

6.6.2　数字滤波器的系数量化效应

理想数字滤波器的系统函数为

$$H(z) = \frac{\sum\limits_{r=0}^{N} b_r z^{-r}}{1 + \sum\limits_{k=1}^{N} a_k z^{-k}} = \frac{B(z)}{A(z)} \tag{6-41}$$

由理论设计出的理想数字滤波器系统函数的各个系数 b_r, a_k 都是无限精度的,但在实际应用实现时,滤波器的所有系数必须以有限长的二进制码形式存放在存储器中,因而必须对理想的系数值加以量化,量化后的系数会与原系数有偏差,也就造成了滤波器零点、极点位置发生偏移,也就是系统的实际频率响应与原设计的频率响应有偏离,甚至在情况严重时,z 平面单位圆内极点会偏移到单位圆外,系统会不稳定。

系数量化对滤波器性能的影响除了与字长有关,还与滤波器的结构形式密切相关,因而选择合适的结构,对减小系数量化的影响是非常重要的,分析数字滤波器系数量化的目的在于选择合适的字长,以满足频率响应指标的要求。

当系统的结构形式不同时,系统在系数"量化宽度"值相同的情况下受系数量化影响的大小是不同的,这就是系数对系数量化的灵敏度。设 b_r 和 a_k 是按直接型结构设计定下来的式(6-41)中的系数,经过量化后的系数用 $\hat{b}_r$ 和 $\hat{a}_k$ 表示,量化误差用 Δb_r 和 Δa_k 表示,那么,

$$\hat{a}_k = a_k + \Delta a_k$$
$$\hat{b}_r = b_r + \Delta b_r$$

则实际实现的系统函数为

$$\hat{H}(z) = \frac{\sum\limits_{r=0}^{N} \hat{b}_r z^{-r}}{1 + \sum\limits_{k=1}^{N} \hat{a}_k z^{-k}}$$

设 $\hat{H}(z)$ 的极点为 $z_i + z_i, i = 1, 2, \cdots, N$。$\Delta z_i$ 为极点位置偏差量,它是由于系数偏差 Δa_k 引起的,经过推导可以得到 a_k 系数的误差引起的第 i 个极点位置的变化量:

$$\Delta z_i = \sum_{k=1}^{N} \frac{z_i^{N-k}}{\prod\limits_{\substack{l=1 \\ l \neq i}}^{N} (z_i - z_l)} \Delta a_k, i = 1, 2, \cdots, N$$

式中分母中每一个因子 $(z_i - z_l)$ 是一个由极点 z_l 指向极点 z_i 的矢量,而整个分母正是所有其他极点 $z_l(l \neq i)$ 指向该极点 z_i 的矢量积。这些矢量越长,即极点彼此间的距离越远时,极点位置灵敏度就越低;这些矢量越短,即极点彼此越密集时,极点位置灵敏度越高。如图6-45(a)与图 6-45(b)所示的滤波器的极点分布图,图 6-45(a)中极点间的距离比图 6-45(b)长,因此图 6-45(a)中极点的位置灵敏度比图 6-45(b)小,也就是在相同的系数量化下所造成的极点位置误差图 6-45(a)比图 6-45(b)要小。

另一方面,高阶直接型结构滤波器的极点数目多而密集,低阶直接型滤波器极点数数目少而稀疏,因此,高阶直接型滤波器极点位置将比低阶的对系数误差要敏感得多。级联型和并联型则不同于直接型,在级联和并联结构中,每一对共轭复极点是单独用一个二阶子系统实现

的,其他二阶子系统的系数变化对本节子系统的极点位置不产生任何影响,由于每对极点仅受系数量化的影响,每个子系统的极点密度比直接型高阶网络稀疏得多。因此,极点位置受系数量化的影响比直接型结构要小得多。

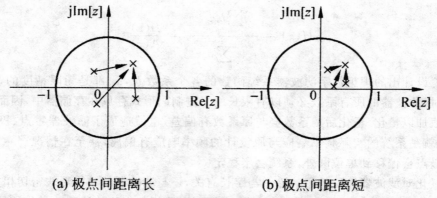

(a) 极点间距离长　　　　　(b) 极点间距离短

图 6-45　极点位置灵敏度与极点间距离的关系

6.6.3　数字滤波器的运算量化效应

在定点制运算中,二进制乘法的结果尾数可能变长,需要对尾数进行截尾或者舍入处理,从而引起量化误差,这一现象称为乘法量化效应。在浮点制中,无论乘法还是加法都可能使二进制的位数加长,因此,浮点制的乘法和加法都要考虑量化效应。下面仅介绍定点制的乘法量化效应。

对于典型的相乘可表示为

$$y(n) = ax(n)$$

实现相乘运算的流图如图 6-46(a)所示。图 6-46(b)表示有限精度乘积 $\hat{y}(n)$,$[\cdot]_R$ 表示舍入运算。乘积运算舍入处理所带来的舍入误差影响,可看作是无限精度乘法运算的结果与噪声 $e(n)$ 相加,这就是如图 6-46(c)所示的定点舍入噪声统计模型。在此模型中,需对实现滤波器所出现的各种噪声源作如下假设。

①误差 $e(n)$ 是白噪声序列。

②$e(n)$ 在量化间隔中均匀分布。

③误差序列 $e(n)$ 与输入序列 $x(n)$ 不相关。

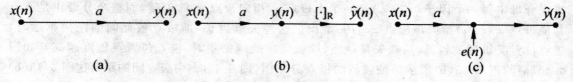

图 6-46　定点制舍入运算噪声统计模型

根据上述假设,则舍入误差 $e(n)$ 在 $\left(-\dfrac{1}{2}2^{-b}, \dfrac{1}{2}2^{-b}\right]$ 范围内是均匀分布的,则平均值 $E[e(n)] = 0$,方差为 $\sigma_e^2 = \dfrac{2^{-b}}{12}$。

如果 $y(n)$ 是没有进行尾数处理而是由 $x(n)$ 产生的输出,则经过定点舍入处理后的实际输出可表示为

$$y(n) = \hat{y}(n) + e_{\mathrm{f}}(n)$$

式中,$e_{\mathrm{f}}(n)$ 是各噪声源 $e(n)$ 所造成的总输出误差。

1. IIR 滤波器的有限字长效应

现在分析一阶 IIR 滤波器。其差分方程为

$$y(n) = ay(n-1) + x(n), n \geq 0, |a| < 1$$

它含有乘积项,将引入一个舍入误差,其等效统计模型如图 6-47 所示。

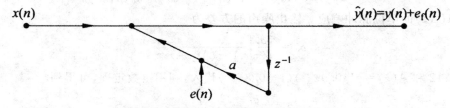

图 6-47　一阶 IIR 滤波器的舍入噪声分析

系统的单位脉冲响应为

$$h(n) = a^n u(n)$$

系统函数为

$$H(z) = \frac{z}{z-a}$$

由于 $e(n)$ 是叠加在输入端的,故由 $e(n)$ 造成的输出误差为

$$e_{\mathrm{f}}(n) = e(n) * h(n) = e(n) * a^n u(n)$$

根据式(6-39)或式(6-40)可求得

$$\sigma_{\mathrm{f}}^2 = \frac{\sigma_e^2}{1-a^2} = \frac{q^2}{12(1-a^2)} = \frac{2^{-2b}}{12(1-a^2)}$$

可见字长 b 越大,输出噪声越小。

例 6.9　一个二阶低通数字滤波器,系统函数为

$$H(z) = \frac{0.04}{(1-0.9z^{-1})(1-0.8z^{-1})}$$

采用定点制算法,尾数作舍入处理,分别计算直接型、级联型、并联型三种结构的舍入误差。

解:(1)直接型

$$H(z) = \frac{0.04}{1-1.7z^{-1}+0.72z^{-2}} = \frac{0.04}{A(z)}$$

$A(z)$ 表示分母多项式,直接型的流图如图 6-48 所示。

图 6-48 中 $e_0(n)$、$e_1(n)$、$e_2(n)$ 是系数 0.04、1.7、-0.72 相乘后引入的舍入噪声。采用线性叠加的方法,从图 6-47 上可看出输出噪声 $e_{\mathrm{f}}(n)$ 是这 3 个舍入噪声通过网络 $H_0(z) = \dfrac{1}{A(z)}$ 形成的。

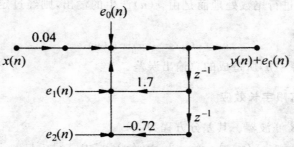

图 6-48 例 6.9 直接型结构舍入噪声

$$e_f(n) = [e_0(n) + e_1(n) + e_2(n)] * h_0(n)$$

$h_0(n)$ 是 $H_0(z)$ 的单位脉冲响应。输出噪声的方差为

$$\sigma_f^2 = \frac{3\sigma_e^2}{j2\pi} \oint_c \frac{1}{A(z)A(z^{-1})} \frac{dz}{z}$$

将 $\sigma_e^2 = q^2/12$ 和 $A(z) = (1-0.9z^{-1})(1-0.8z^{-1})$ 代入,利用留数定理,可得到

$$\sigma_f^2 = 22.4q^2$$

（2）级联型

将 $H(z)$ 分解为

$$H(z) = \frac{0.04}{1-0.9z^{-1}} \cdot \frac{1}{1-0.8z^{-1}} = \frac{0.04}{A_1(z)} \cdot \frac{1}{A_2(z)}$$

图 6-49 中,噪声 $e_0(n)$、$e_1(n)$ 通过 $H_1(z) = \dfrac{1}{A_1(z)A_2(z)}$ 网络,而噪声 $e_2(n)$ 只通过 $H_2(z) = \dfrac{1}{A_2(z)}$ 网络,因此

$$e_1(n) = [e_0(n) + e_1(n)] * h_1(n) + e_2(n) * h_2(n)$$

$h_1(n)$、$h_2(n)$ 分别是 $H_1(z)$ 和 $H_2(z)$ 的单位脉冲响应,则输出噪声的方差为

$$\sigma_f^2 = \frac{2\sigma_e^2}{2\pi} \oint_c \left(\frac{1}{jA_1(z)A_1(z^{-1})A_2(z)A_2(z^{-1})} \right) \frac{dz}{z} + \frac{\sigma_e^2}{2\pi} \oint_c \left(\frac{1}{jA_2(z)A_2(z^{-1})} \right) \frac{dz}{z}$$

将 $\sigma_e^2 = q^2/12$ 和 $A(z) = (1-0.9z^{-1})(1-0.8z^{-1})$ 代入,利用留数定理,可得到

$$\sigma_f^2 = 15.2q^2$$

（3）并联型

将 $H(z)$ 分解为部分分式,即

$$H(z) = \frac{0.36}{1-0.9z^{-1}} \cdot \frac{-0.32}{1-0.8z^{-1}} = \frac{0.36}{A_1(z)} + \frac{-0.32}{A_2(z)}$$

其信号流图如图 6-49 所示。

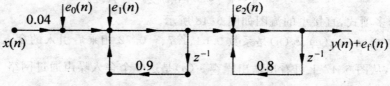

图 6-49 级联型结构的舍入噪声

由图 6-50 可知,并联型结构总共有 4 个系数,也就是有 4 个噪声系数,其中噪声 $e_0(n)$、$e_1(n)$ 只通过网络 $\dfrac{1}{A_1(z)}$,噪声 $e_2(n)$、$e_3(n)$ 只通过网络 $\dfrac{1}{A_2(z)}$,因此输出噪声的方差为

$$\sigma_f^2 = \frac{2\sigma_e^2}{2\pi}\oint_c\left(\frac{1}{jA_1(z)A_1(z^{-1})}\right)\frac{dz}{z} + \frac{\sigma_e^2}{2\pi}\oint_c\left(\frac{1}{jA_2(z)A_2(z^{-1})}\right)\frac{dz}{z}$$

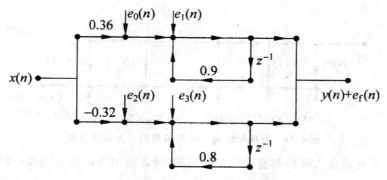

图 6-50　并联型结构的舍入噪声

将 $\sigma_e^2 = q^2/12$ 和 $A_1(z)=(1-0.9z^{-1})$、$A_2(z)=(1-0.8z^{-1})$ 代入,利用留数定理,可得到
$$\sigma_f^2 = 1.34q^2$$

比较这三种结构的输出误差大小,可知直接型最大,并联型最小。这是因为直接型结构中所有舍入误差都要经过全部网络的反馈环节,因此,这些误差在反馈过程中积累起来,致使总误差很大。在级联型结构中,每个舍入误差只通过其后面的反馈环节,而不通过它前面的反馈环节,因而误差比直接型小。在并联结构中,每个并联网络的舍入误差仅仅通过本网络的反馈环节,与其他并联网络无关,因此积累作用最小,误差最小。

2. FIR 滤波器的有限字长效应

FIR 滤波器无反馈环节,不会造成舍入误差的积累,舍入误差的影响比同阶 IIR 滤波器小,不会产生非线性振荡。下面以直接型结构为例分析 FIR 滤波器的有限字长效应。

一个 N 阶 FIR 滤波器的系统函数可表示为
$$H(z) = \sum_{n=0}^{N-1} h(n)z^{-n}$$

无限精度下,直接型结构的差分方程为
$$y(n) = \sum_{m=0}^{N-1} h(m)x(n-m)$$

有限精度运算时,
$$\hat{y}(n) = \sum_{m=0}^{N-1} [h(m)x(n-m)]_R = h(m)x(n-m) + e_m(n)$$

每一次相乘后产生一个舍入噪声,即
$$[h(m)x(n-m)]_R = h(m)x(n-m) + e_m(n)$$

故

$$y(n) + e_f(n) = \sum_{m=0}^{N-1} h(m)x(n-m) + \sum_{m=0}^{N-1} e_m(n)$$

得到输出噪声为

$$e_f(n) = \sum_{m=0}^{N-1} e_m(n)$$

结构如图 6-51 所示。

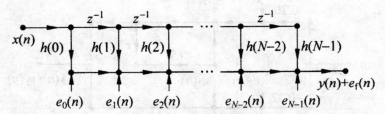

图 6-51　直接型结构 FIR 滤波器的舍入噪声模型

由此可知,所有的舍入噪声都直接加在输出端,因此输出噪声是这些噪声的简单和,则有

$$\sigma_f^2 = N\sigma_e^2 = N\frac{q^2}{12}$$

输出噪声方差与字长有关,也与阶数 N 有关,N 越高,运算误差越大,或者说在运算精度相同的情况下,阶数越高的滤波器需要的字长越长。

第 7 章　IIR 数字滤波器的设计

7.1　模拟滤波器的设计

由模拟滤波器设计数字滤波器，必须先将数字滤波器的设计技术指标转换成模拟低通滤波器的设计指标，设计出模拟低通滤波器的原型，然后进行映射（原型变换）。与模拟滤波器相比，数字滤波器在体积、重量、精度、可靠性、灵活性等方面都显示出明显的优势，而且数字滤波器除利用硬件电路实现之外还可借助计算机软件编程方式实现。所以在许多情况下借助数字滤波方法处理模拟信号。随着数字技术的发展，模拟滤波器的应用领域已逐步减少，但在有些情况下还要用模拟滤波器（如工作频率在几十兆赫的中频通信电路）。此外，数字滤波器的构成原理和设计方法往往还要利用模拟滤波器已经成熟的技术，所以，我们在研究数字滤波器之前先要讨论模拟滤波器的特性和用逼近方法求其传输函数。

常用的模拟滤波器有巴特沃思（Butterworth）滤波器、切比雪夫（Chebyshev）滤波器、椭圆（Ellipse）滤波器和贝塞尔（Bessel）滤波器等，如图 7-1 所示。在 4 种滤波器中，巴特沃思滤波器具有单调下降的幅频特性，通带具有最大平坦度，但从通带到阻带衰减较慢；切比雪夫滤波器的幅频特性在通带（Ⅰ型）或阻带（Ⅱ型）内有波动，可以提高选择性；贝塞尔滤波器着重相频响应，通带内有较好的线性相位特性；椭圆滤波器的选择性相对前 3 种是最好的，但在通带和阻带内均为等波纹幅频特性。这些滤波器都有严格的设计公式、现成的曲线和图表供设计人员使用，实际使用中，设计者只需根据给定的指标要求，查询相应的图表，即可得到符合要求的滤波器电路结构和元件参数。

7.1.1　模拟滤波器的技术指标要求

由于高通、带通和带阻滤波器的传输函数都能经过频率变换从低通滤波器传输函数求得，故把低通滤波器称为原型低通滤波器。不论设计何种滤波器，都是先把该种滤波器的技术要求转变到相应的低通滤波器的技术要求，然后设计低通滤波器的传输函数 $H_a(s)$，再经过频率变换将 $H_a(s)$ 变换为所求的滤波器的传输函数。因此我们先研究低通滤波器的设计方法，然后再研究如何从给定的其他种类滤波器的技术要求转换为原型低通滤波器的技术要求，以及模拟滤波器的频率变换问题。

给定一个低通滤波器的技术要求如下：

（1）通带截止频率

$$\Omega_p = 2\pi \times 5 \times 10^3 \, \text{rad/s}$$

（2）通带内所允许的最大衰减 $\alpha_p \leqslant 3\text{dB}$。

（3）阻带截止频率

$$\Omega_s = 2\pi \times 10^4 \, \text{rad/s}$$

(4)阻带内所允许的最小衰减 $\alpha_s \geqslant 20bB$。

上述 4 个量的含义是:要求在频率为 5kHz 以下的信号分量都能通过滤波器,所谓通过,这里是指衰减不超过 3dB。这里并没有规定在通带内($\Omega = 0 \sim \Omega_p$)衰减 α 是单调变化的或者是波纹状变化的。上述技术要求中还要求当频率大于 10kHz 时的衰减不小于 20dB。现在具体地定义 α 为

$$\alpha(\Omega) = 10\lg \left| \frac{X(j\Omega)}{Y(j\Omega)} \right| = 10\lg \frac{1}{|H_a(j\Omega)|^2} \tag{7-1}$$

式中,$X(j\Omega)$ 和 $Y(j\Omega)$ 为输入和输出的频率响应。

上面所说的技术要求只提到幅频响应而没有提及相位问题,这是因为数字滤波器的设计中用到的是模拟滤波器的幅频响应而不考虑其相频响应或群时延。

下面的讨论都限于幅频响应的逼近。

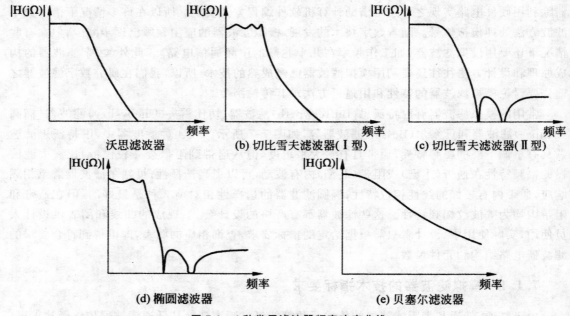

(a) 沃思滤波器   (b) 切比雪夫滤波器(I 型)   (c) 切比雪夫滤波器(II 型)

(d) 椭圆滤波器   (e) 贝塞尔滤波器

图 7-1 4 种常用滤波器频率响应曲线

7.1.2 由幅度平方函数来确定传输函数

在给定所要求的技术要求之后,要找出一个 $H_a(j\Omega)$ 或 $H_a(s)$ 使之近似地符合给定条件。但

$$\alpha(\Omega) = 10\lg \frac{1}{|H_a(j\Omega)|^2}$$

这个表示式不容易直接用多项式或有理式来逼近,所以需要找一个能够用多项式或有理式逼近的函数。这个函数称为特征函数,以 $K(j\Omega)$ 表示,它定义为

$$\left| \frac{X(j\Omega)}{Y(j\Omega)} \right| = 1 + |K(j\Omega)|^2 \tag{7-2}$$

结合式(7-1),可以得到

$$|H_a(j\Omega)|^2 = \frac{1}{1+|K(j\Omega)|^2} \tag{7-3}$$

及

$$\alpha(\Omega) = 10\lg\frac{1}{|H_a(j\Omega)|^2} = 10\lg[1+|K(j\Omega)|^2] \tag{7-4}$$

式中，$|K(j\Omega)|^2$ 等于一个以 Ω^2 为自变量的多项式或有理式，例如：

(1) $|K(j\Omega)|^2 = a_0(\Omega^2)^N + a_1(\Omega^2)^{N-1} + \cdots + a_{N-1}(\Omega^2) + a_N$，式中 $a_0, a_1, \cdots, a_{N-1}, a_N$ 都是常数。

(2) $|K(j\Omega)|^2 = \varepsilon^2\cos^2[n\cos^{-1}\Omega]$，式中，$\varepsilon^2$ 为一待定的常数，n 为正整数。

当然，$|K(j\Omega)|^2$ 还有其他的形式。一些学者已经做了很多研究工作，我们只讨论上述两种形式，分别称为巴特沃思逼近和切比雪夫逼近。

以上这些逼近方法只考虑了幅频响应的逼近而没有考虑相频响应。如对相位有高的要求，则需要在上述滤波器之后再加全通滤波器来校正其相位。这个问题我们先不加以讨论。

由于各滤波器所需要的频率范围很不相同，为了使设计简化，常将所用的频率归一化。即设定某一频率为参考频率，并令参考频率的归一化值为 1，将其他频率与这个频率的比值作为其他频率的归一化值。由于归一化后滤波器的计算方法不因频率的绝对值高低而异，所以归一化以后的图表曲线都能统一使用了，这样就使设计者得到很大的方便。

在讨论具体的逼近函数之前，还需要进行一项工作，即如何由给定的 $|K(j\Omega)|^2$ 或 $|H_a(j\Omega)|^2$，称为幅度平方函数求出 $H_a(j\Omega)$ 或 $H_a(s)$，下面先解决这一问题，然后介绍两种目前应用最广泛的典型 $H_a(s)$ 逼近函数。

模拟滤波器幅度响应常用幅度平方函数 $|H_a(j\Omega)|^2$ 来表示，即

$$|H_a(j\Omega)|^2 = H_a(j\Omega)H_a^*(j\Omega) \tag{7-5}$$

由于滤波器冲激响应 $h_a(t)$ 是实函数，因而 $H_a(j\Omega)$ 具有共轭对称性，即

$$H_a^*(j\Omega) = H_a(-j\Omega) \tag{7-6}$$

所以

$$|H_a(j\Omega)|^2 = H_a(j\Omega)H_a(-j\Omega) = H_a(s)H_a(-s)\,|_{s=j\Omega}) \tag{7-7}$$

现在的问题是要由已知的 $|H_a(j\Omega)|^2$ 求得 $H_a(s)$。设 $H_a(s)$ 有一个极点（或零点）位于 $s = s_0$ 处，由于冲激响应 $h_a(t)$ 为实函数，则极点（或零点）必以共轭对形式出现，因而 $s = s_0^*$ 处也一定有一极点（或零点）。与之对应，$H_a(-s)$ 在 $s = -s_0$ 和 $-s_0^*$ 处必有极点（或零点）。这表明，$H_a(s)H_a(-s)$ 的零、极点分布成象限对称，如图 7-2 所示。$H_a(s)H_a(-s)$ 在虚轴上的极点或零点一定是二阶的，但对于稳定系统，$H_a(s)H_a(-s)$ 在虚轴上没有极点。

任何实际可实现的滤波器都是稳定的，因此，其传输函数 $H_a(s)$ 的极点一定落在 s 的左半平面，所以左半平面的极点一定属于 $H_a(s)$，而右半平面的极点必属于 $H_a(-s)$。

零点的分布无此限制，它只和滤波器的相位特征有关。如果要求最小的相位延时特性，则 $H_a(s)$ 应取左半平面零点。如无特殊要求，可将对称零点的任一半（应为共轭对）取为 $H_a(s)$ 的零点，则满足 $|H_a(j\Omega)|^2$ 解的 $H_a(s)$ 就是多个。

最后，按照 $H_a(j\Omega)$ 与 $H_a(s)$ 的低频特性的对比，即

$$H_a(s)|_{s=0} = H_a(j\Omega)|_{\Omega=0}$$

或高频特性的对比,确定出增益常数。由求出的 $H_a(s)$ 零点、极点及增益常数,则可完全确定传输函数 $H_a(s)$。

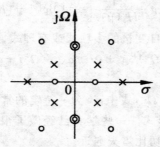

图 7-2 可实现的 $H_a(s)H_a(-s)$ 零、极点分布

例 7.1 给定滤波器的幅度平方函数

$$|H_a(j\Omega)|^2 = \frac{4(1-\Omega^2)^2}{(4+\Omega^2)(9+\Omega^2)}$$

求具有最小相位特性的传输函数 $H_a(s)$。

解:由于 $|H_a(j\Omega)|^2$ 是非负有理函数,它在 $j\Omega$ 轴上的零点是偶次的,所以满足幅度平方函数的条件,将 $\Omega = \dfrac{s}{j}$ 代入 $|H_a(j\Omega)|^2$ 的表达式,可得

$$\begin{aligned} H_a(s)H_a(-s) &= \frac{(s^2+1)^2}{(4-s^2)(9-s^2)} \\ &= \frac{(s^2+1)^2}{(s+2)(-s+2)(s+3)(-s+3)} \end{aligned}$$

其极点为

$$s = \pm 2, s = \pm 3$$

零点为

$$s = \pm j \text{(皆为二阶,位于虚轴上)}$$

为了系统稳定,选择左半平面极点 $s=-2$,$s=-3$ 及一对虚轴共轭零点 $s=\pm j$ 作为 $H_a(s)$ 的零、极点,并设增益常数为 K_0,则 $H_a(s)$ 为

$$H_a(s) = K_0 \frac{s^2+1}{(s+2)(s+3)}$$

按照 $H_a(s)$ 和 $H_a(j\Omega)$ 的低频特性或高频特性的对比可以确定增益常数。在这里我们采用低频特性,即由 $H_a(s)|_{s=0} = H_a(j\Omega)|_{\Omega=0}$ 的条件可得增益常数 $K_0 = 2$,因此

$$H_a(s) = \frac{2s^2+2}{(s+2)(s+3)}$$

7.1.3 巴特沃思低通滤波器

巴特沃思低通滤波器幅度平方函数定义为

$$|H_a(j\Omega)|^2 = \frac{1}{1+|K(j\Omega)|^2} = \frac{1}{1+(\Omega/\Omega_c)^{2N}} = \frac{1}{1+\varepsilon^2(\Omega/\Omega_p)^{2N}} \tag{7-8}$$

式中，N 为正整数，代表滤波器的阶数。Ω_p 为通带截止频率（通常给定），Ω_c 为 3dB 截止频率。当 $\Omega = \Omega_c$ 时，

$$|H_a(j\Omega)|^2 = \frac{1}{2}$$

所以 Ω_c 是滤波器的电压－3dB 点或称半功率点。

1. 幅度响应的特点

巴特沃思低通滤波器的特点如下：

（1）当 $\Omega = 0$ 时，

$$|H_a(j0)|^2 = 1$$

即在 $\Omega = 0$ 处无衰减。

（2）当 $\Omega = \Omega_c$ 时，

$$|H_a(j\Omega_c)|^2 = \frac{1}{2}$$

$$|H_a(j\Omega)|^2 = \frac{1}{\sqrt{2}} = 0.707$$

$$20\lg|H_a(j\Omega)/H_a(j\Omega_c)| = 3\text{dB}$$

当 $\Omega = \Omega_c$ 时，不管 N 为多少，所有的特性曲线都通过－3dB 点，或者说衰减为 3dB，这就是 3dB 不变性。

（3）在 $\Omega < \Omega_c$ 的通带内，巴特沃思低通滤波器有最大平坦的幅度特性，即 N 阶巴特沃思低通滤波器在 $\Omega = 0$ 处幅度平方函数 $|H_a(j\Omega)|^2$ 的前 $(2N-1)$ 阶导数为零，因而巴特沃思滤波器又称为最平幅度特性滤波器。随着 n 由 0 增大，$|H_a(j\Omega)|^2$ 单调减小，N 越大，通带内特性越平坦。

（4）当 $\Omega > \Omega_c$，$|H_a(j\Omega)|^2$ 随 n 增加而单调减小，N 越大，衰减速度越大。

巴特沃思低通滤波器的幅频响应如图 7-3 所示。当 N 增大时，滤波器的特性曲线变得陡峭，更接近理想矩形幅度特性。

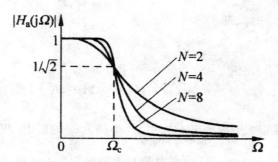

图 7-3　巴特沃思滤波器阶数 N 与幅频特性的关系

2. 传输函数 $H_a(S)$ 的推导

在设计滤波器时，一般要求的通带内衰减 α_p 是以 dB 形式给出的。因此，根据给定的通带

指标 α_p 和 Ω_p,可得

$$\alpha_p = 10\lg(1+\varepsilon^2) \qquad (7\text{-}9)$$

由此解得参数 ε 为

$$\varepsilon = \sqrt{10^{0.1\alpha_p}-1} \qquad (7\text{-}10)$$

然后,确定滤波器的阶数 N。根据给定的阻带指标 α_s 和 Ω_s,有

$$\alpha_s = 10\lg[1+\varepsilon^2(\Omega_s/\Omega_p)^{2N}] \qquad (7\text{-}11)$$

滤波器的阶数 N 为满足下式的最小整数

$$N \geqslant \frac{\lg\left(\dfrac{10^{0.1\alpha_s}-1}{\varepsilon^2}\right)}{2\lg\Omega_s/\Omega_p} \qquad (7\text{-}12)$$

得到了滤波器的参数 ε 和阶数 N 后,就可以确定零、极点形式的传输函数 $H_a(s)$。根据关系式

$$|H_a(j\Omega)|^2 = H_a(s)H_a(-s)|_{s=j\Omega}$$

可得

$$|H_a(j\Omega)|^2 = H_a(s)H_a(-s) = \frac{1}{1+\varepsilon^2(\Omega/\Omega_p)^{2N}}\bigg|_{\Omega=s/j} = \frac{1}{1+\varepsilon^2(-1)^N(s/\Omega_p)^{2N}} \qquad (7\text{-}13)$$

由此式可求出 $H_a(s)H_a(-s)$ 的极点,其中位于 s 左半平面的极点为 $H_a(s)$ 的极点(系统稳定),而其余极点为 $H_a(-s)$ 的极点。

3. 归一化的 Butterworth 滤波器的传输函数

为了使设计计算简化,这里选择 Ω_p 作为归一化的参考频率。

令

$$p = \frac{s}{\Omega_p}$$

则式(7-13)

$$H_a(p)H_a(-p) = \frac{1}{1+\varepsilon^2(-1)^N p^{2N}}\bigg| \qquad (7\text{-}14)$$

令式(7-14)分母多项式等于零,即

$$1+\varepsilon^2(-1)^N p^{2N} = 0 \qquad (7\text{-}15)$$

得

$$p_k = \frac{1}{\sqrt[N]{\varepsilon}}e^{j\frac{\pi}{2}}e^{j\frac{(2k+1)\pi}{2N}},\ k=0,1,\cdots,N-1 \qquad (7\text{-}16)$$

这 $2N$ 个极点均匀分布在以 s 平面的原点为中心、半径为 $\dfrac{1}{\sqrt[N]{\varepsilon}}$ 的圆上,相距为 $\dfrac{\pi}{N}$ 弧度。其中,一半位于 s 平面的左半平面,另一半位于 s 平面的右半平面。为了使得系统稳定,取 p_k 在 s 平面左半平面的 N 个根作为 $H_a(p)$ 的极点,即

$$p_k = \frac{1}{\sqrt[N]{\varepsilon}}e^{j\frac{\pi}{2}}e^{j\frac{(2k+1)\pi}{2N}},\ k=0,1,\cdots,N-1$$

这样

$$H_a(p) = \frac{1}{(p-p_0)(p-p_1)\cdots(p-p_{N-1})} \tag{7-17}$$

最后,将 $H_a(p)$ 去归一化,即把 $p = \dfrac{s}{\Omega_p}$ 代入 $H_a(p)$,得到实际的滤波器传输函数 $H_a(s)$。

4. 巴特沃思滤波器的图表法设计

由于模拟滤波器的理论已相当成熟,很多常用滤波器的设计参数已经表格和图形化,如表 7-1 和图 7-4 所示。借助这些表格和图形可以很方便地设计一些简单的滤波器。因此,实际中更多采用图表法。

表 7-1　归一化的巴特沃思低通滤波器传输函数分母多项式的系数

(a)分母多项式 $A(s) = s^N + a_{N-1}s^{N-1} + a_{N-2}s^{N-2} + \cdots + a_0$					
N	a_0	a_1	a_2	a_3	a_4	a_5
1	1.00000000					
2	1.00000000	1.41421356				
3	1.00000000	2.00000000	2.00000000			
4	1.00000000	2.61312593	3.41421356	2.61312593		
5	1.00000000	3.23606798	5.23606798	5.23606798	3.23606798	
6	1.00000000	3.86370331	7.46410162	9.14162017	7.46410162	3.86370331

(a)分母多项式 $A(s) = A_1(s)A_2(s)A_3(s)A_4(s)A_5(s)$
N　　$A(s)$
1　　$s+1$
2　　$(s^2 + 1.41421356s + 1)$
3　　$(s^2 + s + 1)(s+1)$
4　　$(s^2 + 0.76536686s + 1)(s^2 + 1.84775907s + 1)$
5　　$(s^2 + 0.61803399s + 1)(s^2 + 1.61803399s + 1)(s+1)$
6　　$(s^2 + 0.51763809s + 1)(s^2 + 1.41421356s + 1)(s^2 + 1.93185165s + 1)$
7　　$(s^2 + 0.044504187s + 1)(s^2 + 1.24697960s + 1)(s^2 + 1.80193774s + 1)(s+1)$
8　　$(s^2 + 0.39018064s + 1)(s^2 + 1.11114047s + 1)(s^2 + 1.66293922s + 1)(s^2 + 1.96157056s + 1)$
9　　$(s^2 + 0.34729636s + 1)(s^2 + s + 1)(s^2 + 1.53208889s + 1)(s^2 + 1.87938524s + 1)(s+1)$

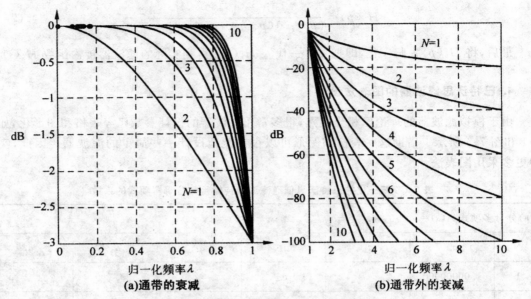

图 7-4　巴特沃思低通滤波器归一化的幅频特性（$N=1\sim10$）

需要注意的是，一般给出的巴特沃思曲线或表格均是以 3dB 截止频率 Ω_c 为参考频率进行归一化的，而不是前面我们所介绍的 Ω_p。因此，在利用图表法设计巴特沃思滤波器之前，需首先利用给定的指标计算出 Ω_c 来。可以先通过式(7-12)求得滤波器的阶数 N，然后根据式(7-8)，由通带截止频率 Ω_p 处的衰减 α_p，求得 3dB 截止频率 Ω_c 为

$$\Omega_c = \frac{\Omega_p}{\sqrt[2N]{10^{0.1\alpha_p}-1}} \tag{7-18}$$

由式(7-18)确定的滤波器通带处正好满足设计要求，但阻带指标有富裕量。类似地，也可由阻带截止频率 Ω_s 处的衰减 α_p，求得 3dB 截止频率 Ω_c 为

$$\Omega_c = \frac{\Omega_s}{\sqrt[2N]{10^{0.1\alpha_s}-1}} \tag{7-19}$$

由式(7-19)确定的滤波器阻带处正好满足设计要求，但通带指标有富裕量。

图表法设计滤波器的基本步骤如下：

(1)将频率归一化，这样做的优点是归一化后滤波器的计算方法不因频率的绝对高低而异，可以统一使用归一化后的图标曲线。

(2)由归一化频率-幅频特性曲线(见图 7-4)，查得阶数 N。

(3)查表 7-1，得到归一化传输函数 $H_a(p)$ 的分母多项式。

(4)$H_a(p)$ 去归一化，将 $p=\dfrac{s}{\Omega_c}$ 代入 $H_a(p)$，得到实际滤波器的传输函数 $H_a(s)$。

7.1.4　切比雪夫低通滤波器

1. 引入原因

巴特沃思滤波器的频率特性无论在通带与阻带都随频率变换而单调变化，如果在通带边

缘满足指标,则在通带内肯定会有富裕量,也就会超过指标的要求,因而并不经济。所以,更有效的办法是将指标的精度要求均匀地分布在通带内,或均匀地分布在阻带内,或同时均匀地分布在通带与阻带内。这样,在同样通带、阻带性能要求下,就可设计出阶数较低的滤波器。这种精度均匀分布的办法可通过选择具有等波纹特性的逼近函数来实现。切比雪夫滤波器就是具有这种特性的典型例子。

切比雪夫滤波器的幅频特性在通带或阻带内具有等波纹特性。如果幅频特性在通带中是等波纹的,在阻带中是单调的,称为切比雪夫 I 型。相反,如果幅频特性在通带内是单调下降的,在阻带内是等波纹的,称为切比雪夫 II 型。具体采用哪种形式的切比雪夫滤波器由实际的要求来确定。

2. 幅度平方函数

我们以切比雪夫 I 型滤波器为例来讨论这种逼近。切比雪夫 I 型滤波器的幅度平方函数为

$$|H_a(j\Omega)|^2 = \frac{1}{1+|K(j\Omega)|^2} = \frac{1}{1+\varepsilon^2 C_N^2(\Omega/\Omega_p)} \tag{7-20}$$

式中,ε 为小于 1 的正数,它是表示通带波纹大小的一个参数,$C_N(\Omega/\Omega_p)$ 是 N 阶切比雪夫多项式,定义为

$$C_N(x) = \begin{cases} \cos(N \arccos x), & |x| \leqslant 1 \\ \cosh(N \operatorname{arccosh} x), & |x| > 1 \end{cases} \tag{7-21}$$

其中,$\cosh x = \dfrac{e^x + e^{-x}}{2}$ 为双曲余弦函数。相应的 $\sinh x = \dfrac{e^x - e^{-x}}{2}$ 为双曲正弦函数。双曲余弦函数有下面的性质:

$$\cosh(x+y) = \cosh x \cosh y + \sinh x \sinh y \tag{7-22}$$

为了更好地了解切比雪夫逼近,先来熟悉一下切比雪夫多项式的性质。

定义

$$C_N(x) = \cos(N \arccos x), \quad |x| \leqslant 1 \tag{7-23}$$

令

$$\phi = \arccos x$$

则

$$x = \cos\phi$$

于是

$$C_N(x) = \cos N\phi$$

$$C_{N+1}(x) = \cos(N+1)\phi = \cos N\phi \cos\phi - \sin N\phi \sin\phi \tag{7-24}$$

$$C_{N-1}(x) = \cos(N-1)\phi = \cos N\phi \cos\phi + \sin N\phi \sin\phi \tag{7-25}$$

以上两式相加,得

$$C_{N+1}(x) + C_{N-1}(x) = 2C_N(x) \cdot x$$

或

$$C_{N+1}(x) = 2C_N(x) \cdot x - C_{N-1}(x) \tag{7-26}$$

式(7-26)是推导切比雪夫多项式的基本公式。根据式(7-26),有

$$N=0,C_0(x)=\cos0=1$$
$$N=1,C_1(x)=\cos(\arccos x)=x$$

根据式(7-26),有

$$C_2(x)=2xC_1(x)-C_0(x)=2x^2-1$$
$$C_3(x)=2xC_2(x)-C_1(x)=4x^3-3x$$
$$C_4(x)=2xC_3(x)-C_2(x)=8x^4-8x^2+1$$
$$\vdots$$

注意:$C_N(x)$ 多项式中 x^N 的系数为 2^{N-1}。

应再次指出,在 $C_N(x)=\cos(N\arccos x)$ 中,$|x|$ 必须 $\leqslant1$,因为 $\cos\phi$ 是不能大于 1 的。但有设计滤波器的问题中常常出现 $|x|>1$ 的情况。例如在低通滤波器中,如果以 Ω_p 为参考频率,则归一化的通带截止频率 $\lambda_p=1$,而归一化的阻带截止频率 $\lambda_s>1$,这时 $C_N(\lambda_s)=\cos(N\arccos\lambda_s)$ 就不成立了。此时,$C_N(x)$ 需另外定义,将 $C_N(x)$ 定义为

$$C_N(x)=\cosh(N\arccos x),|x|\geqslant1 \tag{7-27}$$

令

$$\phi=\mathrm{arccos}hx$$

结合式(7-22),可以得到与式(7-26)相同的递推公式,推导过程略。

表 7-2 列出了对应不同阶次 N 时的切比雪夫多项式。图 7-5 画出了 $C_2(x)\sim C_5(x)$ 多项式特性曲线,从这组曲线可以看出:$|x|\leqslant1$ 时,$C_N(x)$ 在 ±1 之间波动;当 $|x|>1$ 时,$C_N(x)$ 单调上升。

表 7-2　$N=0\sim7$ 时切比雪夫多项式 $C_N(x)$

N	$C_N(x)$	N	$C_N(x)$
0	1	4	$8x^4-8x^2+1$
1	x	5	$16x^5-20x^3+5x$
2	$2x^2-1$	6	$32x^6-48x^4+18x^2-1$
3	$4x^3-3x$	7	$64x^7-112x^5+56x^3-7x$

由于当 $|x|\leqslant1$ 时,$|C_N(x)|\leqslant1$,$1+\varepsilon^2C_N^2(x)$ 的值将在 1 与 $1+\varepsilon^2$ 之间变化。根据式(7-20),$|x|\leqslant1$ 即为 $|\Omega/\Omega_p|\leqslant1$,也就是在通带范围内,此时的 $|H_a(\mathrm{j}\Omega)|^2$ 在 1 与 $\dfrac{1}{1+\varepsilon^2}$ 之间波动。在 $|x|>1$,也就是 $\Omega>\Omega_p$ 时,随着 Ω/Ω_p 的增大,$|H_a(\mathrm{j}\Omega)|^2$ 迅速趋于零。图 7-5 是按式(7-20)画出的切比雪夫滤波器的幅度平方特性。由图 7-5 可以看出,当 N 为偶数时,$|H_a(\mathrm{j}\Omega)|^2$ 在 $\Omega=0$ 处之值为 $\dfrac{1}{1+\varepsilon^2}$,是最小值;当 N 为奇数时,$|H_a(\mathrm{j}\Omega)|^2$ 在 $\Omega=0$ 处之值为 1,是最大值。

3. 参数的确定

由幅度平方函数式(7-20)看出,切比雪夫滤波器有三个参数 ε,Ω_p 和 N,下面进一步讨论

切比雪夫滤波器有关参数的确定方法。

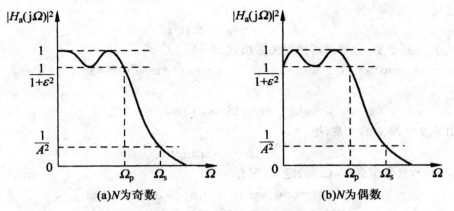

(a)N为奇数　　　　　　(b)N为偶数

图 7-5　切比雪夫 I 型滤波器的振幅平方特性

Ω_p 是通带截止频率，一般是预先给定的。根据给定的通带截止频率 Ω_p 和通带内最大衰减 α_p，由式(7-20)可得

$$\varepsilon = \sqrt{10^{0.1\alpha_s} - 1} \tag{7-28}$$

而根据给定的阻带截止频率 Ω_s 和阻带内最小衰减 α_s，式(7-20)可得

$$\alpha_s = 10\lg[1 + \varepsilon^2 C_N^2(\Omega_s/\Omega_p)]$$

$$= 10\lg\{1 + \varepsilon^2 \cosh[N\text{arcosh}(\Omega_s/\Omega_p)]\}$$

滤波器的阶数 N 为满足下式的最小整数：

$$N \geqslant \frac{\text{arcosh}(\sqrt{10^{0.1\alpha_s} - 1}/\varepsilon)}{\text{arcosh}(\Omega_s/\Omega_p)} \tag{7-29}$$

在用式(7-29)计算 N 时，通常要用到恒等式

$$\text{arcosh}(x) = \ln(x + \sqrt{x^2 - 1})$$

令

$$\phi = \text{arcosh}x$$

则

$$x = \cosh\phi = \frac{e^\phi + e^{-\phi}}{2}$$

解方程即可得

$$\phi = \text{arcosh}x = \ln(x + \sqrt{x^2 - 1})$$

ε 和 N 确定后，就可以求出滤波器传输函数 $H_a(s)$。由式(7-20)得

$$H_a(s)H_a(-s) = \frac{1}{1 + \varepsilon^2 C_N^2(\Omega/\Omega_p)}\bigg|_{\Omega = s/j} = \frac{1}{1 + \varepsilon^2 C_N^2\left(\frac{s}{j\Omega_p}\right)}$$

令

$$p = \frac{s}{\Omega_p}$$

即将 $H_a(s)$ 表示为归一化形式 $H_a(p)$，且令 $H_a(p)$ 的分母多项式为 0，得

$$1+\varepsilon^2 C_N^2(-\mathrm{j}p)=0$$

或

$$C_N(-\mathrm{j}p)=\pm\mathrm{j}1/\varepsilon \tag{7-30}$$

考虑到$-\mathrm{j}p$是复变量,为解出切比雪夫多项式,令

$$-\mathrm{j}p=\cos(\alpha+\mathrm{j}\beta)=\cos\alpha\cdot\cos\mathrm{j}\beta-\sin\alpha\cdot\sin\mathrm{j}\beta=\cos\alpha\cdot\cosh\beta-\mathrm{j}\sin\alpha\cdot\sinh\beta$$

则

$$p=\sin\alpha\cdot\sinh\beta+\mathrm{j}\cos\alpha\cdot\cosh\beta=\sigma+\mathrm{j}\Omega \tag{7-31}$$

为了导出α、β与N、ε的关系,把

$$-\mathrm{j}p=\cos(\alpha+\mathrm{j}\beta)$$

代入式(7-30),且考虑到$C_N(x)$的定义,则有

$$\begin{aligned}C_N(-\mathrm{j}p)&=\cos[N\arccos(-\mathrm{j}p)]=\cos[N(\alpha+\mathrm{j}\beta)]\\&=\cos N\alpha\cdot\cosh N\beta-\mathrm{j}\sin N\alpha\cdot\sinh N\beta\\&=\pm\mathrm{j}1/\varepsilon\end{aligned}$$

得

$$\begin{cases}\cos N\alpha\cdot\cosh N\beta=0\\\sin N\alpha\cdot\sinh N\beta=\pm1/\varepsilon\end{cases} \tag{7-32}$$

解得满足上式的α、β为

$$\begin{cases}\alpha=\dfrac{2k-1}{N}\times\dfrac{\pi}{2},k=1,2,\cdots,2N\\[2mm]\beta=\pm\dfrac{1}{N}ar\sinh(1/\varepsilon)\end{cases} \tag{7-33}$$

将α、β值代回式(7-31),求得极点值

$$p_k=\sigma_k+\mathrm{j}\Omega_k=\pm\sin\left(\frac{2k-1}{2N}\pi\right)\sinh\left(\frac{1}{N}ar\sinh(1/\varepsilon)\right)+\mathrm{j}\cos\left(\frac{2k-1}{2N}\pi\right)\cosh\left(\frac{1}{N}ar\sinh(1/\varepsilon)\right) \tag{7-34}$$

其中$k=1,2,\cdots,2N$。

根据式(7-34)实部与虚部的正弦和余弦函数平方约束关系可看出,此极点分布满足

$$\frac{\sigma_k^2}{\sinh^2\left(\dfrac{1}{N}ar\sinh(1/\varepsilon)\right)}+\frac{\Omega_k^2}{\cosh\left(\dfrac{1}{N}ar\sinh(1/\varepsilon)\right)}=1 \tag{7-35}$$

这是一个椭圆方程,其短轴和长轴分别为

$$\begin{cases}a=\sinh\left(\dfrac{1}{N}ar\sinh(1/\varepsilon)\right)\\[3mm]b=\cosh\left(\dfrac{1}{N}ar\sinh(1/\varepsilon)\right)\end{cases} \tag{7-36}$$

取左半平面的极点

$$\begin{cases}\sigma_k=-\sinh\left(\dfrac{1}{N}ar\sinh(1/\varepsilon)\right)\sin\left(\dfrac{2k-1}{2N}\pi\right)=-a\sin\left(\dfrac{2k-1}{2N}\pi\right)\\[3mm]\Omega_k=\cosh\left(\dfrac{1}{N}ar\sinh(1/\varepsilon)\right)\cos\left(\dfrac{2k-1}{2N}\pi\right)=b\cos\left(\dfrac{2k-1}{2N}\pi\right)\end{cases},k=1,2,\cdots,2N \tag{7-37}$$

则此切比雪夫滤波器归一化的系统函数

$$H_a(p) = \frac{A}{\displaystyle\prod_{k=1}^{N}(p - p_k)} \qquad (7\text{-}38)$$

其中 $p_k = \sigma_k + j\Omega_k$。这里需要确定常数 A。将式(7-29)开平方,并代入 $\Omega = \dfrac{s}{j}$,再考虑 $p = \dfrac{s}{\Omega_p}$ 及式(7-38),则有

$$|H_a(p)| = \frac{1}{\sqrt{1 + \varepsilon^2 C_N^2(-jp)}} = \frac{A}{\displaystyle\prod_{k=1}^{N}(p - p_k)}$$

考虑到 $C_N(-jp)$ 是 $-jp$ 的多项式,最高阶次系数是 2^{N-1},因此常数 A 满足

$$A = \frac{1}{\varepsilon \cdot 2^{N-1}} \qquad (7\text{-}39)$$

最后,实际的传输函数 $H_a(s)$ 为

$$H_a(s) = H_a(p)\big|_{p=s/\Omega_p} = \frac{\Omega_p^N}{\varepsilon 2^{N-1} \displaystyle\prod_{k=1}^{N}(s - p_k\Omega_p)}$$

4. 切比雪夫滤波器的图表法设计

同前述的巴特沃思滤波器,切比雪夫滤波器也可以采用图表法进行设计,其步骤如下:
(1)频率归一化,得到 λ_p 和 λ_s(注意,对于切比雪夫滤波器的表格曲线,没有特指 3dB 频率点);
(2)根据 λ_p 和 λ_s 查归一化频率－幅频特性曲线(见图 7-6),查得阶数 N;

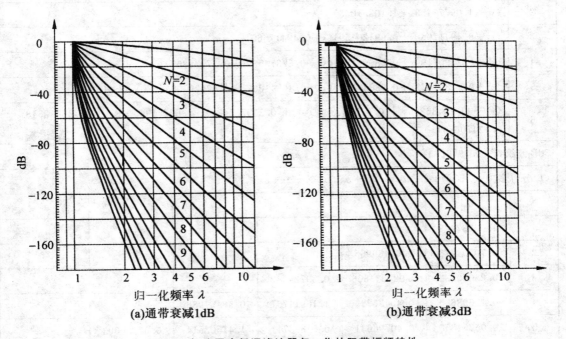

(a)通带衰减1dB　　　　　　　　　　(b)通带衰减3dB

图 7-6　切比雪夫低通滤波器归一化的阻带幅频特性

（3）根据给定的通带内最大衰减，查表 7-3 得 ε（此值已列于表 7-3 的上部）；

（4）查表得到归一化传输函数 $H_a(p)$ 的分母多项式；

（5）$H_a(p)$ 去归一化，将 $p=\dfrac{s}{\Omega_p}$ 代入 $H_a(p)$，得到实际滤波器的传输函数 $H_a(s)$。

表 7-3 切比雪夫 I 型低通原型滤波器分母多项式系数

1dB 波纹，$\varepsilon=0.5088471$

（1）分母多项式 $A(s)=s^N+a_{N-1}s^{N-1}+a_{N-2}s^{N-2}+\cdots+a_0$

N	a_0	a_1	a_1	a_3	a_4	a_5
1	1.96522673					
2	1.10251033	1.09773433				
3	0.49130668	1.23840917	0.98834121			
4	0.27562758	0.74261937	1.45392476	0.95281138		
5	0.12282667	0.58053415	0.97439607	1.68881598	0.93682013	
6	0.06890690	0.30708064	0.93934553	1.2021403 9	1.93082492	0.92825096

（2）分母多项式 $A(s)=A_1(s)A_2(s)A_3(s)$

N	$A(s)$
1	$(s+1.96522673)$
2	$(s^2+1.09773433s+1.10251033)$
3	$(s^2+0.49417060s+0.99420459)(s+0.49417060)$
4	$(s^2+0.27907199s+0.98650488)(s^2+0.67373939s+0.27939809)$
5	$(s^2+0.17891672s+0.98831489)(s^2+0.46841007s+0.42929790)(s+0.28949334)$
6	$(s^2+0.12436205s+0.99073230)(s^2+0.33976343s+0.55771960)(s^2+0.46412548s+0.12470689)$

3dB 波纹，$\varepsilon=0.9976283$

（1）分母多项式 $A(s)=s^N+a_{N-1}s^{N-1}+a_{N-2}s^{N-2}+\cdots+a_0$

N	a_0	a_1	a_1	a_3	a_4	a_5
1	1.00237729					
2	0.70794778	0.64489965				
3	0.25059432	0.925834806	0.59724042			
4	0.17598695	0.40476795	1.16911757	0.58157986		
5	0.06264858	0.40796631	0.54893711	1.41502514	0.57450003	
6	0.04424674	0.16342991	0.69909774	0.69060980	1.66284806	0.57069793

续表

(2)分母多项式 $A(s)=A_1(s)A_2(s)A_3(s)$	
N	$A(s)$
1	$(s+1.00237729)$
2	$(s^2+0.64489965s+0.70794778)$
3	$(s^2+0.29862021s+0.83917403)(s+0.29862021)$
4	$(s^2+0.17034080s+0.90308678)(s^2+0.41123906s+0.195980000)$
5	$(s^2+0.10971974s+0.93602549)(s^2+0.28725001s+0.37700850)(s+0.17753027)$
6	$(s^2+0.0.07645903s+0.95483021)(s^2+0.20888994s+0.52181750)(s^2+0.28534897s+0.08880480)$

7.1.5　模拟滤波器的频率变换

不论设计哪一种滤波器都要先将该滤波器的技术要求转换为原型低通滤波器的要求,然后设计原型低通滤波器,最后再用频率变换的方法转换为所需要的滤波器类型。图 7-7 给出了设计流程图。下面先研究原型低通滤波器与所需的滤波器技术要求之间的关系以及它们之间的频率变换关系。

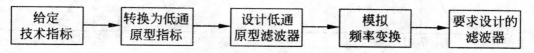

图 7-7　模拟滤波器设计流程图

所谓频率变换是指原型低通滤波器与所需要的滤波器形式的传输函数中频率自变量之间的变换关系,即如果低通滤波器的归一化传输函数为 $G(p)$,所需要的滤波器的归一化传输函数为 $H(q)$,其中,p,q 分别为广义频率自变量,则 $p=f(q)$ 的函数关系叫做滤波器的频率变换。

为了避免符号上的混乱,先将所用符号作如下规定,如表 7-4 所示。

下面分别讨论低通到高通、低通到带通、低通到带阻各形式滤波器之间的频率变换关系。

表 7-4　频率变换中一些符号的规定

变量名称	原型低通滤波器	待求(高通、带通、带阻)滤波器
未归一化的拉氏变量		s
未归一化的传输函数		$H(s)$
未归一化的频率		Ω
归一化的拉氏变量	p	q
归一化的传输函数	$G(p)$	$H(q)$
归一化的频率	$\lambda(=p/j)$	$\eta(=q/j)$

1. 低通到高通的频率变换

设低通滤波器 $G(\mathrm{j}\lambda)$ 和高通滤波器 $H(\mathrm{j}\eta)$ 的幅频特性如图 7-13 所示。图中,λ_p 和 λ_s 分别称为低通的归一化通带截止频率和归一化阻带截止频率,η_p 和 η_s 分别称为高通的归一化通带截止频率和归一化阻带截止频率。归一化频率

$$\eta = \frac{\Omega}{\Omega_r} \tag{7-40}$$

这里的 Ω_r 为参考角频率,一般选 $\Omega_r = \Omega_\mathrm{p}$($\Omega_\mathrm{p}$ 为高通滤波器的通带截止频率)。由于 $|G(\mathrm{j}\lambda)|$ 和 $|H(\mathrm{j}\eta)|$ 都是频率的偶函数,可以把 $|G(\mathrm{j}\lambda)|$ 曲线的右半边与 $|H(\mathrm{j}\eta)|$ 曲线对应起来。低通的 λ 从 ∞ 经过 λ_s 和 λ_p 到 0 时,高通的 η 则从 0 经过 η_s 和 η_p 到 ∞,因此 λ 和 η 之间的关系为

$$\lambda = \frac{1}{\eta} \tag{7-41}$$

在选择变换式时,为了简化,习惯上要使 $\lambda_\mathrm{p}=1$(由于 λ_p 只是一个归一化系数,表示相对大小,因此可以定标为任意值,这里为了简化选择为 1 如图 7-8 所示),以下在推导低通到带通或带阻的频率变换式时均隐含要满足这个限定条件,下文不再重复说明。

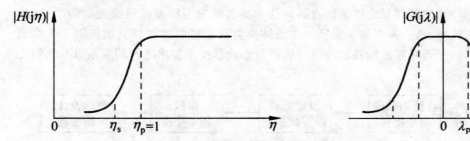

图 7-8　高通和低通滤波器的幅频特性(归一化)

式(7-41)即是低通到高通的频率变换公式,如果已知低通 $G(\mathrm{j}\lambda)$,高通 $H(\mathrm{j}\eta)$ 则用下式转换:

$$H(\mathrm{j}\eta) = G(\mathrm{j}\lambda)\big|_{\lambda=1/\eta} \tag{7-42}$$

低通和高通的边界频率也用式(7-41)转换。

例 7.2　要求设计一个高通滤波器,给定技术要求为:在频率 $f_\mathrm{p}=100\mathrm{Hz}$ 处衰减为 3dB,在 $f_\mathrm{s}=50\mathrm{Hz}$ 以下为阻带,阻带中衰减不小于 30dB,试求相应的原型低通滤波器的技术要求。

解: 高通技术要求:

$$f_\mathrm{p}=100\mathrm{Hz}, \alpha_\mathrm{p}=3\mathrm{dB}$$

$$f_\mathrm{s}=50\mathrm{Hz}, \alpha_\mathrm{s}=30\mathrm{dB}$$

令 f_r 为参考频率,

$$f_r = f_\mathrm{p} = 100\mathrm{Hz}$$

归一化频率

$$\eta_\mathrm{p} = \frac{f_\mathrm{p}}{f_r} = 1$$

$$\eta_\mathrm{s} = \frac{f_\mathrm{s}}{f_r} = 0.5$$

根据 $\lambda = 1/\eta$，低通滤波器的技术要求为

$$\lambda_p = 1, \alpha_p = 3\text{dB}$$
$$\lambda_s = 1, \alpha_s = 30\text{dB}$$

2. 低通到带通的频率变换

低通和带通滤波器的幅频特性如图 7-9 所示。图中，Ω_{p1} 和 Ω_{p2} 分别为通带下限截止频率和通带上限截止频率，$\Omega_{p2} - \Omega_{p1}$ 称为带宽，以 B 表示。Ω_{p1} 和 Ω_{p2} 一般是 3dB 处的频率（如果衰减不是 3dB 则要特别说明）。把带宽 B 作为参考频率 Ω_r，即

$$\Omega_r = \Omega_{p2} - \Omega_{p1}$$

另外，定义 $\Omega_0^2 = \Omega_{p1}\Omega_{p2}$，$\Omega_0$ 称为带通滤波器的中心频率。η_{s1}，η_{p1}，η_0，η_{p2}，η_{s2} 则分别为 Ω_{s1}，Ω_{p1}，Ω_0，Ω_{p2}，Ω_{s2} 的归一化频率。

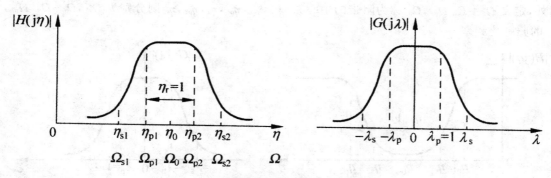

图 7-9　低通和带通滤波器的幅频特性（归一化）

现在将带通和低通的幅频特性对应起来，得到 λ 和 η 的对应关系如表 7-5 所示。

表 7-5　λ 与 η 的对应关系

λ	$-\infty$	$-\lambda_s$	$-\lambda_p$	0	λ_p	λ_s	∞
η	0	η_{s1}	η_{p1}	η_0	η_{p2}	η_{s2}	∞

由 λ 和 η 的对应关系，得到

$$\lambda = \frac{\eta^2 - \eta_0^2}{\eta} \tag{7-43}$$

式(7-43)就是低通到带通的频率变换公式。下面推导由归一化低通到带通的变换公式，由于

$$p = j\lambda = j\frac{\eta^2 - \eta_0^2}{\eta}$$

而 $q = j\eta$，即 $\eta = -jq$ 代入上式，可得

$$p = \frac{q^2 + \eta_0^2}{q}$$

为去归一化，将 $q = \dfrac{s}{B}$ 代入上式，得

$$p = \frac{s^2 + \Omega_0^2}{sB} = \frac{s^2 + \Omega_{p1}\Omega_{p2}}{s(\Omega_{p2} - \Omega_{p1})} \tag{7-44}$$

因此

$$H(s) = G(p)\Big|_{p = \frac{s^2 + \Omega_{p1}\Omega_{p2}}{s(\Omega_{p2} - \Omega_{p1})}} \tag{7-45}$$

式(7-45)为低通到带通传输函数之间的频率变换关系。

3. 低通到带阻的频率变换

低通和带阻滤波器的幅频特性如图 7-10 所示。图中 Ω_{p1} 和 Ω_{p2} 分别为通带下限截止频率和通带上限截止频率，Ω_{s1} 和 Ω_{s2} 分别为阻带下限截止频率和阻带上限截止频率。将 $\Omega_{p2} - \Omega_{p1}$ 定义为阻带带宽，以 B 表示，并以此带宽作为参考频率 Ω_r，即

$$\Omega_r = \Omega_{p2} - \Omega_{p1}$$

另外，定义 $\Omega_0^2 = \Omega_{p1}\Omega_{p2}$，$\Omega_0$ 称为阻带的中心频率。η_{s1}，η_{p1}，η_0，η_{p2}，η_{s2} 则分别为 Ω_{s1}，Ω_{p1}，Ω_0，Ω_{p2}，Ω_{s2} 的归一化频率。

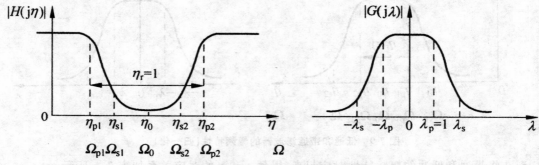

图 7-10　带阻和低通滤波器的幅频特性(归一化)

现在将带阻和低通的幅频特性对应起来，得到 λ 和 η 的对应关系如表 7-6 所示。

表 7-6　λ 与 η 的对应关系

λ	$-\infty$	$-\lambda_s$	$-\lambda_p$	0	0	λ_p	λ_s	∞
η	η_0	η_{s2}	η_{p2}	∞	0	η_{p1}	η_{s1}	η_0

由 λ 和 η 的对应关系，得

$$\lambda = \frac{\eta}{\eta^2 - \eta_0^2} \tag{7-46}$$

式(7-46)就是低通到带阻的频率变换公式。将式(7-46)代入 $p = j\lambda$，并去归一化，可得

$$p = \frac{sB}{s^2 + \Omega_0^2} = \frac{s(\Omega_{p2} - \Omega_{p1})}{s^2 + \Omega_{p1}\Omega_{p2}} \tag{7-47}$$

因此

$$H(s) = G(p)\Big|_{p = \frac{s(\Omega_{p2} - \Omega_{p1})}{s^2 + \Omega_{p1}\Omega_{p2}}} \tag{7-48}$$

式(7-48)为低通到带阻传输函数之间的频率变换关系。

7.2　IIR 数字滤波器的间接设计方法

利用模拟滤波器设计数字滤波器是数字滤波器设计的间接方法。由于模拟滤波器设计方法成熟，且有完整的表格数据可供使用，因而利用它来设计数字滤波器，是较方便的一种方法。

下面我们介绍利用模拟滤波器来设计数字滤波器。

如果从归一化模拟低通（或模拟低通）滤波器出发可有三种设计方案，见图 7-11。

第一种。分两步来实现。

第一步，将设计出的归一化样本模拟低通滤波器经模拟-模拟频带变换法转换成模拟各种（低通、高通、带通、带阻）滤波器；

第二步，然后数字化（采用冲激响应不变法、或双线性变换法或阶跃响应不变法）成各相应频带的数字滤波器，图 7-11(a)就是这种设计方案。

第二种。直接导出由设计出的样本模拟低通滤波器变换成各种通带数字滤波器的方案，既包含频带变换又包含数字化，一步变换完成设计。图 7-11(b)就描述了这种设计方案。

第三种。将设计出的归一化的样本模拟低通滤波器先数字化成低通数字滤波器，然后再用数字—数字频带变换法设计出各种通带数字滤波器。图 7-11(c)就描述了这种设计方案。

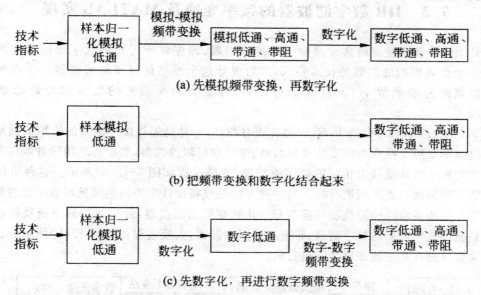

(a) 先模拟频带变换，再数字化

(b) 把频带变换和数字化结合起来

(c) 先数字化，再进行数字频带变换

图 7-11　利用样本模拟（或归一化模拟）低通滤波器设计 IIR 数字滤波器的频率变换法

由上面讨论，并参见图 7-11(a)、(b)、(c)三个框图中，"模拟-模拟频带变换"这一部分已经讨论到了，但是"数字化"的方法是关键的一步。在图 7-12 中已表明数字化办法主要有三种：冲激响应不变法，阶跃响应不变法，双线性变换法，下面只讨论第一种及第二种数字化方法。只有掌握了它们，才能实现图 7-11(a)框图，完成第一种间接法设计 IIR 数字滤波器方案。随后要讨论图 7-11(b)的把频带变换与数字化结合起来一步完成的第二种设计方案。最后，要讨论图 7-11(c)图中的"数字-数字频带变换"的第三种间接法设计 IIR 数字滤波器方案。

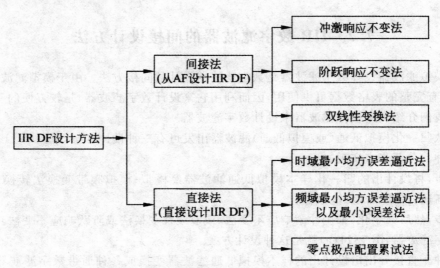

图 7-12　IIR 数字滤波器(DF)的各种设计方法

注意：AF 表示模拟滤波器，DF 表示数学滤波器。

7.3　IIR 数字滤波器的频率变换及 MATLAB 实现

设计 IIR 数字滤波器时常常借助于模拟滤波器，即先将所需要的数字滤波器技术要求转换为一个低通模拟滤波器的技术要求，然后设计这个原型低通模拟滤波器。在得到低通模拟滤波器的传输函数 $H(p)$（或 $H(s)$）后，再变换为所需要的数字滤波器的系统函数 $H(z)$。

将 $H(p)$（或 $H(s)$）变换为 $H(z)$ 的方法有两种，一种是先将设计出来的模拟低通原型滤波器通过频率变换变换成所需要的模拟高通、带通或带阻滤波器，然后再利用脉冲响应不变或双线性变换法将其变换为相应的数字滤波器，变换过程如图 7-13(a)所示。这种方法的频率变换是在模拟滤波器之间进行的。另一种方法是先将设计出来的模拟低通原型滤波器通过脉冲响应不变法或双线性变换法转换为归一化数字低通滤波器，最后通过频率变换把数字低通滤波器变换成所需要的数字高通、带通或带阻滤波器，变换过程如图 7-13(b)所示。这种方法的频率变换是在数字滤波器之间进行的。

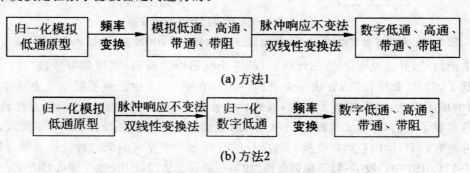

(a) 方法1

(b) 方法2

图 7-13　数字高通、带通及带阻滤波器的设计方法

对于第一种方法,重点是模拟域频率变换,即如何由模拟低通原型滤波器转换为截止频率不同的模拟低通、高通、带通、带阻滤波器。这里我们结合 MATLAB 编程,介绍一下它的一般实现步骤:

(1)确定所需类型数字滤波器的技术指标。

(2)将所需类型数字滤波器的技术指标转换成模拟滤波器的技术指标。

(3)将所需类型模拟滤波器技术指标转换成模拟低通滤波器技术指标。

(4)设计模拟低通滤波器。

在 MATLAB 中,(3)、(4)两步的实现一般是先利用 buttord、cheblord、cheb2 ord、ellipord 等函数求出满足性能要求的模拟低通原型阶数 N 和 3dB 截止频率 ω_c,然后利用 buttap、cheb1ap、cheb2 ap、ellipap 等函数求出零点、极点和增益形式的模拟低通滤波器传输函数 $H(s)$,最后利用 zp2 tf 函数转换为分子、分母多项式形式的 $H(s)$。

1)最小阶数选择函数:

[n,wn]＝buttord/cheblord/cheb2ord/ellipord(wp,ws,Rp,Rs,'s')

其中,wp 为通带截止频率,rad/s;ws 为阻带截止频率,rad/s;Rp 为通带波动,dB;Rs 为阻带最小衰减,dB;'s'表示模拟滤波器(默认时该函数适用于数字滤波器,但 wp 和 ws 需归一化处理,保证取值为 0～1);函数返回值 n 为模拟滤波器的最小阶数;wn 为模拟滤波器的截止频率(−3dB 频率),rad/s。函数适用低通、高通、带通、带阻滤波器。

对于高通滤波器,wp＞ws。对于带通和带阻滤波器存在两个过渡带,wp 和 ws 均应为包含两个元素的向量,分别表示两个过渡带的边界频率,这时返回值 wn 也为两个元素的向量。

2)模拟低通原型函数:

[z,p,k]＝buttap(n)/cheblap(n,Rp)/cheb2ap(n,Rs)/ellipap(n,Rp,Rs)

参数 z,p,k 分别为滤波器的零点、极点和增益,n 为滤波器的阶次。采用上述函数所得到原型滤波器的传输函数为零点、极点、增益形式,需要和函数[b,a]＝zp2tf(z,p,k)配合使用,以转化为多项式形式。

(5)将模拟低通通过频率变换,转换成所需类型的模拟滤波器。

在 MATLAB 中,可利用的 lp21p、lp2hp、lp2bp、lp2bs 等函数来实现。

低通到低通的频率变换[b1,a1]＝lp21p(b,a,w0),其中,w0 为低通滤波器的截止频率(rad/s)。

低通到高通的频率变换[b1,a1]＝lp2hp(b,a,w0),其中,w0 为高通滤波器的截止频率(rad/s):

低通到带通的频率变换[b1,a1]＝lp2 bp(b,a,w0,Bw),其中,w0 为带通滤波器的中心频率,Bw 为带通滤波器的带宽。当滤波器通带的下截止频率为 wl,上截止频率为 w2 时,w0＝sqrt(w1 * w2),Bw＝w2−w1。

低通到带阻的频率变换[b1,a1]＝lp2 bs(b,a,w0,Bw),其中,w0 为带阻滤波器的中心频率,Bw 为带阻滤波器的带宽。当滤波器通带的下截止频率为 wl,上截止频率为 w2 时,w0＝sqrt(w1 * w2),Bw＝w2 − w1。

(6)将所需类型的模拟滤波器转换成所需类型的数字滤波器。利用 MATLAB 中的 impinvar、bilinear 函数。

需要说明的是,MATLAB 信号处理工具箱也提供了模拟滤波器设计的完全工具函数:butter、chebyl、cheby2、ellip、besself,用户只需一次调用就可完成以上 3~5 步的设计工作,这样可以大大简化仿真的工作量。这些工具函数既适用于模拟滤波器设计,也适用于数字滤波器。

1)巴特沃思滤波器:

[b,a]＝butter(n,wn,'ftype','s')

其中,n 为滤波器阶数;wn 为滤波器截止频率;'s'为模拟滤波器,缺省时为数字滤波器。

'ftype'为滤波器类型:'high'表示高通滤波器,截止频率 wn;'stop '表示带阻滤波器,wn＝[w1,w2](w 1＜w2);'ftype'缺省时表示为低通或带通滤波器。低通、高通滤波器时,wn 为截止频率;带通或带阻滤波器时,wn＝[w1,w2](w1＜w2)。b、a 分别为滤波器传输函数分子、分母多项式系数向量。滤波器传输函数具有下列形式:

$$H_a(s)=\frac{B(s)}{A(s)}=\frac{b_1 s^n + b_2 s^{n-1} + \cdots + b_{n+1}}{a_1 s^n + a_2 s^{n-1} + \cdots + a_{n+1}}。$$

2)切比雪夫滤波器:

[b,a]＝chebyl(n,Rp,wn,'ftype','s')或[b,a]＝cheby2(n,Rs,wn,'ftype','s')

3)椭圆滤波器:

[b,a]＝ellip(n,Rp,Rs,wn,'ftype','s')

例 7.3 用双线性变换法设计一个 Chebyshev I 型数字带通滤波器,设计指标为:$\alpha_p＝1\text{dB}$,$\omega_{p1}＝0.4\pi$,$\omega_{p2}＝0.6\pi$,$\alpha_s＝40\text{dB}$,$\omega_{s1}＝0.2\pi$,$\omega_{s2}＝0.8\pi$,$T＝1\text{ms}$。

解:根据以上实现步骤,MATLAB 程序如下:

```
%确定所需类型数字滤波器的技术指标
Rp=1;RS=40;T=0.001;
wpl=0.4 * pi J;wp2=0.6 * pi;wsl=0.2 * pi;ws2=0.8 * pi;
%将所需类型数字滤波器的技术指标转换成模拟滤波器的技术指标
wp3=(2/T) * tan(wpl/2);wp4=(2/T) * tan(wp2/2);
ws3=(2/T) * tan(wsl/2);ws4=(2/T) * tan(ws2/2);
%将所需类型模拟滤波器技术指标转换成模拟低通滤波器技术指标,设计模拟滤波器
wp=[wp3,wp4]; ws=[ws3,ws4];
[n,wn]=cheblord(wp,ws,Rp,Rs,'s'); [z,p,k]=cheblap(n,Rp);[b,a]=zp2tf(z,p,k);
%频率变换
w0=sqrt(wp3 * wp4);Bw=wp4-wp3 ;
[b1,a1]=ip2bp(b,a,w0,Bw);
%双线性变换法
[bz,az]= bilinear(b1,a1,1/T);
[db,mag,pha,grd,w]= freqz_m(bz,az);plot(w/pi,db)j axis([0,1,-50,2]);
```

程序运行结果如图 7-14 所示。

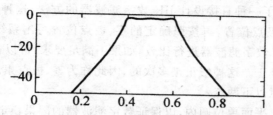

图 7-14　Chebyshev Ⅰ 型数字带通滤波器幅频特性

对于第二种方法,由于其频率变换是在离散域内进行的,因而可以避免脉冲响应不变法由于频响混叠严重而不适用于设计高通、带阻滤波器的限制。表 7-7 列出了数字低通到其他类型滤波器的频率变换关系式。

表 7-7　数字滤波器的频率变换

变换类型	变换关系 $z^{-1}=G(z^{-1})$	变换参数
低通→低通	$\dfrac{z^{-1}-a}{1-az^{-1}}$	$a=\dfrac{\sin\dfrac{\omega_r-\omega_p}{2}}{\sin\dfrac{\omega_r+\omega_p}{2}}$ 其中,ω_r、ω_p 分别为低通原型和所需要设计的滤波器通带截止频率
低通→高通	$-\dfrac{z^{-1}+a}{1+az^{-1}}$	$a=-\dfrac{\cos\dfrac{\omega_r+\omega_p}{2}}{\cos\dfrac{\omega_p-\omega_r}{2}}$
低通→带通	$-\dfrac{z^{-2}-\dfrac{2ak}{k+1}z^{-1}+\dfrac{k-1}{k+1}}{\dfrac{k-1}{k+1}z^{-2}-\dfrac{2ak}{k+1}z^{-1}+1}$	$a=\dfrac{\cos\dfrac{\omega_{p2}+\omega_{p1}}{2}}{\cos\dfrac{\omega_{p2}-\omega_{p1}}{2}},k=\tan\dfrac{\omega_r}{2}\cot\dfrac{\omega_{p2}-\omega_{p1}}{2}$ 其中,ω_{p2}、ω_{p1} 分别为所需要设计的滤波器通带上、下限截止频率
低通→带阻	$\dfrac{z^{-2}-\dfrac{2ak}{k+1}z^{-1}+\dfrac{k-1}{k+1}}{\dfrac{k-1}{k+1}z^{-2}-\dfrac{2ak}{k+1}z^{-1}+1}$	$a=\dfrac{\cos\dfrac{\omega_{p2}+\omega_{p1}}{2}}{\cos\dfrac{\omega_{p2}-\omega_{p1}}{2}},k=\tan\dfrac{\omega_r}{2}\tan\dfrac{\omega_{p2}-\omega_{p1}}{2}$

7.4　IIR 数字滤波器的直接设计方法

7.4.1　零、极点累试法

系统极点位置主要影响系统幅频响应的峰值位置以及尖锐程度,零点主要影响频响的谷值位置以及下凹程度,通过零、极点位置可以定性的确定系统的幅频响应。

基于上述理论提出了一种直接设计 IIR 数字滤波器的方法,这种设计方法是根据滤波器的幅频响应先确定零、极点位置,再按照确定的零、极点位置写出系统函数,画出幅频特性曲线,并与希望得到的 IIR 数字滤波器进行比较,如果不满足要求,可以通过移动零、极点位置或增减零、极点数量进行修正。这种修正是多次的,因此称为零、极点累试法。零、极点位置并不是随意确定的,需要注意以下两点:

(1)极点必须位于 z 平面单位圆内,以保证数字滤波器的因果稳定性。

(2)零、极点若为复数必须共轭成对,以保证系统函数为 z 的有理分式。

下面通过一个例子,说明零、极点累试法的实现过程。

例 7.4 设计一个数字带通滤波器,通带中心频率 $\omega_0 = \dfrac{\pi}{2}\mathrm{rad}$,当 $\omega = \pi$ 和 $\omega = 0$ 时,幅度衰减到 0。

解:根据题意确定零、极点位置。

设极点为 $z_{1,2} = re^{\pm j\pi/2}$,零点为 $z_{3,4} = \pm 1$,零、极点分布图如图 7-15(a)所示。数字带通滤波器的系统函数为

$$H(z) = A\frac{(z-1)(z+1)}{(z-re^{j\pi/2})(z-re^{-j\pi/2})}$$

式中,A 为待定系数,如果要求在 $\omega = \dfrac{\pi}{2}\mathrm{rad}$ 处,幅度为 1,即

$$|H(e^{j\omega})|\big|_{\omega=\pi/2} = 1$$

则

$$A = \frac{(1-r^2)}{2}$$

取 $r = 0.6$,$r = 0.9$ 分别画出数字带通滤波器的幅频响应如图 7-15(b)所示。从图中可以看出,极点越靠近单位圆(r 约接近 1),带通特性越尖锐。

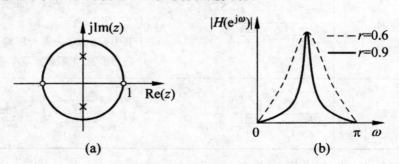

图 7-15　极点累试法设计 IIR 数字滤波器

7.4.2　最小均方误差法

滤波器设计的目的是要使所得到的数字滤波器的频率响应 $H(e^{j\omega})$ 尽可能地逼近所要求的频响 $H_d(e^{j\omega})$,使它们之间的误差最小。为了表示它们之间的差别,就需要规定一种误差判别准则。最小均方误差准则是使用较多的一种,它是施泰利兹(K. ateiglitz)于 1970 年提出的。

已知在一组离散频率点 $\omega_i(i=1,2,\cdots,\omega)$ 上所要求的频率响应 $H_d(e^{j\omega})$ 的值为 $H_d(e^{j\omega_i})$，假定实际求出的频率响应为 $H(e^{j\omega})$，那么，在这些给定离散频率点上，所要求的频率响应的幅值与求出的实际频率响应幅值的均方误差为

$$E = \sum_{i=1}^{N} \left[\mid H(e^{j\omega_i}) \mid - \mid H_d(e^{j\omega_i}) \mid \right]^2 \tag{7-49}$$

设计的目的是调整各 $H(e^{j\omega_i})$，即调整 $H(e^{j\omega})$ 的系数，使 E 为最小，这样得到的 $H(e^{j\omega})$ 作为 $H_d(e^{j\omega_i})$ 的逼近值。

实际滤波器 $H(e^{j\omega})$ 常采用二阶的级联形式表示，因为这种结构其频率响应对系数变化的灵敏度低（这使系数量化造成的误差减小），便于调整频率响应，而且在最优化过程中计算导数较为方便。设

$$H(z) = A \prod_{i=1}^{M} \frac{1 + a_i z^{-1} + b_i z^{-2}}{1 + c_i z^{-1} + d_i z^{-2}} \tag{7-50}$$

将从式(7-50)得到的

$$H(e^{j\omega_i}) = H(z) \mid_{z=e^{j\omega}}$$

代入式(7-49)，可以看出，均方误差 E 是 a_i、b_i、c_i、$d_i(i=1,2,\cdots,M)$ 以及 A 的函数，所以 E 是 $4M+1$ 个未知参量的函数。

将这 $4M+1$ 个参量用矢量 $\boldsymbol{\theta}$ 表示为

$$\boldsymbol{\theta} = [a_1, b_1, c_1, d_1, \cdots, a_M, b_M, c_M, d_M, A] \tag{7-51}$$

则均方误差 E 为 $\boldsymbol{\theta}$ 的函数，记为 $E(\boldsymbol{\theta})$。设计的目的就是要找到 $\boldsymbol{\theta}$ 的最优值 $\boldsymbol{\theta}^*$，使均方误差为最小，即

$$E(\boldsymbol{\theta}^*) \leqslant E(\boldsymbol{\theta})$$

这就是最小均方误差准则。此准则追求的目标是使总的逼近误差为最小，但不排除在个别频率点上有较大的误差，特别是在滤波器的过渡带附近。采用此准则的优点是有较成熟的数学解法。

一般来说，求误差函数 $E(\boldsymbol{\theta})$ 的最小值，可令它的各一阶偏导数为 0，即

$$\begin{cases} \dfrac{\partial E(\boldsymbol{\theta})}{\partial \mid A \mid} = 0 \\[2mm] \dfrac{\partial E(\boldsymbol{\theta})}{\partial a_i} = 0 \\[2mm] \dfrac{\partial E(\boldsymbol{\theta})}{\partial b_i} = 0, i = 1, 2, \cdots, M \\[2mm] \dfrac{\partial E(\boldsymbol{\theta})}{\partial c_i} = 0 \\[2mm] \dfrac{\partial E(\boldsymbol{\theta})}{\partial d_i} = 0 \end{cases} \tag{7-52}$$

利用计算机就可以解出这 $4M+1$ 个系数，把系数值代入式(7-50)，即可求得所设计的 $H(z)$。

理论上，解 $4M+1$ 个方程组成的方程组，可求得 $4M+1$ 个未知数，这就是 $\boldsymbol{\theta}^*$。但实际求解起来很困难，一般不直接求解，而采用迭代的方法，其中弗莱切-鲍威尔(Fletcher-Powell)的优化算法是效率比较高的一种算法，它是以最陡下降法的线性搜索为主的一种混合型算法。

最优化过程比较烦琐,这里只介绍大概的思路。它是在得到滤波器的理想特性与实际特性之间的误差函数后,找到使误差函数最小的自变量的一组数据。选定这组数据为滤波器系统函数的各系数或零、极点,这样就得到了所求的数字滤波器的系统函数。寻找一组最佳参数使误差函数最小的过程即为最优化过程,其方法即为最优化算法。

令 $Q(\boldsymbol{X})$ 表示误差函数,$\boldsymbol{X}$ 是它的自变量向量,设

$$\boldsymbol{X}=[x_1,x_2,\cdots,x_N], N \text{ 为正整数}$$

$x_i(i=1,2,\cdots,N)$ 是待求的一组参数。首先设定 $\boldsymbol{X}$ 的初值 $\boldsymbol{X}(0)$,然后按一定方向寻找 $\boldsymbol{X}$ 的下一个值 $\boldsymbol{X}(i)$,使 $Q(\boldsymbol{X})$ 的值以尽可能快的速度下降。每找到一个 $\boldsymbol{X}(i)$,都需要计算 $Q(\boldsymbol{X}(i))$ 和梯度

$$\nabla Q=\left[\frac{\partial \boldsymbol{Q}}{\partial x_1},\frac{\partial \boldsymbol{Q}}{\partial x_2},\cdots,\frac{\partial \boldsymbol{Q}}{\partial x_N}\right] \tag{7-53}$$

当 $Q(\boldsymbol{X}(i))$ 下降到一定程度,以至于使

$$|Q(\boldsymbol{X}(i))|-|Q(\boldsymbol{X}(i-1))|<\varepsilon \tag{7-54}$$

而且

$$|\nabla Q|<\varepsilon$$

时,认为此时 $\boldsymbol{X}(i)$ 即为所寻求的最佳参数。整个过程必须借助于计算机,采用迭代方法完成。

应当指出,这种最小化方法只涉及幅度函数。由于并未对传输函数的零、极点作任何限制,最优化算法的结果,得到的参量值可能相当于一个不稳定的滤波器,也就是可能有位于单位圆外的极点 p_i。此时,可级联一个全通网络将单位圆外的极点反射到单位圆内镜像位置上(用 $1/p_i$ 来代替 p_i)。这样处理后不会影响幅频特性的形状,但整个级联后的系统却变成了一个稳定的滤波器。

将所有单位圆外的极点反射到单位圆内后,可再次运行此最优化程序,直到达到一个新的最小点为止。如果要求滤波器是最小相位的,可以把单位圆外的零点反射到单位圆内。

7.5　IIR 数字滤波器的相位均衡

设计 IIR 数字滤波器时,只考虑了幅频特性,没有考虑相位特性。因此,所设计的 IIR 数字滤波器的相位特性一般都是非线性的。为了补偿这种相位失真,必须给滤波器级联一个时延均衡器,也就是说要对 IIR 数字滤波器进行相位均衡。

7.5.1　全通滤波器的群时延特性

全通滤波器的幅频特性对所有频率均为常数或 1,而其相位特性却随频率变化而变化。即

$$H_{\mathrm{ap}}(\mathrm{e}^{\mathrm{j}\omega})=|H_{\mathrm{ap}}(\mathrm{e}^{\mathrm{j}\omega})|\,\mathrm{e}^{\mathrm{j}\phi(\omega)}=\mathrm{e}^{\mathrm{j}\phi(\omega)} \tag{7-55}$$

式(7-55)表明,信号通过全通滤波器后,幅度谱不发生变化,仅相位谱发生变化,形成纯相位滤波。因此,全通滤波器是一种纯相位滤波器,经常用于相位均衡,以使系统的群延时特性保持为一个常数,故又称为时延均衡器。

全通滤波器的系统函数可以写成如下形式:

$$H_{ap}(z) = \prod_{k=1}^{N} \frac{z^{-1} - z_k^*}{1 - z_k z^{-1}} \tag{7-56}$$

显然，极点 z_k 与零点 $1/z_k^*$ 互为共轭倒数关系。

全通滤波器的频率响应可以表示为

$$H_{ap}(z) = \prod_{k=1}^{N} \frac{e^{-j\omega} - z_k^*}{1 - z_k e^{-j\omega}} \tag{7-57}$$

对于一个因果稳定的全通系统来说，其极点全部位于单位圆内部。

对于 $z_k = re^{j\theta}$ 的一阶全通滤波器，由式(7-57)可求出相位函数为

$$\phi(\omega) = \arg \frac{e^{-j\omega} - re^{-j\theta}}{1 - re^{j\theta} e^{-j\omega}} = -\omega - 2\arctan \frac{r\sin(\omega - \theta)}{1 - r\cos(\omega - \theta)} \tag{7-58}$$

于是可得出此一阶全通系统的群时延特性为

$$\tau(\omega) = -\frac{d\phi(\omega)}{d\omega} = \mathrm{grd} \frac{e^{-j\omega} - re^{-j\theta}}{1 - re^{j\theta} e^{-j\omega}} = \frac{1 - r^2}{1 + r^2 - 2r\cos(\omega - \theta)} = \frac{1 - r^2}{|1 - re^{j\theta} e^{-j\omega}|^2} \tag{7-59}$$

图 7-16 显示了

$$z_k = 0.9(\theta = 0, r = 0.9) \text{和} z_k = -0.9(\theta = \pi, r = 0.9)$$

两种情况下一阶全通系统的相位、群时延特性曲线。由图可以看出，由于 $r<1$，因果全通系统的相位在 $0<\omega<\pi$ 内总是非正的，而对群时延的贡献总是正的。由于高阶全通滤波器的群时延就是如式(7-59)的一些正的项之和，所以一个系统函数为有理函数的全通滤波器的群时延总是正的。

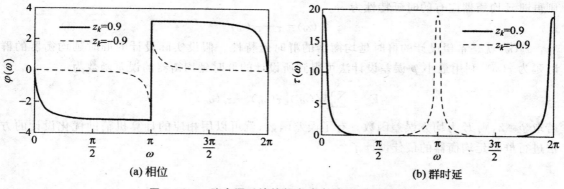

(a) 相位　　　　　　　　　　　(b) 群时延

图 7-16　一阶全通系统的频率响应(相位和群时延)

全通滤波器有很多用途，除可用作相位(或群时延)失真的补偿之外，还用于最小相位系统，以及在把数字低通滤波器变换到其他类型的滤波器的频率变换中等。

7.5.2　IIR 数字滤波器的群时延均衡

为了补偿 IIR 数字滤波器产生的相位非线性失真，需在其后面接入一个均衡器来进行相位均衡，使其群时延特性得到改善。设 $H_c(z)$ 为一个待补偿的 IIR 滤波器的系统函数，$H_{ap}(z)$ 为所要设计的群时延均衡器(即全通滤波器)的系统函数，两者连接框图如图 7-17 所示。

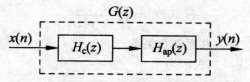

图 7-17   利用全通滤波器进行失真补偿的框图

由图 7-17 可知，接入群时延均衡器后整个系统的频率响应为

$$G(e^{j\omega}) = H_c(e^{j\omega})H_{ap}(e^{j\omega})$$

由于

$$|H_{ap}(e^{j\omega})| = 1$$

所以

$$|G(e^{j\omega})| = |H_c(e^{j\omega})|$$

均衡后整个系统总的群时延为

$$grd[G(e^{j\omega})] = grd[H_c(e^{j\omega})] + grd[H_{ap}(e^{j\omega})]$$

理想的情况是，均衡后整个系统总的群时延为 0，此时有

$$\tau_d(\omega) = grd[H_c(e^{j\omega})] + grd[H_{ap}(e^{j\omega})]$$

其中，$\tau_d(\omega)$ 为所设计均衡器的群时延。一般来说，可使均衡后整个系统总的群时延为一个常数，设

$$grd[G(e^{j\omega})] = \tau, grd[H_c(e^{j\omega})] = \tau_c(\omega)$$

则群时延均衡器应有的时延特性为

$$\tau_d(\omega) = \tau - \tau_c(\omega)$$

$\tau_d(\omega)$ 就是希望设计的群时延均衡器的群时延特性。假设实际设计的群时延均衡器的群时延为 $\tau(\omega)$，利用最小 p 误差设计法可得到所设计的群时延均衡器的误差函数为

$$E = \sum_{i=1}^{N} W(\omega_i)[\tau(\omega_i) - \tau_d(\omega_i)]^p$$

若取 $p=2$，则 E 为均方误差函数。有了误差函数，就可以用相应的计算机辅助优化设计的方法进行群时延均衡器的最佳设计了。

第 8 章 FIR 数字滤波器的设计

8.1 线性相位 FIR 数字滤波器

8.1.1 线性相位条件

对于长度为 N 的 $h(n)$, 频率响应为

$$H(e^{j\omega}) = \sum_{n=0}^{N-1} h(n) e^{-j\omega n} \tag{8-1}$$

当 $h(n)$ 为实序列时, 可将 $H(e^{j\omega})$ 表示为

$$H(e^{j\omega}) = |H(e^{j\omega})| e^{j\phi(\omega)} = H(\omega) e^{j\theta(\omega)} \tag{8-2}$$

式中, $H(\omega)$ 称为幅度特性, $\theta(\omega)$ 称为相位特性, $|H(e^{j\omega})|$ 称为幅频特性, $\phi(\omega)$ 称为相频特性。注意, $H(\omega)$ 为 ω 的实函数, 可正可负, 而 $|H(e^{j\omega})|$ 总是正值。

$H(e^{j\omega})$ 线性相位是指 $\theta(\omega)$ 是 ω 的线性函数, 即

$$\theta(\omega) = -\tau\omega, \quad \tau \text{ 为常数} \tag{8-3}$$

或者

$$\theta(\omega) = \theta_0 - \tau\omega, \quad \theta_0 \text{ 是起始相位} \tag{8-4}$$

以上两种情况都满足 $\dfrac{d\theta(\omega)}{d\omega}$ 是一个常数, 即

$$\frac{d\theta(\omega)}{d\omega} = -\tau$$

一般地, 称满足式(8-3)是第一类线性相位; 满足式(8-4)为第二类线性相位。

如果 FIR 滤波器的单位脉冲响应 $h(n)$ 为实序列, 而且满足以下任意条件:

偶对称
$$h(n) = h(N-1-n) \tag{8-5}$$

奇对称
$$h(n) = -h(N-1-n) \tag{8-6}$$

其对称中心在 $n = (N-1)/2$ 处, 则该 FIR 数字滤波器具有准确的线性相位。其中式(8-5)为第一类线性相位条件, 式(8-6)为第二类线性相位条件。

下面给出线性相位条件的推导与证明。

1. $h(n)$ 偶对称的情况

$$h(n) = h(N-1-n), \quad 0 \leqslant n \leqslant N-1 \tag{8-7}$$

其系统函数为

$$H(z) = \sum_{n=0}^{N-1} h(n) z^{-n} = \sum_{n=0}^{N-1} h(N-1-n) z^{-n} \tag{8-8}$$

将 $m = (N-1-n)$ 代入式(8-8)中, 即

$$H(z) = \sum_{m=0}^{N-1} h(m) z^{-(N-1-m)} = z^{-(N-1)} \sum_{m=0}^{N-1} h(m) z^m$$

可以得到

$$H(z) = z^{-(N-1)} H(z^{-1}) \tag{8-9}$$

改写成

$$H(z) = \frac{1}{2} \left[H(z) + z^{-(N-1)} H(z^{-1}) \right]$$

$$= \frac{1}{2} \sum_{n=0}^{N-1} h(n) \left[z^{-n} + z^{-(N-1)} z^n \right]$$

$$= z^{-\left(\frac{N-1}{2}\right)} \sum_{n=0}^{N-1} h(n) \left[\frac{z^{-\left(n-\frac{N-1}{2}\right)} + z^{\left(n-\frac{N-1}{2}\right)}}{2} \right]。 \tag{8-10}$$

滤波器的频率响应为

$$H(e^{j\omega}) = H(z) \big|_{z=e^{j\omega}} = e^{-j\omega\left(\frac{N-1}{2}\right)} \sum_{n=0}^{N-1} h(n) \cos\left[\omega\left(\frac{N-1}{2} - n\right) \right] \tag{8-11}$$

我们可以看到,上式的 $\sum$ 以内全部是标量,如果将频率响应用相位函数 $\theta(\omega)$ 及幅度函数 $H(\omega)$ 表示,即

$$H(e^{j\omega}) = H(\omega) e^{j\theta(\omega)} \tag{8-12}$$

那么有

$$H(\omega) = \sum_{n=0}^{N-1} h(n) \cos\left[\omega\left(\frac{N-1}{2} - n\right) \right] \tag{8-13}$$

$$\theta(\omega) = -\omega\left(\frac{N-1}{2}\right) \tag{8-14}$$

式(8-13)的幅度函数 $H(\omega)$ 是标量函数,可以包括正值、负值和零,而且是 ω 的偶函数和周期函数;而 $|H(e^{j\omega})|$ 取值大于等于零,两者在某些 ω 值上相位相差 π。式(8-14)的相位函数 $\theta(\omega)$ 具有严格的线性相位如图 8-1 所示。

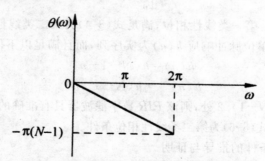

图 8-1 h(n)偶对称时线性相位特性

2. h(n)奇对称的情况

$$h(n) = -h(N-1-n), \quad 0 \leqslant n \leqslant N-1$$

其系统函数为

$$H(z) = \sum_{n=0}^{N-1} h(n) z^{-n}$$

$$= -\sum_{n=0}^{N-1} h(N-1-n) z^{-n}$$

$$= -\sum_{m=0}^{N-1} h(m) z^{-(N-1-m)}$$

$$= -z^{-(N-1)} \sum_{m=0}^{N-1} h(m) z^{m} \tag{8-15}$$

因此

$$H(z) = -z^{-(N-1)} H(z^{-1}) \tag{8-16}$$

可以改写成

$$H(z) = \frac{1}{2} \left[H(z) - z^{-(N-1)} H(z^{-1}) \right]$$

$$= \frac{1}{2} \sum_{n=0}^{N-1} h(n) \left[z^{-n} - z^{-(N-1)} z^{n} \right]$$

$$= z^{-\left(\frac{N-1}{2}\right)} \sum_{n=0}^{N-1} h(n) \left[\frac{z^{-\left(n-\frac{N-1}{2}\right)} - z^{\left(n-\frac{N-1}{2}\right)}}{2} \right] \text{。} \tag{8-17}$$

其频率响应为

$$H(e^{j\omega}) = H(z) \big|_{z=e^{j\omega}} = je^{-j\omega\left(\frac{N-1}{2}\right)} \sum_{n=0}^{N-1} h(n) \sin\left[\omega\left(\frac{N-1}{2} - n \right) \right]$$

$$= e^{-j\omega\left(\frac{N-1}{2}\right) + j\frac{\pi}{2}} \sum_{n=0}^{N-1} h(n) \sin\left[\omega\left(\frac{N-1}{2} - n \right) \right] \tag{8-18}$$

那么有

$$H(\omega) = \sum_{n=0}^{N-1} h(n) \sin\left[\omega\left(\frac{N-1}{2} - n \right) \right] \tag{8-19}$$

$$\theta(\omega) = -\omega\left(\frac{N-1}{2} \right) + \frac{\pi}{2} \tag{8-20}$$

幅度函数 $H(\omega)$ 可以包括正值、负值和零,而且是 ω 的奇函数和周期函数。相位函数既是线性相位,又包括 $\frac{\pi}{2}$ 的相移如图 8-2 所示。

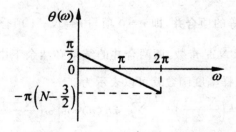

图 8-2　$h(n)$ 奇对称时线性相位特性

8.1.2 幅度函数特点

由于 $h(n)$ 的长度 N 分为偶数和奇数两种情况,因而 $h(n)$ 可以有 4 种类型,如图 8-3 和图 8-4 所示,分别对应于 4 种线性相位 FIR 数字滤波器,下面分 4 种情况讨论其幅度特性的特点。

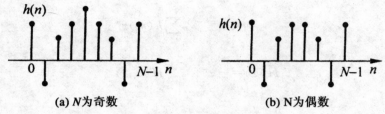

(a) N为奇数   **(b) N为偶数**

图 8-3 $h(n)$ 偶对称

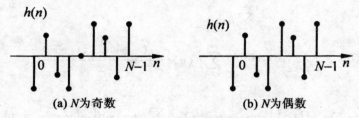

(a) N为奇数   **(b) N为偶数**

图 8-4 $h(n)$ 奇对称

1. 第一种类型(Ⅰ型):$h(n)$ 为偶对称,N 为奇数

从 $h(n)$ 偶对称的幅度函数式(8-13)

$$H(\omega) = \sum_{n=0}^{N-1} h(n) \cos\left[\omega\left(\frac{N-1}{2} - n\right)\right]$$

可以看出,不但 $h(n)$ 对于 $\frac{N-1}{2}$ 呈偶对称,满足 $h(n) = h(N-1-n)$,而且 $\cos\left[\omega\left(\frac{N-1}{2} - n\right)\right]$ 也对 $\frac{N-1}{2}$ 呈偶对称,满足

$$\cos\left\{\omega\left[\frac{N-1}{2} - (N-1-n)\right]\right\} = \cos\left[-\omega\left(\frac{N-1}{2} - n\right)\right] = \cos\left[\omega\left(\frac{N-1}{2} - n\right)\right]$$

因此,可以将 $\sum$ 内两两相等的项合并,即 $n=0$ 项与 $n=N-1$ 项合并,$n=1$ 项与 $n=N-2$ 项合并,依此类推。但是,由于 N 是奇数,两两合并的结果必然余下中间一项,即 $n=\frac{N-1}{2}$ 项是单项,无法和其他项合并,这样幅度函数就可以表示为

$$H(\omega) = h\left(\frac{N-1}{2}\right) + \sum_{n=0}^{(N-3)/2} 2h(n) \cos\left[\omega\left(\frac{N-1}{2} - n\right)\right]$$

再进行一次换元,即令 $n = \frac{N-1}{2} - m$,则上式可改写为

$$H(\omega) = h\left(\frac{N-1}{2}\right) + \sum_{m=1}^{(N-1)/2} 2h\left(\frac{N-1}{2} - m\right) \cos(\omega m) \tag{8-21}$$

可表示为

$$H(\omega)=\sum_{m=1}^{(N-1)/2}a(n)\cos(\omega m)\tag{8-22}$$

式中

$$\begin{cases}a(0)=h\left(\dfrac{N-1}{2}\right)\\[2mm]a(n)=2h\left(\dfrac{N-1}{2}-n\right),\quad n=1,2,\cdots,(N-1)/2\end{cases}\tag{8-23}$$

式(8-22)中的 $\cos(\omega m)$ 项对 $\omega=0,\pi,2\pi$ 皆为偶对称如图 8-5 所示。因此,幅度函数 $H(\omega)$ 对于 $\omega=0,\pi,2\pi$ 也呈偶对称如图 8-6 所示。

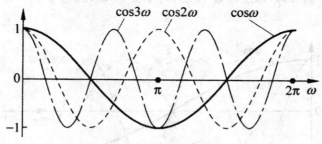

图 8-5　$\cos(\omega m)$ 波形

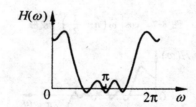

图 8-6　I 型 FIR 滤波器幅度函数

I 型 FIR 滤波器的特点如下:

1)相位曲线是经过原点的直线。

2)幅度函数 $H(\omega)$ 对 $\omega=0,\pi,2\pi$ 点偶对称。

3)该型滤波器既可以用做低通滤波器(幅度特性在 $\omega=0$ 处不为零),也可以用做高通滤波器(幅度特性在 $\omega=\pi$ 处不为零),还可以用做带通和带阻滤波器,所以应用最为广泛。

2. 第二种类型(Ⅱ型):$h(n)$ 为偶对称,N 为偶数

推导过程和前面 N 为奇数相似,不同点是由于 N 为偶数,因此式(8-13)中无单独项,全部可以两两合并得

$$H(\omega)=\sum_{n=0}^{N/2-1}2h(n)\cos\left[\omega\left(\frac{N-1}{2}-n\right)\right]$$

令 $n=\dfrac{N}{2}-m$,代入上式可得

$$H(\omega)=\sum_{m=1}^{N/2}2h\left(\frac{N}{2}-m\right)\cos\left[\omega\left(m-\frac{1}{2}\right)\right]$$

因此

$$H(\omega) = \sum_{n=1}^{N/2} b(n)\cos\left[\omega\left(n - \frac{1}{2}\right)\right] \tag{8-24}$$

$$b(n) = 2h\left(\frac{N}{2} - m\right), \quad n = 1, 2, \cdots, N/2 \tag{8-25}$$

式(8-24)中的 $\cos\left[\omega\left(n - \frac{1}{2}\right)\right]$ 项在 $\omega = \pi$ 时,幅度为 0,且关于 $\omega = \pi$ 呈奇对称,如图 8-7 所示,因此当 $\omega = \pi$ 时的幅度函数 $H(\omega)$,即 $H(\pi) = 0$,由此可知 $H(z)$ 在 $z = \mathrm{e}^{j\pi} = -1$ 处必然有一个零点,同时 $H(\omega)$ 也对 $\omega = \pi$ 呈奇对称,当 $\omega = 0$ 或 2π 时,$\cos\left[\omega\left(n - \frac{1}{2}\right)\right] = 1$ 或 -1,余弦项对 $\omega = 0, \pi, 2\pi$ 为偶对称,幅度函数 $H(\omega)$ 对于 $\omega = 0, \pi, 2\pi$ 也呈偶对称,其幅度函数 $H(\omega)$ 如图 8-8 所示。

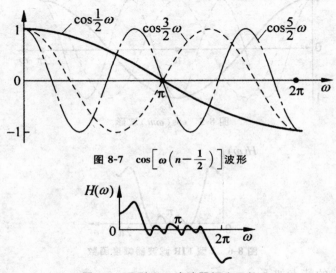

图 8-7 $\cos\left[\omega\left(n - \frac{1}{2}\right)\right]$ 波形

图 8-8 Ⅱ型 FIR 滤波器幅度函数

Ⅱ型 FIR 滤波器的特点为:

1)相位曲线是经过原点的直线。

2)幅度函数 $H(\omega)$ 对 $\omega = 0, \pi, 2\pi$ 点偶对称,对 π 点奇对称。

3)如果数字滤波器在 $\omega = \pi$ 处不为零,例如高通、带阻滤波器,则不能用这类数字滤波器来设计。

3. 第三种类型(Ⅲ型):$h(n)$ 为奇对称,N 为奇数

利用 $h(n)$ 奇对称的幅度函数式(8-19)

$$H(\omega) = \sum_{n=0}^{N-1} h(n)\sin\left[\omega\left(\frac{N-1}{2} - n\right)\right]$$

由于 $h(n)$ 对于 $\frac{N-1}{2}$ 呈奇对称,即 $h(n) = -h(N-1-n)$,当 $n = \frac{N-1}{2}$ 时,

$$h\left(\frac{N-1}{2}\right) = -h\left(N-1-\frac{N-1}{2}\right) = -h\left(\frac{N-1}{2}\right)$$

因此，$h\left(\dfrac{N-1}{2}\right)=0$，即 $h(n)$ 奇对称时，中间项一定为零。此外，在幅度函数式(8-19)中，$\sin\left[\omega\left(\dfrac{N-1}{2}-n\right)\right]$ 也对 $\dfrac{N-1}{2}$ 呈奇对称：

$$\sin\left\{\omega\left[\dfrac{N-1}{2}-(N-1-n)\right]\right\}=\sin\left[-\omega\left(\dfrac{N-1}{2}-n\right)\right]=-\sin\left[\omega\left(\dfrac{N-1}{2}-n\right)\right]$$

因此，在 $\sum$ 中第 n 项和第 $(N-1-n)$ 项是相等的，将这两两相等的项合并，共合并为 $\dfrac{N-1}{2}$，即

$$H(\omega)=\sum_{n=0}^{(N-3)/2}2h(n)\sin\left[\omega\left(\dfrac{N-1}{2}-n\right)\right]$$

令 $n=\dfrac{N-1}{2}-m$，则上式可改写为

$$H(\omega)=\sum_{m=1}^{(N-1)/2}2h\left(\dfrac{N-1}{2}-n\right)\sin(\omega m)\qquad(8\text{-}26)$$

因此

$$H(\omega)=\sum_{n=1}^{(N-1)/2}c(n)\sin(\omega m)\qquad(8\text{-}27)$$

$$c(n)=2h\left(\dfrac{N-1}{2}-n\right),\quad n=1,2,\cdots,(N-1)/2\qquad(8\text{-}28)$$

$\sin(\omega m)$ 在 $\omega=0,\pi,2\pi$ 处都为零，并对这些点呈奇对称，如图 8-9 所示，因此幅度函数 $H(\omega)$ 在 $\omega=0,\pi,2\pi$ 处为零，即 $H(z)$ 在 $z=\pm1$ 上都有零点，且 $H(\omega)$ 对于 $\omega=0,\pi,2\pi$ 也呈奇对称，如图 8-10 所示。

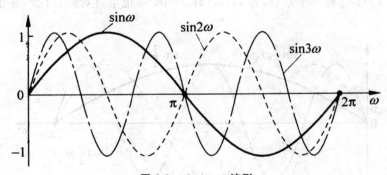

图 8-9 $\sin(\omega m)$ 波形

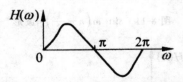

图 8-10 Ⅲ 型 FIR 滤波器幅度函数

Ⅲ 型 FIR 滤波器的特点如下：

1)相位曲线是截距为 $\dfrac{\pi}{2}$、斜率为 $-\dfrac{N-1}{2}$ 的直线。

2)幅度函数 $H(\omega)$ 对于 $\omega=0,\pi,2\pi$ 呈奇对称。

3)如果数字滤波器在 $\omega=0,\pi$ 处不为零。例如,低通滤波器、高通滤波器、带阻滤波器,则不适合用这类数字滤波器来设计。

4. 第四种类型(Ⅳ型):$h(n)$ 为奇对称,N 为偶数

和前面情况 3 推导类似,不同点是由于 N 为偶数,因此式(8-19)中无单独项,全部可以两两合并得

$$H(\omega)=\sum_{n=0}^{N-1}2h(n)\sin\left[\omega\left(\frac{N-1}{2}-n\right)\right]=\sum_{n=0}^{N/2-1}2h(n)\sin\left[\omega\left(\frac{N-1}{2}-n\right)\right]$$

令 $n=N/2-m$,则有

$$H(\omega)=\sum_{m=1}^{N/2}2h\left(\frac{N}{2}-m\right)\sin\left[\omega\left(m-\frac{1}{2}\right)\right]$$

因此

$$H(\omega)=\sum_{m=1}^{N/2}d(n)\sin\left[\omega\left(n-\frac{1}{2}\right)\right] \tag{8-29}$$

式中

$$d(n)=2h\left(\frac{N}{2}-m\right),\quad n=1,2,3,\cdots,N/2 \tag{8-30}$$

当 $\omega=0,2\pi$ 时,$\sin\left[\omega\left(n-\frac{1}{2}\right)\right]=0$,且对 $\omega=0,2\pi$ 呈奇对称,当 $\omega=\pi$ 时,$\sin\left[\omega\left(n-\frac{1}{2}\right)\right]=-1$ 或 1,则 $\sin\left[\omega\left(n-\frac{1}{2}\right)\right]=0$ 对 $\omega=\pi$ 呈偶对称,如图 8-11 所示。因此 $H(\omega)$ 在 $\omega=0,2\pi$ 处为零,即 $H(z)$ 在 $z=1$ 处有一个零点,且 $H(\omega)$ 对 $\omega=0,2\pi$ 也呈奇对称,对 $\omega=\pi$ 也呈偶对称,如图 8-12 所示。

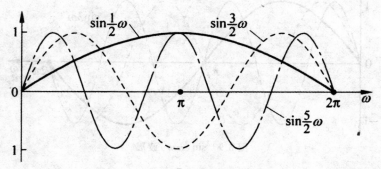

图 8-11 $\sin\left[\omega\left(n-\frac{1}{2}\right)\right]$ 波形

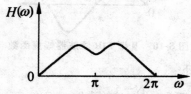

图 8-12 Ⅳ型 FIR 滤波器幅度函数

Ⅳ型 FIR 滤波器的特点如下：

1）相位曲线是截距为 $\frac{\pi}{2}$、斜率为 $-\frac{N-1}{2}$ 的直线。

2）幅度函数 $H(\omega)$ 对 $\omega=0,2\pi$ 呈奇对称，对 $\omega=\pi$ 呈偶对称。

3）如果数字滤波器在 $\omega=0$ 处不为零。例如，低通滤波器、带阻滤波器，则不适合用这类数字滤波器来设计。

这 4 种线性相位 FIR 滤波器的特性对比如图 8-13 所示。

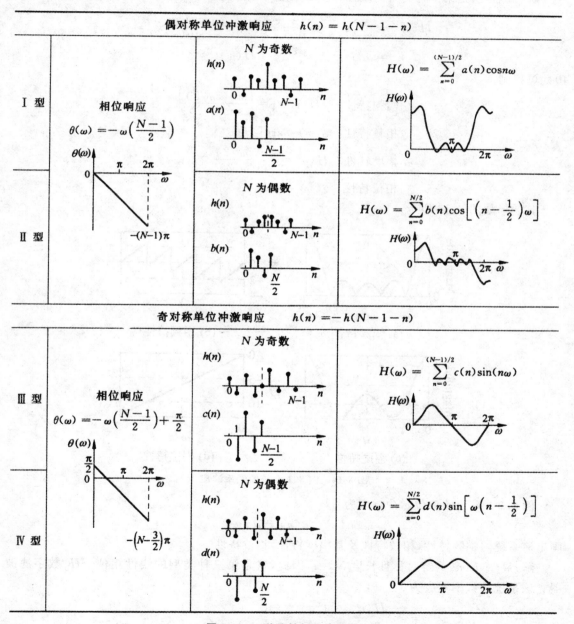

图 8-13　4 种线性相位滤波器

在实际使用时，一般来说，Ⅰ型适合构成低通、高通、带通、带阻滤波器；Ⅱ型适合构成低通、带通滤波器；Ⅲ型适合构成带通滤波器；Ⅳ型适合构成高通、带通滤波器。

例 8.1 如果系统的单位脉冲响应为

$$h(n) = \begin{cases} 1, & 0 \leqslant n \leqslant 4 \\ 0, & \text{其他} \end{cases}$$

画出该系统的幅频特性、相频特性及其幅度特性、相位特性。

解： 显然，这是第一种类型的线性相位 FIR 数字滤波器。该系统的频率响应为

$$H(e^{j\omega}) = \sum_{n=0}^{4} e^{-j\omega n} = \frac{1 - e^{-j5\omega}}{1 - e^{-j\omega}} = e^{-j2\omega} \frac{\sin(5\omega/2)}{\sin(\omega/2)}$$

$$= |H(e^{j\omega})| e^{j\phi(\omega)} = H(\omega) e^{j\theta(\omega)}$$

由此可得到

幅频特性 $\quad |H(e^{j\omega})| = \left| \dfrac{\sin(5\omega/2)}{\sin(\omega/2)} \right|$

相频特性 $\quad \phi(\omega) = \arg[H(e^{j\omega})]$

幅度特性 $\quad H(\omega) = \dfrac{\sin(5\omega/2)}{\sin(\omega/2)}$

相位特性 $\quad \theta(\omega) = -2\omega$

其波形如图 8-14 所示。

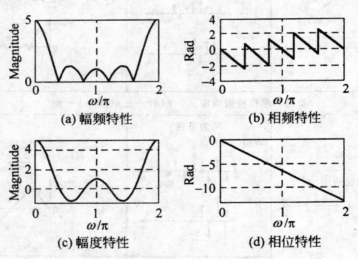

(a) 幅频特性　　　　　(b) 相频特性

(c) 幅度特性　　　　　(d) 相位特性

图 8-14　例 8.1 系统的频率响应

例 8.2 系统的单位脉冲响应为

$$h(n) = \delta(n) - \delta(n-2)$$

画出该系统的幅频特性，相频特性及其幅度特性，相位特性。

解： 显然，$h(n)$ 为奇对称且长度 $N = 3$，因此，这是第三种类型的线性相位 FIR 数字滤波器。该系统的频率响应为

$$H(e^{j\omega}) = 1 - e^{-j2\omega} = e^{-j\omega}(e^{j\omega} - e^{-j\omega})$$

$$= je^{-j\omega}[2\sin(\omega)] = e^{j(-\omega + \frac{\pi}{2})}[2\sin(\omega)]$$

由此可得到

$$\text{幅频特性}\quad |H(\mathrm{e}^{\mathrm{j}\omega})| = |2\sin(\omega)|$$

$$\text{相频特性}\quad \phi(\omega) = \arg[H(\mathrm{e}^{\mathrm{j}\omega})]$$

$$\text{幅度特性}\quad H(\omega) = 2\sin(\omega)$$

$$\text{相位特性}\quad \theta(\omega) = -\omega + \frac{\pi}{2}$$

其波形如图 8-15 所示。

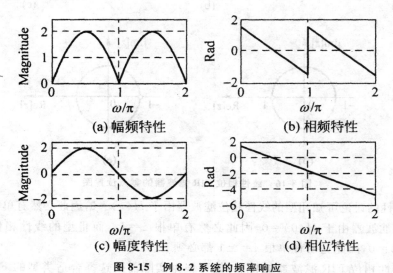

(a) 幅频特性　　　　　(b) 相频特性

(c) 幅度特性　　　　　(d) 相位特性

图 8-15　例 8.2 系统的频率响应

8.1.3　线性相位 FIR 数字滤波器的零点位置

由式(8-9)与式(8-16)可以看到,线性相位 FIR 滤波器的系统函数有以下特点:

$$H(z) = \pm z^{-(N-1)} H(z^{-1}) \tag{8-31}$$

因此,若 $z = z_i$ 是 $H(z)$ 的零点,即 $H(z_i) = 0$,则它的倒数 $z = 1/z_i = z_i^{-1}$ 也一定是 $H(z)$ 的零点,因为 $H(z_i^{-1}) = \pm z_i^{(N-1)} H(z_i) = 0$。由于 $h(n)$ 是实数,$H(z)$ 的零点必成共轭对出现,所以 $z = z_i^*$ 及 $z = (z_i^*)^{-1}$ 也一定是 $H(z)$ 的零点,因而线性相位 FIR 滤波器的零点必是互为倒数的共轭对。这种互为倒数的共轭对有 4 种可能性:

(1) z_i 既不在实轴,也不在单位圆上,则零点是互为倒数的两组共轭对如图 8-16(a) 所示。

(2) z_i 不在实轴上,但是在单位圆上,则共轭对的倒数是它们本身,故此时零点是一组共轭对如图 8-16(b) 所示。

(3) z_i 在实轴上但不在单位圆上,只有倒数部分,无复共轭部分,零点对如图 8-16(c) 所示。

(4) z_i 既在实轴上又在单位圆上,此时只有一个零点,有两种可能,或位于 $z = 1$,或位于 $z = -1$,如图 8-16(d)、(e) 所示。

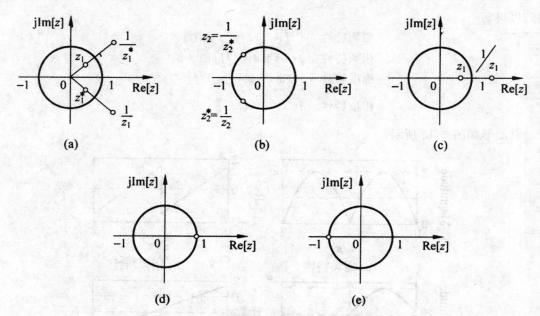

图 8-16　线性相位 FIR 滤波器的零点位置图

由幅度特性的讨论可知，Ⅱ型的线性相位滤波器由于 $H(\pi)=0$，因此必然有单根 $z=-1$。Ⅳ型的线性相位滤波器由于 $H(0)=0$，因此必然有单根 $z=1$。而Ⅲ型的线性相位滤波器由于 $H(0)=H(\pi)=0$，因此这两种单根 $z=\pm1$ 都必须有。

了解了线性相位 FIR 滤波器的特点，便可根据实际需要选择合适类型的 FIR 滤波器，同时设计时需遵循有关的约束条件。例如：Ⅲ、Ⅳ型，对于任何频率都有一固定的 $\dfrac{\pi}{2}$ 相移，一般微分器及 $\dfrac{\pi}{2}$ 相移器采用这两种情况，而选频性滤波器则用Ⅰ、Ⅱ型。下面只讨论线性相位 FIR 滤波器的设计方法，因为它是使用得最多的。

例 8.3　一个 FIR 线性相位滤波器的单位脉冲响应是实数的，且 $n<0$ 和 $n>6$ 时 $h(n)=0$。如果 $h(0)=1$ 且系统函数在 $z=0.5e^{-j\pi/3}$ 和 $z=3$ 各有一个零点，$H(z)$ 的表达式是什么？

解：因为 $n<0$ 和 $n>6$ 时 $h(n)=0$，且 $h(n)$ 是实值，所以当 $H(z)$ 在 $z=0.5e^{j\pi/3}$ 有一个复零点时，则在它的共轭位置 $z=0.5e^{-j\pi/3}$ 处一定有另一个零点。这个零点共轭对产生如下的二阶因子：

$$H_1(z)=(1-0.5e^{j\pi/3}z^{-1})(1-0.5e^{-j\pi/3}z^{-1})=1-0.5z^{-1}+0.25z^{-2}$$

线性相位的约束条件需要在这两个零点的倒数位置上有零点，所以 $H(z)$ 同样必须包括如下的有关因子：

$$H_2(z)=[1-(0.5e^{j\pi/3})^{-1}z^{-1}][1-(0.5e^{-j\pi/3})^{-1}z^{-1}]=1-2z^{-1}+4z^{-2}$$

系统函数还包含一个 $z=3$ 的零点，同样线性相位的约束条件需要在 $z=1/3$ 也有一个零点。于是，$H(z)$ 还具有如下因子：

$$H(z)=(1-3z^{-1})\left(1-\frac{1}{3}z^{-1}\right)$$

可得

$$H(z) = A(1 - 0.5z^{-1} + 0.25z^{-2})(1 - 2z^{-1} + 4z^{-2})(1 - 3z^{-1})\left(1 - \frac{1}{3}z^{-1}\right)$$

最后,多项式中零阶项的系数为 A,为使 $h(0) = 1$,必定有 $A = 1$。

8.2　窗函数法 FIR 数字滤波器设计

窗函数法是 FIR 数字滤波器设计的基本方法。通常采用的窗函数有矩形窗、汉宁窗、哈明窗和布莱克曼窗等。各种窗函数具有不同的时域形状和频响特性,在滤波器设计时能够产生不同的效果,应根据技术指标要求灵活选取。本节先从讨论 FIR 数字低通滤波器设计开始说明窗函数设计的原理,然后再讨论高通、带通、带阻滤波器的设计。

8.2.1　设计原理

理想的低通、高通、带通和带阻滤波器都是单位取样响应为无限长的 IIR 滤波器。如理想低通滤波器,频率响应为

$$H_d(e^{j\omega}) = \begin{cases} e^{-j\omega\alpha}, & |\omega| \leqslant \omega_c \\ 0, & \omega_c < |\omega| \leqslant \pi \end{cases} \tag{8-31}$$

则其单位取样响应序列为

$$h_d(n) = \frac{1}{2\pi}\int_{-\pi}^{\pi} H_d(e^{j\omega})d\omega = \frac{1}{2\pi}\int_{-\omega_c}^{\omega_c} e^{-j\omega\alpha}e^{j\omega n}d\omega = \frac{\sin\omega_c(n-\alpha)}{\pi(n-\alpha)} \tag{8-32}$$

滤波器的幅度特性 $H_d(\omega)$ 及单位取样响应如图 8-17 所示。$h_d(n)$ 是以 $n = \alpha$ 为对称的无限长非因果序列,该系统是非因果系统。因为 $h_d(n)$ 不满足 $\sum\limits_{n=-\infty}^{\infty}|h_d(n)| < \infty$,所以该系统是非稳定系统。

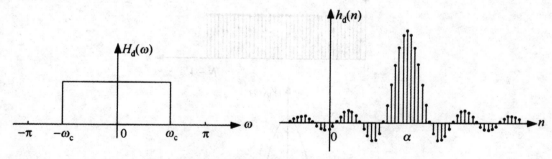

图 8-17　理想低通滤波器幅度特性及单位取样响应

窗函数法的设计思想是用一个形状和长度适当的窗函数 $w(n)(0 \leqslant n \leqslant N-1)$ 对 $h_d(n)$ 进行截断,得到有限长序列

$$h(n) = h_d(n)w(n), \quad n = 0, 1, \cdots, N-1 \tag{8-33}$$

若 $h(n)$ 的频率响应 $H(e^{j\omega})$ 特性满足技术指标要求,则

$$H(z) = \sum_{n=0}^{N-1} h(n)z^{-n} \tag{8-34}$$

为所设计滤波器的系统函数。当 $h(n)$ 满足对称性时,该系统为因果稳定的线性相位系统。

截断必然产生失真,因为序列 $h(n)$ 是窗序列 $w(n)$ 和 $h_d(n)$ 的乘积,根据复卷积定理,$H(e^{j\omega})$ 应等于 $w(n)$ 的傅里叶变换 $W(e^{j\omega})$ 与 $H_d(e^{j\omega})$ 的卷积积分,即

$$H(e^{j\omega}) = \frac{1}{2\pi} H_d(e^{j\omega}) \cdot W(e^{j\omega}) \tag{8-35}$$

卷积使频谱产生混叠。如何使混叠后的频谱为使用者所接受?从滤波器设计角度看,就是使设计出的 FIR 滤波器的频率响应 $H(e^{j\omega})$ 尽可能地逼近理想滤波器的 $H_d(e^{j\omega})$。

不同的窗函数截取效果不同,为叙述方便,用下标表示窗函数的类型。若窗函数是一个长度为 N 的矩形窗,记为 $w_R(n)$,则

$$w_R(n) = \begin{cases} 1, & 0 \leqslant n \leqslant N-1 \\ 0, & \text{其他} \end{cases} \tag{8-36}$$

其傅里叶变换为

$$\begin{aligned} W(e^{j\omega}) &= \sum_{n=0}^{N-1} w_R(n) e^{-j\omega n} \\ &= \frac{\sin(\omega N/2)}{\sin(\omega/2)} e^{-j\frac{N-1}{2}\omega} \\ &= W_R(\omega) \cdot e^{-j\omega\alpha} \end{aligned} \tag{8-37}$$

式中

$$W_R(\omega) = \frac{\sin(\omega N/2)}{\sin(\omega/2)}, \quad \alpha = \frac{N-1}{2}$$

$W_R(\omega)$ 为矩形窗序列的频谱幅度函数。其特点是:

1)在 $\pm 2\pi/N$ 之间有一主瓣,主瓣宽度 $\Delta\omega = 4\pi/N$,高为 N。

2)两侧呈衰减振荡,形成许多旁瓣,旁瓣宽为 $2\pi/N$。矩形窗序列及其频谱幅度函数如图 8-18 所示。

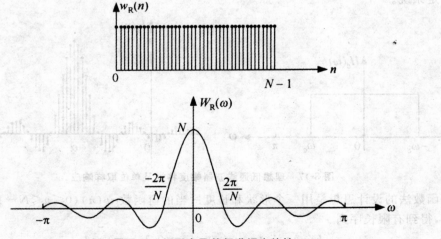

图 8-18 矩形窗及其频谱幅度特性

用矩形窗 $w_R(n)$ 对 $h_d(n)$ 截断,得到的有限长序列 $h(n)$ 如图 8-19 所示。当 N 为奇数时,取 $\alpha = \frac{N-1}{2}$,截取的 $h(n)$ 是关于 $n = \frac{N-1}{2}$ 对称的因果序列。

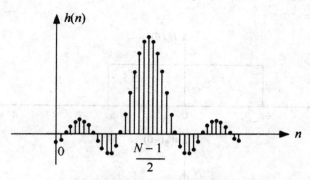

图 8-19　理想单位取样响应的矩形窗截取

因为

$$h(n) = h_d(n)w_R(n), \quad n = 0, 1, \cdots, N-1 \tag{8-38}$$

所以

$$H(e^{j\omega}) = \frac{1}{2\pi} H_d(e^{j\omega}) \cdot W(e^{j\omega})$$

$$= \frac{1}{2\pi} \int_{-\pi}^{\pi} H_d(e^{j\theta}) \cdot W_R(e^{j(\omega-\theta)}) d\theta \tag{8-39}$$

将 $H_d(e^{j\omega})$ 写成 $H_d(e^{j\omega}) = H_d(\omega)e^{-j\alpha\omega}$，由式（8-31），理想低通滤波器的幅度特性函数为

$$H_d(\omega) = \begin{cases} 1, & |\omega| \leqslant \omega_c \\ 0, & \omega_c < |\omega| \leqslant \pi \end{cases} \tag{8-40}$$

将 $H_d(e^{j\omega})$ 和 $W(e^{j\omega})$ 代入式（8-39）中，得到

$$H(e^{j\omega}) = \frac{1}{2\pi} \int_{-\pi}^{\pi} H_d(\theta) \cdot e^{-j\theta\alpha} \cdot W_R(\omega-\theta) \cdot e^{-j(\omega-\theta)\alpha} d\theta$$

$$= \frac{1}{2\pi} e^{-j\omega\alpha} \int_{-\omega_c}^{\omega_c} H_d(\theta) \cdot W_R(\omega-\theta) d\theta \tag{8-41}$$

将所设计滤波器的频率响应 $H(e^{j\omega})$ 表示成幅度和相位的形式：

$$H(e^{j\omega}) = H(\omega)e^{-j\omega\alpha} \tag{8-42}$$

则 $H(e^{j\omega})$ 的幅度特性：

$$H(\omega) = \frac{1}{2\pi} \int_{-\omega_c}^{\omega_c} H_d(\theta) \cdot W_R(\omega-\theta) d\theta \cdot \tag{8-43}$$

该式说明滤波器的幅度特性等于理想低通滤波器的幅度特性 $H_d(\omega)$ 与矩形窗幅度特性 $W_R(\omega)$ 的卷积积分。图 8-20 所示为加窗卷积的过程。

当 $\omega=0$ 时，$H(0)$ 等于 $W_R(\theta)$ 在 $-\omega_c \sim \omega_c$ 之间的积分面积，对应于图 8-20(a) 与 (b) 两波形乘积的积分。当 $\omega_c \gg 2\pi/N$ 时，$H(0)$ 近似 $W_R(\theta)$ 在 $\pm\pi$ 之间的波形积分。下面将 $H(0)$ 归一化到 1 进行讨论。

当 $\omega=\omega_c$ 时如图 8-20(d) 所示，$H_d(\theta)$ 与 $W_R(\omega-\theta)$ 的一半重叠，卷积值近似为 $H(0)$ 的一半，即 $H(\omega_c) \approx 0.5$。

当 $\omega=\omega_c-2\pi/N$ 时如图 8-20(c) 所示，$W_R(\omega-\theta)$ 的主瓣全在 $H_d(\theta)$ 通带内，第一旁瓣不在区间 $[-\omega_c, \omega_c]$ 内，此时卷积为最大值，故 $H(\omega)$ 在该点出现最大的正峰，称为正肩峰，

且 $H(\omega_c - 2\pi/N) > 1$。

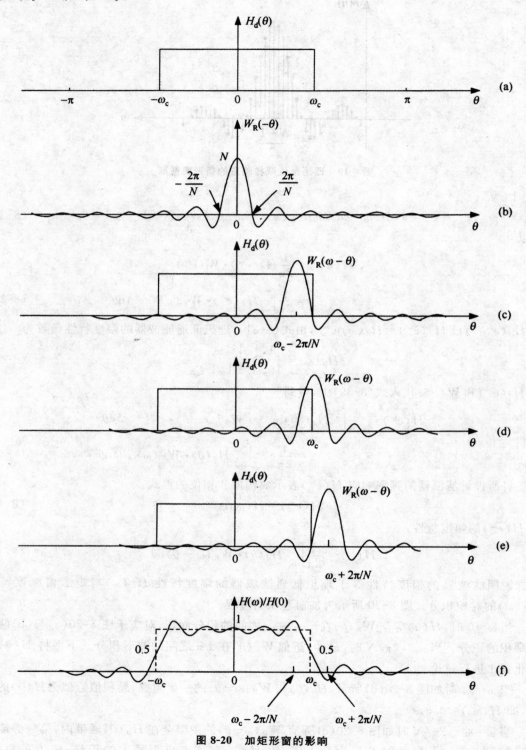

图 8-20　加矩形窗的影响

当 $\omega=\omega_c+2\pi/N$ 时,如图 8-20(e)所示,$W_R(\omega-\theta)$ 的主瓣完全移到区间 $[-\omega_c,\omega_c]$ 外,第一旁瓣完全在区间 $[-\omega_c,\omega_c]$ 内,此时卷积为最小值,故 $H(\omega)$ 在该点出现最大的负峰,称为负肩峰。图 8-20(f)为 $H_d(\omega)$ 与 $W_R(\omega)$ 卷积形成的 $H(\omega)$ 波形,正负肩峰对应的频率相距 $4\pi/N$。

通过以上分析可知,对 $h_d(n)$ 加矩形窗处理后,所得 $H(\omega)$ 和原理想低通 $H_d(\omega)$ 的差别有以下几点:

1)$H(\omega)$ 在理想特性不连续点 $\omega=\pm\omega_c$ 附近形成过渡带。过渡带的宽度近似等于 $W_R(\omega)$ 的主瓣宽度,即 $4\pi/N$。(注意,这里所说的过渡带是指两个肩峰之间的宽度,实际上滤波器的过渡带要小于这个数值。)

2)在通带和阻带内增加了波动。通带和阻带内的波动情况与窗函数的幅度谱 $W_R(\omega)$ 有关,$W_R(\omega)$ 的旁瓣越多,通带和阻带内的波动越多,$W_R(\omega)$ 旁瓣的相对大小直接影响 $H(\omega)$ 波动幅度的大小。

3)过渡带两侧形成肩峰。$\omega=\omega_c-2\pi/N$ 处是通带的最大波峰(正肩峰),$\omega=\omega_c+2\pi/N$ 处是阻带的最大负波峰(负肩峰)。

以上几点就是对 $h_d(n)$ 加窗截断后在频域的表现,称为吉布斯(Gibbs)效应。这种效应直接影响滤波器的性能,可引起通带和阻带内的波动。通带内的波动影响滤波器通带中的平坦性,阻带内的波动影响阻带衰减,可能使最小衰减不满足技术要求。当然,我们希望滤波器过渡带越窄越好,通带和阻带内的波动越小越好。这就要求窗函数主瓣宽度窄,旁瓣相对值小。如何减小吉布斯效应的影响,设计一个满足要求的 FIR 滤波器? 显然,调整窗口长度可以有效控制过渡带的宽度,但增加窗长并不是减小吉布斯效应的有效方法。下面对这一问题进行说明。

在 $W_R(\omega)$ 主瓣附近 $\omega/2$ 很小,满足关系 $\sin(\omega/2)\approx\omega/2$:

$$W_R(\omega)=\frac{\sin\dfrac{N}{2}\omega}{\sin\dfrac{\omega}{2}}\approx\frac{\sin\dfrac{N}{2}\omega}{\dfrac{\omega}{2}}=N\cdot\frac{\sin x}{x} \tag{8-43}$$

这里,$x=\dfrac{N\omega}{2}$。

一方面,虽然随着 N 的增大,主瓣宽度减小,但主瓣峰值和旁瓣峰值都增大,主瓣与旁瓣的相对值保持不变(这个相对值由 $\sin x/x$ 决定,或者说是由窗函数的形状决定的),因此不能减小肩峰值;另一方面,N 增大时 $W_R(\omega)$ 的旁瓣增多,通、阻带内的振荡幅度并未减小。图 8-21 所示为 $\omega_c=0.2\pi$,窗长分别为 $N=11$、31、91 时,用矩形窗设计的低通滤波器。可以看出,增加 N,能够减小过渡带,但阻带衰减不会改变。

8.2.2　常用窗函数

如果窗函数幅频响应的主瓣与旁瓣幅度相对比值较大,就可以减小滤波器幅频响应在通带、阻带内的波动幅度,这样就能够增加通带的平坦性加大阻带衰减。因此减少带内波动及加大阻带衰减只能从窗函数的形状上找解决办法。下面介绍几种常用的窗函数,并讨论如何用窗函数法减小吉布斯效应。

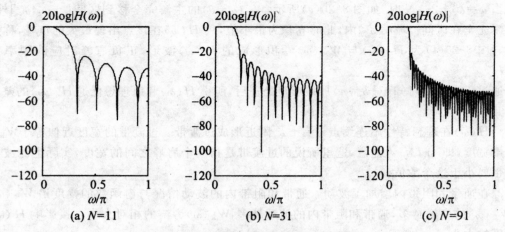

图 8-21　不同长度矩形窗设计的低通滤波器

首先定义几个窗函数和滤波器参数：

1）最大旁瓣衰减 α_n——窗函数幅频特性 $|W(\omega)|$ 最大旁瓣的峰值相对主瓣最大值的衰减值（dB）。

2）过渡带宽度 B——用该窗函数设计的 FIR 数字滤波器的过渡带宽（通常用窗函数的主瓣宽度作为近似值）。

3）阻带最小衰减 α_s——用该窗函数设计的 FIR 数字滤波器阻带最大峰值相对最大值的衰减值（dB）。

（1）矩形窗

$$w_R(n) = R_N(n) \tag{8-44}$$

$$W_R(e^{j\omega}) = W_R(\omega)e^{-j\frac{N-1}{2}\omega} \tag{8-45}$$

$$W_R(\omega) = \frac{\sin\left(\dfrac{\omega}{2}N\right)}{\sin\left(\dfrac{\omega}{2}\right)} \tag{8-46}$$

参数：$\alpha_n = 13\text{dB}$，$B = 4\pi/N$，$\alpha_s = 21\text{dB}$，如图 8-22（a）所示。

（2）三角窗——巴特利特窗（Banlett）

$$w_T = \begin{cases} \dfrac{2n}{N-1}, & 0 \leqslant n \leqslant (N-1) \\[3mm] 2 - \dfrac{2n}{N-1}, & \dfrac{1}{2}(N-1) < n \leqslant (N-1) \end{cases} \tag{8-47}$$

$$W_T(e^{j\omega}) = \frac{2}{N}e^{-j\frac{N-1}{2}\omega}\left[\frac{\sin\left(\dfrac{\omega}{4}N\right)}{\sin\left(\dfrac{\omega}{2}\right)}\right] = W_T(\omega)e^{-j\frac{N-1}{2}\omega} \tag{8-48}$$

$$W_T(\omega) = \frac{2}{N}\left[\frac{\sin\left(\dfrac{\omega}{4}N\right)}{\sin\left(\dfrac{\omega}{2}\right)}\right]^2 \tag{8-49}$$

三角窗参数为：$\alpha_n = 25\text{dB}$，$B = 8\pi/N$，$\alpha_s = 25\text{dB}$，如图 8-22(b) 所示。

（3）汉宁窗（Hanning）——升余弦窗

$$w_{\text{Hn}}(n) = \frac{1}{2}\left[1 - \cos\left(\frac{2\pi n}{N-1}\right)\right]R_N(n) \tag{8-50}$$

$$W_{\text{Hn}}(e^{j\omega}) = \left\{\frac{1}{2}W_R(\omega) + \frac{1}{4}\left[W_R\left(\omega - \frac{2\pi}{N-1}\right) + W_R\left(\omega + \frac{2\pi}{N-1}\right)\right]e^{-j\frac{N-1}{2}\omega}\right\}$$
$$= W_{\text{Hn}}(\omega)e^{-j\frac{N-1}{2}\omega} \tag{8-51}$$

当 $N \gg 1$ 时，$N-1 \approx N$

$$W_{\text{Hn}}(\omega) = \frac{1}{2}W_R(\omega) + \frac{1}{4}\left[W_R\left(\omega - \frac{2\pi}{N}\right) + W_R\left(\omega + \frac{2\pi}{N}\right)\right] \tag{8-52}$$

汉宁窗的幅度函数 $W_{\text{Hn}}(\omega)$ 由三个矩形窗幅度函数 $W_R(\omega)$ 平移加权和组成，矩形窗的旁瓣互相抵消，使能量更集中在主瓣。汉宁窗参数为：$\alpha_n = 31\text{dB}$，$B = 8\pi/N$，$\alpha_s = 44\text{dB}$，如图 8-22 (c) 所示。

（4）哈明（Hamming）窗——改进的升余弦窗

$$w_{\text{Hm}}(n) = \left[0.54 - 0.46\cos\left(\frac{2\pi n}{N-1}\right)\right]R_N(n) \tag{8-53}$$

$$W_{\text{Hm}}(e^{j\omega}) = 0.54W_R(e^{j\omega}) + 0.23\left[W_R(e^{j(\omega - \frac{2\pi}{N-1})}) + W_R(e^{j(\omega + \frac{2\pi}{N-1})})\right] \tag{8-54}$$

$$W_{\text{Hm}}(\omega) \approx 0.54W_R(\omega) + 0.23\left[W_R\left(\omega - \frac{2\pi}{N}\right) + W_R\left(\omega + \frac{2\pi}{N}\right)\right] \tag{8-55}$$

这种改进的升余弦窗，能将 99.96% 的能量集中在主瓣内，主瓣宽度与汉宁窗相同，但旁瓣更小。窗参数为：$\alpha_n = 41\text{dB}$，$B = 8\pi/N$，$\alpha_s = 53\text{dB}$，如图 8-22(d) 所示。

（5）布莱克曼（Blackman）窗——二阶升余弦窗

$$w_{\text{Bl}}(n) = \left[0.42 - 0.5\cos\left(\frac{2\pi n}{N-1}\right) + 0.08\cos\left(\frac{4\pi n}{N-1}\right)\right]R_N(n) \tag{8-56}$$

$$W_{\text{Bl}}(e^{j\omega}) = 0.42W_R(e^{j\omega}) + 0.25\left[W_R(e^{j(\omega - \frac{2\pi}{N-1})}) + W_R(e^{j(\omega + \frac{2\pi}{N-1})})\right]$$
$$+ 0.04\left[W_R(e^{j(\omega - \frac{4\pi}{N-1})}) + W_R(e^{j(\omega + \frac{4\pi}{N-1})})\right] \tag{8-57}$$

$$W_{\text{Bl}}(\omega) = 0.42W_R(\omega) + 0.25\left[W_R\left(\omega - \frac{2\pi}{N-1}\right) + W_R\left(\omega + \frac{2\pi}{N-1}\right)\right]$$
$$+ 0.04\left[W_R\left(\omega - \frac{4\pi}{N-1}\right) + W_R\left(\omega + \frac{4\pi}{N-1}\right)\right] \tag{8-58}$$

布莱克曼窗的幅度函数由不同幅度和平移的 $W_R(\omega)$ 的五个部分叠加组成。各部分的旁瓣进一步抵消，幅度谱主瓣宽度进一步增加，是矩形窗的 3 倍。布莱克曼窗的参数为：$\alpha_n = 57\text{dB}$，$B = 8\pi/N$，$\alpha_s = 74\text{dB}$，如图 8-22(e) 所示。

由于不同的窗具有不同的特点，根据所设计滤波器对过渡带、通阻带内振荡的不同要求来选择不同的窗函数。由图 8-22 描绘的窗函数曲线和对应频谱，可以看到这五种窗函数旁瓣衰减逐步得到提高，但与此同时主瓣宽度也相应加宽了。

图 8-23 为理想低通滤波器的截止频率 $\omega_c = 2\pi$，窗长 $N = 21$ 时，用以上五种窗函数设计的低通滤波器。从图中可以看出，用矩形窗时过渡带最窄，而阻带衰减最小；布莱克曼窗过渡带最窄，但是阻带衰减加大。

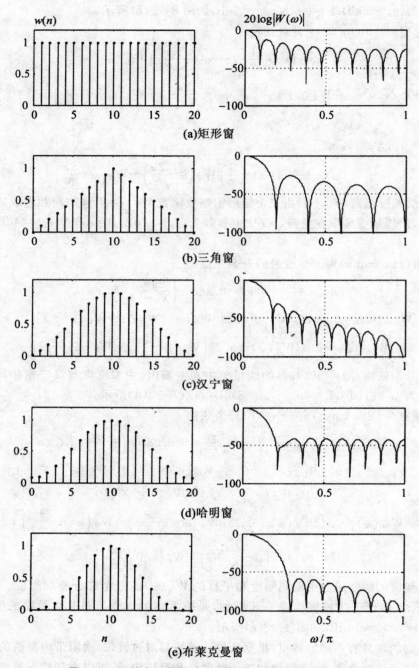

图 8-22　五种窗函数的时域图及归一化对数幅频曲线

（6）凯塞-贝塞尔窗（Kaiser-Basel Window）

以上五种窗函数的旁瓣幅度都是固定的，用这些窗设计的滤波器的阻带最小衰减是固定的。凯塞-贝塞尔窗（简称凯塞窗）是一种参数可调整的窗函数，通过调整参数可使设计的滤波器达到不同的阻带衰减和最窄过渡带。对于给定的指标，可以使设计的滤波器阶数最低，因此,凯塞窗函数是一种最优窗函数。

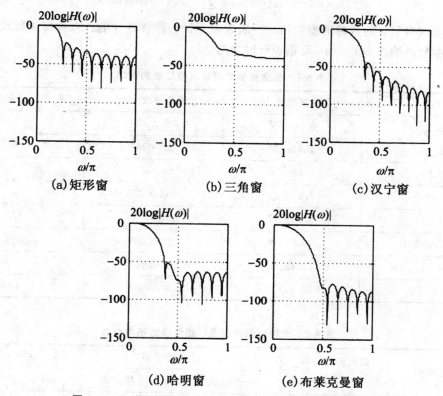

图 8-23　五种不同窗函数设计的 FIR 滤波器的幅频特性

$$w_k(n) = \frac{I_0(\beta)}{I_0(\alpha)}, \quad 0 \leqslant n \leqslant N-1 \tag{8-59}$$

式中

$$\beta = \alpha \sqrt{1 - \left(\frac{2n}{N-1} - 1\right)^2}$$

$I_0(x)$ 是零阶第一类修正贝塞尔函数,可用下面级数计算:

$$I_0(x) = 1 + \sum_{k=1}^{\infty} \left[\frac{1}{k!} \left(\frac{x}{2}\right)^k\right]^2$$

这个无穷级数可用有限项取近似,实际中取前 20 项可以满足精度要求。参数 α 可以控制窗的形状,典型取值为 $4 < \alpha < 9$。随着口增大,主瓣加宽,旁瓣幅度减小。当 $\alpha = 5.44$ 时,窗函数接近哈明窗;当 $\alpha = 7.865$ 时,窗函数接近布莱克曼窗。估算 α 和滤波器阶数 N 的公式为

$$\alpha = \begin{cases} 0.112(\alpha_s - 8.7), & \alpha_s > 50\text{dB} \\ 0.5842(\alpha_s - 21)^{0.4} + 0.07886(\alpha_s - 21), & 21\text{dB} < \alpha_s < 50\text{dB} \\ 0, & \alpha_s < 21\text{dB} \end{cases} \tag{8-60}$$

$$N = \frac{\alpha_s - 8}{2.285B} \tag{8-61}$$

凯塞窗的幅度函数为

$$W_k(\omega) = w_k(0) + 2 \sum_{n=1}^{(N-1)/2} w_k(n)\cos(\omega n) \qquad (8\text{-}62)$$

表 8-1 列出了 α 的八种典型取值时用凯塞窗设计的滤波器性能。六种窗函数及设计滤波器的基本参数归纳在表 8-2 中,可供设计时参考。

表 8-1　凯塞窗参数对滤波器性能的影响

α	过渡带宽 B	通带波纹/dB	阻带最小衰减 α_s/dB
2.120	$3.00\pi/N$	± 0.27	30
3.384	$4.46\pi/N$	± 0.0864	40
4.538	$5.86\pi/N$	± 0.0274	50
5.568	$7.24\pi/N$	± 0.00868	60
6.764	$8.64\pi/N$	± 0.00275	70
7.865	$10.0\pi/N$	± 0.000868	80
8.960	$11.4\pi/N$	± 0.000275	90
10.056	$10.8\pi/N$	± 0.000087	100

表 8-2　六种窗函数及设计滤波器的基本参数

窗函数类型	最大旁瓣衰减 α_s/dB	过渡带宽 B		阻带最小衰减 α_s/dB
		近似值	精确值	
矩形窗	13	$4\pi/N$	$1.8\pi/N$	21
三角窗	25	$8\pi/N$	$6.1\pi/N$	25
汉宁窗	31	$8\pi/N$	$6.2\pi/N$	44
哈明窗	41	$8\pi/N$	$6.6\pi/N$	53
布莱克曼窗	57	$12\pi/N$	$11\pi/N$	74
凯塞窗($\beta=7.865$)	57		$10\pi/N$	80

在 MATLAB 信号处理工具箱中,六种窗函数产生及其调用格式为

wn＝boxcar(N)　　　　%列向量 wn 中返回长度为 N 的矩形窗函数 w(n)

wn＝bartlet(N)　　　　%列向量 wn 中返回长度为 N 的三角窗函数 w(n)

wn＝hanning(N)　　　　%列向量 wn 中返回长度为 N 的汉宁窗函数 w(n)

wn＝hamming(N)　　　　%列向量 wn 中返回长度为 N 的哈明窗函数 w(n)

wn＝blackman(N)　　　%列向量 wn 中返回长度为 N 的布莱克曼窗函数 w(n)

wn＝kaiser(N,beta)　　%列向量 wn 中返回长度为 N 的凯塞-贝塞尔窗函数 w(n)

窗函数不仅应用在滤波器设计中,而且应用在频谱分析、信号检测等方面,应针对不同处理目的选择窗函数。除上述六种窗函数外,还有其他多种形式的窗函数。

8.2.3　设计步骤

用窗函数法设计 FIR 滤波器的步骤归纳如下。

(1)根据滤波器技术指标要求(在阻带频率 Ω_s 处衰减不小于 α_s),查表确定窗函数形式 $w(n)$(原则是在保证阻带衰减满足要求的情况下,尽量选择主瓣窄的窗函数)。并根据采样周期 T_s,确定相应的数字频率 $\omega_p = \Omega_s T_s$,$\omega_s = \Omega_s T_s$。

(2)根据过渡带宽要求 $\Delta\omega = \omega_s - \omega_p$,确定窗长 N。当窗函数确定后,设计滤波器的过渡带宽为 $B = A/N$,这个值应不大于所要求的过渡带宽度 $\Delta\omega$,即

$$\Delta\omega \geqslant \frac{A}{N}$$

这里系数 A 取决于窗函数类型,根据(1)选择的窗函数确定。参数 A 的近似和精确取值参考表 8-2,例如,对于矩形窗,A 的近似值 4π,精确值 1.8π;对于哈明窗 A 的近似值 8π,精确值 6.1π。由此得到窗的长度

$$N \geqslant \frac{A}{\Delta\omega}$$

N 为满足该条件的正整数,如果考虑窗长对性能的影响,可取满足该条件的最小正整数。

(3)构造希望逼近的频率响应函数 $H_d(e^{j\omega})$:

$$H_d(e^{j\omega}) = H_d(\omega) e^{-j\omega\left(\frac{N-1}{2}\right)}$$

通常选用理想滤波器(理想低通、理想高通、理想带通、理想带阻)作为逼近函数。理想滤波器的截止频率 ω_c 近似位于所设计 FIR 数字滤波器的过渡带的中心频率点,幅度函数衰减一半(约为 -6dB)。如果设计指标给定通带边界频率 ω_p 和阻带边界频率 ω_s,取

$$\omega_c = \frac{\omega_p + \omega_s}{2} \tag{8-63}$$

对于理想低通滤波器:

$$H_d(\omega) = \begin{cases} 1, & |\omega| \leqslant \omega_c \\ 0, & \omega_c < |\omega| \leqslant \pi \end{cases} \tag{8-64}$$

(4)确定理想滤波器的单位取样响应。对 $H_d(e^{j\omega})$ 傅里叶反变换,求得 $h_d(n)$:

$$h_d(n) = \frac{1}{2\pi} \int_{-\pi}^{\pi} H_d(e^{j\omega}) e^{j\omega n} d\omega \tag{8-65}$$

如果 $H_d(e^{j\omega})$ 较为复杂,不能用上式求出 $h_d(n)$ 的闭合表达式,则可以数值积分求 $h_d(n)$ 或对 $H_d(e^{j\omega})$ 从 $\omega = 0$ 到 $\omega = 2\pi$ 采样 M 点,采样值为

$$H_{dM}(k) = H_d(e^{j\frac{2\pi}{M}k}), \quad k = 0,1,\cdots,M-1$$

$H_{dM}(k)$ 的 M 点离散傅里叶反变换为

$$h_{dM}(n) = \text{IDFT}[H_{dM}(k)], \quad N = 0,1,\cdots,M-1$$

根据频域采样定理,当 $M > N$ 时,$h_{dM}(n) = h_d(n)$。

对式(8-64)给出的线性相位理想低通滤波器 $H_d(e^{j\omega})$,由式(8-65)求出的单位取样响应

$$h_d(n) = \frac{\sin[\omega_c(n-\alpha)]}{\pi(n-\alpha)} \tag{8-66}$$

式中，$\alpha = \dfrac{N-1}{2}$。

（5）确定所设计的数字滤波器的单位取样响应

$$h(n) = h_d(n)w(n) \tag{8-67}$$

（6）计算 FIR 滤波器的频率响应

$$H(e^{j\omega}) = \sum_{n=0}^{N-1} h(n)e^{-j\omega n}$$

N 为奇数，逼近函数为理想低通滤波器的情况，用下式计算 $H(e^{j\omega})$：

$$H(e^{j\omega}) = e^{-j\frac{2\pi}{M}\omega} \left[2 \sum_{n=1}^{(N-1)/2} h\left(\frac{N-1}{2} - n\right) \cos(n\omega) + h\left(\frac{N-1}{2}\right) \right] \tag{8-68}$$

（7）审查技术指标是否已经满足。若阻带衰减不够，根据表 8-2 重新选取窗函数；若过渡带不满足要求，应选取较大的 N，进行（5）、（6）步计算。

窗函数法除设计低通滤波器外，同样可以设计高通滤波器、带通滤波器和带阻滤波器。与低通滤波器的设计一样，窗函数的形状取决于阻带衰减，窗函数的长度取决于过渡带宽。

频率响应为

$$H(e^{j\omega}) = \begin{cases} e^{-j\omega\alpha}, & \omega_c \leqslant |\omega| \leqslant \pi \\ 0, & 0 \leqslant |\omega| \leqslant \omega_c \end{cases} \tag{8-69}$$

的理想高通滤波器 $\left(\alpha = \dfrac{N-1}{2}\right)$，其单位取样响应

$$\begin{aligned}
h_d(n) &= \frac{1}{2\pi} \int_{-\pi}^{\pi} H_d(e^{j\omega}) e^{j\omega n} d\omega \\
&= \frac{1}{2\pi} \left[\int_{-\pi}^{-\omega_c} H_d(e^{j\omega(n-\alpha)}) e^{j\omega n} d\omega + \int_{\omega_c}^{\pi} e^{j\omega(n-\alpha)} d\omega \right] \\
&= \begin{cases} \dfrac{1}{\pi(n-\alpha)} \{ \sin[(n-\alpha)\pi] - \sin[(n-\alpha)\omega_c] \}, & n \neq \alpha \\ \dfrac{1}{\pi}(\pi - \omega_c) = 1 - \dfrac{\omega_c}{\pi}, & n = \alpha \end{cases}
\end{aligned} \tag{8-70}$$

选定窗函数 $w(n)$ 即可得所需 FIR 高通滤波器的单位取样响应

$$h(n) = h_d(n)w(n) \tag{8-71}$$

频率响应为

$$H_d(e^{j\omega}) = \begin{cases} e^{-j\omega\alpha}, & 0 \leqslant \omega_{c1} \leqslant |\omega| \leqslant \omega_{c2} \leqslant \pi \\ 0, & \text{其他 } \omega \end{cases} \tag{8-72}$$

的理想带通滤波器 $\left(\alpha = \dfrac{N-1}{2}\right)$，其单位取样响应

$$\begin{aligned}
h_d(n) &= \frac{1}{2\pi} \left[\int_{-\omega_{c2}}^{-\omega_{c1}} e^{j\omega(n-\alpha)} d\omega + \int_{\omega_{c1}}^{\omega_{c2}} e^{j\omega(n-\alpha)} d\omega \right] \\
&= \begin{cases} \dfrac{1}{\pi(n-\alpha)} \{ \sin[(n-\alpha)\omega_{c2}] - \sin[(n-\alpha)\omega_{c1}] \}, & n \neq \alpha \\ \dfrac{1}{\pi}(\omega_{c2} - \omega_{c1}), & n = \alpha \end{cases}
\end{aligned} \tag{8-73}$$

这里，当 $\omega_{c1} = 0$，$\omega_{c2} = \omega_c$ 时，为理想低通滤波器，当 $\omega_{c1} = \omega_c$，$\omega_{c2} = \pi$ 时，为理想高通滤波

器,设计步骤与高通滤波器相同。采用偶对称或奇对称的单位取样响应,N 等于奇数和偶数均可实现 FIR 带通滤波器。

频率响应为

$$H_d(e^{j\omega}) = \begin{cases} e^{-j\omega\alpha}, & 0 \leqslant |\omega| \leqslant \omega_{c1}, \omega_{c2} \leqslant |\omega| \leqslant \pi \\ 0, & \text{其他 } \omega \end{cases} \tag{8-74}$$

的理想带阻滤波器 $\left(\alpha = \dfrac{N-1}{2}\right)$,其单位取样响应

$$h_d(n) = \frac{1}{2\pi}\left[\int_{-\omega_{c2}}^{-\omega_{c1}} e^{j\omega(n-\alpha)} d\omega + \int_{\omega_{c1}}^{\omega_{c2}} e^{j\omega(n-\alpha)} d\omega\right]$$

$$= \begin{cases} \dfrac{1}{\pi(n-\alpha)}\{\sin[(n-\alpha)\pi] + \sin[(n-\alpha)\omega_{c1}] - \sin[(n-\alpha)\omega_{c2}]\}, & n \neq \alpha \\ \dfrac{1}{\pi}(\pi + \omega_{c1} - \omega_{c2}), & n = \alpha \end{cases}$$

$$\tag{8-75}$$

FIR 带阻滤波器只能采用偶对称 N 等于奇数的单位取样响应实现。

低通、高通、带通和带阻滤波器均可按上述步骤进行设计,用 MATLAB 实现。另外,MATLAB 工具箱还提供了窗函数法设计 FIR 滤波器的 fir1 函数和 fir2 函数,下面对这两个函数进行说明。

fir1 的调用格式及功能说明:

(1)hn＝fir1(N,wc);hn＝fir1(N,wc,'low');

该函数语句实现截止频率为 wc 的 N 阶线性相位 FIR 数字低通滤波器设计。其中,hn 是长度为 $N+1$ 维的实向量,与滤波器的单位取样响应 $h(n)$ 的关系为

$$h(n) = hn(n+1), n = 0, 1, 2, \cdots, N \tag{8-76}$$

wc 为归一化的数字频率,范围为 $0 < wc < 1$,滤波器在该频率处的衰减为 6dB。默认选用哈明窗。

当 wc＝[wc1 wc2]时,返回值 hn 表示带通滤波器的系数向量,通带为 wc1$<$w$<$wc2。

(2)hn＝fir1(N,wc,'high');设计 FIR 数字高通滤波器。

(3)hn＝fir1(N,wc,'stop');wc＝[wc1 wc2]时,设计 FIR 数字带阻滤波器。

(4)hn＝fir1(N,wc,window);设计 FIR 数字滤波器时,可以指定窗函数类型,缺省 window 参数时默认为哈明窗。如:hn＝fir1(N,wc,blackman(N+1));表示使用布莱克曼窗设计,其他参数含义同上。

(5)hn＝fir1(N,wc,'dc-1');表示第一频带为通带的多通带滤波器。

(6)hn＝fir1(N,wc,'dc-0');表示第一频带为阻带的多通带滤波器。

fir2 的调用格式及功能说明:

hn＝fir2(N,W,m,'window');

该函数用于设计基于窗函数的任意频率响应 FIR 滤波器设计。N 为滤波器阶数,window 为窗的类型,长度为 $N+1$,默认窗为哈明窗,w 为归一化频率向量,取值在 $[0,1]$ 之间,m 为与 w 对应的频率点上理想滤波器频率响应取值。

理想高通、带通和带阻滤波器与低通滤波器的频域特性关系如图 8-24 所示。一个高通滤波器等效于一个全通滤波器减去一个低通滤波器;一个带通滤波器等效于截止频率分别为 ω_{c2} 和 ω_{c1} 的两个低通滤波器相减;一个带阻滤波器等效于一个全通滤波器减去一个上下限截止频率分别为 ω_{c2} 和 ω_{c1} 的带通滤波器。单位取样响应也有同样的关系。这些关系也可用来设计高通、带通和带阻滤波器。

若理想高通滤波器的截止频率是 wc,则单位取样响应可用以下语句得到:

hn=ideallp(pi,N)−ideallp(wc,N);

若 wc2 和 wc1 是带通、带阻滤波器的上下限截止频率,则可由以下语句求出滤波器的单位取样响应。

对于带通滤波器:hn=ideallp(wc2,N)−ideallp(wc1,N);

对于带阻滤波器:hn=ideallp(wc1,N)+ideallp(pi,N)−ideallp(wc2,N);

这些函数为工程应用中滤波器的设计提供了很大方便,在掌握窗函数法设计原理的基础上,了解这些工具函数的功能是有益的。

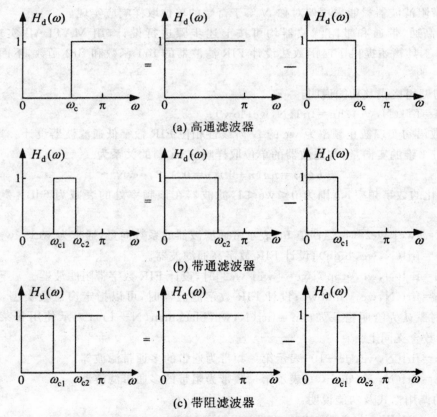

(a) 高通滤波器

(b) 带通滤波器

(c) 带阻滤波器

图 8-24　高通、带通、带阻滤波器与低遁滤波器的关系

8.2.4　MATLAB 设计举例

根据前面介绍的窗函数法可以设计出各种形式的 FIR 数字滤波器,下面举例说明。

例 8.4　试用窗函数设计法设计一线性相位 FIR 数字低通滤波器,并满足技术指标如下:
在 $\Omega_p = 30\pi\text{rad/s}$ 处衰减不大于 3dB;在 $\Omega_s = 46\pi\text{rad/s}$ 处衰减不小于 40dB;对模拟信号进行采样的周期 $T_s = 0.01\text{s}$。

解:由 $\omega = \Omega T_s$
得

$$\omega_s = \Omega_s T_s = 46\pi \times 0.01 = 0.46\pi$$

$$\omega_p = \Omega_p T_p = 30\pi \times 0.01 = 0.3\pi$$

根据技术指标画出模拟和数字频率特性如图 8-25 所示。

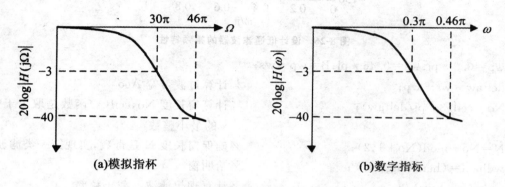

(a)模拟指杯　　　　　　　　　　　　　　**(b)数字指标**

图 8-25　滤波器的技术指标

(1)根据要求,在截止频率 $\omega_s = 0.46\pi\text{rad}$ 处衰减大于 40dB,由表 8-2 可知汉宁窗和哈明窗都满足要求,确定选用哈明窗。

(2)确定窗宽 N。过渡带宽 $\Delta\omega = \omega_s - \omega_p = 0.46\pi - 0.3\pi = 0.16\pi$。哈明窗的近似过渡带宽为 $2 \times 4\pi/N$,所以可得

$$N \geqslant 2 \times 4\pi/(0.46\pi - 0.3\pi) = 50$$

选取 $N = 51$。

(3)确定位移系数 $\alpha = \dfrac{N-1}{2} = 25$。

(4)确定理想低通滤波器的截止频率 $\omega_c = \dfrac{1}{2}(0.46\pi + 0.3\pi) = 0.38\pi$。

(5)设计滤波器单位取样响应为

$$h(n) = h_d(n)w_{\text{Hm}}(n)$$

其中

$$h_d(n) = \frac{\sin[0.38\pi(n-25)]}{\pi(n-25)}$$

(6)检验指标。对 $h(n)$ 傅里叶变换得到 $H(e^{j\omega})$,画出 $20\log|H(\omega)|$ 如图 8-26 所示。在截止频率 $\omega_s = 0.46\pi\text{rad}$ 处衰减大于 40dB,满足设计指标要求。

该滤波器设计的 MATLAB 程序如下:

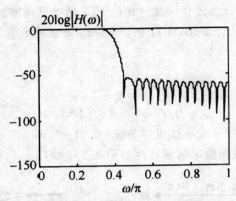

图 8-26　设计低通滤波器的幅频特性

```
wp＝0.3 * pi;ws＝0.46 * pi;B＝wp－ws;
deltaw＝ws－wp;                          %计算过渡带宽 Aco
No＝ceil(8 * pi/deltaw);                 %计算窗长度 No,ceil(x)函数是取大于等于
                                           x 的最小整数

N＝No＋mod(No＋1,2);                      %确保窗长度 N 是奇数,实现第一类滤波器
wdham＝(hamming(N))';                    %哈明窗
wc＝(wp＋ws)/2;                          %计算理想滤波器截止频率
hd＝ideallp(wc,N);                       %计算理想低通滤波器单位取样响应
h＝hd. * wdham;                          %计算设计滤波器单位取样响应
[H,w]＝freqz(h,1);                       %计算滤波器频率响应,对设计结果进行验证
dw＝2 * pi/1000;                         %频率分辨率
db＝20 * log10(abs(H));                  %计算滤波器频率响应对数幅值
alohp＝min(db(1∶wp/dw+1))                %计算滤波器通带最小衰减
alphs＝round(max(db(ws/dw+1∶501)))      %计算阻带最大衰减
plot(w/pi,db);axis([0,1,－150,0]);
```

说明:(1)函数 ideallp 的作用是按照式(8-66)计算理想低通滤波器单位取样响应。

(2)语句 N＝No＋mod(No＋1,2)的作用是保证 N 为奇数。当 No 为偶数时 mod(No＋1,2)＝1,N－No+1 就变为奇数;当 No 为奇数时 mod(No＋1,2)＝0,N－No+1 仍为奇数。

(3)计算结果:alfap＝－0.0118dB,alfas＝－54dB。

例 8.5　用凯塞窗设计满足下列技术指标的数字低通滤波器。

$\omega_p=0.2\pi,\alpha_p=0.25dB,\omega_s=0.3\pi,\alpha_s=50dB$。

解:该滤波器设计的 MATLAB 程序如下:

```
wp＝0.2 * pi;ws＝0.3 * pi;alphs＝50;B＝ws－wp;
No＝ceil((alphs－8)/2.285/B);            %按式计算窗长度 No,ceil(x)函数是取大于等于 x
的最小整数
N＝No＋mod(No＋1,2);
alph＝0.112 * (alphs－8.7);              %计算凯塞窗的控制参数口
```

```
wdkai=(kaiser(N,alph));            %凯塞窗函数
wc=(wp+ws)/2;                      %计算理想滤波器通带截止频率
hd=ideallp(wc,N);hn=hd.*wdkai;
[H,w]=freqz(hn,1);                 %计算滤波器频率响应,对设计结果进行验正
db=20*log10(abs(H));
subplot(1,2,1);stem(h11,'.');axis([1 N-0.1 0.3]);
subplot(1,2,2);plot(w/pi,db);axis([0,1,-1,20,0]);
```

低通滤波器的单位取样响应及对数幅度特性如图 8-27 所示。

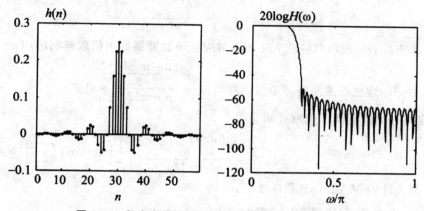

图 8-27　凯塞窗设计的低通滤波器 $h(n)$ 及幅频特性

例 8.6　用窗函数法设计线性相位高通 FIR 数字滤波器,要求通带截止频率 $\omega_\mathrm{p}=\pi/2\mathrm{rad}$,阻带截止频率 $\omega_\mathrm{s}=\pi/4\mathrm{rad}$,通带最大衰减 $\alpha_\mathrm{p}=1\mathrm{dB}$,阻带最小衰减 $\alpha_\mathrm{s}=40\mathrm{dB}$。

解:(1)选择窗函数。

性能指标要求阻带最小衰减 $\alpha_\mathrm{s}=40\mathrm{dB}$,查表 8-2 可知汉宁窗、哈明窗和布莱克曼窗均满足要求,选择阻带最小衰减最接近 40dB 的汉宁窗。

(2)确定窗长。

性能指标要求过渡带宽 $\omega_\mathrm{p}-\omega_\mathrm{s}=\pi/4$,汉宁窗的精确过渡带宽 $B_\mathrm{t}=6.2\pi/N$,因此过渡带宽应满足:

$$B_\mathrm{t}=6.2\pi/N\leqslant\pi/4$$

有

$$N\geqslant24.8$$

但 N 只能取奇数,因为对单位取样响应满足偶对称的情况,当 N 为偶数时 $H(\omega)$ 在 $\omega=\pi$ 处为 0。

取 $N=25$,由式(8-50),有:

$$w_\mathrm{Hn}(n)=\frac{1}{2}\left[1-\cos\left(\frac{\pi n}{12}\right)\right]R_{25}(n)$$

(3)确定理想高通滤波器频率特性。

$$\alpha=\frac{N-1}{2}=12$$

$$\omega_c = \frac{\omega_s + \omega_p}{2} = \frac{3}{8}\pi$$

$$H_d(e^{j\omega}) = \begin{cases} e^{-12j\omega}, & \frac{3}{8}\pi \leqslant |\omega| \leqslant \pi \\ 0, & \text{其他} \ \omega \end{cases}$$

（4）求理想高通滤波器的单位取样响应。

将 $\alpha = 12, \omega_c = \frac{3}{8}\pi$ 代入式（8-70），得

$$h_d(n) = \delta(n-12) - \frac{\sin\left[\dfrac{3\pi(n-12)}{8}\right]}{\pi(n-12)}$$

即理想高通滤波器的单位取样响应 $h_d(n)$ 由对应全通滤波器的单位取样响应 $\delta(n-12)$ 和对应

一截止频率是 $\frac{3\pi}{8}$ 的理想低通滤波器单位取样响应 $\dfrac{\sin\left[\dfrac{3\pi(n-12)}{8}\right]}{\pi(n-12)}$ 组成。

（5）确定高通滤波器的单位取样响应。

$$h(n) = h_d(n)w(n) = \left\{\delta(n-12) - \frac{\sin\left[\dfrac{3\pi(n-12)}{8}\right]}{\pi(n-12)}\right\}\left\{\frac{1}{2}\left[1-\cos\left(\frac{\pi n}{12}\right)\right]\right\}R_{25}(n)$$

该滤波器设计的 MATLAB 程序如下：

```
wp=pi/2;ws=pi/4;Bt=wp-ws;
No=ceil(6.2*pi/Bt);          %计算窗长度 No,ceil(x)函数是取大于等于 x 的最小整数
N=No+modmo+1,2);             %确保窗长度 N 是奇数
wc=(wp+ws)/2/pi;             %计算理想高通滤波器通带截止频率(关于 π 归一化)
hn=fir1(N-1,wc,'high',hanning(N));       %调用 fir1 计算 FIR 高通滤波器的单位取
样响应
[H,w]=freqz(1m,1);          %计算滤波器频率响应,对设计结果进行验正
db=20*log10(abs(H));        %计算滤波器频率响应对数幅值
```

绘图语句同例 8.5，运行得到 $h(n)$ 和归一化对数幅度特性特性曲线如图 8-28 所示。

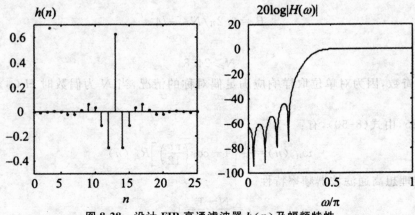

图 8-28　设计 FIR 高通滤波器 $h(n)$ 及幅频特性

例 8.7　用窗函数法设计一个线性相位带阻滤波器。要求通带下截止频率 $\omega_{1p}=0.2\pi$，阻带下截止频率 $\omega_{1s}=0.35\pi$，阻带上截止频率 $\omega_{hs}=0.65\pi$，通带上截止频率 $\omega_{hp}=0.8\pi$，通带最大衰减 $\alpha_P=1\text{dB}$，阻带最小衰减 $\alpha_s=60\text{dB}$。

解：（1）由于阻带最小衰减 $\alpha_s=60\text{dB}$，所以选择布莱克曼窗。

（2）布莱克曼窗的过渡带宽 $B_t=12\pi/N$，所以

$$\frac{12\pi}{N}\leqslant\omega_{1s}-\omega_{1p}=0.35\pi-0.2\pi=0.15\pi$$

解得

$$N=80$$

理想带通截止频率

$$\omega_c=\left[\frac{\omega_{1s}+\omega_{1p}}{2},\frac{\omega_{hs}+\omega_{hp}}{2}\right]$$

该例题设计的 MATLAB 程序如下：

```
wlp=0.2*pi;w1s=0.35*pi;whs=0.65*pi;whp=0.8*pi;
B=w1s-w1p;          %过渡带宽
N=ceil(12*pi/B);    %计算阶数 N,ceil(x)函数是取大于等于 x 的最小整数
wc=[(w1p+w1s)/2/pi,(whs+whp)/2/pi];       %计算理想带通滤波器通带截止频率
hn=fir1 m,wc,'stop',blackman(N+1));
[H,w]=freqz(hn,1);       %计算滤波拳频率响应,对设计结果进行验正
db=20*log10(abs(H));       %计算滤波器频率响应对数幅值
```

略去绘图语句,运行得到 $h(n)$ 和归一化对数幅度特性特性曲线如图 8-29 所示。

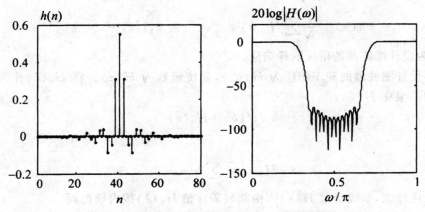

图 8-29　设计 FIR 带阻滤波器 $h(n)$ 及幅频特性

例 8.8　用窗函数法设计多通带滤波器,归一化通带为 $[0,0.2]$、$[0.4,0.6]$、$[0.8,1]$。

锯：由于高频端为通带,滤波器卉数应为偶数,设为 20,滤波器幅频特性如图 8-30 所示实现程序如下：

```
wc=[0.2 0.4 0.6 0.8];
hn=fir1(50,wc,'dc-1');[H,w]=freqz(hn,1);
dw=2*pi/1000;db=20*log10(abs(H));
```

plot(w/pi,db);axis([0,1,-80,0]);

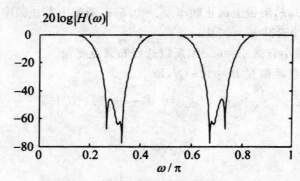

图 8-30　多通带 FIR 数字滤波器

当然窗函数法除了设计上述例子表述的滤波器外,还可设计其他形式的滤波器,这里不一一列举。

8.3　频率采样法 FIR 数字滤波器设计

8.3.1　设计原理

对理想滤波器的频率响应 $H_d(e^{j\omega})$ 在 $[0,2\pi)$ 等间隔采样,得到频域序列:

$$H_d(k)=H_d(e^{j\omega})\mid_{\omega=\frac{2\pi}{N}k},\quad k=0,1,2,\cdots,N-1 \tag{8-77}$$

对 $H_d(k)$ 进行 N 点 IDFT,得到

$$h(n)=\frac{1}{N}\sum_{k=0}^{N-1}H_d(k)W_N^{-kn},\quad n=0,1,2,\cdots,N-1 \tag{8-78}$$

将 $h(n)$ 作为设计滤波器的单位取样响应。

若所要设计滤波器的频率响应为 $H(e^{j\omega})$,系统函数为 $H(z)$。将 $H_d(k)$ 作为 $H(e^{j\omega})$ 在 $[0,2\pi)$ 等间隔采样 $H(k)$,即

$$H(k)=H_d(k) \tag{8-79}$$

由于

$$H(z)=\sum_{n=0}^{N-1}h(n)z^{-n} \tag{8-80}$$

根据频域采样理论,系统函数 $H(z)$ 可由频域采样值 $H_d(k)$ 按内插得到

$$H(z)=\frac{1}{N}\sum_{k=0}^{N-1}H_d(k)\frac{1-z^{-N}}{1-W_N^{-kn}\cdot z^{-1}} \tag{8-81}$$

那么,$H_d(k)$ 满足什么条件才能设计出线性相位的 FIR 滤波器?逼近误差又是怎样的?下面首先讨论线性相位滤波器对 $H_d(k)$ 的约束条件。

FIR 滤波器具有线性相位的条件是 $h(n)$ 为实序列,且满足对称性。当 $h(n)$ 满足偶对称,N 为奇数时

$$H(e^{j\omega})=H(\omega)e^{j\phi(\omega)} \tag{8-82}$$

其中,相位函数

$$\phi(\omega) = -\frac{N-1}{2}\omega \tag{8-83}$$

幅度特性为偶函数

$$H(\omega) = H(2\pi - \omega) \tag{8-84}$$

将 $H(e^{j\omega})$ 在 $[0,2\pi]$ 之间的 N 个采样值 $H(k) = H(e^{j\frac{2\pi}{N}k})$ 用幅度 H_k 和相位 ϕ_k 表示,则有

$$H(k) = H_k\phi_k \tag{8-85}$$

H_k 和 ϕ_k 须满足:

$$\phi_k = -\left(\frac{N-1}{2}\right)\frac{2\pi}{N}k = -k\pi\left(1-\frac{1}{N}\right) \tag{8-86}$$

$$H_k = H_{N-k} \tag{8-87}$$

即 H_k 关于 $N/2$ 点偶对称。式(8-85)～式(8-87)就是对频率采样值的约束条件。

如果用截止频率是 ω_c 的理想低通滤波器逼近所要设计的滤波器,当频域采样点数为 N 时,H_k 和 ϕ_k 计算公式如下:

$$\begin{cases} H_k = 1, & k = 0,1,2,\cdots,k_c \\ H_k = 0, & k = k_c+1, k_c+2, \cdots, N-k_c-1 \\ H_{N-k} = 1, & k = 1,2,\cdots,k_c \\ \phi_k = -k\pi(N-1)/N, k = 0,1,2,\cdots,N-1 \end{cases} \tag{8-88}$$

式中,k_c 为通带内最后一个采样点的序号,取值不大于 $\omega_c N/(2\pi)$ 的最大整数。

当 $h(n)$ 满足偶对称,N 为偶数时,$H(e^{j\omega})$ 表示式和相位与 N 为奇数时相同,为式(8-82)和式(8-83),ϕ_k 与式(8-86)相同,不同的是幅度特性关于 $\omega = \pi$ 奇对称,即

$$H(\omega) = -H(2\pi - \omega) \tag{8-89}$$

同样,H_k 也满足

$$H_k = -H_{N-k} \tag{8-90}$$

H_k 和 ϕ_k 计算公式为

$$\begin{cases} H_k = 1, & k = 0,1,2,\cdots,k_c \\ H_k = 0, & k = k_c+1, k_c+2, \cdots, N-k_c-1 \\ H_{N-k} = -1, & k = 1,2,\cdots,k_c \\ \phi_k = -k\pi(N-1)/N, k = 0,1,2,\cdots,N-1 \end{cases} \tag{8-91}$$

同理,可以得到 $h(n)$ 满足奇对称,N 为奇数和 $h(n)$ 满足奇对称,N 为偶数的线性相位 FIR 滤波器的约束条件。

8.3.2　误差分析及改进措施

上述待逼近理想滤波器的频率响应 $H_d(e^{j\omega})$、单位取样响应 $h_d(n)$、频域采样 $H_d(k)$ 与要设计滤波器的频率响应 $H(e^{j\omega})$、单位取样响应 $h(n)$ 和 $H(k)$ 的关系如图 8-31 所示。

由频域采样定理知,频域采样引起时域的周期延拓。那么,将 $H_d(e^{j\omega})$ 在 $[0,2\pi)$ 等间隔采样 N 点 $H_d(k)$,利用 IDFT 得到的 $h(n)$ 是 $h_d(n)$ 以 N 为周期的周期延拓序列的主值区间序列,即

$$h(n) = \sum_{r=-\infty}^{\infty} h_d(n + rN) R_N(n) \qquad (8\text{-}92)$$

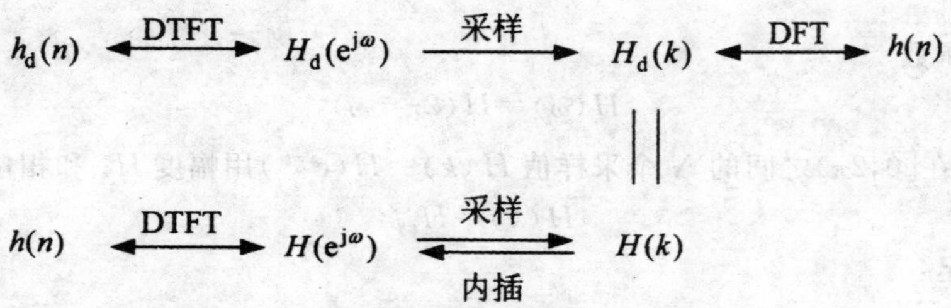

$$h_d(n) \xleftarrow{\text{DTFT}} H_d(e^{j\omega}) \xrightarrow{\text{采样}} H_d(k) \xleftarrow{\text{DFT}} h(n)$$

$$\parallel$$

$$h(n) \xleftarrow{\text{DTFT}} H(e^{j\omega}) \xleftrightarrow[\text{内插}]{\text{采样}} H(k)$$

图 8-31 设计滤波器与理想滤波器的关系

对于理想滤波器，$h(n)$ 是无限长序列，时域混叠引起 $h(n)$ 与 $h_d(n)$ 之间产生偏差。由于频域采样点数 N 越大，时域混叠越小，$h(n)$ 与 $h_d(n)$ 之间偏差越小，设计出的滤波器 $H(e^{j\omega})$ 越逼近 $H_d(e^{j\omega})$。因此，应尽可能增大采样点数，减少偏差。

以上是从时域对误差的分析，下面从频域对误差进行分析。在式(8-81)中，令 $z = e^{j\omega}$，得到 $H(e^{j\omega})$ 的内插表示形式

$$H(e^{j\omega}) = \frac{1}{N} \sum_{k=0}^{N-1} H(k) \frac{1 - e^{-j\omega N}}{1 - e^{-j(\omega - \frac{2\pi}{N}k)}} = \frac{1}{N} \sum_{k=0}^{N-1} H(k) \cdot \phi\left(\omega - \frac{2\pi}{N}k\right) \qquad (8\text{-}93)$$

其中，内插函数

$$\phi(\omega) = \frac{1}{N} \cdot \frac{\sin\left(\frac{\omega N}{2}\right)}{\sin\left(\frac{\omega}{2}\right)} e^{-j\omega \frac{N-1}{2}} \qquad (8\text{-}94)$$

在频率采样点上，

$$\omega_k = 2\pi k/N, \quad k = 0,1,2,\cdots,N-1$$
$$\phi(\omega - 2\pi k/N) = 1$$
$$H(e^{j\omega}) = H(k)$$

逼近误差为零。在采样点之间 $H(e^{j\omega})$ 由 N 项 $H(k)$ 内插构成。频域采样序列及其内插的频率响应幅度特性如图 8-32 所示。图中虚线表示理想低通滤波器的幅度特性 $H_d(\omega)$，黑点表示采样序列 $H_d(k)$，曲线为由 $H_d(k)$ 内插得到的滤波器的幅度特性 $H(\omega)$。

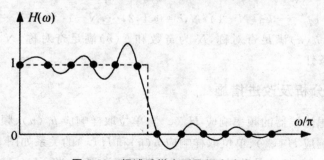

图 8-32 频域采样序列及幅度响应

通过观察可得出以下几点：

（1）$H_d(\omega)$ 与 $H(\omega)$ 在采样点上相等，误差为零。

（2）在其他频率上的误差与 $H_d(\omega)$ 的波形所在位置有关，在陡峭段（即间断点附近）误差最大，在平坦段误差较小。

（3）在间断点附近形成过渡带，在通带和阻带，产生振荡波纹，越靠近间断点振荡幅度越大。

通过观察图 8-32，并进行分析可知，减小误差最直观的办法就是增加采样点数，即加大 N 值。加大 N 值会产生以下几方面的效果：

1）由于过渡带宽近似为 $2\pi/N$，加大 N 值，可使过渡带变窄。

2）N 太大，使滤波器的阶数和复杂度增加，即增加了运算量和成本。

3）在通带和阻带交界处，理想滤波器幅度总是从 1 突变到 0，无论怎样增加采样点数，内插都会引起 $H(\omega)$ 较大的起伏振荡，并不会改善滤波器的阻带衰减特性。

因此，采样点数 N 的大小应折中考虑。

在窗函数设计法中，通过加大过渡带宽度使阻带衰减增加。频率采样法同样可以采取这种方法。在间断点附近，由于采样点的值突然变化引起起伏振荡。改进的具体措施是，在频响间断点附近区间插值一个或多个过渡采样点，以减小频带边缘的突变，这样，虽然加大了过渡带，但阻带中相邻内插函数的旁瓣正负对消，可明显增大阻带衰减。当然，阻带衰减的效果与过渡带采样点的取值大小和多少有很大关系。精心设计过渡带采样点，就有可能使通带和阻带的波纹减小，设计出性能较好的滤波器。过渡带采样点的个数与阻带衰减 α_s 的关系，以及使 α_s 最大化的每个采样值大小应用优化算法实现，这部分内容本书不做讲解。

实际设计中，过渡带取 1、2、3 点采样值就可得到满意的结果。过渡带采样点的个数与阻带衰减瓯的经验数据列于表 8-3。

表 8-3　过渡带采样点的个数 m 与阻带衰减 α_s 的经验数据

m	1	2	3
α_s	44～54dB	65～75dB	85～95dB

8.3.3　设计步骤

频率采样法的设计步骤归纳如下：

（1）根据阻带最小衰减 α_s，参考表 8-3 选择过渡带采样点的个数 m。

（2）由过渡带宽确定频域采样点数，即滤波器的长度 N。如果增加 m 个过渡带采样点，过渡带宽度近似变为 $(m+1)2\pi/N$。对给定的过渡带宽 B，要求 $(m+1)2\pi/N \leqslant B$，则有：

$$N \geqslant (m+1)2\pi/B \tag{8-95}$$

（3）构造希望逼近的理想滤波器频率响应函数：

（4）对 $H_d(e^{j\omega})$ 进行频域采样，得 $H(k)$：

$$H(k) = H_d(e^{j\omega}) \big|_{\omega = \frac{2\pi}{N}k}, \quad k = 0,1,\cdots,N-1 \tag{8-96}$$

（5）加入过渡带采样。过渡带采样值可以根据经验设置。

（6）对 $H(k)$ 进行 N 点 IDFT，得到偶对称的线性相位 FIR 数字滤波器的单位取样响应

$$h(n) = \mathrm{IDFT}[H(k)] = \frac{1}{N}\sum_{k=0}^{N-1} H(k)W_N^{-kn}, \quad n = 0,1,\cdots,N-1 \tag{8-97}$$

(7)检验设计结果。计算 $H(e^{j\omega})=FT[h(n)]=H(\omega)e^{j\phi(\omega)}$，如果 $H(\omega)$ 阻带衰减不满足技术指标要求，则调整过渡带采样值，直到满足指标为止。如果滤波器的边界频率未达到指标要求，则要微 $H_d(\omega)$ 的边界频率。

上述设计过程的计算相当繁琐，通常用 MATLAB 工具实现。

8.3.4　MATLAB 设计举例

例 8.9　用频率采样法设计线性相位低通滤波器，要求截止频率 $\omega_c=\pi/2\text{rad}$，采样点数 $N=33$，选用办 $h(n)=h(N-1-n)$。

解： $\omega_c\times\dfrac{N}{2\pi}=\dfrac{\pi}{2}\times\dfrac{33}{2\pi}=8.25$，取 $k_c=8$。

由式(8-88)得

$$H_k=1, \quad k=0,1,2,\cdots,8$$
$$H_{33-k}=1, \quad k=1,2,\cdots,8$$
$$H_k=1, \quad k=9,10,\cdots,23,24$$
$$\phi_k=-32k\pi/33$$

将采样得到的 $H(k)=H_k e^{j\phi_k}$ 进行 N 点 IDFT，得到 $h(n)$，频率响应 $H(e^{j\omega})=FT[h(n)]$。

图 8-33(a)为理想低通滤波器的幅度特性 $H(\omega)$ 及其采样值 $H_d(k)$。图 8-33(b)为设计的 33 点长低通滤波器的单位取样响应 $h(n)$，是满足对称的因果序列。图 8-33(c)所示为滤波器的对数幅频特性，在 ω_c 附近形成了一个宽度为 $2\pi/33$ 的过渡带，阻带衰减约为 20dB。

设计程序如下：

```
wc=pi/2；N=33；
Np=fix(wc/(2*pi/N));        %Np+1 为通带[0,wc]上采样点数
Ns=N-2*Np-1；              %Ns 为阻带[wc,2*pi-wc]上采样点数
HK=[ones(1,Np,+1),zeros(1,Ns),ones(1,Np)];   %N 为奇数，幅度采样向量偶对
称 Hk=HN-k
subplot(3,1,1),stem(v,Hk,'k.');axis([0,N,-0.1,1.2]);
faik=-pi*(N-1)*(0:N-1)/N；       %计算相位采样向量
Hkk=Hk.*exp(j*faik);            %构造频域采样向量
hn=real(ifft(Hkk));v=0:N-1;
subplot(3,1,2),stem(V,hn,'k.');axis([0,N,min(hn)*1.2,max(hn)*1.2]);
Hww=fft(hn,1024);              %计算频率响应函数
wk=2*[0:1023]/1024;           %频率变量
Hw=Hww.*exp(j*wk*(N-1)/2);    %计算幅度响应函数
w=linspace(0,2*pi,1 024);
subplot(3,1,3),plot(w/pi,20*log 10(abs(Hw)));axis([0,2,-80,10])
```

为加大阻带衰减，在 $k=9$ 处，增加一个过渡点，令 $T=0.5$，得到滤波器的对数幅频特性如图 8-34(a)所示，这时过渡带增加了一倍为 $4\pi/33$，同时阻带衰减增加到大约 30dB，说明用加宽过渡带换取阻带衰减的方法是有效的。如果，令 $T=0.38$，对数幅频特性如图 8-34(b)所

示。过渡带仍为 $4\pi/33$，但阻带最小衰减达到 $43.44\mathrm{dB}$，说明过渡点取值不同，也会影响阻带衰减。这样，借助计算机可进行优化设计，通过改变过渡点取值使阻带衰减最大。

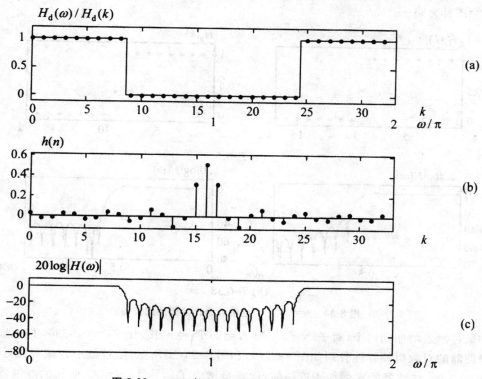

图 8-33　$\omega_c = \pi/2\mathrm{rad}, N = 33$ 无过渡点低通滤波器

增加一个过渡点，频率采样法设计 FIR 低通滤波器的设计程序如下：

```
T=0.5;                              %输入过渡带过渡采样值
wc=pi/2;m=1;N=33;
Np=fix(wc/(2*pi/N));               %Np+1 为通带[0,wc]上采样点数
Ns=N-2*Np-1;                       %Ns 为阻带[wc,2*pi-wc]上采样点数
Hk=[ones(1,Np+1),zeros(1,Ns),ones(1,Np)];  %N 为奇数，幅度采样向量偶对
```
称 $H_k = H_{N-k}$
```
Hk(Np+2)=T;Hk(N-Np)=T;             %增加一个过渡采样
faik=-pi*(N-1)*(0:N-1)/N;          %计算相位采样向量 φ_k = -kπ(N-1)/N
Hkk=Hk.*exp(j*faik);               %构造频域采样向量 H(k)
hn=real(ifft(Hkk));v=0:N-1;
Hww=fft(hn,1024);                  %计算频率响应函数 H(e^{jω})
wk=2*[0:1023]/1024;                %频率变量
Hw=Hww.*exp(j*wk*(N-1)/2);         %计算幅度响应函数 H(ω)
w=linspace(0,2*pi,1024);
Rp=max(20*log10(abs(Hw)));         %计算通带最大衰减 α_p
```

```
hgmin＝min(real(Hw));
Rs＝min(20 * log10(abs(hgmin)));      %计算阻带最小衰减 α_s
%绘图部分略
```

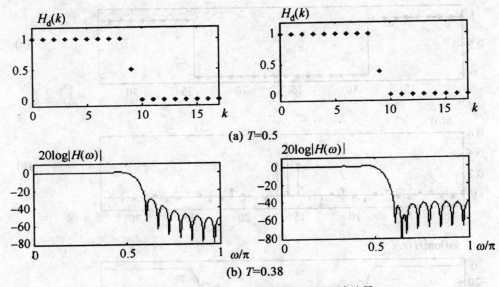

(a) T＝0.5

(b) T＝0.38

图 8-34　N＝33 一个过渡点设计的低通滤波器

如果过渡点增加到两个,对于 N＝33 和 N＝65 两种窗长,让 T_1＝0.5886,T_2＝0.1065,得到滤波器的对数幅频特性分别如图 8-35(a)和图 8-35(b)所示,阻带最小衰减都接近 65dB,只是 N＝65 时,滤波器阶次增加了近一倍,运算量增大了。另外,N＝33 窗长的滤波器,过渡带增加为 $6\pi/33$;N＝65 窗长的滤波器,过渡带为 $6\pi/65$。

增加两个过渡点,频率采样法设计 FIR 低通滤波器的程序如下:

```
T1＝0.5886;T2＝0.1065;            %输入过渡带过渡采样值
wc＝pi/2;m＝2;N＝33;
Np＝fix(wc/(2 * pi/N));          %Np+1 为通带[0,wc]上采样点数
Ns＝N－2 * Np－1;                %Ns 为阻带[we,2 * pi－wc]上采样点数
Hk＝[ones(1,Np＋1),zeros(1,Ns),ones(1,Np)];%N 为奇数,幅度采样向量偶对称
```
$H_k＝H_{N-k}$
```
Hk(Np＋2)＝T1;Hk(m－Np)＝ T1;     %增加一个过渡采样
Hk(Np＋3)＝T2;Hk(N－Np－1)＝T2;   %增加一个过渡采样
faik＝－pi * (N－1) * (0:N－1)/N;  %计算相位采样向量 φ_k＝－kπ(N－1)/N
Hkk＝Hk. * exp(j * faik);        %构造频域采样向量 H(k)
hn＝real(ifft(Hkk));v＝0:N－1;    %计算频率响应函数 H(e^{jω})
Hww＝fft(hn,1024);               %计算频率响应函数 H(e^{jω})
wk＝2 * [0：1023]/1024;          %频率变量
Hw＝Hww. * exp(j * wk * (N－1)/2);%计算幅度响应函数 H(ω)
w＝linspace(0,2 * pi,1024);
```

%绘图部分略

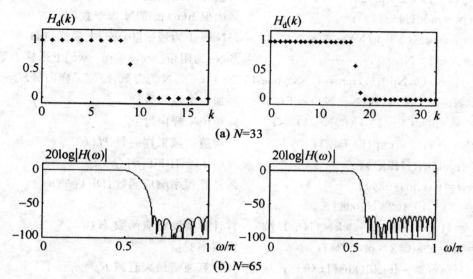

(a) N=33

(b) N=65

图 8-35　增加两个过渡点 $T_1=0.5886$, $T_2=0.1065$

例 8.10　用频率采样法设计第一类线性相位低通 FIR 数字滤波器,要求通带截止频率 $\omega_c=\pi/3\mathrm{rad}$,阻带衰减大于 40dB,过渡带宽度 $B\leqslant\pi/16$。

解:由表 8-3 知,$\alpha_s=40\mathrm{dB}$ 时,过渡带采样点数 $m=1$。将 m 和 B 取值代入式(8-95),得滤波器长度:

$$N\geqslant(m+1)2\pi/B=64$$

取 $N=65$。

构造理想低通滤波器:

$$H_d(\mathrm{e}^{\mathrm{j}\omega})=H_d(\omega)\mathrm{e}^{-\mathrm{j}32\omega}$$

T 为两种不同取值时,设计出的滤波器幅频特性如图 8-36 所示。

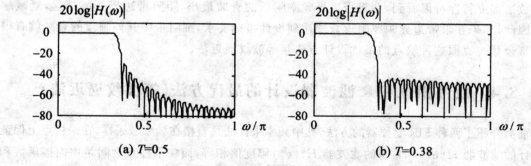

(a) T=0.5　　　　　　　　　　**(b)** T=0.38

图 8-36　滤波器的对数幅频特性

设计的程序如下:

```
T=input('T=')                    %输入过渡采样值
datB=pi/16;wc=pi/3;              %过渡带宽度 pi/16,通带截止频率为 pi/3;
m=1;
```

```
N＝(m＋1)＊2＊pi/datB＋1;              %估算采样点数 N
N＝N＋mod(N＋1,2);                    %确保 h(n)长度 N 为奇数
Np＝fix(wc/(2＊pi/N));               %Np＋1 为通带[0,wc]上采样点数
Ns＝N－2＊Np－1;                      %Ns 为阻带[wc,2＊pi－wc]上采样点数
Hk＝[ones(1,Np＋1),zeros(1,Ns),ones(1,Np)];   %N 为奇数,幅度采样向量 Hk＝HN－k
Hk(Np＋2)＝T;Hk(N－Np)＝T;           %加一个过渡采样
faik＝－pi＊(N－1)＊(0:N－1)/N;       %相位采样向量 φk
Hkk＝－Hk.＊exp(j＊faik);            %构造频域采样向量 H(k)
hn＝real(ifft(Hkk));                %h(n)＝IDFT[H(k)]
Hww＝fft(hn,1024);                  %计算频率响应函数:DFT[h(n)]
wk＝2＊[0:1023]/1024;
Hw＝Hww.＊exp(j＊wk＊(N－1)/2);      %计算幅度响应函数 H(ω)
w＝linspace(0,2＊pi,1024);          %频率变量
Rp＝max(20＊log10(abs(Hw)));        %计算通带最大衰减 Rp＝αp
hgrnin＝min(real(Hw));Rs＝20＊log10(abs(hgmin));%计算阻带最小衰减 Rs＝αs
plot(w/pi,20＊log10(abs(Hw)));axis([0,1,－80,10])
```

运行程序,观察幅频响应。当 $T＝0.5$ 时,幅频响应阻带衰减达不到要求;当 $T＝0.38$ 时,阻带衰减大于 40dB,过渡带宽 $B≤π/16$,完全满足条件。由此可见,当过渡带采样点数给定时,过渡带采样值不同,则逼近误差不同。所以应对过渡带采样值进行优化设计。

频率采样法直接从频域出发逼近滤波器的特性,非常直观,也适合设计任意幅度特性的滤波器。但是采样频率只能是 $2π/N$ 的整倍数,这对截止频率的取值有一定限制。增加采样点数 N 对确定边界频率有好处,但同时会增加滤波器的成本。因此,这种方法更适合于窄带滤波器的设计。

窗函数法和频率采样法都是 FIR 滤波器设计的基本方法,简单方便,易于实现。但它们的共同问题是在通带和阻带存在幅度变化的波动,并且在接近通带和阻带的边缘,波动最大。从对数谱幅度特性可以看到,在阻带边界频率附近的衰减最小,距阻带边界频率越远,衰减越大。因此,如果在阻带边界频率附近衰减达到设计指标要求,则阻带中其他频段的衰减就有很大的富余量。克服这种缺点的最优设计方法是等波纹逼近法。

8.4　线性相位 FIR 滤波器设计的最优方法(等波纹逼近法)

前面介绍了两种 FIR 滤波器的方法,其中频率采样法是直接在频率域采样,在采样点上保证了设计的滤波器 $H(e^{jω})$ 和希望的滤波器 $H_d(e^{jω})$ 幅度值相等,而在采样点之间是用内插函数和 $H_d(k)$ 相乘的线性组合形成的,这样使频域不连续点附近误差大,且边界频率不易控制;而窗函数法中是用窗函数直接截取希望设计的滤波器的 $h_d(n)$ 的一段,作为滤波器的 $h(n)$,这是一种时域逼近法。如果用 $E(e^{jω})$ 表示 $H_d(e^{jω})$ 和所设计滤波器 $H(e^{jω})$ 之间的频响误差

$$E(e^{jω})＝H_d(e^{jω})－H(e^{jω})$$

其均方误差为

$$e^2 = \frac{1}{2\pi} \int_{-\pi}^{\pi} |E(e^{j\omega})|^2 d\omega$$

则可证明采用矩形窗时，均方误差 e^2 是最小的。注意：这里最小是指在整个频带上均分最小，它保证了具有最窄的过渡带，但由于吉布斯效应，使过渡带附近的通带内具有较大的上冲，而阻带衰减过小，为此，考虑选用其他窗函数用加宽过渡带的方法来换取阻带衰减的加大和通带的平稳性。然而，这些窗函数的使用已不再是最小均方误差设计法，因此，以上两种设计法为使整个频域满足技术要求，平坦区域必然超过技术要求。本节介绍的等波纹逼近是利用切比雪夫逼近理论，使其在要求逼近的整个范围内，误差分布是均匀的，所以也称为最佳一致意义下的逼近。与窗函数法及频率采样法相比，当要求滤波特性相同时，阶数可以比较低。

8.4.1　等波纹逼近准则

设希望设计的滤波器幅度特性为 $H_d(\omega)$，实际设计的滤波器幅度特性为 $H(\omega)$，其加权误差 $E(\omega)$ 可表示为

$$E(\omega) = W(\omega) |H_d(\omega) - H(\omega)| \tag{8-98}$$

式中，$W(\omega)$ 为误差加权函数，它是为在通带或阻带要求不同的逼近精度而设计的。

为设计具有线性相位的 FIR 滤波器，其单位脉冲响应 $h(n)$ 必须有限长且满足线性相位条件。例如，当从 $h(n) = h(N-1-n)$，N 为奇数情况

$$H(e^{j\omega}) = e^{-j\frac{N-1}{2}\omega} H(\omega) \tag{8-99}$$

式中

$$H(\omega) = \sum_{n=0}^{L} a(n)\cos\omega n, \quad L = \frac{N-1}{2} \tag{8-100}$$

将式(8-100)表示的 $H(\omega)$ 代入式(8-98)，则

$$E(\omega) = W(\omega) \left| H_d(\omega) - \sum_{n=0}^{L} a(n)\cos\omega n \right| \tag{8-101}$$

在设计过程中，误差加权函数 $W(\omega)$ 为已知函数，在要求逼近精度高的频带，$W(\omega)$ 取值大，在要求逼近精度低的频带，$W(\omega)$ 取值小。在设计滤波器时，$W(\omega)$ 可以假设为

$$W(\omega) = \begin{cases} \dfrac{1}{k}, & 0 \leqslant |\omega| \leqslant \omega_p, k = \dfrac{\delta_1}{\delta_2} \\ 0, & \omega_s \leqslant |\omega| \leqslant \pi \end{cases} \tag{8-102}$$

式中，δ_1 为通带波纹峰值，δ_2 为阻带波纹峰值。切比雪夫逼近的问题是选择 $L+1$ 个系数 $a(n)$，使式(8-101)表示的加权误差 $E(\omega)$ 的最大绝对值最小，即

$$\min \left\{ \max_{0 \leqslant \omega \leqslant \pi} |E(\omega)| \right\} \tag{8-103}$$

切比雪夫交错点组定理指出：如果 $H(\omega)$ 是 L 个余弦函数的组合，即

$$H(\omega) = \sum_{n=0}^{L} a(n)\cos\omega n \tag{8-104}$$

那么 $H(\omega)$ 是 $H_d(\omega)$ 的最佳一致逼近多项式的充要条件是：ω 在 $[0, \pi]$ 区间内至少应存在 $L+2$ 个交错点，$0 \leqslant \omega_0 < \omega_1 < \cdots < \omega_{L+1} \leqslant \pi$，使得

$$E(\omega_k) = -E(\omega_{k+1}), \quad k = 0, 1, \cdots, L \tag{8-105}$$

且

$$|E(\omega_k)| = \max_{0\leqslant\omega\leqslant\pi}|E(\omega)|, k=0,1,\cdots,L+1 \tag{8-106}$$

按照该准则设计的滤波器通带或阻带具有等波动性质。虽然交错定理确定了最优滤波器必须有的极值频率(或波动)最少数目,但是可以有更多的数目。例如,一个低通滤波器可以有 $L+2$ 个或 $L+3$ 个极值频率,有 $L+3$ 个极值频率的低通滤波器称作超波纹滤波器。

8.4.2 线性相位 FIR 数字滤波器的设计

设希望设计的滤波器是线性相位低通滤波器,其幅度特性为

$$H_d = \begin{cases} 1, & 0\leqslant|\omega|\leqslant\omega_p \\ 0, & \omega_s\leqslant|\omega|\leqslant\pi \end{cases} \tag{8-107}$$

其误差容限如图 8-37 所示,其中 $0\leqslant|\omega|\leqslant\omega_p$ 范围内最大误差为 δ_1,$\omega_s\leqslant|\omega|\leqslant\pi$ 范围内最大误差为 δ_2。按等波纹设计特性所设计的滤波器的幅度特性 $H(\omega)$ 如图 8-38(a)所示,$H_d(\omega)$ 与 $H(\omega)$ 间的误差如图 8-38(b)所示,这一误差具有等波纹分布特性。

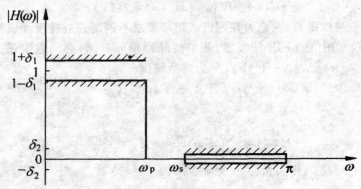

图 8-37 低通滤波器的误差容限

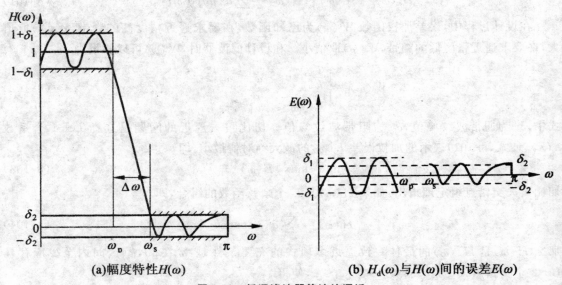

(a)幅度特性$H(\omega)$ (b) $H_d(\omega)$ 与 $H(\omega)$ 间的误差 $E(\omega)$

图 8-38 低通滤波器等波纹逼近

设单位脉冲响应长度为 N。如果知道了 ω 在 $[0,\pi]$ 上的 $L+2$ 个交错点频率 $\omega_0,\omega_1,\cdots,$ ω_{L+1}，按照式(8-101)，并由交错点组定理可以得到

$$W(\omega_k)[H_d(\omega_k)-H(\omega_k)]=(-1)^k\delta \quad k=0,1,\cdots,L+1 \tag{8-108}$$

式中，$\delta=\max\limits_{0\leqslant\omega\leqslant\pi}|E(\omega)|$，是最大的加权误差绝对值，这些关于未知数 $a(0),\cdots,a(L)$ 以及 δ 的方程可以写成下面矩阵的形式：

$$\begin{bmatrix} 1 & \cos(\omega_0) & \cdots & \cos(L\omega_0) & 1/W(\omega_0) \\ 1 & \cos(\omega_1) & \cdots & \cos(L\omega_1) & -1/W(\omega_1) \\ \vdots & \vdots & \vdots & \vdots & \vdots \\ 1 & \cos(\omega_L) & \cdots & \cos(L\omega_L) & (-1)^L/W(\omega_L) \\ 1 & \cos(\omega_{L+1}) & \cdots & \cos(L\omega_{L+1}) & (-1)^L/W(\omega_{L+1}) \end{bmatrix} \begin{bmatrix} a(0) \\ a(1) \\ \vdots \\ a(L) \\ \delta \end{bmatrix} = \begin{bmatrix} H_d(\omega_0) \\ H_d(\omega_1) \\ \vdots \\ H_d(\omega_L) \\ H_d(\omega_{L+1}) \end{bmatrix}$$

$$\tag{8-109}$$

解式(8-109)，可以唯一地求出系数 $a(n),n=0,1,\cdots,L$ 以及误差 δ，由 $a(n)$ 可以求出最佳滤波器的单位脉冲响应 $h(n)$。但实际上交错点组的频率 $\omega_0,\omega_1,\cdots,\omega_{L+1}$。是不知道的，且直接求解式(8-109)也是比较困难的。为此 J. H. Mollellan 等人利用数值分析中的 Remez 算法，靠逐次迭代来求出交错频率组，具体步骤如下：

(1)在 $0\leqslant\omega\leqslant\pi$ 频域区间内等间隔地选取 $L+2$ 个频率点 $\omega_k(k=0,1,\cdots,L+1)$，作为交错点组的初始猜测位置，然后用下式计算 δ：

$$\delta=\frac{\sum\limits_{k=0}^{L+1}a_kH_d(\omega_k)}{\sum\limits_{k=0}^{L+1}(-1)^ka_k/W(\omega_k)} \tag{8-110}$$

式中

$$a_k=(-1)^k\prod_{i=0,i\neq k}^{L+1}\frac{1}{\cos(\omega_i)-\cos(\omega_k)} \tag{8-111}$$

把 $\omega_k(k=0,1,\cdots,L+1)$ 代入上式，求出 δ，这就是第一次指定极值频率的偏差值。然后利用拉格朗日插值公式得到 $H(\omega)$，即

$$H(\omega)=\frac{\sum\limits_{k=0}^{L}\left[\dfrac{a_k}{\cos\omega-\cos\omega_k}\right]c_k}{\sum\limits_{k=0}^{L}\left[\dfrac{a_k}{\cos\omega-\cos\omega_k}\right]} \tag{8-112}$$

式中

$$c_k=H_d(\omega_k)-(-1)^k\frac{\delta}{W(\omega_k)},k=0,1,\cdots,L \tag{8-113}$$

把求得的 $H(\omega)$ 代入式(8-101)的误差表示式中，得到误差函数 $E(\omega)$。如果这样得到的 $E(\omega)$ 在所有频率上都能满足 $|E(\omega)|\leqslant|\delta|$，这说明初始猜定的 $\omega_0,\omega_1,\cdots,\omega_{L+1}$ 恰好是交错频率组，因此设计工作即告结束。如果在某些频率点处 $|E(\omega)|>|\delta|$，则说明初始猜定的频率点偏离了真正的交错频率点，需要修改，因而需要进行第(2)步。

(2)在所有 $|E(\omega)|>|\delta|$ 频率点附近选定新的极值频率，重复式(8-110)～式(8-113)的计算，分别得到新的 δ、$H(\omega)$ 和 $E(\omega)$。

如此重复迭代，由于每次新的交错点频率都是 $E(\omega)$ 的局部极值点，因此按式(8-110)计

算的 $|\delta|$ 是递增的,但最后收敛到 $|\delta|$ 自身的上限,此时 $H(\omega)$ 也就最佳一致地逼近 $H_{\mathrm{d}}(\omega)$。若再进行一次迭代,$E(\omega)$ 的峰值将不会大于 $|\delta|$,到此迭代结束。然后对 $H(\omega)$ 求 IDFT 从而得到滤波器的单位脉冲响应 $h(n)$。

图 8-39 画出了 Remez 交换算法的流程图。该算法占用内存较少,运算时间短,效率高。实践表明,如果初始估计极值频率点为均匀分配,那么一般只需 5 次左右迭代即可找到要求的极值频率。

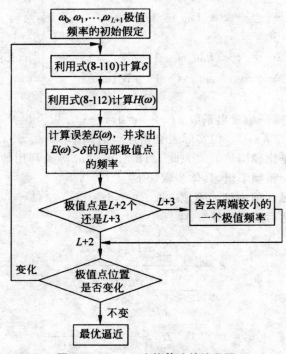

图 8-39　Remez 交换算法的流程图

8.5　简单整系数法设计 FIR 数字滤波器

简单整系数滤波器是指滤波网络中的乘法支路增益均为整数的滤波器,其优点是乘法运算速度快,仅通过少量的移位和相加操作(左移一位可实现乘 2 运算;左移一位再加移位前的数据可实现乘 3 运算,其他整数相乘运算可依此类推)即可实现,该滤波器适合实时信号处理场合。简单整系数滤波器的设计既可以建立在极、零点抵消基础上,又可以通过多项式拟合的方法实现,本节仅对前一种方法进行介绍。

8.5.1　设计方法

在单位圆上等间隔分布 N 个零点,即构成梳状滤波器。现在只要在梳状滤波器的相应零点处加入必要的极点,进行零、极点相互抵消,就可以设计各种简单整系数线性相位 FIR 滤波器。

1. 线性相位 FIR 低通滤波器

如果在 $z=1$ 处设置一个极点,抵消该处的零点,则构成低通滤波器,其系统函数和频率响应分别为

$$H_{LP}(z)=\frac{1-z^{-N}}{1-z^{-1}} \tag{8-114}$$

$$H_{LP}(e^{j\omega})=\frac{1-e^{-j\omega N}}{1-e^{-j\omega}}=e^{-j(N-1)\omega/2}\frac{\sin(\omega N/2)}{\sin(\omega/2)} \tag{8-115}$$

取 $N=8$ 时,其零、极点分布及幅频特性曲线分别如图 8-40(a)、(b)所示。显然,该线性相位 FIR 滤波器具有低通特性,系数全为整数 1。

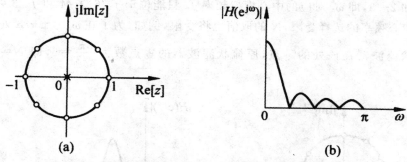

(a)　　　　　　　　(b)

图 8-40　线性相位 FIR 低通滤波器零、极点分布及幅频特性

2. 线性相位 FIR 高通滤波器

如果在 $z=-1$ 处设置一个极点,抵消该处的零点,则构成高通滤波器,其系统函数和频率响应分别为

$$H_{HP}(z)=\frac{1-z^{-N}}{1+z^{-1}} \tag{8-116}$$

$$H_{HP}(e^{j\omega})=\frac{1-e^{-j\omega N}}{1+e^{-j\omega}}=e^{-j[(N-1)\omega/2-\pi/2]}\frac{\sin(\omega N/2)}{\cos(\omega/2)} \tag{8-117}$$

N 为偶数时才能保证式(8-106)所示的 $H_{HP}(z)$ 在 $z=-1$ 处有零点。若取 $N=8$ 时,其零、极点分布及幅频特性曲线分别如图 8-41(a)、(b)所示。显然,该线性相位 FIR 滤波器具有高通特性,系数全为整数。

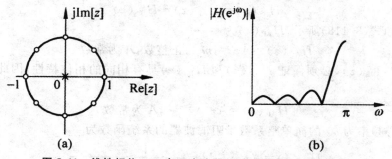

(a)　　　　　　　　(b)

图 8-41　线性相位 FIR 高通滤波器零、极点分布及幅频特性

3. 线性相位 FIR 带通滤波器

构成简单整系数带通滤波器需要在通带中心设置一对共轭极点,抵消掉梳状滤波器的一对零点,形成带通特性,假设带通滤波器的中心频率为 ω_0($0<\omega_0<\pi$),设置的一对共轭极点为 $z=e^{\pm j\omega_0}$,其系统函数和频率响应分别为

$$H_{BP}(z)=\frac{1-z^{-N}}{(1-e^{j\omega_0}z^{-1})(1-e^{-j\omega_0}z^{-1})}=\frac{1-z^{-N}}{1-2\cos\omega_0 z^{-1}+z^{-2}} \tag{8-118}$$

$$H_{BP}(e^{j\omega})=e^{-j[(N-1)\omega/2-\pi/2]}\frac{\sin(\omega N/2)}{\cos\omega-\cos\omega_0} \tag{8-119}$$

为了保证 $H_{BP}(z)$ 的系数均为整数,式(8-118)中的 $2\cos\omega_0$ 只能取 1、0、−1,ω_0 只能对应取 $\pi/3$、$\pi/2$ 和 $2\pi/3$,即 ω_0 对应的中心模拟频率 f_0 只能位于 $f_s/6$、$f_s/4$ 和 $f_s/3$ 处,f_s 为采样频率。随着中心频率的选择受限,N 的取值也将受限,例如,为了在 $\omega_0=\pm\pi/3$ 处安排极点以抵消掉原梳状滤波器在该处的零点,原梳状滤波器的零点数为 $\frac{2\pi}{\pi/3}=6$,即 $N=6$ 或 6 的整数倍。

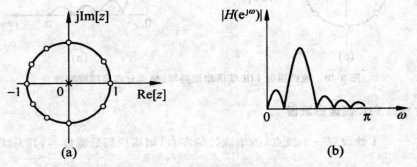

图 8-42　线性相位 FIR 带通滤波器零、极点分布及幅频特性

若取 $N=12$,$\omega_0=\pi/3$ 时,其零、极点分布及幅频特性曲线分别如图 8-42(a)、(b)所示。显然,该线性相位 FIR 滤波器具有带通特性,系数全为整数。

4. 线性相位 FIR 带阻滤波器

一个中心频率为 ω_0 的简单整系数带阻滤波器,可以用一个全通滤波器减去一个中心频率为 ω_0 的带通滤波器构成,其系统函数为

$$H_{BS}(z)=H_{AP}(z)-H_{BP}(z) \tag{8-120}$$

其中 $H_{BP}(z)$ 如式(8-118)所示,$H_{AP}(z)$ 为

$$H_{AP}(z)=Az^{-m},m \text{ 为正整数},A \text{ 为常数} \tag{8-121}$$

为了得到 $H_{BS}(z)$,必须保证 $H_{AP}(z)$ 和 $H_{BP}(z)$ 具有相同的相位特性,因此式(8-121)可以写成

$$H_{AP}(z)=Az^{-(\frac{N}{2}-1)},A \text{ 为常数} \tag{8-122}$$

这样,一个中心频率为 ω_0 的简单整系数带阻滤波器的系统函数为

$$H_{BS}(z)=Az^{-(\frac{N}{2}-1)}-\frac{1-z^{-N}}{1-2\cos\omega_0 z^{-1}+z^{-2}} \tag{8-123}$$

式中，A 应取带通滤波器幅值的最大值，即 $H_{BP}(e^{j\omega_0})$。相应的频率响应为

$$H_{BP}(e^{j\omega}) = e^{-j(N-1)\omega/2}\frac{\cos(\omega N/2)}{\cos\omega - \cos\omega_0} \tag{8-124}$$

8.5.2　简单整系数 FIR 数字滤波器的优化设计

以图 8-43 所示的低通幅频特性为例，其阻带截止频率 $\omega_s = 3\pi/N$，通带带宽 BW 为 3dB，其指标为

$$\alpha_p = 20\lg\left|\frac{H_{LP}(0)}{H_{LP}(BW)}\right| = 20\lg\left|\frac{1}{\alpha}\right| = 20\left|\frac{1}{1/\sqrt{2}}\right| = 3dB$$

$$\alpha_p = 20\lg\left|\frac{H_{LP}(0)}{H_{LP}(\omega_s)}\right| = 20\lg\left|\frac{N}{\beta}\right|$$

假设 $N = 12$，即可求得此时低通滤波器的阻带最小衰减 α_s。

因为

$$|H_{LP}(0)| = 12, \quad |H_{LP}(\omega_s)| = \left|\frac{\sin\left(\dfrac{12}{2}\cdot\dfrac{3\pi}{12}\right)}{\sin\left(\dfrac{1}{2}\cdot\dfrac{3\pi}{12}\right)}\right| = \frac{1}{0.383} = \beta$$

$$\alpha_p = 20\lg\left|\frac{H_{LP}(0)}{H_{LP}(\omega_s)}\right| = 20\lg\left|\frac{N}{\beta}\right| = 20\lg(12\times0.383)dB \approx 13.25dB$$

可见，$N = 12$ 时低通滤波器的阻带最小衰减 α_s 不到 14dB，这在实际应用中远远不能满足要求。同样道理，用极、零点抵消方法设计的低通、高通、带通数字滤波器的阻带性能均很差，这是由 $\sin c$ 函数较大的旁瓣引起的。那么，为了加大阻带衰减，就要减少旁瓣与主瓣的相对幅度，可以在单位圆上设置二阶以上的高阶零点，而另外加上二阶以上的高阶极点来抵消一个或几个高阶零点，这样做能使滤波器阻带衰减加大。例如，在单位圆 $z = 1$ 处安排一个 k 阶零点，且在单位圆 $z = 1$ 处安排一个 k 阶极点，即此滤波器的系统函数为

$$H_{LP}(z) = \left(\frac{1 - z^{-N}}{1 - z^{-1}}\right)^k \tag{8-125}$$

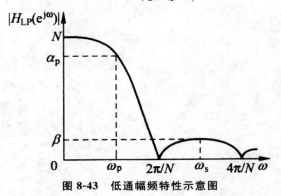

图 8-43　低通幅频特性示意图

式中，k 为滤波器的阶数。同样，用极、零点抵消方法设计高通、带通数字滤波器时均可以取上述 $H_{HP}(z)$、$H_{BP}(z)$ 的是 k 次方来改善阻带衰减性能。

8.6 FIR 和 IIR 数字滤波器的比较

首先,从性能上说,IIR 滤波器可以用较少的阶数获得很高的选择特性,这样一来,所用存储单元少,运算次数少,较为经济而且效率高。但是这个高效率的代价是以相位的非线性得来的。选择性越好,非线性越严重。相反,FIR 滤波器可以得到严格的线性相位。但是,如果需要获得一定的选择性,则要用较多的存储器和较多的运算,成本比较高,信号延时也较大。然而,FIR 滤波器的这些缺点是相对于非线性相位的 IIR 滤波器比较而言的。如果按相同的选择性和相同的相位线性要求的话,那么,IIR 滤波器就必须加全通网络来进行相位校正,因此同样要大大增加滤波器的节数和复杂性。所以如果相位要求严格一点,那么采用 FIR 滤波器不仅在性能上而且在经济上都将优于 IIR。

从结构上看,IIR 必须采用递归型结构,极点位置必须在单位圆内;否则,系统将不稳定。此外,在这种结构中,由于运算过程中对序列的四舍五入处理,有时会引起微弱的寄生振荡。相反,FIR 滤波器主要采用非递归结构,不论在理论上还是在实际的有限精度运算中都不存在稳定性问题,运算误差也较小。此外,FIR 滤波器可以采用快速傅里叶变换算法,在相同阶数的条件下,运算速度可以快得多。

从设计工作看,IIR 滤波器可以借助模拟滤波器的成果,一般都有有效的封闭函数的设计公式可供准确的计算。又有许多数据和表格可查,设计计算的工作量比较小,对计算工具的要求不高。FIR 滤波器设计则一般没有封闭函数的设计公式。窗口法虽然仅仅对窗口函数可以给出计算公式,但计算通阻带衰减等仍无显式表达式。一般,FIR 滤波器设计只有计算程序可循,因此对计算工具要求较高。

此外,还应看到,IIR 滤波器虽然设计简单,但主要是用于设计具有片段常数特性的滤波器,如低通、高通、带通及带阻等,往往脱离不了模拟滤波器的格局。而 FIR 滤波器则要灵活得多,尤其是频率采样设计法更容易适应各种幅度特性和相位特性的要求,可以设计理想的正交变换、理想微分、线性调频等各种重要网络。因而有更大适应性和更广阔的天地。

第 9 章　多采样率数字信号处理

9.1　多采样率的概念

多采样率是指数字信号处理系统中存在多种采样频率的情况,简称多速率(muhirate),它是面对不同的应用选择不同的采样率的策略,目的是降低数字信号处理器的成本。例如,语音信号的最高频率和频谱带宽是 4kHz,按照采样定理,它的最低采样率为 8kHz。但是在软件无线电中,语音信号的调制、上变频、接收、下变频、解调等阶段的处理都是在数字域中进行的,各阶段的采样率是不同的,这么做的意图是降低 DSP 芯片的速度和成本、减少能耗、提高设备的效率。

多采样率技术主要解决多速率信号处理(muhirate signal processing)的问题,它的宗旨是尽量让一种速率的数字系统能够处理多种速率的信号。如何提高多速率信号的处理效率呢?答案是:改变数字信号的采样率,使数字信号主动地适应加工处理它的数字系统。

改变采样率的方法有两种:第一种是模拟法,将数字信号变回模拟信号,然后对它重新采样,获得新的采样率;第二种是数字法,在数字域中减少或者增加信号的样本,获得新的采样率。模拟法的优点是原理简单、可以获得任何采样率,缺点是它在数-模转换和模-数转换的过程中会增加新的失真。数字法的优点是精确度高、体积小,缺点是原理复杂。

多采样率的应用非常广泛,在现代的数字信号处理应用中,要求系统能够处理不同采样率的信号。这种有多种采样率的系统叫做多速率系统(multirate system)。随着集成电路技术的发展,现在的数字系统大多是多速率系统。多速率的基本应用是改变信号在不同阶段的采样率。为了在一个系统中的不同阶段廉价地实现不同的采样率,现在流行的基本策略是下采样和上采样,它们都是在数字域中实现的。

9.2　序列的整数倍抽取和插值

9.2.1　序列的整数倍抽取

假设想把采样率减小为原来的 $1/M$(M 为整数),对于新的采样周期 $T_2 = MT_1$(设 T_1 是原模拟信号 $x_a(t)$ 的采样间隔),重新采样信号是

$$x_d(n) = x_d(nT_2) = x_d(nMT_1) = x_d(nM) \tag{9-1}$$

可见把采样率减小为原来的 $1/M$(M 为整数)可以通过取 $x(n)$ 的所有第 M 个采样完成。完成这个操作的系统称为下采样器,如图 9-1 所示。其中,$M = T_2/T_1$,称为抽取因子,M 为整数时,这样的抽取称为序列的整数倍抽取。

图 9-1　下采样器

所以实现序列的整数倍抽取最简单的方法是将 $x(n)$ 中每 M 个点中抽取一个,依次组成一个新的序列。$M=5$ 时,序列的抽取过程如图 9-2 所示。其中图 9-2(a)为原序列,图 9-2(d)为抽取后的序列。

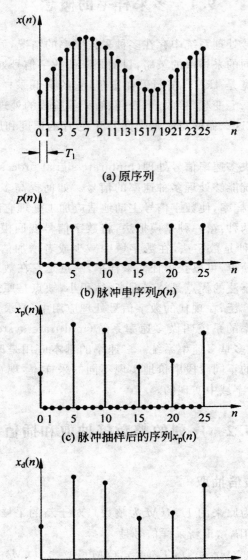

(a) 原序列

(b) 脉冲串序列$p(n)$

(c) 脉冲抽样后的序列$x_p(n)$

(d) 抽取后的序列$x_d(n)$

图 9-2　序列的抽取示意图($M=5$)

信号的时域整数倍抽取过程看起来比较简单,只需要每 M 个点或者每隔 $M-1$ 个点中抽取一个就可以了,但抽取降低了采样频率,一般会产生频谱混叠现象,具体分析如下:

首先定义一个中间序列 $x_p(n)$,它是将 $x(n)$ 进行脉冲抽样得到的,其定义为

$$x_p(n) = \begin{cases} x(n), n = 0, \pm M, \pm 2M, \cdots \\ 0, 其他 \end{cases} \tag{9-2}$$

$$x_p(n) = x(n)p(n) = x(n) \sum_{m=-\infty}^{\infty} \delta(n - mM) \tag{9-3}$$

式中,$p(n)$ 是一脉冲串序列,它在 M 的整数倍处的值为 1,其余为零。$p(n)$ 和 $x_p(n)$ 的波形分别如图 9-2(b)和图 9-2(c)所示。

$x_p(n)$ 的傅里叶变换(DTFT)是

$$\begin{aligned} X_p(e^{j\omega}) &= \frac{1}{2\pi} X(e^{j\omega}) * FT\left\{ \sum_{m=-\infty}^{\infty} \delta(n - mM) \right\} \\ &= \frac{1}{2\pi} X(e^{j\omega}) * \frac{2\pi}{M} \sum_{k=0}^{M-1} \delta\left(\omega - \frac{2\pi k}{M} \right) \\ &= \frac{1}{M} \sum_{k=0}^{M-1} X(e^{j(\omega - \frac{2\pi k}{M})}) \end{aligned} \tag{9-4}$$

$x_d = x(nM)$ 的傅里叶变换(DTFT)是

$$\begin{aligned} X_d(e^{j\omega}) &= \sum_{n=-\infty}^{\infty} x_d(n)e^{-j\omega n} = \sum_{n=-\infty}^{\infty} x(nM)e^{-j\omega n} \\ &= \sum_{n=-\infty}^{\infty} x_p(nM) = X_p(e^{j\omega/M}) \end{aligned} \tag{9-5}$$

由式(9-4)和式(9-5)可得到 $X(e^{j\omega})$ 与 $X_d(e^{j\omega})$ 的关系为

$$X_d(e^{j\omega}) = \frac{1}{M} \sum_{k=0}^{M-1} X(e^{j(\omega - 2\pi k)/M}) \tag{9-6}$$

式(9-6)表明,抽取后的信号序列的频谱 $X_d(e^{j\omega})$ 是原序列频谱 $X(e^{j\omega})$ 先做 M 倍的扩展再在 ω 轴上每隔 $2\pi/M$ 的移位叠加。

例如,设某信号序列的频谱 $X(e^{j\omega})$ 如图 9-3(a)所示,如果 $M=3$,由式(9-6)可得 $X_d(e^{j\omega}) = \frac{1}{3} X(e^{j\omega/3}) + \frac{1}{3} X(e^{j(\omega-2\pi)/3}) + \frac{1}{3} X(e^{j(\omega-4\pi)/3})$,这 3 项的意义分别是:将 $X(e^{j\omega})$ 作 3 倍的扩展,如图 9-3(b)所示,将 $X(e^{j\omega})$ 作 3 倍扩展后移动 2π,如图 9-3(c)所示,将 $X(e^{j\omega})$ 作 3 倍扩展后移动 4π,如图 9-3(d)所示,然后将这 3 项叠加形成抽取后的频谱图,如图 9-3(e)所示。

一般来说,若原序列的采样频率 f_s 满足奈奎斯特采样定理,即 $f_s \geqslant 2f_c$(f_c 为模拟信号最高频率),则采样的结果不会发生频谱的混叠。当再做 M 倍抽取时,只要原序列一个周期的频谱限制在 $|\omega| \leqslant \frac{\pi}{M}$ 范围内,则抽取后信号 $x_d(n)$ 的频谱不会发生混叠失真,如图 9-3(e)所示。由此可以看到,当 $f_s \geqslant 2Mf_c$ 时,抽取的结果不会发生频谱的混叠。但由于 M 是可变的,所以很难要求在不同的 M 下都能保证 $f_s \geqslant 2Mf_c$。例如,图 9-3 中,当 $M=4$ 时,结果就出现了频谱的混叠如图 9-3(f)所示。

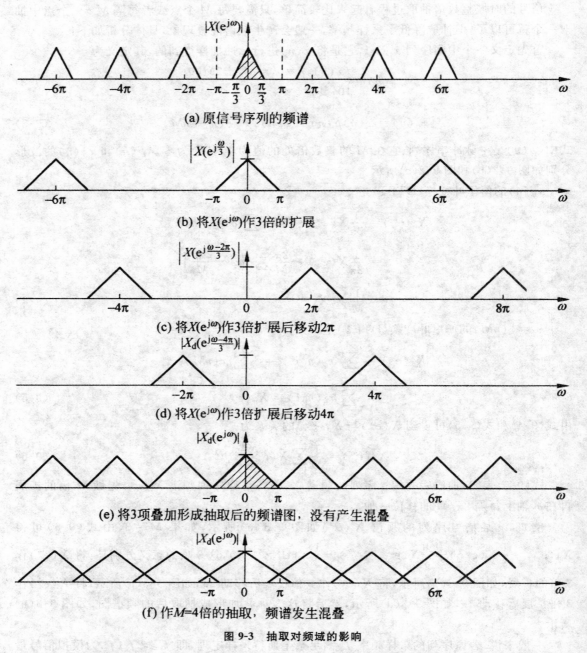

(a) 原信号序列的频谱

(b) 将$X(e^{j\omega})$作3倍的扩展

(c) 将$X(e^{j\omega})$作3倍扩展后移动2π

(d) 将$X(e^{j\omega})$作3倍扩展后移动4π

(e) 将3项叠加形成抽取后的频谱图，没有产生混叠

(f) 作$M=4$倍的抽取，频谱发生混叠

图 9-3 抽取对频域的影响

所以为了防止混叠，在抽取前加一个反混叠滤波器，压缩其频带，即在下采样前用一个截止频率为 $\omega_c = \dfrac{\pi}{M}$ 的低通滤波器对 $x(n)$ 进行滤波，去除 $X(e^{j\omega})$ 中 $|\omega| > \dfrac{\pi}{M}$ 的成分。这样做虽然牺牲了一部分高频内容，但总比混叠失真好。图 9-4 所示的是一个低通滤波器和一个下采样器的级联，称为抽取器。

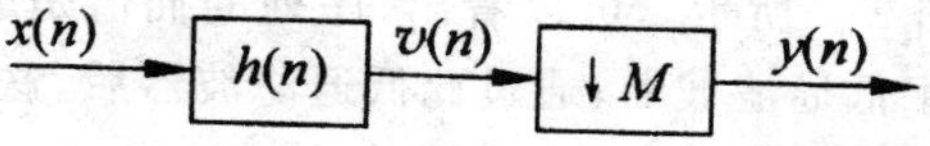

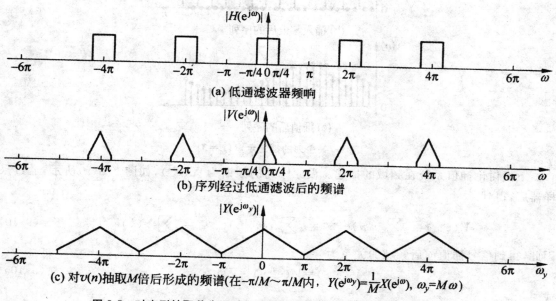

$$H(e^{j\omega}) = \begin{cases} 1, & |\omega| \leqslant \dfrac{\pi}{M} \\ 0, & \text{其他} \end{cases} \tag{9-7}$$

图 9-4 中,$h(n)$ 为一理想低通滤波器,即

当 $M=4$ 时,$|H(e^{j\omega})|$ 如图 9-5(a)所示,滤波后的输出为 $v(n)$,其频谱 $|V(e^{j\omega})|$ 如图 9-5(b)所示,$v(n)$ 再通过下采样器抽取 M 倍,得到的输出 $y(n)$ 的频谱 $|Y(e^{j\omega})|$ 如图 9-5(c)所示。可见,对序列抽取前先通过低通带限滤波器再进行抽取,可以避免产生频率响应的混叠失真。

(a) 低通滤波器频响

(b) 序列经过低通滤波后的频谱

(c) 对 $v(n)$ 抽取 M 倍后形成的频谱(在 $-\pi/M \sim \pi/M$ 内,　$Y(e^{j\omega_y}) = \dfrac{1}{M} X(e^{j\omega})$, $\omega_y = M\omega$)

图 9-5　对序列抽取前先通过低通带限滤波器再进行抽取的频谱示意图

9.2.2　序列的整数倍插值

假设我们想把序列 $x(n)$ 的采样频率 f_s 增大为原来的 L 倍(L 为整数),即为 L 倍插值结果。插值的方法很多,仍讨论在数字域直接处理的方法。最简单的方法是在 $x(n)$ 每相邻两个点之间补 $L-1$ 个零,然后再对该信号作低通滤波处理,即可求得 L 倍插值的结果。插值系统的框图如图 9-6 所示,图中 $\boxed{\uparrow L}$ 表示在 $x(n)$ 的相邻采样点间补 $L-1$ 个零,称为零值插值器或上采样器。即

图 9-6　插值系统的框图

序列的插值示意图如图 9-7 所示。可以看出,序列的插值是靠先插入 $L-1$ 个零值得到 $v(n)$,然后将 $v(n)$ 通过数字低通滤波器,通过此低通滤波器后,这些零值点将不再是零,从而得到插值的输出 $y(n)$。

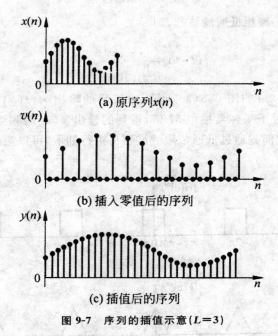

(a) 原序列 $x(n)$

(b) 插入零值后的序列

(c) 插值后的序列

图 9-7　序列的插值示意($L=3$)

下面讨论插值系统在频域的描述。设原序列的频谱为 $X(e^{j\omega})$,如图 9-8(a)所示,通过采样器后,得到

$$V(e^{j\omega_y}) = \sum_{n=-\infty}^{\infty} v(n)e^{-j\omega_y n} = \sum_{n=-\infty}^{\infty} x(n/L)e^{-j\omega_y n} = \sum_{k=-\infty}^{\infty} x(k)e^{-j\omega_y kL} \qquad (9\text{-}10)$$

因此,得到信号插值前后频域的关系为

$$V(e^{j\omega_y}) = V(e^{jL\omega_y}) = V(e^{j\omega_x}) \qquad (9\text{-}10a)$$

或

$$V(z) = X(z^L) \qquad (9\text{-}10b)$$

式中,$\omega_x = \omega = L\omega_y$。

因为 $X(e^{j\omega})$ 的周期是 2π,所以 $V(e^{j\omega_y})$ 的周期是 $2\pi/L$。上式说明,$V(e^{j\omega_y})$ 在 $(-\pi/L \sim \pi/L)$ 内等于 $X(e^{j\omega})$,这相当于将 $X(e^{j\omega})$ 作了周期压缩,如图 9-8(b)所示。可以看到,插值后,在原 $X(e^{j\omega})$ 的一个周期$(-\pi \sim \pi)$内,$V(e^{j\omega_y})$ 变成了 L 个周期,多余的 $L-1$ 个周期称为 $X(e^{j\omega})$ 的镜像。要做到 $|\omega| \leqslant \dfrac{\pi}{L}$ 时,$V(e^{j\omega_y})$ 单一地等于 $X(e^{j\omega})$,必须要去除镜像频谱。

去除镜像的目的实质上是解决所插值的为零的点的问题,方法为滤波。即插值后需采用低通滤波器以截取 $X(e^{j\omega})$ 的一个周期,也就是去除多余的镜像。为此,令

$$H(e^{j\omega}) = \begin{cases} G, & |\omega_y| \leqslant \dfrac{\pi}{L} \\ 0, & \text{其他} \end{cases} \qquad (9\text{-}11)$$

式中,滤波器增益 G 为常数,一般情况下,为保证 $y(0)=z(0)$,应取 $G=L$。证明如下:

$$y(0)=\frac{1}{2\pi}\int_{-\pi}^{\pi}Y(e^{j\omega_y})e^{j\omega_y\cdot 0}\,d\omega_y$$

$$=\frac{1}{2\pi}\int_{-\pi/L}^{\pi/L}X(e^{jL\omega_y})\cdot H(e^{j\omega_y})\,d\omega_y$$

$$=\frac{G}{2\pi}\int_{-\pi/L}^{\pi/L}X(e^{jL\omega_y})\,d\omega_y$$

$$=\frac{G}{L}\cdot\frac{1}{2\pi}\int_{-\pi}^{\pi}X(e^{j\omega_x})\,d\omega_y$$

$$=\frac{G}{L}x(0)$$

式中,$\omega_x=L\omega_y$。

可见,当 $G=L$ 时,$y(0)=z(0)$。

$H(e^{j\omega_y})$ 的波形如图 9-8(b)虚线所示,则

$$Y(e^{j\omega_y})=V(e^{j\omega_y})H(e^{j\omega_y})$$

$$=X(e^{jL\omega_y})H(e^{j\omega_y})$$

$$=L\cdot X(e^{jL\omega_y}),\ |\omega|\leqslant\frac{\pi}{L} \tag{9-12}$$

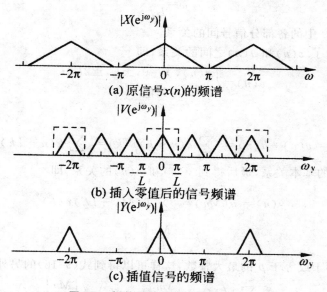

(a) 原信号$x(n)$的频谱

(b) 插入零值后的信号频谱

(c) 插值信号的频谱

图 9-8　插值过程的频域解释($L=3$)

其波形如图 9-8(c)所示。实际上,图 9-8 所示的插值过程的频域过程(a)、(b)、(c)与图 9-7 所示的插值时域过程(a)、(b)、(c)是对应的。

9.3　有理倍数采样率转换

对给定的信号 $x(n)$,若希望将采样率转变为 L/M 倍,可以先将 $x(n)$ 作 M 倍的抽取,再

作 L 倍的插值来实现,或者是作 L 倍的插值再作 M 倍的抽取。但是,一般来说,抽取使 $x(n)$ 的数据点减小,会产生信息的丢失。因此,合理的方法是先对信号作插值,然后再抽取如图 9-9 所示。图 9-9(a)中,插值和抽取级联工作,两个滤波器工作在同样的抽样频率下,所以可将它们合并成一个如图 9-9(b)所示,而 $h(n)$ 的频率响应为

$$H(e^{j\omega}) = \begin{cases} L, & 0 \leqslant |\omega| \leqslant \min\left(\dfrac{\pi}{L}, \dfrac{\pi}{M}\right) \\ 0, & \text{其他 } \omega \end{cases} \tag{9-13}$$

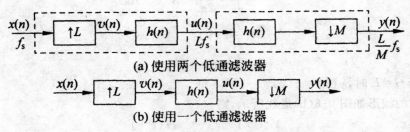

(a) 使用两个低通滤波器

(b) 使用一个低通滤波器

图 9-9 插值和抽取的级联实现这里有

这里有

$$\omega = \frac{2\pi f}{Lf_s}$$

现在分析图 9-9 中的各部分信号间的关系。

式(9-8)已给出了 $x(n)$ 和 $v(n)$ 之间的关系,即

$$v(n) = \begin{cases} x(n), & n = 0, \pm L, \pm 2L \cdots \\ 0, & \text{其他} \end{cases} \tag{9-14}$$

又由于

$$u(n) = v(n) * h(n) = \sum_{k=-\infty}^{\infty} v(n-k)h(k) = \sum_{k=-\infty}^{\infty} h(n-Lk)x(k) \tag{9-15}$$

再根据抽取器的基本关系,最后得到 $y(n)$ 和 $x(n)$ 的关系,即

$$y(n) = u(Mn) = \sum_{k=-\infty}^{\infty} h(Mn-Lk)x(k) \tag{9-16}$$

$$k = \left\lfloor \frac{Mn}{L} \right\rfloor - i \tag{9-17}$$

式中,$\lfloor p \rfloor$ 表示求小于或等于 p 的最大整数,这样可以得到式(9-16)的另外一种表示形式,即

$$y(n) = \sum_{i=-\infty}^{\infty} h\left(Mn - \left\lfloor \frac{Mn}{L} \right\rfloor L + iL\right)x\left(\left\lfloor \frac{Mn}{L} \right\rfloor - i\right) \tag{9-18}$$

由于

$$Mn - \left\lfloor \frac{Mn}{L} \right\rfloor L = Mn \mod L = \langle Mn \rangle_L$$

最后得到 $y(n)$ 和 $x(n)$ 的关系为

$$y(n) = \sum_{i=-\infty}^{\infty} h(\langle Mn \rangle_L + iL)x\left(\left\lfloor \frac{Mn}{L} \right\rfloor - i\right) \tag{9-19}$$

由式(9-19)可以看出，$y(n)$ 可看作是将 $x(n)$ 通过一个时变滤波器后所得到的输出。记该时变系统的单位脉冲响应为 $g(n,m)$，即

$$g(n,m) = h(nL + <Mm>_L), \quad -\infty < n, m > +\infty \tag{9-20}$$

再分析 $y(n)$ 和 $x(n)$ 的频域关系。

根据图 9-9，由式(9-15)的卷积关系，得

$$U(e^{j\omega_v}) = V(e^{j\omega_v})H(e^{j\omega_v}) = X(e^{jL\omega_v})H(e^{j\omega_v}) \tag{9-21}$$

而

$$Y(e^{j\omega_y}) = \frac{1}{M}\sum_{k=0}^{M-1} U(e^{j(\omega_y - 2\pi k)/M})$$

将式(8-21)代入上式，得

$$Y(e^{j\omega_y}) = \frac{1}{M}\sum_{k=0}^{M-1} X(e^{j(L\omega_y - 2\pi k)/M})H(e^{j(\omega_y - 2\pi k)/M}) \tag{9-22}$$

式中

$$\omega_y = M\omega_v = \frac{M}{L}\omega_x \tag{9-23}$$

当滤波器频率响应 $H(e^{j\omega_v})$ 逼近理想特性（注意其幅值为 L）时，式(9-22)则可以写为

$$Y(e^{j\omega_y}) = \begin{cases} \dfrac{L}{M}X(e^{jL\omega_y/M}), & 0 \leqslant |\omega_y| \leqslant \min\left(\pi, \dfrac{M\pi}{L}\right) \\ 0, & \text{其他} \end{cases} \tag{9-24}$$

9.4　多采样转换滤波器的设计及实现

9.4.1　直接型 FIR 滤波器结构

若将图 9-9 中的采样率转换滤波器采用直接型 FIR 滤波器实现，则该系统实现结构如图 9-10 所示，其中采样率转换因子 L/M 为有理数。直接型 FIR 滤波器结构概念清楚，实现简单。但该系统存在资源浪费、运算效率低的问题，因为滤波器的所有乘法和加法运算都是在系统中采样率最高处完成，势必增加系统成本，又由于零值内插时在输入序列 $x(n)$ 的相邻样值之间插入 $L-1$ 个零值，当 L 比较大时，进入 FIR 滤波器的信号大部分为零，其乘法运算的结果也大部分为零，造成许多无效的运算，降低了处理器的资源利用效率。此外，由于在最后的抽取过程中，FIR 滤波器的每 M 个输出值中只有一个有用，即有 $M-1$ 个输出样值的计算是无用的，同样造成资源浪费。因此，图 9-10 所示的直接型 FIR 食滤波器结构运算效率和资源利用率很低。

解决方法是，设法将乘法运算移到系统中采样率最低处，以使每秒钟内的乘法次数最小，最大限度减小无效的运算，则可得到高效结构。高效计算方法的具体原则是，插值时，乘以零的运算不要做；抽取前，要舍弃的点就不要再计算。

下面具体讨论。

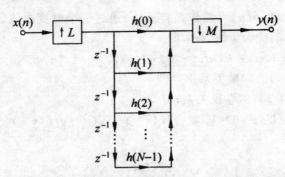

图 9-10　采样率转换滤波器的直接型 FIR 滤波器结构

1. 整倍数 M 抽取系统的直接型 FIR 滤波器结构

图 9-4 所示的按整倍数 M 抽取器的直接型 FIR 滤波器实现结构如图 9-11(a)所示。该结构中 FIR 滤波器 $h(n)$ 是工作在高采样率 f_s 状态,$x(n)$ 的每一个点都要和滤波器的系数相乘,但在输出 $y(n)$ 中,每 M 个样值中只抽取一个作为最终的输出,丢弃了其中 $M-1$ 个样值,即产生 $M-1$ 个无效运算,所以该结构运算效率很低。

为了提高运算效率,可以将图 9-11(a)中的抽取操作嵌入到 FIR 滤波器结构中去,如图 9-11(b)所示,先对输入的 $x(n)$ 做抽取,然后再与 $h(n)$,$n=0,1,\cdots,N-1$ 相乘,所得输出与原结构输出相同,即这两个图是等效的。

图 9-11(a)中,抽取器在 Mn 时刻开通,选通 FIR 滤波器的一个输出作为抽取系统输出序列的一个样值,即

$$y(n)=\sum_{k=0}^{N-1}h(k)x(Mn-k) \tag{9-25}$$

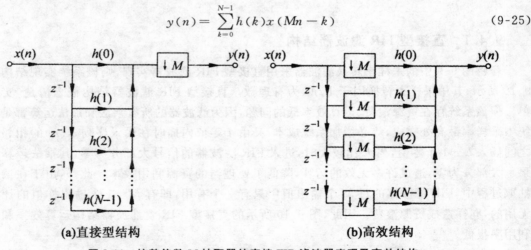

(a)直接型结构　　　　**(b)高效结构**

图 9-11　按整倍数 M 抽取器的直接 FIR 滤波器实现及高效结构

而图 9-11(b)中抽取器是在 Mn 时刻同时开通,选通 FIR 滤波器输入信号 $x(n)$ 的一组延时信号:$x(Mn),x(Mn-1),x(Mn-2),\cdots,x(Mn-N+1)$,再进行乘法、加法运算,得到抽取系统输出序列的一个样值 $y(n)=\sum_{k=0}^{N-1}h(k)x(Mn-k)$,可见它与式(9-25)输出的 $y(n)$ 完

全相同，即图 9-11（a）和图 9-11（b）的功能是完全等效的。但图 9-11（b）的运算量仅是图 9-11（a）的 $\frac{1}{M}$，所以图 9-11（b）是图 9-11（a）的高效实现结构。

2. 整倍数 L 插值系统的直接型 FIR 滤波器结构

图 9-6 所示的按整倍数 L 插值系统的直接型 FIR 滤波器实现结构如图 9-12 所示。同样，该结构中 FIR 滤波器是工作在高采样率 Lf_s 状态，结构运算效率很低。

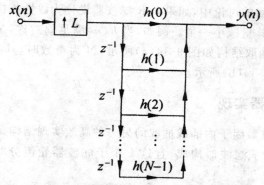

图 9-12　倍数 L 插值的直接型 FIR 滤波器结构

如果直接将图 9-12 中的零值内插器移到 FIR 滤波器结构中的 N 个乘法器之后，就会变成先滤波后插值，这就改变了原来的运算次序。必须通过等效变换，进而得出相应的直接型 FIR 滤波器高效结构。

先将直接型 FIR 滤波网络部分进行转置，将原 FIR 滤波网络的延迟链变换到滤波器的右侧如图 9-13（a），然后仿照抽取的做法，将内插器嵌入到 FIR 滤波网络中的 N 个乘法器之后，得到图 9-13（b）的结构。

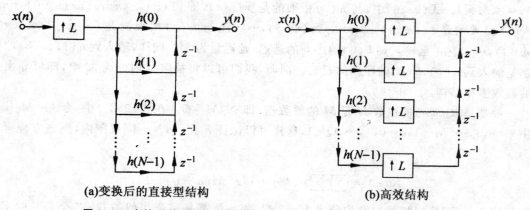

(a)变换后的直接型结构　　　　　　　　(b)高效结构

图 9-13　变换后的整倍数 L 插值的直接型 FIR 滤波器实现及高效结构

由图 9-13（a）和图 9-13（b）可见，加到延迟链上的信号完全相等，所以二者的功能完全等效。但图 9-13（b）中的所有乘法运算在低采样率 f_s 下实现，运算量仅是图 9-13（a）的 $\frac{1}{L}$，所以图 9-13（b）是图 9-13（a）的高效实现结构。

3. 按有理数因子 $\dfrac{L}{M}$ 采样率转换系统的高效 FIR 滤波器结构

设计思想与前面介绍的整倍数 M 抽取和整倍数 L 插值一样,就是尽量使 FIR 滤波器工作在最低采样率状态。FIR 滤波器实现结构分别基于按整倍数 L 插值的高效 FIR 滤波器结构和按整倍数 M 抽取的高效 FIR 滤波器结构来设计。但要注意,当 $L > M$ 时,应将插值器用图 9-13(b)所示的高效结构来实现;当 $L < M$ 时,应将抽取器用图 9-11(b)所示的高效结构来实现。

需要指出的是,在上面的讨论中,如果 FIR 滤波器设计为线性相位滤波器,则根据 $h(n)$ 的对称性,又可以使乘法计算量减小一半。例如,当 $h(n)$ 满足偶对称,N 为偶数时,具有线性相位的 FIR 滤波器的高效抽取结构如图 9-14(a)所示,N 为奇数时,具有线性相位的 FIR 滤波器的高效插值结构如图 9-14(b)所示。

9.4.2 多相滤波器实现

多相滤波器组是按整数因子内插或抽取的另一种高效实现结构。多相滤波器组由 k 个长度为 $N/k(k=M$ 或 $L)$ 的子滤波器构成,且这 k 个子滤波器轮流分时工作,所以称为多相滤波器。

1. 抽取器的高效多相 FIR 结构

与图 9-11(b)的抽取器的高效 FIR 结构一样,下面导出抽取的高效多相结构。将式(9-25)重写如下:

$$y(n) = \sum_{k=0}^{N-1} h(k)x(Mn-k) \tag{9-26}$$

$h(n)$ 是一个线性时不变系统,而从 $x(n)$ 到 $y(n)$ 的整个抽取系统则是线性时变系统。假设 $N=9,M=3$。式(9-26)中,与 $h(0)$ 相乘的是 $x(Mn)$,即 $\{x(n),x(n+3),x(n+6),\cdots\}$,与 $h(1)$ 相乘的是 $\{x(n-1),x(n+2),x(n+5),\cdots\}$,而与 $h(3)$ 相乘的是 $\{x(n-3),x(n),x(n+3),\cdots\}$,它正是输入到 $h(0)$ 的序列的延迟,延迟量为 M。同样,输入到 $h(4)$、$h(5)$ 的也分别是输入到 $h(1)$、$h(2)$ 的序列的延迟。因而,我们可以将抽取结构分成 M 组,即可导出抽取的高效多相结构。

一般都是取 $h(n)$ 的点数 N 是 M 的整数倍,即 $N/M=Q$。在式(9-26)中,令 $k=Mq+i$,其中 $i=0,1,\cdots,M-1,q=0,1,\cdots,Q-1$,这样可以保证 k 在 $[0,N-1]$ 范围内,则该方程可重写为

$$y(n) = \sum_{i=0}^{M-1} \sum_{q=0}^{Q-1} h(Mq+i)x[M(n-q)-i] \tag{9-27}$$

利用式(9-7)可以把抽取结构分成 $M=3$ 组,每一组都是完全相似的 $Q=3$ 个系数的 FIR 子系统如图 9-15 所示。图中左边的两个单位延迟 z^{-1} 如同一个和原抽样率同步的波段开关一样,把输入序列 $x(n)$ 分成了三组,每组依次相差一个延迟。各组经 $M=3$ 倍的抽取后,再将各组的 $x(n)$ 分配给每一个滤波器。

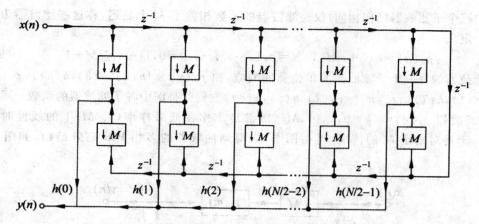

(a) 线性相位FIR滤波器高效抽取结构

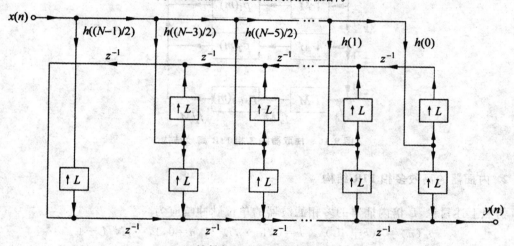

(b) 线性相位FIR滤波器高效插值结构

图 9-14　具有线性相位的 FIR 滤波器的高效抽取和插值结构

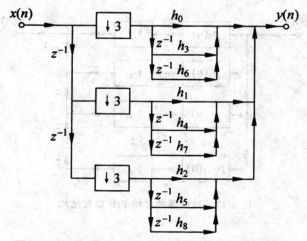

图 9-15　$N=9, M=3$ 时,抽取器的多相 FIR 高效结构

图中三个子滤波器结构相同,仅是滤波器的系数相差了 M 个延迟,称这些滤波器为多相滤波器。定义

$$p_k(n) = h(k+nM), \quad k=0,1,\cdots,M-1, n=0,1,\cdots,N/M-1 \qquad (9\text{-}28)$$

为多相滤波器的每一个子滤波器的单位脉冲响应,如 $p_0(n) = \{h(0),h(3),h(6)\}$, $p_1(n) = \{h(1),h(4),h(7)\}$, $p_2(n) = \{h(2),h(5),h(8)\}$ 它们就是图中各子滤波器的系数。可以看到,多相滤波器 $p_k(n) = \{k=0,1,\cdots,M-1\}$ 都是工作在低采样率(f_s/M)下的线性时不变滤波器。于是对给定 M 的情况,可由图 9-15 得到抽取器的多相 FIR 高效结构,如图 9-16 所示。

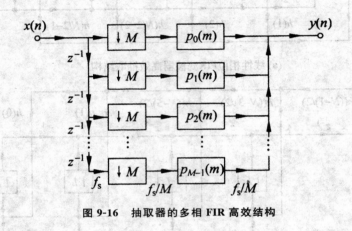

图 9-16　抽取器的多相 FIR 高效结构

2. 内插器的高效多相 FIR 结构

仿照上述讨论,L 倍内插器的多相滤波器的单位脉冲响应为

$$p_k(n) = h(k+nL), \quad k=0,1,\cdots,L-1, n=0,1,\cdots,N/L-1$$

这样就将原滤波器的 $h(n)$ 分成了 N/L 个子滤波器,如图 9-17 所示。同样 $N=9, M=3$ 时的内插器的多相 FIR 高效结构如图 9-18 所示。

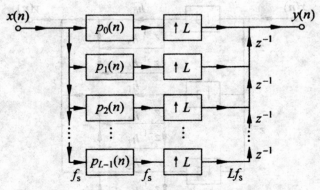

图 9-17　插值器的多相 FIR 高效结构

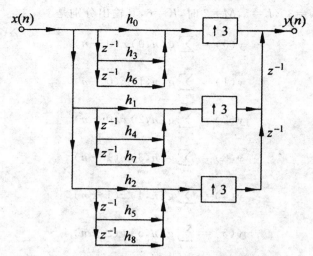

图 9-18　$N=9, M=3$ 时,插值器的多相 FIR 高效结构

3. L/M 倍采样率转换滤波器的高效多相 FIR 结构

在前面抽取和内插滤波器结构的基础上,继续讨论 L/M 倍采样率转换滤波器的结构问题。

由式(9-20),多相滤波器的脉冲响应是

$$g(n,m)=h(nL+<Mm>_L), \quad n=0,1,\cdots,K-1, m=0,1,\cdots,L-1 \tag{9-29}$$

式中,$K=N/L$。

由式(9-29)可以看出,利用下标映射关系,长度为 N 的 FIR 滤波器被分成了 L 组子滤波器,即 $g(n,l)$,其中 $n=0,1,\cdots,K-1, l=0,1,\cdots,L-1$,每个子滤波器的长度都为 K。

根据上述多相结构的思想,我们把前面讨论的式(9-18)和式(9-19)改写并根据这两个式子再改写为另一个式子,这三个本质上等价的式子分别如下:

$$y(n)=\sum_{i=0}^{K-1}h\left(Mn-\left\lfloor\frac{Mn}{L}\right\rfloor L+iL\right)x\left(\left\lfloor\frac{Mn}{L}\right\rfloor-i\right) \tag{9-30a}$$

$$y(n)=\sum_{i=0}^{K-1}h(<Mn>_L+iL)x\left(\left\lfloor\frac{Mn}{L}\right\rfloor-i\right) \tag{9-30b}$$

$$y(n)=\sum_{i=0}^{K-1}g(<n>_L+i)x\left(\left\lfloor\frac{Mn}{L}\right\rfloor-i\right) \tag{9-30c}$$

现结合式(9-30c)来讨论一下 L/M 倍采样率转换滤波器的工作原理。

根据所给定的 M、L,设计一个低通滤波器使之逼近理想滤波器的频率特性,即

$$H(e^{j\omega})=\begin{cases}L, & 0\leqslant|\omega|\leqslant\min\left(\dfrac{\pi}{L},\dfrac{\pi}{M}\right) \\ 0, & \text{其他 } \omega\end{cases} \tag{9-31}$$

为有效计算及保证线性相位,一般采用 FIR 滤波器。即需要满足 $h(n)=h(N-1-n)$,N 取为 L 的整数倍,$N=KL$。

分析式(9-30c)可以看出,输入数据 $x(n)$ 的序号按 $\left\lfloor\dfrac{Mn}{L}\right\rfloor$ 转换,对一个固定的 n,每次随 n

负向减 1。例如，当 $N=30, L=5, M=2$ 时，$K=6$，其输出分别是

$$y(0) = \sum_{n=0}^{5} g(n,0) x(0-n)$$

$$y(1) = \sum_{n=0}^{5} g(n,1) x(0-n)$$

$$y(2) = \sum_{n=0}^{5} g(n,2) x(0-n)$$

$$y(3) = \sum_{n=0}^{5} g(n,3) x(1-n)$$

$$y(4) = \sum_{n=0}^{5} g(n,4) x(1-n)$$

$$y(5) = \sum_{n=0}^{5} g(n,5) x(2-n)$$

$$\vdots$$

对输出 $y(0)$、$y(1)$、$y(2)$，使用的是同一组输入数据块，对 $y(3)$、$y(4)$，也是使用的是同一组输入数据块，由此，对输出 $y(n)$，n 每变一次，输入数据块的序号只有当 Mn/L 为整数时才发生变化。根据以上特点，得到图 9-19 所示的采样率转换高效结构。

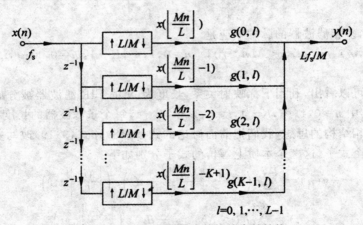

图 9-19　L/M 倍采样率转换的高效结构

第 10 章　数字信号处理的实现

10.1　数字信号处理的实现方法

实际应用中,数字信号处理的实现主要有三种方法:通用计算机的方法、专用集成电路的方法和通用集成电路的方法,这三种方法各有所长。

10.1.1　通用计算机的方法

这种方法是在通用计算机(如家用 PC)上编写程序,然后对已有的数字信号进行处理。通用计算机实现数字信号处理的优点是精度高、操作方便,缺点是不能实时(real time)地处理信号。实时是指在实际运算中,系统的输出和输入保持同步;比如数字滤波器每收到一个信号样本时,必须处理完毕前面收到的那个信号样本并且输出处理的结果。

通用计算机的方法适合人们学习和研究数字信号处理,适合开发数字信号处理产品的早期阶段。例如,利用 MATLAB 软件在计算机上可以方便快捷地得到数字信号处理的结果,而且 MATLAB 的数据格式都是 64 位二进制的,精度非常高,通常把它的计算结果看作是检验 DSP 数码产品的标准,数码产品的数字大多采用 16 位的二进制格式。通用计算机的主要缺点是体积大、耗电多、成本高,不能嵌入轻便的电子产品中。

10.1.2　专用集成电路的方法

这种方法是按实际需要的数字信号处理算法制作专用的集成电路。该集成电路叫作专用 DSP 芯片。当用户使用这种 DSP 芯片时,只需要按芯片的要求连接引脚,这种芯片就可以依照预定的算法处理数字信号。例如:快速傅里叶变换、数字滤波、卷积、相关等运算,它们的基本运算方式都是

$$y(n)=h(0)x(n)+h(1)x(n-1)+\cdots+h(N-1)x(n-N+1) \tag{10-1}$$

是乘法、加法、延时等三种运算的组合;如果将这种运算方式设计成为专用集成电路,就能方便地使用这种集成电路芯片对数字信号进行处理。

这种芯片的优点是不用再写程序、处理信号的速度很快、容易应用,缺点是不易改变处理信号的方式、芯片的应用范围有限。这种芯片非常适合应用在产品的体积、速度、稳定性、耗电等方面具有严格要求的地方。

10.1.3　通用集成电路的方法

这种方法是根据数字信号处理的运算特点和快速计算的要求制作可编程集成电路,将处理器、存储器、转换电路等常用部件集成在一个芯片上,形成一个微型的计算机。这种计算机通常叫可编程 DSP 芯片、通用 DSP 芯片或直接简称为 DSP 芯片。可编程 DSP 芯片的特点是

处理器的工作可以通过编写程序进行控制，人们可以根据需要方便地设计处理器的信号处理功能，或者根据需要灵活地修改处理器的功能。

单片机就是这种微型计算机的代表，但是普通单片机的计算能力低，一般不纳入数字信号处理器的范畴。可编程 DSP 芯片是为实时数字信号处理而设计的，它的计算功能比单片机更强大、计算速度更快、精度更高。例如，应用在自动化控制领域的低速 DSP 芯片的速度是每秒执行 20 兆条指令，它们完全胜任消除汽车车厢内噪声的信号处理任务，因为汽车噪声的频率小于 1kHz。又如，应用在软件无线电和高清晰度电视领域的高速 DSP 芯片能每秒执行 10^9 条指令，它们有能力处理软件无线电通信 20MHz 的宽频带信号，也能够处理高清晰度电视 25MHz 的宽带图像信号。

由于通用 DSP 芯片是可编程的微型计算机，它的体积只有一枚硬币大小，价格低至 3 美元一片，容易植入便携式电子产品，所以其在电子领域中获得广泛的应用。美中不足的是，它的开发比较复杂，既要考虑编写计算程序，又要考虑 DSP 芯片和其他辅助电路的搭配。

10.2　数字信号处理器的速度

绝大部分的数字信号处理都要求实时处理，也就是快速计算数字信号、确保数字信号的输出跟上数字信号的输入。数字信号处理器是一个计算器件，它对代表事物变化的数字信号进行计算，产生符合要求的输出。这种数字信号处理器和通用计算机的主要区别在于：

1）数字信号处理器所处理的信号直接代表自然界的物质变化，如温度、声音等，而通用计算机所处理的信号大多没有直接代表物质的运动变化，如图画、游戏等。

2）数字信号处理器所处理的信号要求即时输出，不需要存储，而通用计算机所处理的信号往往不要求即时输出，但要求长时间保存，如文档、照片等。

3）数字信号处理器的计算方式简单，而通用计算机的计算方式复杂。

科学家和工程师们正是利用数字信号处理器的这三个特点，制作出精巧便宜的 DSP 芯片（或直接简称为 DSP）。

10.2.1　处理器的结构

数字信号处理的计算主要由乘法、加法、延时等三种方式组成，计算速度快是对数字信号处理器的基本要求。

一般的计算机都采用科学家冯·诺依曼（Von Neumann）发明的结构如图 10-1 所示。其中的计算器部件是人们常说的中央处理器（CPU, central processing unit）或者微处理器（MPU, microprocessing unit），它由运算器和控制器组成，用来实现算术和逻辑运算。存储器是用来保存程序和数据的部件。冯·诺依曼结构的计算机的程序和数据都保存在同一个存储器中，理由是：冯·诺依曼结构认为，指令和数据没什么内在的不同，都是二进制的符号。冯·诺依曼结构的存储器和计算器之间通过一套总线（bus）传递信息，这套总线包括地址总线和数据总线。由于取指令和取操作数都是通过这套总线逐个访问同一个存储器，计算器在得到程序指令后还要等待操作数的到来，才能进行计算，所以这种结构的计算器的使用效率和数据存储的效率都很低。冯·诺依曼结构的好处在于它的结构简单、制作成本低，所以这种结构在通用计算机领域得到广泛的应用。但是只依靠一套总线的缺点限制了计算速度的提高。

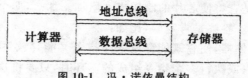

图 10-1 冯·诺依曼结构

为了提高 DSP 处理器的速度,科学家哈佛(Harvard)发明了另一种计算机结构,它有两个可以同时访问的存储器,一个存储程序、一个存储数据如图 10-2 所示。程序存储器和数据存储器通过各自的总线与计算器进行交流,这样就减少了计算器等待操作数的时间,极大地提高了 DSP 处理器的运算速度。哈佛结构虽然提高了 DSP 处理器的计算效率,但是它却比冯·诺依曼结构复杂,增加了 DSP 处理器的制作成本。

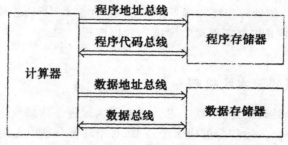

图 10-2 哈佛结构

事实上,哈佛结构还不能完全满足数字信号处理的实时要求。例如,乘法操作要求从存储器获取两个操作数,一个是代表系统性能的参数,另一个是代表信号的样本。由此可见,哈佛结构的程序和数据拥有自己独立的存储器,也不能在获取程序指令的同时获取两个操作数。解决的办法可以是这样:为计算器提供三个存储器如图 10-3 所示,一个用于存储程序,另外两个用于存储数据(例如,滤波器的系数和信号的样本),并为每个存储器配备一套总线,供计算器同时访问它们。

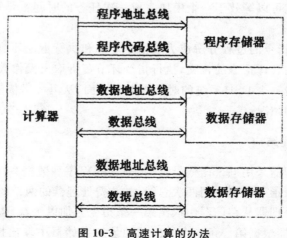

图 10-3 高速计算的办法

从图 10-3 看,按照这个结构制作集成电路时,需要更多的硬件和连线,虽然它能进一步提高计算器的运算速度,但是它将使芯片的制作成本增加。那么,两个存储器能否解决同时取指令和两个操作数的问题呢? 答案是肯定的,比如:

1)安排一个共用的存储器,使它既能存放程序指令又能存放系统的系数,这样,在遇到反复执行乘法加法的指令时、或执行多个指令组成的循环时,只要将这类重复指令保存在一个专用的高速缓存区,就可以反复地从两个存储器中获取系数和样本。

2)设计单个时钟周期能够访问多次的存储器,这样就能够在单个时钟周期内完成从存储器读取指令、数据和保存计算结果的任务。目前的 DSP 芯片集成了在单个时钟周期内实现两次访问(dual-access)的存储器。

3)建立程序存储器和数据存储器之间的传输通道,以便用户灵活地调剂和有效地使用两个存储器。

为了提高 DSP 芯片的处理速度和降低制作成本,大多数 DSP 芯片的生产厂家都是采用两个存储器的哈佛结构,并根据需要对哈佛结构加以改进。总之,设计实用产品时,应以最小的代价换取最大的收益。

10.2.2 处理器的流水线机制

为了加快数字信号处理的速度,DSP 芯片借鉴了大规模生产的流水线(pipeline)原理。流水线是指工厂将制造产品的过程分解成多个环节,每个环节分别由专门的部门和职工完成,每个部门和职工有自己固定的职能,彼此相对独立,互相协助,能同时开展工作。流水线的分工安排能够使工厂的每个部门和职工不停地接收任务和执行任务,使工厂源源不断地完成产品的制造。这种效益正是实时数字信号处理所希望的。

DSP 芯片完成每条指令的过程如同流水线原理,可分解成多个环节,每个环节的事务由特制的电路模块负责完成,这些模块之间能互相配合并同时工作。这么做能减少完成一条指令的时间。

请试想一下,如果合理地分配每个模块的任务,使之工作时间相等,那么 DSP 芯片完成一条指令的时间是不是就可以等效于一个模块完成一次任务的时间? 是不是可以极大地提高数字信号处理的速度?

例如,将完成一条指令的过程分解成为取指令环节和执行指令环节:取指令环节的职责是从存储器中取出指令和翻译指令的含义,执行指令环节负责取出操作数和执行指令的运算;每个环节的一次任务花费一个 DSP 系统的时钟周期。下面,从冯·诺依曼结构和哈佛结构来看处理器执行四条指令的情况。

1. 采用冯·诺依曼结构

如果数字信号处理器采用冯·诺依曼结构,则它的程序和数据只能共享一个存储器和一套总线;所以,执行一条指令需要使用两次总线,共花费处理器的两个时钟周期。如图 10-4 所示,在第一个周期里,处理器从存储器中取出第一条指令并加以解释,告诉计算器该做的事情;在第二个周期里,处理器根据第一条指令给出的地址从存储器中取出操作数并执行第一条指令的运算;处理器对第二、第三、第四条指令也是以同样的方式运行。执行四条指令共花费八个周期。

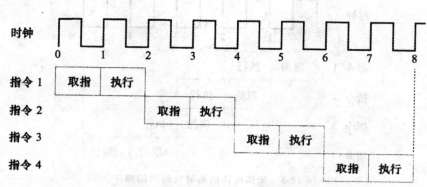

图 10-4　冯·诺依曼结构的信号处理时间顺序

2. 采用哈佛结构

由于哈佛结构有两个存储器和两套总线，所以这种结构的程序拥有单独存放的地方，数据也是如此。这种处理器可以按照流水线的原理设置两个相对独立的模块：一个是取指令模块，它负责取指令环节的任务；另一个是执行指令模块，它负责执行指令环节的任务。如图 10-5 所示，两个模块能够同时开展工作。刚开始的第一个时钟周期，取指令模块从程序存储器中读出第一条指令并翻译该指令的含义，这时的执行指令模块处于等待状态。在第二个时钟周期，取指令模块继续从程序存储器中取出第二条指令。与此同时，执行指令模块按照第一条指令的要求访问数据存储器和执行指令。如此一来，执行四条指令花费的时间将是五个系统时钟周期。实际上，进入第二个时钟周期以后，流水线上的两个模块就同时开展工作。处理器在这种状态下，每个时钟周期能够完成一条指令。这就是人们常说的 DSP 芯片能够一个时钟周期执行一条指令的意思。

流水线技术已经广泛应用在 DSP 芯片上。执行一条指令的过程能够分解为越多的小步骤，处理器执行一条指令的时间就可以越短。

例 10.1　六阶段流水线是分六个阶段来执行一条指令，这六个阶段是：预备取指令、取指令、译码、寻址、读取和执行。预备取指令（program pre-fetch）阶段加载指令的地址到程序地址总线。取指令（program fetch）阶段从程序总线上获取指令的代码。译码（decode）阶段翻译指令代码的含义。寻址（access）阶段加载读取数据的地址到数据地址总线。读取（read）阶段从数据总线上获取数据；如果有数据需要保存，则加载保存数据的地址到写数据地址总线。执行（execution）阶段完成指令所要求的工作；如果有数据需要保存，则通过写数据总线写入存储器。请分析六阶段流水线和两阶段流水线完成指令的方式有什么不同？

解：（1）两阶段流水线

为了有数字的概念，假设两阶段流水线的各单元每次工作时间最长需要 1s，那么，处理器的时钟周期可以设计为 1s。根据图 10-5 的分析，这种流水线进入第二个时钟周期以后，取指令单元和执行指令单元都进入工作状态，每个时钟周期可以完成一条指令，相当于每秒执行一条指令。

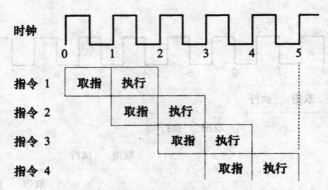

图 10-5　哈佛结构的信号处理时间顺序

（2）阶段流水线

这种流水线有六个相对独立的单元，每个单元的每次工作时间可缩短为两阶段流水线的单元每次工作时间的 1/3，所以六阶段流水线的时钟周期可以设计为 1/3s。如图 10-6 所示，进入第六个周期时，预取指、取指、译码、寻址、读取、执行等六个单元全都工作，并且从这个周期开始，处理器每个时钟周期可以完成一条指令，相当于每秒执行三条指令。

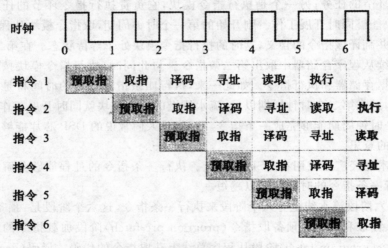

图 10-6　六阶段流水线的信号处理时间顺序

对比这两种流水线的分析可以得到结论：流水线的分工越细，相对独立的单元每次工作时间就可以变得越短，各单元的作用就能更充分地发挥。

评价 DSP 速度的一个指标是指令周期，它反映 DSP 执行一条指令所需要的时间，通常它等于系统的时钟周期。另一个 DSP 常用的速度指标是每秒百万条指令（MIPS），它直接反映 DSP 每秒执行指令的数量。大多数 DSP 的指令可以在一个时钟周期内完成，所以时钟周期短意味着处理器的速度快。例如时钟周期是 25ns 的 DSP 芯片，它可以每秒执行 40 兆条指令；如果该 DSP 内部有两个计算器，则它执行指令的速度可以达到 80MIPS。

10.2.3　乘法加法器

实际上 DSP 的各个单元完成任务的时间是不同的，有的单元用的时间长，有的单元用的时间短。在 DSP 的流水线上,各单元运行的次序统一按时钟进行;这样一来,时钟的周期只得按消耗时间最长的单元进行设计。

从数字信号处理的特点来看,乘法加法(multiply-add)是最常用的计算,也是计算器经常执行的指令。乘法在普通计算机中是一个耗时的运算,需要多个时钟周期才能完成。这类计算机的 CPU 主要由算术逻辑单元(ALU)、随机存取存储器(RAM)、只读存储器(ROM)、各种类型的寄存器及控制单元组成。它们的 ALU 负责完成两个操作数的加、减和逻辑运算,而乘法或除法则是由加法配合移位来实现的。尽管这类机器也有乘法指令,但是,在机器内部还是通过加法配合移位来实现乘法的。它们的乘法方案要么依赖移位和加法算法等软件,要么依赖微码来控制机器。这么看来,乘法单元是影响运算速度的关键所在。更准确地说,影响数字信号处理速度的关键是乘法加法单元。

超大规模集成电路技术在速度和尺寸上的发展,使得并行乘法器的硬件成为现实。并行乘法器是一种联合实现的电路,一旦乘法器获得操作数,乘法操作所耗费的时间仅仅是通过门电路和加法器的最长路径的时间。这意味着,一次乘法操作所需的时间可以与 DSP 的其他单元的一次工作时间相当,这就是 DSP 能高速运行的奥秘。

大部分数字信号处理的算法都需要一系列乘法和加法运算。实现乘积相加的方法是在乘法器的输出端添加一个加法器(它包括减法的功能),并附加一个寄存器,用来寄放临时结果。这个寄存器叫作累加器(accumulator)。如图 10-7 所示,完成乘法和加法运算的单元称为乘法加法器(multiply-add computation unit),简称乘加器。这种乘加器是 DSP 中的一个电路单元,它只要一个时钟周期就能完成一次乘加运算。

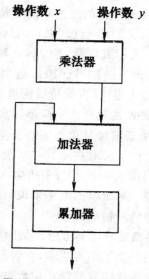

图 10-7　乘法加法器的结构

DSP 处理器的应用是多种方面的,如数字计算、文字处理、表格制作、制图、图片收藏、打印、游戏制作、音乐播放等,而乘法运算只是这些应用中的一小部分,而且实时运算在通用计算机中并不是必需的,没必要为这点好处增加计算机的成本。

10.3　数字信号处理的误差

10.3.1　模-数转换的误差

模-数转换是指模拟信号经过采样变为数字信号。采样信号变为数字信号的过程叫作量化(quantize)。量化是用有限位数的数码表示真实数字、电压或信号的过程。

量化往往会产生误差。例如,用 3 位长的数码表示无符号小数:当真实数字是 0.5 时,可以用定点小数$(100)_2$准确地表示 0.5 这个真实数字;当真实数字是 0.2 时,定点小数$(010)_2=(0.25)_{10}$和$(001)_2=(0.125)_{10}$,它们都不能准确地表示 0.2 这个真实数字。怎么办呢?只能在现有的 3 位条件下,用一个与真实数字 0.2 最相近的二进制数码来表示,也就是在量化数值$(010)_2$和$(001)_2$中选一个来近似地表示真实数字 0.2。如图 10-8 所示,定点二进制数码 010 最接近真实数字 0.2,选择定点数 010 量化实数 0.2 的误差比定点数 001 的小。

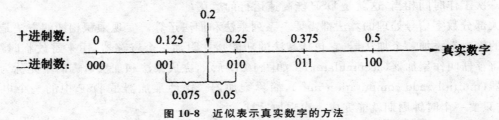

图 10-8　近似表示真实数字的方法

实际上,许多真实数字是不能用有限位的二进制数准确地表示的。例如,十进制的 0.2 就无法用二进制数准确地表示,因为$(0.2)_{10}=(0.001100110011\cdots)_2$。如果切断并删除 0.001 后面的位、取 3 位二进制码$(001)_2$表示真实数字 0.2,这种近似做法叫作截断(truncation)。如果选择最靠近真实数字 0.2 的 3 位二进制码$(010)_2$近似表示小数 0.2,这种策略叫作舍入(rounding),它类似十进制的四舍五入做法,也就是根据被舍弃的右侧位是否是 1。决定向左边进位。这两种做法各有优缺点,截断法比舍入法简单,舍入法比截断法误差小。

减少模-数转换误差的主要办法是增加量化数字的长度。民用 DSP 芯片的数字长度一般是 16 位。如果模-数转换器按照这种字长对在$-1\sim1$V 变化的电压进行量化,采用截断法产生的最大绝对误差等于信号量化的步长$=2^{-15}$V;采用舍入法产生的最大绝对误差$=2^{-16}$V,它的相对误差是$2^{-16}/1\approx0.000015$。对于模拟电路来说,信号的相对误差能达到 0.001 就很不错了,但它还是不如 16 位的数字信号精确。

值得注意的是,提高模-数转换精度时还要考虑产品的成本,一味地追求模-数转换的精度而无视实际需求的做法是不可取的。为了节省成本,在满足实际需要的基础上,最好选择较低量化位的模-数转换器。例如,电视图像信号的量化位数选择 8 位、生物医学信号选择 12 位、自动化控制信号选择 12 位、声音信号选择 16 位、精密设备选择 24 位的模-数转换器等。

10.3.2　数字运算的误差

数字信号处理的贯彻执行主要由乘法和加法运算组成,在执行这些运算的过程中,各方面的数字化都会产生误差。例如,用有限位数的数字表示滤波器的系数会产生误差,限制乘积的长度会引起误差,加法的数字累加可能会导致结果溢出,输出处理结果的数字位数受到限制也会带来误差,等等。下面分四个方面介绍这些误差。

1. 系数量化

在 DSP 芯片中,数字是用二进制表示的,表示系统的参数也是如此。用有限位的数字表示滤波器的参数时,这种数字量化带来的误差和模－数转换带来的误差是相似的。参数量化后,有可能引起系统的零点和极点的位置变化,导致系统的频谱性能改变。

在实现数字滤波器时,应认识到理论的和实际的滤波器是有差距的。理论设计得到的滤波器需要检验,这种检验使用的字长必须与实际芯片使用的字长相同。只有在这种字长的环境下,数字滤波器达到的技术指标才是真实的。

2. 乘法

数字信号处理器的数字是用若干位的二进制数来表示的,位的个数就是数字的长度。设置小数点在不同的位置,二进制表示的数是不同的;不过,定点 DSP 是机器,它不会知道小数点的位置,它都是把二进制数当作整数,按照整数的方式进行运算。各阶段的小数点位置应该由设计者自己理解和控制。

当两个 N 位长的定点数相乘时,它们的乘积将变成 $2N$ 位长的数字。例如,两个 $N=3$ 位长的二进制数相乘,这里考虑极端的情况 $x=111$ 和 $y=111$ 如图 10-9 所示,乘数的各位数的乘积逐次向左移动 1 位,共移动的位数＝乘数的位数－1＝3－1＝2,这让等待相加的位数＝被乘数的位数＋乘数移动的位数＝3＋2＝5;由于两个相同长度的全 1 二进制数相加只能新增一位的长度,按这个规律推理,x 和 y 的乘积长度＝等待相加的位数＋1＝5＋1＝6。

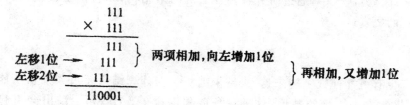

图 10-9　两个 3 位的数字相乘

乘积的长度等于两个相乘数的长度之和,考虑这种极端情况的乘法器使数字的位数增长很快。当乘积的长度增长到电路不能容忍时,有些位将被自动删除,删除将造成计算的失真。如果认为是整数的乘法,电路很难判断该删除哪些位。预防乘法严重失真的好办法是使用小数的观念进行运算。因为小数乘整数的结果小于原来的整数,删除乘积右边的位不会造成太大的误差。同理,小数乘小数的结果不会大于 1,依据这个特点工程师容易安排电路的位取舍。

对付乘积长度增加的情况,硬件工程师设计了专门寄放乘积的累加器(accumulator),它的长度比乘数的字长多出一倍。图 10-10 是长度 $N=16$ 的两个数字相乘的乘法器结构,其中的加法器是为了应对乘法和加法的频繁出现而设计的。比如计算有限脉冲响应滤波器的输出,这时

$$y(n) = \sum_{r=0}^{R} b_r x(n-r) \quad (b_r \text{ 等价于脉冲响应的系数}) \tag{10-2}$$

它的信号样本 $x(n)$ 和系统参数 b_r 都是 16 位的数字,输出 $y(n)$ 也是 16 位;在没有得到输出结果 $y(n)$ 之前,每次乘积 $b_r x(n-r)$ 应该维持在 32 位长度,以保证精确度。

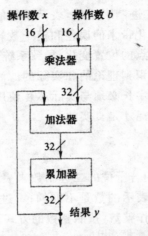

图 10-10　防止乘积失真的乘法器结构

图 10-10 的乘法器、加法器和累加器形成一个 DSP 常用的运算单元,叫做乘法加法器,简称乘加器(MAC)。为了防止加法计算在没有得到输出信号之前发生溢出,也就是超出 32 位的范围,许多 DSP 的生产厂家都将累加器的字长由 32 位增加到 40 位,加法器的长度也相应地增加到 40 位。

还可以从计算方法入手,通过研究各种算法的网络结构,如直接型、级联型、并联型等,进一步减轻乘法的失真。

3. 加法

加法运算也有可能使数字越来越大、越来越长。当计算结果超过累加器所能表示的数值范围时,其结果就不是正确的数值,这种现象叫作溢出(overflow)。溢出会引起严重的数字错误。

例如,可以使用的位数只有 4 位的补码运算 $(0111)_2$ 如 $-(1111)_2 = (0110)_2$;如果认为它们是整数,则它们代表十进制的 $7 + (-1) = 6$,没有超出 4 位补码表示的范围 $-8 \sim 7$,计算结果 $(0110)_2 = (6)_{10}$ 是正确的;如果认为它们是小数,则它们代表十进制的 $0.875 + (-0.125) = 0.75$,也没有超出 4 位补码表示的范围 $-1 \sim 0.875$,计算结果 $(0110)_2 = (0.75)_{10}$ 也是正确的。

对于 4 位补码的 $(1000)_2 + (1111)_2 = (0111)_2$ 运算:如果把它们当作整数,则它们代表十进制的 $(-8) + (-1) = -9$,超出 4 位补码表示的范围 $-8 \sim 7$,计算结果 $(0111)_2 = (7)_{10}$ 是错误的;如果把它们当作小数,则它们代表十进制的 $(-1) + (-0.125) = -1.125$,也超出了 4 位补码的范围 $-1 \sim 0.875$,计算结果 $(0111)_2 = (0.875)_{10}$ 也是错误的。这种错误改变了计算结果的符号,对信号影响很坏。

乘法和加法是数字信号处理的基本运算,溢出的问题必须解决。解决的办法是增加累加器的字长,增加得越多越好。不过成本的问题也要考虑,按照实际应用的统计结果,把累加器从 32 位增加到 40 位是比较合理的。增加的 8 位有人称它们是保护位(guard bit),因为它们可以较好地保护因重复执行乘法和加法而增长的字长,这种重复运算经常出现在相关、卷积、傅里叶变换等运算中。

例 10. 2　考虑输入为 16 位的乘法加法(MAC)单元。如果它的累加器有 8 位保护位,请问在不发生溢出的情况下,这种 MAC 单元能重复进行多少次 MAC 计算?

解:这里考虑无符号的 M 位二进制整数的最大值情况

$$(M \text{ bits})_{max} = 2^M - 1 \quad (M \text{ 是乘积的最大长度}) \tag{10-3}$$

如果具有 8 位保护位的累加器长度是 $8+M$ 位,那么,在无溢出的条件下 R 个 $(M \text{ bits})_{max}$ 相加就不允许超过 $8+M$ 位,即相加的乘积数量

$$R \leqslant \frac{2^{8+M}-1}{2^M-1} \tag{10-4}$$

将输入为 16 位的乘法器的乘积长度 $M=32$ 位代入式(10-4),就能算出 MAC 单元在不溢出的情况下可以重复 MAC 的次数 $R=256$。

还有一种防止溢出的方法,就是在芯片中增添饱和逻辑电路,将累加器的结果限制在最大值和最小值之间;当逻辑电路检测到溢出时,累加器的值会自动变成相应的最大值或最小值。

4. 输出结果的量化

为了防止乘法和加法可能出现的溢出,DSP 的累加器长度都大于字长的两倍。例如,字长 $N=16$ 位的 DSP 累加器的长度是 40 位。如果处理后得到的结果需要还原为模拟信号,或者需要留作下次的延时数据,累加器中的 40 位数字就要设法缩短为 16 位;这样一来,不管是采用截断还是舍入的手段进行缩短,都会带来误差。

有时为了防止溢出,还要对输入信号和系统的系数进行适当的等比例缩小,对于这种处理,在输出的时候还要再按相同的比例放大数字。为此,DSP 芯片内专门设置了供放大和缩小数字使用的电路,放大或缩小的倍数是 2 的整数幂 2^{μ},μ 是整数。这种电路只要将数字左移或右移就可以方便地实现放大或缩小。这种移位电路(shifter)采用特殊的开关结构,并且串联在需要放大或缩小的数字通道上,使得放大或缩小的操作在数据传输的过程中就得到完成,不用专门的时间开销(overhead)。

值得一提的是:是否需要还原信号的整体大小应该依据 DSP 芯片的数字能力来决定,毕竟 DSP 芯片的任务是处理信号,而不是放大信号;放大的任务最好还是交给普通的放大器来完成,或者说让处理后的数字信号到模拟电路中再根据需要进行放大。

总之,不同格式、不同大小的数字都是人为规定的,在物理上它们仅仅是一串 0 和 1 的数字,对它们所实施的策略是为了降低误差。

10. 3. 3　数—模转换的误差

在有些应用场合,经过 DSP 处理的数字代码不需要恢复为原来的模样。例如,探地雷达(ground penetrating radar),它的 DSP 通过相关对比,算出地下目标反射的电磁波的时间和强度,这些数据只要在显示器上展现目标的深度和体形就可以了;在判断说话人身份的系统中,

声音的数字信号最后是转变为控制开关或报警器的电压;自动控制巡航导弹飞行的数字信号,它应用在控制燃料点火的时间长短上等等。像这类应用的数·模转换是没有误差的。

有的应用场合,经 DSP 处理的数字代码必须转换为时间连续、幅度也连续的模拟信号,以便人们能够收听和观看。图 10-11 是 8 位字长的数·模转换的原理:它的数字代码或数字信号是由一系列 0 或 1 的符号组成的,可以并行或串行进入解码器,解码器将这种代表一定数值的代码转变成相应大小的离散电压,每个离散电压由零阶保持器维持一个采样周期的时间,形成阶梯状的模拟信号。但这种解释只是为了方便理解的一种说辞,实际上,将数字代码转变成阶梯信号的过程是一次完成的。例如,每个数字代码的位同时控制一组开关,各开关控制相应大小的电流输出,使这个数-模转换电路在一个周期中能稳定地输出对应数字代码大小的电平。被控制的各路电流的大小必须严格地对应于其位的权重(weight),否则将产生误差。精密的数-模转换依赖先进的集成电路技术。

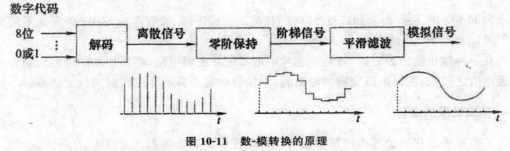

图 10-11　数-模转换的原理

从时间来看,阶梯信号的曲线每隔一个采样周期就出现一个不流畅的转折,与真实的模拟信号有一定的差距。从频率来看,阶梯信号的基带频谱与原来信号的频谱是有区别的,阶梯信号的基带频谱出现了高频跌落的失真。

如何解决阶梯信号相对于真实信号的频谱失真呢? 解决频谱失真的办法是:提高等待转换的数字信号的采样频率,也就是使用过采样技术,使高频降落或萎缩的现象不那么明显。若从时间来看这个方案的效果,非常细密的阶梯信号的外形是不是更接近模拟信号的波形? 细密的阶梯信号相对于模拟信号的波形误差是不是比较小? 用细密的阶梯信号转变来的声音或影像能让人耳或人眼感觉更自然。

进一步减小阶梯信号与真实信号之间的频谱误差的办法是:将内插滤波器的幅频特性设计成为在通带的高频段是逐渐增大的,以弥补或者说抵消阶梯波的高频成分的跌落或退化。

平滑滤波器是为了消除阶梯信号中的跳跃部分而设置的,跳跃部分导致阶梯信号相对于真实信号的误差。如果对信号的阶梯跳变不介意或不敏感的话,平滑滤波可以取消。但是还有一个问题要考虑,信号跳变的部分往往包含许多高次谐波,滤除它们能够减少高次谐波向周边电路的辐射,避免电磁污染,并使输出的信号更接近真实的模拟信号,提高信号的品质。平滑滤波器是一个模拟滤波器,设置一个高品质的模拟滤波器是很困难的,而设置一个合适的数字滤波器是相当容易的。遗憾的是,模拟滤波又不宜省略。怎么解决呢? 解决的办法是:在数-模转换前,提高数字信号的采样率,运用过采样技术增加模拟阶梯信号的基带频谱和影像频谱的距离,这样,模拟滤波就可以用简单的电路来实现。

有的时候为了节省成本,数-模转换器的字长可以比 DSP 芯片的字长短,虽然这样会产生误差,不过信号能满足应用的要求就可以了。例如工业控制的数据采集系统,它对速度和精度的要求不高,从传感器直接采样的数字信号经过数字滤波后,一般采用 8 位的数-模转换芯片输出;如果该采集系统的 DSi)芯片的字长是 16 位的话,那么,这种数-模转换的误差是比较大的。不过还是以实践为准吧,效果是很重要的。

以上介绍了模-数转换的误差、数字运算的误差和数．模转换的误差。如果希望减小模-数转换和数-模转换的误差,可以选择位数较高的芯片来解决;但是,不要忘记成本将会提高的问题。减小数字运算的误差需要设计人员对算法和程序做精心安排。

总而言之,一旦硬件结构确定下来,剩下的就是软件开发。开发优秀电子产品的方针是:以最小的成本换取最大的价值。

10.4　数字信号处理的应用

DSP 芯片是为了诸多美好愿望而设计的集成电路,它能够提高设备的智能、减少设备的体积和能耗、降低设备的成本等。DSP 芯片中除了集成计算用的 CPU 以外,还集成了辅助计算的存储器和常用设备,例如,时钟、定时器、模-数转换器、外部接口等,它们是厂家针对应用对象和成本的基本需求而精心安排的,目的是方便工程师们开发产品和降低成本。

下面将从整体的观念出发,由简单到复杂地介绍三个应用 DSP 芯片的实例。

10.4.1　简单的应用实例

DSP 芯片是模拟信号处理电路的替代品,它的宗旨是降低生产的成本和提高信号处理的质量。例如,昂贵的声音混响模拟电路就被高级的数字系统代替了,这种数字系统采用的是数字信号处理技术,它的制作成本并不比模拟电路的贵。又如,模拟电视正逐渐被数字电视代替,因为数字电视也是采用数字信号处理技术,它的价格不但便宜,而且品质比模拟电视的更好。

例 10.3　假设声音信号的采样率为 10kHz;人耳能够分辨两个声音的最小时间差是 50ms。请设计一个最简单的两人合唱效果的数字信号处理系统,它能将一个人唱歌的声音变两个人合唱的声音(只要求介绍信号加工的原理和系统硬件的结构)。

解: 两人合唱的信号加工原理是:将输入的声音信号延时 50ms,然后再与当前输入的声音信号相加。完成这种音响效果的数字系统的差分方程是

$$y(n)=x(n)+x(n-d) \quad (d \text{ 代表延时的时序}) \tag{10-5}$$

延时的时序 d 可以利用 $t=nT_s$ 的时间关系来计算。根据声音混响的最小延时量,$t_0=50\text{ms}$ 和采样周期 $T_s=1/f_s$,最小的延时时序

$$d=t_0/T_s=t_0 f_s 50\text{ms}\times10\text{kHz}=500(\text{点}) \tag{10-6}$$

式(10-6)说明 DSP 芯片使用 500 个存储器单元作为延时器就能实现 50ms 的延时。将式(10-6)代入式(10-5),就得到最简单的合唱音响的数字系统

$$y(n)=x(n)+x(n-500) \tag{10-7}$$

实际上,两个人在合唱时,为求合拍,必须时刻调整自己的速度快慢和音量大小。基于这个理由,模仿真实合唱的差分方程应该是

$$y(n) = x(n) + a(n)x[n - d(n)] \tag{10-8}$$

音量的比例 $a(n)$ 在 1 之间慢速变化,延时的时序 $d(n)$ 围绕 500 慢速变化。这样处理的声音信号 $y(n)$ 能更接近真实效果。

音效处理的硬件系统结构如图 10-6 所示,它的 A-D/D-A 芯片是集成模-数转换和数-模转换两种功能的集成电路,能够将传声器输入的模拟信号变为数字信号,同时还能够将处理后的数字信号变为模拟信号。系统的 DSP 芯片负责差分方程式(10-7)或式(10-8)的计算,计算的程序保存在外部存储器芯片里,开机时这些程序将被复制到 DSP 芯片内的随机存取存储器 RAM。如果能够利用 DSP 芯片内部的只读存储器 ROM,则这个外部存储器可以省略。晶振是 DSP 芯片时钟电路的基准元件,它能使时钟电路稳定地工作。电源芯片产生两种稳定的电源电压:一种是低电压,例如 1.8V,供给 DSP 芯片的 CPU 使用,这样做可以降低 CPU 的功率消耗;另一种是高电压,例如 3.3V,供给 DSP 芯片的其他功能电路使用,这样做有利于 DSP 芯片与外部电路交换信号。图 10-12 的硬件系统需要的元器件很少,成本低;而信号处理是以 0 和 1 两种状态进行的,处理的性能很稳定,质量高。

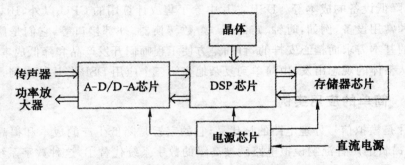

图 10-12 两人合唱的数字音效处理的硬件系统结构

从流水线的角度看,DSP 芯片的工作是连续读取指令和连续执行指令。现在速度最慢的 DSP 芯片也能每秒执行 40M 条指令,相当于指令周期是 $0.025\mu s$。简单的合唱方程式(10-7)只需一次加法运算,耗时 $0.025\mu s$,它远小于声音信号的采样周期 $T_s = 1/f_s = 100\mu s$。这说明:完成这种音效处理的任务,对于速度最慢的 DSP 来说也是绰绰有余的。

10.4.2 较复杂的应用实例

简单运算的信号处理对 DSP 芯片来说算不了什么,DSP 可以处理复杂运算的信号处理,例如降低汽车车厢内的噪声、消除语音中的噪声、海底探测船只、自动跟踪目标等。

例 10.4 小轿车车厢内的噪声主要来自发动机的振动和汽车在路面上的颠簸,这些噪声的频率大多集中在低频,最高频率不超过 1kHz。请介绍降低轿车车厢内噪声的原理和给出数字降噪系统的结构。

解:由波的叠加原理和声波的干涉原理可知:当两个声波在空中相遇时,如果它们的振动方向相同、频率相同、相位差保持为 π 的奇数倍时,两个声波将互相抵消,合成声波的振动将是最弱的。根据这个原理,如果能够获取小轿车的原始噪声信号、并将它延时和用它驱动车厢内的扬声器,同时设法保证在车厢内播放的声波与车厢中的噪声的性质正好相反,则可以减小车厢内的噪声。

　　如何获取小轿车的原始噪声呢？方法是这样：在小轿车的发动机表面、底盘、窗框等振动厉害的地方安放振动传感器。图 10-13 是数字降噪系统的原理，降噪系统的数字信号处理部分由可变系数的数字滤波器和系数修正器组成。振动传感器拾取的信号 $x(n)$ 中，除了机械振动信号以外，还包含汽车自身和环境的电磁干扰，这些不属于振动噪声的成分必须清除。数字滤波器负责延时噪声信号和滤除电磁干扰。为了保证降噪系统的稳定，数字滤波器采用有限脉冲响应（FIR）滤波器，它的差分方程是

$$y(n) = \sum_{d=0}^{D-1} b_d x(n-d) \tag{10-9}$$

式中，d 表示振动信号 $x(n)$ 的延时量；D 表示滤波器的总长度；b_d 是振动样本 $x(n-d)$ 的加权值（weight），它控制各延时样本 $x(n-d)$ 对减噪信号 $y(n)$ 的贡献。

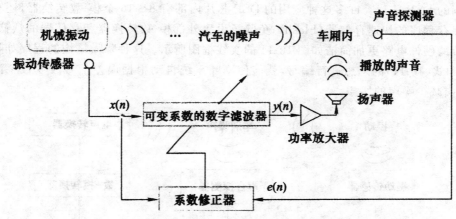

图 10-13　数字降噪系统的原理

　　$y(n)$ 放大后由车厢内的扬声器播放，如果播放的声音与车厢内的噪声的特性相反，就能减小或抵消车厢内的汽车噪声。图 10-13 省略了振动信号 $x(n)$ 和车厢内噪声信号 $e(n)$ 的模-数转换器，还省略了减噪信号 $y(n)$ 的数-模转换器。

　　设计产品时必须考虑实际情况。汽车的运行状况随环境的改变而改变，所以它们的噪声大小和变化是没有规律的；还有，不同品牌的小轿车的车厢形状和电器特性互不相同，它们的声学特性也不相同，加之车厢内的物品摆放和乘客的位置变化，也会改变车厢内的声学特性。这些情况说明，不可能知道汽车噪声的大小和变化规律，也不可能事先算出有限脉冲响应滤波器式（10-9）的系数 b_d。那么该怎么办呢？

　　实际情况表明，制作固定系数的滤波器是毫无疑义的，降噪滤波器的系数应该随实际情况改变。滤波器式（10-9）的加权系数 b_d 不能再简单地认为是固定常数，它们应该是随时间变化的系数。系数修正器恰好满足这种需要，它负责调整和修正加权系数。时变系数的降噪滤波器是

$$y(n) = \sum_{d=0}^{D-1} b_d(n) x(n-d) \tag{10-10}$$

每计算好一个减噪样本 $y(n)$，系数修正器立刻根据振动信号 $x(n)$ 和车厢内的噪声大小 $e(n)$ 调整加权系数 $b_d(n)$，调整的目标是使噪声 $e(n)$ 最小，$e(n)$ 是汽车振动的噪声与播放的减噪

声音相叠加的信号。

怎样调整时变加权系数 $b_d(n)$ 呢？简单地说，$b_d(n)$ 控制振动信号 $x(n-d)$ 对减噪信号 $y(n)$ 的贡献，车厢内的混合声音 $e(n)$ 反映 $b_d(n)$ 的减噪效果。根据这两点理由进行推理，下次减噪信号 $y(n+1)$ 的加权系数 $b_d(n+1)$ 应该是

$$b_d(n+1)=b_d(n)+cx(n-d)e(n)\quad(d=0,1,2,\cdots,D-1) \tag{10-11}$$

也就是说，系数 $b_d(n)$ 的修正量与 $x(n-d)$ 成正比，这反映 $x(n-d)$ 对减小噪声的力度；同理，系数 $b_d(n)$ 的修正量还与 $e(n)$ 成正比，因为 $e(n)$ 反映对进一步减噪的要求；c 是比例常数，需要实验决定。照这种方式计算时变系数，就可以使降噪系统自动朝着减小车厢内噪声的方向运作。

由于小轿车的噪声的最高频率不超过 1kHz，采样频率可以设置得比较低，可以选择面向自动控制的 DSP 芯片。许多这种应用的 DSP 芯片内部有 8～16 个模-数转换器，还有方便用户长期保存程序的快速存储器（Flash），免除了设置外部模-数转换器和存储器的烦恼，使整个降噪系统的硬件电路更加简洁如图 10-14 的实线框图所示。这种降噪结构的程序如果按照式（10-10）和式（10-11）的思想进行编写，就能使降噪系统自动根据误差信号改变数字滤波器的系数，适应减少噪声的愿望。

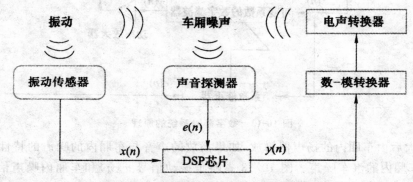

图 10-14　基于 DSP 芯片降低车厢内噪声的系统结构

差分方程的系数能够根据环境自行调整的滤波器叫作自适应（adaptive）滤波器，它可以连续地和自动地适应滤波器的输入信号的规律，输出希望的信号。自适应技术在汽车制造业有很多用途：除了可以用来减少车厢内的噪声，为乘客营造舒适的环境外，还可以用来降低汽缸的油耗，可以用来缓和汽车的振动，可以用来防止汽车碰撞等。

10.4.3　复杂的应用实例

DSP 芯片的运算能力非常强，它能够处理密集型的运算。只要设计的 DSP 程序是优良的，那么，就能让一个 DSP 芯片同时对付多个信号的处理事务。

例 10.5　移动通信系统也叫数字蜂窝电话系统（digital cellular phone system），它由基站（base-station）和手机（handset）组成。基站是小型的无线电发射和接收电台，它们按蜂窝的形状分布在许多制高点上。手机是用户手持的无线移动电话，它经常随着用户的运动而改变位置。由于手机经常移动位置及它接收的信号来自多个不同方向的基站等复杂因素，使得移动通信的信号变得十分复杂。请设想一个解决这些问题的策略。

解:移动通信系统需要考虑的问题可以归结为两大问题,提高数字信号的传递效率和降低传输信号的错误。图 10-15 是解决这些问题的策略图,它分为发射机、空气信道和接收机三个部分。为了突出重点,该策略图仅仅显示数码部分。

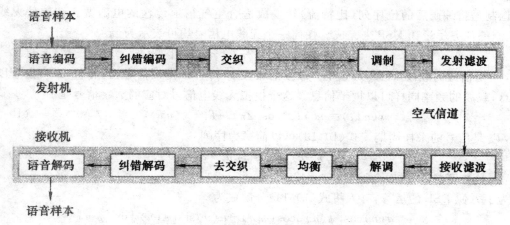

图 10-15　移动通信系统的策略图

发射机的语音编码的任务是压缩采样的语音数字信号,也就是用很少的数码(位)表示数字信号。例如,经常出现的数值用较短的字(较少的二进制位数)表示,偶尔出现的数值用较长的字(较多的二进制位数)表示。它的道理与简称的道理是一样的,人们习惯用简单的名字称呼复杂的和常见的事物,目的是提高交流的效率。可以利用离散傅里叶变换,设想压缩编码的办法。降低语音信号的比特数意味着一个信道(channel)可以容纳更多的用户同时通话。

纠错编码是对传输的数码进行特殊的安排,同时给它们加入一些特殊的位,这些新增位的作用是,让接收系统能够自动识别并纠正数码传输时发生的错误。纠错编码的道理类似人们讲述重要事情时的情形,为了确保无误,讲述者通常采用反复强调或者加重语气等办法。纠错编码增加的位有利也有弊,弊端是降低传输的效率。好的纠错编码方法可以不用增加很多位,又能起到纠正错误的作用。

交织(interleave)的作用是将数字均匀地散布在各段信号当中,也就是分散地和混合地传输信号。这么做的目的是为了对付实际应用中存在的极端情况。在实际应用中,严重的信号衰落或爆发性干扰往往只会破坏很短的一段信号,极少摧毁较长的一段信号。例如,手机的天线从建筑物、树木、其他物体等多种路径的反射拾取无线电信号,这些信号有的是有益的、有的是有害的;当手机的持有者移动时,天线和这些路径的关系就会改变,并引起手机信号的短暂衰落或产生剧烈干扰。

在纠错编码中,增加少量的位换取系统的自动纠错能力是值得的,但是,增加得太多就没有实用价值;就好像"强调"用得太多会让人感觉啰嗦,甚至反感。错误太多的码字是不能纠正的,也是不可避免的;好在个别码字的错误不会影响收听的声音,而且,这种错误极少发生。但是,爆发性干扰或剧烈的信号动荡是存在的,它们会损坏一连串的码字,造成收听的中断。怎么对付这个问题呢?交织是个好办法,它的基本做法是将原来顺序排列的码字分散到不同的时间位置,然后再传送它们。这种做法好像旅行者将钱财分散藏匿,避免被偷窃造成的重大损失。激光唱碟在使用中经常被其他硬物刮伤,如果没有使用交织的策略,就没有现在这么耐用的唱片,因为一条划伤的痕迹往往会造成多个码字的丢失。

语音编码、纠错编码和交织都属于编码,它们的方法有很多,越好的编码需要融合越优秀的智慧。

调制是将编码后的位序列(比特流)转变成适合空气信道传输的电磁波。在软件无线电中,调制的任务尽量让 DSP 来完成。任何一个无线电信号均可表示为

$$s(t) = a(t)\cos[2\pi f_c t + \phi(t)] \tag{10-12}$$

式中,f_c 是信号的载波(carrier)频率。载波的幅度 $a(t)$ 可以携带信息,初相位 $\phi(t)$ 也可以携带信息,载波的频率同样可以携带信息。这个模拟无线电信号对应的数字信号是

$$s(nT_s) = a(nT_s)\cos[2\pi f_c nT_s + \phi(nT_s)] \tag{10-13}$$

式中,T_s 是信号的采样周期。式(10-13)可以简写为序列

$$s(n_s) = a(n)\cos[\omega_c n_s + \phi(n)] \tag{10-14}$$

式中,ω_c 是数字载波的数字角频率,$\omega_c = 2\pi f_c T_s$。

为了方便 DSP 的运算,有人将式(10-14)分解成为

$$\begin{aligned}
s(n_s) &= a(n)\cos[\phi(n)]\cos(\omega_c n) - a(n)\sin[\phi(n)]\sin(\omega_c n) \\
&= I(n)\cos(\omega_c n) + Q(n)\sin(\omega_c n)
\end{aligned} \tag{10-15}$$

人们将,$I(n) = a(n)\cos[\phi(n)]$ 和 $Q(n) = -a(n)\sin[\phi(n)]$ 叫做正交分量,它们包含需要传输的信息。例如调幅波,它是用信号 $x(n)$ 调制载波的幅度 $a(n) = 1 + kx(n)$,k 是比例常数,这时 $\phi(n) = 0$ 是常数,相应的正交分量是

$$\begin{cases} I(n) = 1 + kx(n) \\ Q(n) = 0 \end{cases} \tag{10-16}$$

如果是调频波,则 $s(n)$ 的幅度 $a(n) = 1$ 是常数,$s(n)$ 的瞬时频率 $\omega(n) = \omega_c + kx(n)$ 随着有用信号 $x(n)$ 线性变化,使得初相位 $\phi(n)$ 是变量,这时的正交分量是

$$\begin{cases} I(n) = \cos[\phi(n)] \\ Q(n) = -\sin[\phi(n)] \end{cases} \tag{10-17}$$

数字调制的过程正如式(10-17)所描述的那样,先根据调制方式计算正交分量,$I(n)$ 和 $Q(n)$,然后将它们分别与两个正交载波相乘,最后再相加,图 10-16 是这种数字调制的原理。这里有个问题必须讲清楚:实际的数字信号 $x(m)$ 和数字载波 $\cos(\omega_c n)$ 的采样率是不同的,这里特意用 m 表示信号的时序,用 n 表示载波的时序。这是为什么呢?原因是,模拟载波的频率 $f_{carrier}$ 比模拟信号的频率 f_{signal} 高许多,而载波的采样率 f_1 必须大于模拟载波频率 $f_{carrier}$ 的 2 倍,信号的采样率 f_2 只要求大于模拟信号的最高频率 f_{signal} 的 2 倍。

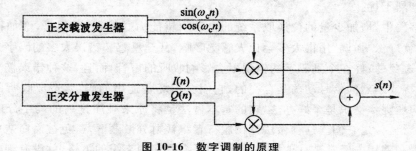

图 10-16　数字调制的原理

为了节省计算量,信号 $x(m)$ 的采样率 f_2 只是稍大于 $2f_\text{signal}$,用信号 $x(m)$,产生的正交分量的采样率是 f_2。还有,为了节省计算量,数字载波的采样率 f_1 不会大于 $2f_\text{carrier}$ 很多。在正交分量与载波调制之前,必须提高正交分量的采样率,使它们的采样率和载波的采样率相同。使用内插技术可以提高正交分量的采样率,完整的数字调制原理如图 10-17 所示。其上采样由内插与内插滤波组成,图 10-17 还标出了数字调幅在各个阶段的频谱,用阴影表示。

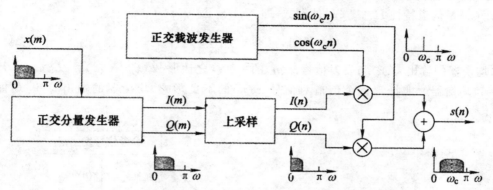

图 10-17　完整的数字调制原理

数字调制后的信号 $s(n)$ 是带通信号,它的载频是 ω_c。理论上,$s(n)$ 经过数-模转换就可以变为模拟无线电信号 $s(t)$;实际上,多数工程师不选择这么做。理由是数字调制波 $s(n)$ 的频谱 $S(\omega)$ 是周期的,如图 10-18 的阴影所示,各个邻接的周期频谱的距离太近,模拟带通滤波器很难做到干净地提取单一频带的已调制信号 $s(t)$。在此,读者或许会有这样的疑问:提高数字载波的采样率不是可以加大周期频谱 $S(\omega)$ 的距离吗?回答是可以的。因为周期频谱的模拟角频率距离 $\Delta\Omega_1 = \Delta\omega_1 f_1$ 和 $\Delta\Omega_2 = \Delta\omega_2 f_2$,可见,提高 f_1 是可以拉开周期频谱的距离。问题是这么做有一个副作用,即它会增加数字调制的计算量,所以提高载波采样率的方法不可取。

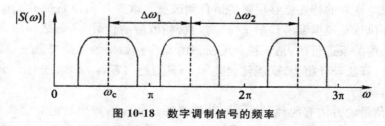

图 10-18　数字调制信号的频率

发射滤波单元专门解决这个问题。它利用上采样技术,对 $s(n)$ 内插和内插滤波,这样做既能提高调制波 $s(n)$ 的采样率,又能加宽周期频谱的距离。相对刚说到的提高载波采样率的方法来说,提高 $s(n)$ 采样率的方法的计算量比较少,因为上采样有高效率的计算方法。请注意,简单内插的频谱作用仅仅是压缩原来序列的频谱,而这里需要的是压缩频谱的高频部分,这个时候,只有数字带通或者高通滤波器才能实现这个目的。

图 10-15 的发射滤波单元输出高采样率的数字信号,这种数字信号通过数-模转换器就可以成为模拟无线电信号,它的电磁波在空气信道中传播,最后到达接收者的手机。

在图 10-15 的接收机中,数字信号处理的过程与发射机的正好相反。和发射机相比,接收机增加了均衡单元(equalizer)。均衡的作用是补偿或抵消信号传输时的失真,图 10-19 表示均衡的基本原理。由于信号通信时难免遇到各种干扰,发射信号 $x(n)$ 与接收信号 $y(n)$ 是不同的。假设通信过程的性质用信道(channel)的系统函数 $H_{channel}(z)=Y(z)/X(z)$ 来表示,它包括发射滤波器、传输媒介和接收滤波器引起的失真≥为了恢复发射的信号 $x(n)$,需要接收的信号 $y(n)$ 经过均衡器 $H_{equalizer}(z)=W(z)/Y(z)$ 来处理。只要能保证均衡器的特性 $H_{equalizer}(z)$ 是信道特性 $H_{channel}(z)$ 的倒数,即

$$H_{equalizer}(z)=\frac{1}{H_{channel}(z)} \tag{10-18}$$

那么,均衡器的输出 $\omega(n)$ 与发射信号 $x(n)$ 的 z 变换之比形 $W(z)/X(z)=H_{channel}(z)H_{equalizer}(z)=1$,均衡器就能抵消整个信道对信号 $x(n)$ 的不良影响,均衡器的输出 $\omega(n)$ 就能等于 $x(n)$。

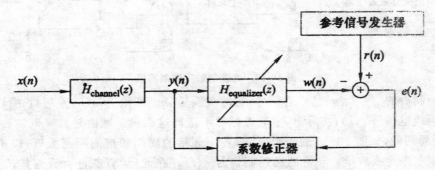

图 10-19　自适应信道均衡的基本原理

实际应用中,由于传播媒介的变更和变化,电话信道的特性是无法预知的、并且是随时间变化的,例如,电话连接建立的信道取决于拨号的对象。发射滤波器和接收滤波器的设计依据是信道的平均特性,这些做法不能满意地消除信道的干扰。为了准确地补偿随时间变化的信道的影响,需要均衡器的特性能够根据实情自动改变。改变均衡器系数的工作由系数修正器自动执行,这种执行是根据参考信号 $r(n)$ 与均衡滤波后的信号 $\omega(n)$ 之间的误差 $e(n)$,以及接收信号 $y(n)$ 的关系进行的,是一种负反馈似的操作。如果参考信号 $r(n)$ 和 $x(n)$ 相同,并且系数修正器的算法设计得当,就能使误差 $e(n)$ 自动趋向零,$\omega(n)$ 就能与 $x(n)$ 相同,达到消除信道干扰的目的。

产生参考信号的方法有两种:第一种,分解或综合 $\omega(n)$,产生二进制参考数据,作为判断误差的基准;第二种,在正式通信前,发射机先向接收机传输一段事先约定的序列,参考信号发生器能够自己生成这段已知的序列,并用它作为判断 $\omega(n)$ 是否与 $x(n)$ 相同的标准。

以上简单地介绍了图 10-15 的基本原理,它是解决手机通信问题的基本策略,是用数字信号处理完成的。这些策略只需一片 DSP 芯片就能实现。

由此可见,将传统模拟无线电通信的信号处理用 DSP 芯片来完成,不但能够提高通信的质量,而且还能灵活地改变通信方式,不需淘汰原有设备,做到节省材料、保护资源,这种做法属于软件无线电的范畴。

总之,用 DSP 芯片代替模拟电路是现代科技发展的趋势。

参考文献

[1]王艳芬等.数字信号处理原理及实现[M].2版.北京:清华大学出版社,2013.

[2]杨毅明.数字信号处理[M].北京:机械工业出版社,2011.

[3]万建伟,王玲.信号处理仿真技术[M].长沙:国防科技大学出版社,2008.

[4]阎鸿森,王新凤,田慧生.信号与线性系统[M].西安:西安交通大学出版社,1999.

[5]丁玉美,高西全.数字信号处理[M].西安:西安电子科技大学出版社,2001.

[6]范影乐,杨胜天,李铁.MATLAB仿真应用详解[M].北京:人民邮电出版社,2001.

[7]邓善熙.测试信号分析与处理[M].北京:国防工业出版社,2002.

[8]Steiglitz K. Computer-Aided Design of Recursive Digital Filters. IEEE Trans. Audio Electroacoust,June 1970,Vol. AU-18.

[9]Texas Instruments. Evaluation Module(EVM)for the TMS320DM642 Quick Start Installation Guide,2003.

[10]Texas Instrument,TMS320C6000TCP/IP Network Developer's Kit User,s Guide,2003.

[11]俞卞章.数字信号处理[M].2版.西安:西北工业大学出版社,2005.

[12]张德丰.MATIAB数字信号处理与应用[M].北京:清华大学出版社,2010.

[13]林川.MATLAB与数字信号处理实验[M].武汉:武汉大学出版社,2011.

[14]宁爱国,刘文波,王爱民.测试信号分析与处理[M].北京:机械工业出版社,2013.

[15]李勇,徐震等.MATLAB辅助现代工程数字信号处理[M].西安:西安电子科技大学出版社,2002.

[16]Texas Instruments. TMS320DM642 Video/Imaging Fixed-Point Digital Signal Processor,2005.

[17]McClellan J H,Parks T W. A Unified Approach to the Design of Optimum FIR Linear-Phase Digital Filters. IEEE Trans. Circuit Theory,1973,CT-20(6):697~701.

[18]Pfirks T W,McClellan J H. A Program for the Design of Linear Phase Finite Impulse Response filters. IEEE Trans. Audio Electroacoust. ,Aag. . 1972,Vol. AU-20(No. 3):195~199.

[19]姚天任,江太辉.数字信号处理(第三版)[M].武汉:华中科技大学出版社,2007.

[20]张洪涛,万红,杨述斌等.数字信号处理[M].武汉:华中科技大学出版社,2007.

[21]Texas Instruments. TMS320DM642 Evaluation Module Technical Reference,2003.

[22]Pfirks T W,McClellan J H. Chebyshev Approoximation for Nonrecursive Digital Filters with Linear Phrise. IEEE Trans. Circuit Theory,Mfir. 1972,Vol. CT-19:189~194.